TRAITÉ

DE

CRISTALLOGRAPHIE

19788. — TYPOGRAPHIE A. LAHURE
Rue de Fleurus, 9, à Paris

TRAITÉ

DE

CRISTALLOGRAPHIE

GÉOMÉTRIQUE ET PHYSIQUE

PAR

M. ERNEST MALLARD

INGÉNIEUR EN CHEF DES MINES, PROFESSEUR A L'ÉCOLE DES MINES

TOME PREMIER

TEXTE

PARIS

DUNOD, ÉDITEUR

LIBRAIRE DES CORPS DES PONTS ET CHAUSSÉES ET DES MINES

49, QUAI DES GRANDS-AUGUSTINS, 49

1879

PRÉFACE

Depuis les admirables travaux d'Haüy, la Cristallographie a subi de profondes modifications. Haüy, plus naturaliste que géomètre, avait, avec une singulière sagacité, édifié la science découverte par son génie sur une hypothèse physique qui pouvait paraître hasardeuse. L'école allemande, dirigée par Weiss, par Rose, par Naumann, renonça complètement à l'hypothèse sur la forme des molécules, et ne vit plus dans les lois cristallographiques que des lois géométriques, dont elle renonçait d'ailleurs à chercher aucune explication rationnelle. Cette innovation eut un heureux résultat; la géométrie introduite en maîtresse dans la science y apporta avec elle ses théories et ses procédés; les calculs pénibles d'Haüy furent remplacés par des calculs élégants et rapides; les méthodes ingénieuses des zones, des projections stéréographique et gnomonique vinrent soulager l'esprit dans le débrouillement souvent difficile des cristaux complexes. Le livre de Miller, traduit en français par Sénarmont, reste dans son élégante concision, comme un monument achevé de l'application, à la cristallographie, des méthodes de la géométrie.

Mais les cristaux ne sont pas des êtres géométriques ; la forme qui les caractérise n'est que l'expression figurée des propriétés les plus intimes de la matière qui les compose. C'est donc restreindre arbitrairement et stériliser la science que se borner à étudier les polyèdres cristallins, en s'interdisant, par une défiance exagérée de l'hypothèse, de chercher la signification physique du langage géométrique que nous parlent ces polyèdres. On ne voit même pas très bien quel but peut poursuivre le savant qui se borne à étudier la forme cristalline, en elle et pour elle, comme disent les philosophes allemands.

Cette manière de comprendre la science n'a jamais été celle des cristallographes de notre pays. Un élève direct d'Haüy, dont la science déplore la perte récente, Delafosse, sans abandonner la théorie féconde de son maître, sut la compléter heureusement et donner la véritable interprétation de l'hémiédrie. Mais c'est surtout à un savant auquel une mort prématurée n'a pas permis de rendre à la science tous les services qu'elle pouvait en attendre, à Bravais, que l'on doit la théorie définitive à mon sens, qui permet de faire de la science cristallographique une science rationnelle. Grâce à cette théorie, la cristallographie, sans abandonner les procédés précieux dont la géométrie l'a enrichie, peut prendre en quelque sorte une nouvelle vie en pénétrant, par la route la plus assurée, et sans qu'il en coûte rien à la méthode scientifique la plus rigoureuse, jusque dans le mystère de la structure intérieure des corps solides.

Bravais a exposé ses idées dans plusieurs mémoires publiés de 1848 à 1851[1], les uns dans le *Journal de Mathématiques*

1. *Notes sur les polyèdres symétriques de la géométrie* (Journal de math., t. XIV). *Mémoire sur les polyèdres de forme symétrique* (Journal de math., t. XIV). *Mémoire*

pures et appliquées de Liouville, les autres dans le *Journal de l'École polytechnique*. Ils ont été, en 1866, après la mort de l'auteur, recueillis et publiés en un volume sous le titre d'*Études cristallographiques*, par les soins d'Élie de Beaumont, qui témoignait sans doute ainsi sa reconnaissance à celui dont les études géométriques lui avaient suggéré l'idée de son réseau pentagonal.

Malgré les mérites de la rédaction, ces mémoires ont le tort d'être écrits avec tout l'appareil de théorèmes, de lemmes, de scolies et de corollaires qui paraît rebutant à beaucoup de lecteurs, et de contenir des développements dont l'intérêt est presque exclusivement géométrique.

De là une complication, plus apparente que réelle, mais à laquelle la théorie de Bravais doit sans doute d'être encore aujourd'hui fort ignorée, même dans notre pays. J'ai cru que, pour faire connaître, comme elle le mérite, cette belle théorie, qui n'est au reste que le développement et comme l'achèvement de celle d'Haüy, il était utile de la prendre pour base d'un exposé didactique complet de la science cristallographique. Tel est un des buts principaux que je me propose en publiant aujourd'hui la rédaction du cours que j'ai l'honneur de professer depuis plusieurs années à l'École des mines.

Ce n'est cependant pas le seul désir de contribuer à répandre les idées fécondes du savant dont la mémoire reste chère à tous ses élèves, qui m'a fait entreprendre la publication d'un nouveau *Traité de Cristallographie*. Il m'a semblé que les ouvrages, peu nombreux, qui ont été écrits sur ce sujet dans notre langue, ne

sur les systèmes formés par des points disposés régulièrement sur un plan ou dans l'espace (Journ. de l'Éc. Pol., 33e cahier). Présenté à l'Ac. des sc. le 11 décembre 1848.

Études cristallographique. (Journ. de l'Éc. Pol., 34e cahier). Prés. à l'Ac. des sc. le 26 février 1849 et le 24 février 1851.

répondent pas complètement aux besoins de l'enseignement. Si l'on excepte les leçons autographiées du cours professé à l'École normale par M. Des Cloizeaux, publiées à un nombre d'exemplaires des plus restreints, les élèves des cours de Minéralogie ou de Physique ne peuvent recourir, pour s'initier à la science des cristaux, qu'au traité de M. Delafosse ou à celui de M. Miller. Le premier, quoique excellent en beaucoup de points, me paraît cependant trop incomplet en ce qui regarde la partie géométrique et analytique; le second, au contraire, sacrifie trop à mon gré la partie descriptive et physique. J'ai donc cru qu'un traité où l'on s'efforcerait de ne tomber ni dans l'un ni dans l'autre de ces deux défauts pourrait avoir quelque utilité.

La forme géométrique des substances cristallisées n'est d'ailleurs qu'un des nombreux phénomènes au moyen desquels ces substances manifestent la structure intérieure et les actions mutuelles des molécules qui les composent. On est amené à chaque instant à compléter l'étude morphologique d'un cristal par l'étude de toutes les autres propriétés physiques qui le caractérisent, ou du moins de celles qui, ayant un rapport intime avec la structure intérieure du cristal, concourent avec la forme extérieure à nous la révéler. C'est ainsi qu'il n'est plus permis à un cristallographe de ne point posséder à fond la connaissance des lois de la double réfraction.

J'ai ainsi été amené à diviser mon traité en deux parties. Dans la première, j'expose les lois de la forme cristalline et les procédés d'observation qui en permettent l'étude. Sauf l'avant-dernier chapitre, où j'ai cru nécessaire de faire connaître et de discuter une loi curieuse, quoique incomplète, formulée par Bravais, toute cette première partie est purement géométrique. C'est en quelque sorte la partie rationnelle de la science.

Je me suis attaché à ne rien y omettre d'essentiel; on y trouvera les procédés élégants de calcul exposés par Miller, l'examen détaillé du mode de symétrie et des formes simples ou composées, holoédriques ou hémiédriques qui caractérisent chaque système cristallin; l'étude des principaux symboles cristallographiques usités en France et à l'étranger; la description et l'usage des divers appareils employés aux mesures goniométriques. Cette première partie se termine par des tables étendues qui permettent de transformer entre eux les symboles employés par les diverses écoles cristallographiques; ces tables m'ont paru faciliter beaucoup la lecture des mémoires publiés par les savants étrangers. Enfin, aux nombreuses figures répandues dans le texte, j'ai joint un atlas de planches montrant les projections stéréographiques et gnomoniques des pôles des divers systèmes cristallins. J'appelle surtout l'attention sur les projections gnomoniques dont l'emploi, quoique peu répandu, est cependant de nature à rendre de très grands services aux cristallographes.

On s'étonnera peut-être de ne pas trouver dans cette première partie l'examen des phénomènes hémitropes. Mais, outre qu'ils ne sont pas des conséquences rationnelles de la notion de l'homogénéité, ils m'ont paru ne pouvoir être séparés des phénomènes de groupements cristallins. Or l'étude de ces phénomènes qui ne peuvent être observés sans le secours de la lumière polarisée, doit suivre nécessairement celle des propriétés optiques.

Dans la seconde partie, dont la publication suivra de près, je l'espère, celle de la première, j'étudierai tous les phénomènes physiques et chimiques qui se lient à la structure intérieure des corps cristallisés. Tels sont les phénomènes d'élasticité, de clivage, de fissure, de glissement, de dureté; les phénomènes optiques, thermiques, électriques et magnétiques; ceux de l'isomorphisme et du dimorphisme; le mode de production des corps

cristallisés; les phénomènes de polyédrie, de polysymétrie, d'hémitropie, de groupements cristallins, etc. On trouvera ainsi rassemblés un grand nombre de faits dont la connaissance importe à la science des cristaux et qui sont disséminés dans divers Traités ou dans les Mémoires originaux

TRAITÉ

DE

CRISTALLOGRAPHIE

GÉOMÉTRIQUE ET PHYSIQUE

Lorsqu'une substance passe d'une manière suffisamment lente à l'état solide, elle revêt une forme géométrique régulière et il se produit ce qu'on appelle un *cristal*. Cet état cristallin de la matière est d'autant plus intéressant qu'il peut en être considéré comme l'état normal et régulier, puisqu'elle ne le prend que lorsqu'elle est complètement libre de céder aux plus délicates de ses actions internes.

L'étude des cristaux peut être divisée en deux parties; la première, que nous appellerons *Cristallographie géométrique*, s'occupe de la forme extérieure du cristal, et la seconde, que nous appellerons *Cristallographie physique*, des propriétés physiques qui accompagnent cette forme géométrique externe.

Cette division correspond aux deux parties de ce traité.

PREMIÈRE PARTIE

CRISTALLOGRAPHIE

GÉOMÉTRIQUE

CHAPITRE PREMIER

DE LA STRUCTURE DES CORPS CRISTALLISÉS

Exposé succinct de la théorie d'Haüy. — La forme géométrique des cristaux, et surtout de certains cristaux volumineux, comme le cristal de roche, a, dès la plus haute antiquité, frappé les yeux des observateurs les moins attentifs. Ce n'est cependant qu'au siècle dernier qu'on paraît s'être posé sérieusement les problèmes qu'elle soulève.

Parmi ces problèmes, un des premiers qui se présentent à l'esprit est la recherche du rapport qui doit exister entre cette forme et la nature chimique. Dans cette recherche, on se trouve arrêté immédiatement par ce fait qui paraît inexplicable, qu'un même corps peut se présenter cristallisé sous des formes géométriques qui paraissent absolument différentes.

Les figures 1 et 2 représentent en effet deux cristaux de la variété commune de carbonate de chaux connue sous le nom de calcite, et à la premiere vue, si les différences sautent aux yeux, les analogies semblent nulles. Cependant, certains traits se trouvent communs aux deux formes et sont comme une marque de leur identité substantielle. La calcite possède, ainsi qu'un grand nombre d'autres cristaux, la très-curieuse propriété de présenter, suivant certaines directions, des

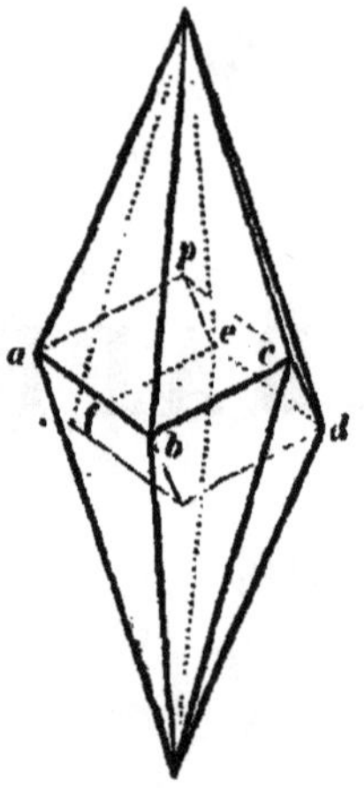

Fig. 1.

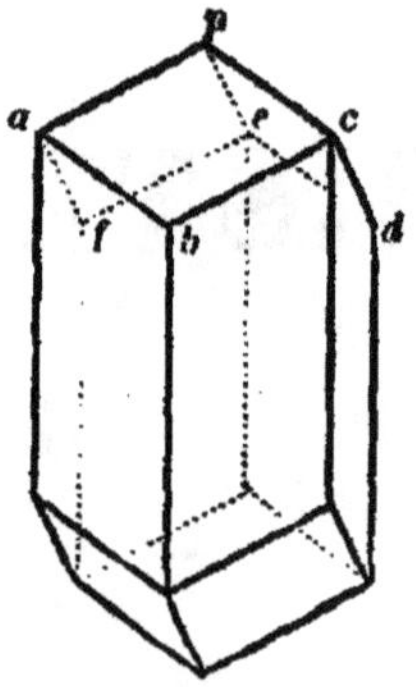

Fig. 2.

cassures planes que l'on nomme des *clivages*. Dans le cristal (fig. 1), une direction de clivage est parallèle à un plan passant par les deux arêtes *ab*, *bc;* en choquant le cristal, on le voit s'effeuiller en quelque sorte, en montrant des plaques superposées parallèles au plan *abc*. Un second clivage se produit aussi suivant un plan passant par deux autres arêtes *bc* et *cd*, et enfin un troisième, suivant le plan parallèle aux arêtes *cd* et *de*. Il résulte de ces particularités, qu'en dirigeant convenablement le choc, on peut enlever tout le pointement à six faces, qui termine la partie supérieure du cristal, et le remplacer en quelque sorte par un pointement à trois faces, ayant pour sommet *p*, et pour contours, les arêtes en zigzag *ab*, *bc*, *cd*, *de*, *ef*, *fa*. Les trois plans, *pabc*, *pcde*, *pefa*, de ce pointement sont parallèles aux trois directions du clivage.

Nous pourrons agir de même sur la partie inférieure du cristal, et l'on conçoit enfin qu'en dirigeant convenablement l'opération, on puisse extraire du cristal primitif un solide *pabcdefp'*, qui est un parallélipipède dont toutes les faces sont des rhombes égaux. Ce solide, qu'on appelle solide de clivage, parce que toutes ses faces sont des faces de clivage, est un *rhomboèdre*.

Si maintenant nous étudions le cristal de calcite fig. 2, nous constaterons que le choc y développe aussi des plans de clivage; que les directions de ces plans sont au nombre de trois, et que leurs inclinaisons mutuelles sont précisément les mêmes que dans le premier cristal. Nous verrons de plus que les plans de clivage sont parallèles aux faces du pointement trièdre qui surmonte le prisme hexagone.

Les deux cristaux, malgré leurs formes si différentes, ne sont donc pas sans analogies. C'est la loi générale des analogies qui existent entre les formes cristallines d'une même substance chimique que la science se propose de chercher.

L'observation patiente, étendue à un grand nombre de cristaux, aurait sans doute conduit à la solution de ce problème. Mais il est, au point de vue philosophique, très-remarquable qu'elle a été trouvée par l'illustre abbé Haüy, presque sans le secours de l'observation et grâce à l'emploi d'un procédé logique qui a rendu d'inappréciables services à la science humaine, l'*abstraction*.

Je vais indiquer succinctement la marche des déductions logiques qui ont guidé Haüy dans sa belle découverte.

Prenons un cristal de calcite, d'une forme quelconque; nous pouvons, par le choc, supprimer toutes les faces cristallines, et obtenir un rhomboèdre de clivage, dont les angles dièdres et les angles plans sont toujours les mêmes, quel que soit le cristal choisi. Ce rhomboèdre lui-même peut être, par le choc, graduellement diminué, tout en restant semblable à lui-même, et comme l'esprit n'aperçoit pas de limite à cette diminution, il est forcé d'admettre que la plus petite parcelle de calcite qu'il puisse concevoir, a encore la forme d'un rhomboèdre semblable à celui que déterminent les plans de clivage.

On peut dire que cette forme rhomboédrique est celle de la dernière portion de matière qui est encore de la calcite; c'est, en employant le langage d'Ampère, la forme de la *particule* de la calcite. Haüy nommait cette particule, *molécule intégrante*.

Si nous empilons, suivant un ordre régulier, un nombre infini de petites particules rhomboédriques, nous devons donc pouvoir expliquer, en variant la manière dont se fera cet empilement, toutes les formes cristallines de la calcite. C'est en effet ce qui a lieu, et un simple coup d'œil jeté sur les figures 3 et 4, suffit à faire comprendre comment en juxtaposant des rhomboèdres infiniment petits, tous égaux entre eux, on peut expliquer la formation des cristaux représentés dans les figures 1 et 2.

De cette idée simple qui s'était peut-être présentée avant lui à l'esprit de bien d'autres minéralogistes, Haüy sut discerner immédiatement l'importance. Avec une sagacité merveilleuse, il montra que toutes les substances pouvaient être conçues comme ayant pour molécules intégrantes, non pas toujours des rhomboèdres, mais tout au moins des Parallélipipèdes d'une forme donnée. Il montra que la forme de ce

Fig. 3.

Fi. . 4.

parallélipipède servait de lien caché entre toutes les formes cristallines de la substance ; et qu'enfin, par l'étude de ces formes cristallines, on pouvait fixer la forme de la molécule intégrante. La science cristal lographique fut ainsi créée tout entière par le génie d'Haüy, et ses successeurs n'ont guère eu qu'à perfectionner les détails de son œuvre. Aucune autre branche des connaissances humaines n'est, à ce degré, l'ouvrage d'un seul homme.

Théorie rationnelle de la structure des corps cristallisés homogènes. — Cependant le raisonnement, dont nous venons de donner une idée, pèche en plusieurs points importants. D'une part, on y fait appel, au moins en apparence, à une propriété spéciale, le clivage, qui n'appartient pas à tous les cristaux. En outre, Haüy est amené à considérer comme l'élément cristallin primitif et irréductible, le petit rhomboèdre élémentaire de calcite. Or ce solide, qui est une *particule* de calcite, doit être lui-même formé par des *molécules* dont l'existence est indépendante de celle du cristal, puisque la molécule, qu'on imagine formée par un certain groupement d'atomes simples, est, dans la théorie atomistique, la seule chose qui soit commune à tous les états, solide, liquide et gazeux, d'une même substance.

Le raisonnement d'Haüy n'est donc ni général, ni complet. On peut heureusement, depuis les belles recherches de Bravais, lui en substituer un autre beaucoup plus parfait, et qui permet de déduire les lois cristallographiques de la simple notion de l'*homogénéité*.

Par le mot d'*homogénéité*, nous désignons cette propriété que possèdent les corps solides de présenter, dans toutes leurs parties, les mêmes caractères essentiels, tels que densité, dureté, clivages, etc., quelque petit que soit le fragment examiné et quelle que soit la région du corps de laquelle ce fragment ait été extrait.

Nous n'entendons pas dire que tous les corps solides possèdent une semblable homogénéité. L'expérience contredirait bien vite cette assertion. Mais il nous suffit qu'elle existe manifestement dans quelques-uns des corps de la nature. Nous commencerons par supposer qu'elle est une propriété générale. Nous tirerons de cette notion toutes les conséquences qu'elle renferme implicitement, et qui s'appliqueront immédiatement aux corps réellement homogènes. Quant aux autres, nous les considérerons comme formés de la réunion d'un nombre très-grand de corps homogènes de très-petites dimensions auxquels nos lois s'appliqueront. Celles-ci deviendront alors des lois *élémentaires* desquelles nous pourrons déduire, par une sommation convenable, celles qui conviennent aux corps hétérogènes.

Pour concevoir un solide homogène, on peut le supposer réduit à l'étendue abstraite ; mais cette notion cartésienne est inféconde, car elle revient à vider le corps, en quelque sorte, de toutes ses propriétés physiques.

On peut encore concevoir l'homogénéité du solide comme celle d'un tas de sable. Une droite de direction quelconque menée à travers le tas, rencontre sur une longueur d, très-petite en valeur absolue, mais très-grande par rapport à la dimension des grains, un nombre n de grains de sable qui est sensiblement le même quelle que soit la direction de la droite ; de telle sorte que $\frac{d}{n}$ est constant pour toutes les droites, et pour tous les points d'une droite quelconque.

Une semblable homogénéité ne peut être celle des substances cristallisées. Toutes les directions, en effet, ne peuvent pas y être constituées de la même façon, puisqu'elles se distinguent les unes des autres par des caractères essentiels. Dans les cristaux de calcite, par exemple, les droites parallèles aux arêtes du rhomboèdre formé par les plans de clivage doivent avoir des propriétés qui ne peuvent appartenir qu'à elles seules.

Nous allons chercher quelle doit être la structure intérieure d'un corps solide homogène, en partant de cette seule donnée qu'on peut le découper en un nombre très-grand de parties extrêmement petites et jouissant des mêmes propriétés. Cela revient à dire qu'il y a dans l'intérieur du corps un nombre très-grand de points très-rapprochés et autour desquels la répartition de la matière est la même.

Prenons donc, dans l'intérieur d'un corps solide homogène, un point A_0 quelconque. Si l'on mène par A_0 une droite arbitraire, la loi de la répartition de la matière le long de cette droite est une certaine fonction de la distance, qui dépend de la direction de la droite.

D'après le principe que nous venons de formuler, il y a dans le corps un nombre infini de points très-rapprochés les uns des autres, ayant les mêmes propriétés que A_0, c'est-à-dire autour desquels la matière est répartie de la même façon. Nous appellerons tous ces points *Points analogues.*

Il résulte de cette définition que, si par deux points analogues nous menons des droites parallèles, la loi de la répartition de la matière le long de ces droites est la même.

Soit A_1 un point analogue de A_0 tellement choisi qu'entre ces deux points il n'y ait, sur la droite qui les joint, aucun autre point analogue. Nous prolongeons la droite A_0A_1 de part et d'autre ; nous prenons

$$A_1A_2 = A_1A_0 = a.$$

Le point A_2 est un point analogue de A_0 ; autrement la matière ne serait pas distribuée à partir de A_1 comme elle l'est à partir de A_0. On a donc sur la droite A_0A_1 un nombre infini de points, équidistants entre eux d'une longueur égale à a, et qui sont tous des points analogues.

En dehors de la ligne A_0A_1 prenons un autre point analogue, et, dans le plan ainsi déterminé, faisons mouvoir parallèlement la ligne A_0A_1 jusqu'à ce qu'elle vienne rencontrer un point analogue B_0.

Nous menons la ligne A_0B_0 ; il y aura sur cette ligne un nombre infini de points analogues A_0, B_0, C_0, etc., équidistants entre eux d'une longueur égale à

$$A_0B_0 = b.$$

Par ces points, menons des droites parallèles à A_0A_1 ; en prenant sur chacune d'elles, à partir de A_0, B_0, C_0... des longueurs égales à a, nous obtenons un nombre infini de points analogues équidistants.

Nous avons ainsi dans le plan $A_0A_1B_0$ un nombre infini de points analogues qui sont les sommets ou les nœuds d'un réseau formé par la juxtaposition de parallélogrammes tous égaux à $A_0A_1B_0B_1$.

Il est d'ailleurs évident, par notre mode de construction, qu'aucun autre point analogue ne peut exister dans le plan, car s'il en existait un sur les côtés ou dans l'intérieur d'un parallélogramme, il existerait aussi sur les côtés ou dans l'intérieur de tous les autres, et il est clair que cela ne peut pas avoir lieu pour le parallélogramme $A_0A_1B_0B_1$.

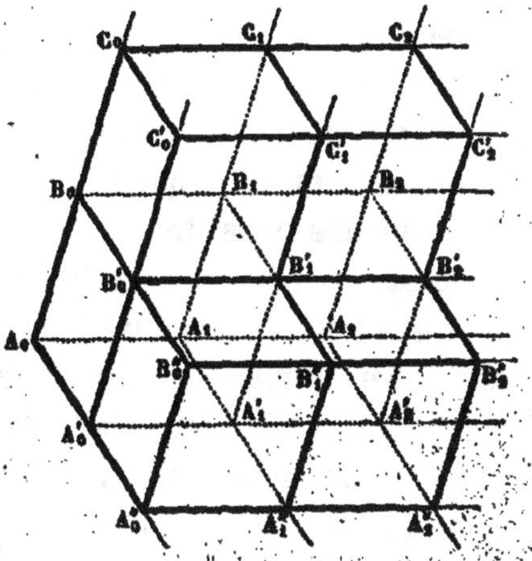

Fig. 5.

Le plan $A_0A_1B_0$ est, pour les points analogues de l'espèce considérée, ce qu'on appelle un *plan réticulaire*.

Chacune des lignes telles que A_0A_1, A_0B_0 ou toute ligne parallèle contenant un nombre infini de points analogues est une *rangée* du réseau. Les distances a, b, qui séparent sur une même rangée deux nœuds consécutifs, en sont les *paramètres*.

Nous faisons maintenant mouvoir, parallèlement à lui-même, le plan réticulaire $A_0A_1B_0$ jusqu'à ce qu'il vienne rencontrer un autre point analogue A'_0. Le plan mené par A'_0 parallèle au premier possède les mêmes propriétés que celui-ci ; il renferme donc un réseau de points analogues et les nœuds de ce réseau plan s'obtiennent en donnant au premier une translation égale et parallèle à $A_0A'_0$.

Si nous prenons sur la droite $A_0A'_0$ et à partir de A_0, dans les deux sens, des points équidistants entre eux d'une longueur égale à

$$A_0A_0' = c,$$

nous obtenons des points analogues, et si nous donnons successivement au premier réseau plan des translations égales et parallèles à $A_0A'_0$, $A'_0A''_0$, etc., nous obtenons autant de plans réticulaires dont les nœuds sont tous des points analogues de A_0.

L'espace se trouve donc occupé tout entier par un système réticulaire dont la maille est un parallélipipède $A_0A'_0B_0B'_1$. Les sommets de tous les parallélipipèdes égaux juxtaposés, ou les nœuds de ce système réticulaire sont tous des points analogues, et on verrait facilement qu'aucun autre point analogue ne peut exister en dehors de ces nœuds.

Nous avons pris comme point de départ un point A_0 du solide jouissant de propriétés quelconques. Nous en choisissons maintenant un autre, a_0, jouissant de propriétés différentes ; nous menons la droite A_0a_0, puis par chacun des points analogues à A_0 des droites égales et parallèles à A_0a_0. Il suit de la définition même des points analogues, que les extrémités de toutes ces droites seront des points analogues à a_0. Ces derniers points formeront donc les nœuds d'un système réticulaire qui ne sera autre que celui des points analogues à A_0, auquel on a fait subir une translation égale et parallèle à A_0a_0.

Il résulte donc de ces considérations très-simples que la constitution d'un corps solide cristallisé homogène, ne dépend que de deux éléments entre lesquels le principe de l'homogénéité n'établit d'ailleurs aucune relation. Ces deux éléments sont :

1° Le système réticulaire dont les points analogues entre eux forment les nœuds. Ce système est défini par la direction des trois rangées A_0A_1, A_0B_2 et $A_0A'_0$, ainsi que par le paramètre de chacune d'elles ; ou, ce qui revient au même, par la forme du parallélipipède $A_0B'_1$ qui est la maille solide du réseau, et que nous désignerons avec Bravais par le nom de *parallélipipède élémentaire* ;

2° La loi de la répartition de la matière autour de chacun des points analogues qui forment les nœuds du système réticulaire.

Cette conclusion est entièrement indépendante de toute hypothèse sur la constitution intérieure de la matière ; elle se déduit rationnellement des données expérimentales les plus simples qui nous conduisent à la notion de l'homogénéité des corps solides. Elle peut donc servir à l'édification d'une science qui sera rationnelle au même titre que l'est la mécanique, déduite tout entière de la notion de masse.

On peut d'ailleurs traduire les conséquences auxquelles nous sommes arrivés en employant le langage imagé de la théorie atomistique. Il suffit de prendre pour points analogues les centres de gravité des molécules, et de considérer les polyèdres moléculaires comme représentant géométriquement autour de chacun de ces points, ce que nous avons appelé la loi de répartition de la matière. Puisque l'on passe sans difficulté du langage de la théorie atomistique au langage, indépendant de toute hypothèse, que nous avons employé jusqu'ici, il est indifférent de faire usage de l'un ou de l'autre, et nous adopterons habituellement celui de la théorie atomistique comme plus bref et fournissant à l'esprit une image plus nette.

Il n'est point inutile de remarquer que la structure des corps cristallisés, telle que nous venons de la déduire rationnellement de la notion de l'homogénéité, ne contredit pas celle qu'Haüy avait formulée. La maille parallélipipédique de notre réseau n'est en effet autre chose que la *molécule intégrante* d'Haüy. Mais la théorie d'Haüy considère nécessairement cette molécule intégrante comme l'élément unique et irréductible du cristal. Elle laisse de côté la forme du polyèdre moléculaire. Cette grave imperfection s'est longtemps opposée à l'interprétation physique de faits cristallographiques importants. C'est ce qui avait conduit les savants allemands à rejeter comme hypothétiques les idées d'Haüy, et à renfermer la science dans l'étude, purement géométrique, de la forme des cristaux. Bien que ce procédé paraisse d'abord plus rigoureux, il est, en réalité, aussi infécond qu'antiphilosophique. Si les faits cristallographiques, en effet, nous semblent intéressants, c'est que nous avons l'espoir qu'interprétés convenablement ils nous feront pénétrer plus avant dans la connaissance de la matière. Or comment serait-il possible d'interpréter ces faits et de les aire concourir au progrès de la science, si l'on se refuse, comme une hypothèse blâmable, toute spéculation sur les relations qui peuvent exister entre la structure cristalline intérieure et la forme extérieure ?

M. Delafosse et Bravais ont pensé qu'il y avait mieux à faire que de rejeter, pour y substituer une géométrie stérile, la théorie d'Haüy, si intimement pénétrée de la réalité physique. Grâce à leurs travaux, on peut maintenant donner à la science des cristaux une base solide et assez large pour porter l'édifice tout entier.

CHAPITRE II

PROPRIÉTÉS GÉOMÉTRIQUES DES SYSTÈMES RÉTICULAIRES

Les centres de gravité des corps solides cristallisés formant des systèmes réticulaires, il est nécessaire d'étudier les propriétés géométriques de ces systèmes. Ce sera l'objet de ce chapitre.

Définitions. — Nous remarquons d'abord que les six éléments qui déterminent le système réticulaire de la figure 5, sont les directions des trois rangées A_0A_1, A_0A_0', A_0B_0, et leurs paramètres respectifs $A_0A_1 = a$, $A_0A_0' = b$, $A_0B_0 = c$. Ces trois rangées, qui sont telles que, en construisant les parallélipipèdes correspondant à leurs paramètres, on retrouve tous les nœuds du système, sont appelées *rangées conjuguées*.

Les rangées parallèles entre elles forment un *système de rangées*; les plans réticulaires parallèles entre eux, *un système de plans réticulaires*. Les trois plans réticulaires qui passent deux à deux par trois rangées conjuguées sont des *plans réticulaires conjugués*.

L'espace compris entre deux plans réticulaires parallèles immédiatement contigus est une *strate*.

Mailles planes. — Mailles parallélipipédiques. — Il y a dans un même système réticulaire un nombre infini de systèmes de trois rangées conjuguées; et, par conséquent, un même réseau peut être successivement considéré comme formé par un nombre infini d'espèces différentes de mailles parallélipipédiques.

On peut, en effet, en conservant à la maille sa base $A_0A_1A'_0A'_1$, prendre, pour la troisième arête de la maille, une quelconque des lignes qui joignent A_0 avec l'un des nœuds du plan réticulaire $B_0B'_0B_1B'_1$.

De même, au lieu de la base $A_0 A'_1$, on peut prendre pour maille plane un quelconque des parallélogrammes formés avec $A_0 A_1$ pour côté et pour autre côté une des droites joignant A_0 avec l'un des nœuds de la rangée $A'_0 A'_1$; et il est aisé de voir qu'on peut varier à l'infini de semblables combinaisons.

On démontre que dans un même plan réticulaire toutes les mailles planes que l'on peut former ont même surface. Prenons en effet, dans ce plan, une surface S limitée par un contour quelconque mais infiniment grande relativement à l'aire ω de la maille. Si n est le nombre de mailles contenues tout entières dans l'intérieur de la surface S, S sera égal à $n\omega$ augmenté d'une aire égale à la somme d'un certain nombre de fractions de mailles réparti tout le long du contour. Cette aire, étant de l'ordre de grandeur du contour, sera infiniment petite par rapport à S, et nous aurons, à un infiniment petit près,

$$S = n\omega.$$

Pour une autre maille d'aire ω' nous trouverons de même

$$S = n'\omega'.$$

Mais les n premières mailles contiennent, à un infiniment petit près, tous les nœuds contenus dans la surface S, et il en est de même pour les n' secondes. On a donc, à un infiniment petit près,

$$n = n'$$

d'où l'on déduit enfin

$$\omega = \omega'$$

Un raisonnement entièrement analogue démontrerait que toutes les mailles solides que l'on peut attribuer à un même système réticulaire ont un même volume.

On déduit de ces théorèmes une conséquence importante. Considérons un plan réticulaire tel que $A_0 A'_1$, et soit ω la surface de la maille plane correspondant à ce plan; soit d la distance normale qui sépare le plan réticulaire $A_0 A'_1$ du plan réticulaire parallèle immédiatement contigu : le volume de la maille solide sera

$$\Omega = \omega d.$$

Ω étant constant, quel que soit le plan réticulaire considéré, on voit que ω est en raison inverse de d, c'est-à-dire que l'épaisseur d'une strate est en raison inverse de la surface de la maille plane correspondante, ou en raison directe du nombre de nœuds contenus par unité de surface dans le plan réticulaire, c'est-à-dire de la *densité réticulaire de ce plan*.

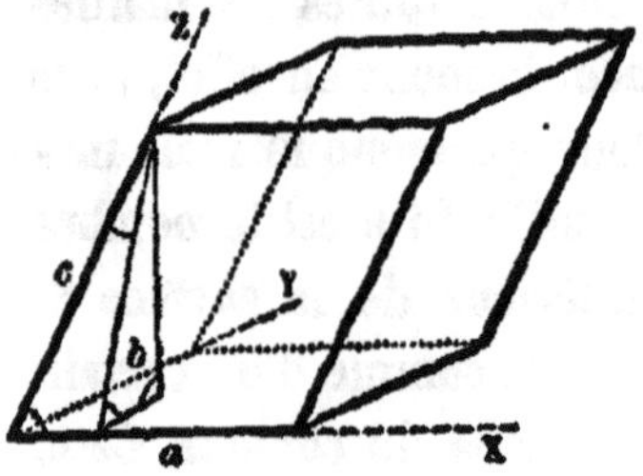

Fig. 6.

Si l'on désigne par x, y, z les trois rangées conjuguées ; par xy, yz, zx les angles des trois rangées conjuguées ; par a, b, c leurs paramètres respectifs ; par ξ, η, ζ, les angles dièdres des plans réticulaires conjugués ayant respectivement x, y, z, pour arêtes ; enfin par ω_{xy}, ω_{yz}, ω_{zx} les parallélogrammes élémentaires de ces plans, on a :

$$\omega_{xy} = ab \sin xy \qquad \omega_{yz} = bc \sin yz \qquad \omega_{zx} = ac \sin zx$$
$$\Omega = abc \sin xy \sin zx \sin \xi = abc \sin xy \sin zy \sin \eta = abc \sin zx \sin zy \sin \xi$$

ou, en posant

$$J = \sin xy \sin zx \sin \xi = \sin xy \sin zy \sin \eta = \sin zy \sin zx \sin \zeta$$
$$\Omega = abc J.$$

Si l'on appelle *intervalle moyen des nœuds*, le côté E d'un cube égal à l'unité de volume divisée par le nombre des nœuds que renferme cette unité, on a :

$$E^3 = \Omega \text{ ou } E = \sqrt[3]{\Omega}$$

Rangées contiguës et paramètre d'un système de rangées. — Rapportons aux trois rangées conjuguées prises pour axes, la position de tous les nœuds du réseau.

Soit A, fig. 7, un de ces nœuds ; menons par A une parallèle à OX et soit A' l'intersection de cette parallèle avec le plan des ZY ; la longueur A' A est égale à un certain nombre entier de fois le paramètre a, puisque, d'après la loi de formation du réseau, une série de plans réticulaires parallèles à ZY et équidistants entre eux d'une longueur égale à a, comprennent sans exception tous les nœuds du réseau. Le point

A′ est donc un nœud, et l'on peut poser, en appelant x, y, z les coordonnées de A

$$x = ma \quad y = nb \quad z = pc,$$

m, n, p étant des nombres entiers.

Ces nombres définissent la position du point lorsque a, b, c sont connus; on les appelle les *coordonnées numériques* du nœud.

Les équations d'une rangée passant par l'origine O et un nœud quelconque A, sont :

$$\frac{x}{ma} = \frac{y}{nb} = \frac{z}{pc}.$$

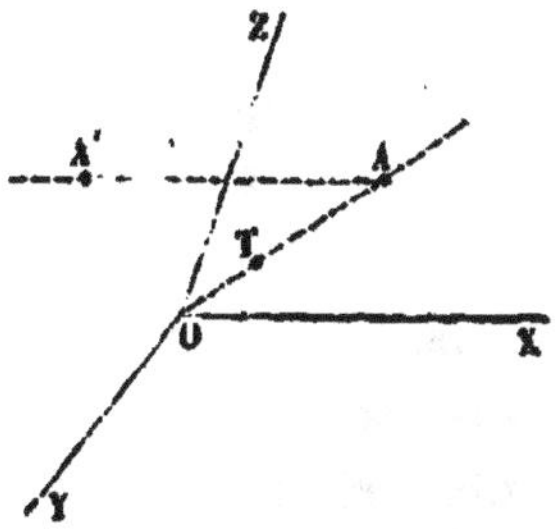

Fig. 7.

Si m, n, p ont un plus grand commun diviseur D, le nœud T défini par les coordonnées numériques

$$\frac{m}{D}, \frac{n}{D}, \frac{p}{D}$$

appartient à la rangée et est placé le plus près possible de O; OT est donc le paramètre de la rangée.

Si donc nous supposons les nombres m, n, p, qui sont les *caractéristiques* de la rangée OA, ainsi que de toute rangée parallèle, débarrassés de leurs facteurs communs, le paramètre de la rangée, que nous représenterons par le symbole

$$p[mnp]$$

se déduira de l'expression

$$p^2[mnp] = m^2a^2 + n^2b^2 + p^2c^2 + 2mnab \cos xy + 2mpa \cos xz + 2npbc \cos yz$$

Dans ce système de notation, les rangées OX, OY, OZ, ont respectivement pour caractéristiques

OX	100
OY	010
OZ	001

et l'on peut écrire

$$p[100]=a \qquad p[010]=b \qquad p[001]=c.$$

Le système des rangées parallèles à OA est défini par les caractéristiques m, n, p et représenté par le symbole

$$[mnp].$$

On écrit toujours les caractéristiques de telle sorte que la première correspond à l'axe des x, la seconde à l'axe des y, la troisième à l'axe des z.

Plans réticulaires. — Caractéristiques d'un système de plans réticulaires. — Plans réticulaires conjugués d'une rangée. — Un plan réticulaire passant par l'origine et par deux nœuds dont les coordonnées numériques sont respectivement mnp d'une part et $m'n'p'$ de l'autre, a pour équation

$$x(nb.p'c - n'b.pc) + y(pc.m'a - p'c.ma) + z(ma.n'b - nb.m'a) = 0$$

ou, en divisant par le produit abc,

$$\frac{x}{a}(n'p - np') + \frac{y}{b}(pm' - p'm) + \frac{z}{c}(mn' - nm') = 0.$$

Soit D le plus grand commun diviseur des trois binômes, et posons

$$\frac{np' - n'p}{D} = g \qquad \frac{pm' - p'm}{D} = h \qquad \frac{mn' - nm'}{D} = k,$$

les nombres entiers g, h, k sont les *caractéristiques* du plan réticulaire dont l'équation devient

$$g\frac{x}{a} + h\frac{y}{b} + k\frac{z}{c} = 0.$$

Si, par un nœud quelconque, dont les coordonnées numériques sont $m''n''p''$, on mène un plan réticulaire parallèle, on a

$$g\frac{x}{a} + h\frac{y}{b} + k\frac{z}{c} = gm'' + hn'' + kp''.$$

Le second membre est un nombre entier positif ou négatif et peut recevoir toutes les valeurs entières possibles. Si donc on désigne par C un nombre entier quelconque, tous les plans réticulaires parallèles à celui qui passe par l'origine et dont les caractéristiques sont g, h, k, sont compris dans l'équation générale :

$$g\frac{x}{a} + h\frac{y}{b} + k\frac{z}{c} = C.$$

Tous ces plans forment un système de plans réticulaires que nous représenterons par le symbole

$$(ghk).$$

Les deux plans les plus rapprochés de celui qui passe par l'origine et qu'on appelle les plans *limitrophes* de celui-ci, ont pour équation

$$g\frac{x}{a} + h\frac{y}{b} + k\frac{z}{c} = \pm 1;$$

et, d'une manière générale,

$$g\frac{x}{a} + h\frac{y}{b} + k\frac{z}{c} = \pm C$$

représente les deux plans qui, de part et d'autre de celui qui passe par l'origine, en sont séparés par un nombre de strates égal à C.

Pour qu'un plan réticulaire (ghk), passant par l'origine, soit conjugué d'une rangée mnp partant également de l'origine, il faut et il suffit que m, n, p représentent les coordonnées numériques d'un nœud situé dans l'un des plans réticulaires limitrophes du plan (ghk). L'équation, qui exprime que la condition est remplie, est donc

$$gm + hn + kp = \pm 1.$$

Longueurs numériques interceptées sur les axes coordonnés par un plan réticulaire. — Un plan réticulaire quelconque ayant pour équation

$$g\frac{x}{a} + h\frac{y}{b} + k\frac{z}{c} = C$$

intercepte, sur les trois axes coordonnés, à partir de l'origine, des longueurs qui sont respectivement égales à

$$\frac{C}{g}a,\ \frac{C}{h}b,\ \frac{C}{k}c.$$

Si l'on prend les fractions $\frac{C}{g}, \frac{C}{h}, \frac{C}{k}$ et si on les réduit au plus petit dénominateur commun D, les longueurs interceptées par le plan sur les axes coordonnés sont représentées par

$$\frac{N}{D}a, \quad \frac{N'}{D}b, \quad \frac{N''}{D}c.$$

Si l'on appelle *longueurs numériques* interceptées sur les axes, les nombres $\frac{N}{D}, \frac{N'}{D}, \frac{N''}{D}$ par lesquels il faut multiplier les paramètres correspondants pour trouver les vraies longueurs interceptées, on voit que ces longueurs numériques sont proportionnelles à trois nombres entiers N, N', N''.

Ces longueurs numériques sont aussi proportionnelles à $\frac{C}{g}, \frac{C}{h}, \frac{C}{k}$; les nombres entiers g, h, k, qui sont les caractéristiques du plan représentent donc, à un facteur commun près, les *inverses* des longueurs numériques interceptées par le plan sur les axes.

Zones. — Axes de zone. — Conditions pour qu'un plan réticulaire fasse partie d'une zone. — Il est aisé de démontrer que deux plans réticulaires passant par un même nœud se coupent suivant une rangée.

Supposons, en effet, pour simplifier, que l'un des plans soit celui des xy, l'équation de l'autre étant

$$g\frac{x}{a}+h\frac{y}{b}+k\frac{z}{c}=0$$

et l'origine étant le nœud commun. Les équations de l'intersection

$$z=0 \qquad g\frac{x}{a}+h\frac{y}{b}=0$$

sont satisfaites pour les valeurs

$$x=ha \qquad y=-gb \qquad z=0$$

qui représentent les coordonnées d'un nœud, puisque h et g sont entiers. L'intersection des deux plans est donc une rangée.

Tous les plans réticulaires passant par un nœud commun et se coupant suivant une rangée commune, ainsi que tous les plans réticulaires parallèles à ceux-là, sont dits appartenir à une même *zone*, dont la rangée commune est l'*axe*.

Supposons que l'origine soit le nœud commun, et soient P et P', dont les symboles sont respectivement (pqr) et $(p'q'r')$, deux plans de la zone. Les équations de ces deux plans seront

$$p\frac{x}{a}+q\frac{y}{b}+r\frac{z}{c}=0$$
$$p'\frac{x}{a}+q'\frac{y}{b}+r'\frac{z}{c}=0.$$

Celles de l'intersection ou de l'axe de la zone seront donc

$$\frac{1}{qr'-q'r}\frac{x}{a}=\frac{1}{rp'-r'p}\frac{y}{b}=\frac{1}{pq'-p'q}\frac{z}{c}$$

Si nous posons

$$P=qr'-q'r \quad Q=rp'-r'p \quad R=pq'-p'q,$$

les équations de l'axe de la zone deviennent

$$\frac{1}{P}\frac{x}{a}=\frac{1}{Q}\frac{y}{b}=\frac{1}{R}\frac{z}{c};$$

P, Q, R, sont les caractéristiques de la rangée qui est l'axe de la zone. Ces caractéristiques sont faciles à former par le procédé mnémonique suivant. On écrit sur deux lignes parallèles les caractéristiques de chacun des deux plans, en mettant l'un au-dessus de l'autre les nombres qui se rapportent au même axe coordonné, et en répétant les caractéristiques dans le même ordre autant de fois qu'il est nécessaire.

$$\begin{array}{ccccccccc} p & & q & & r & & p & & q \\ & & & \times & & \times & & \times & \\ p' & & q' & & r' & & p' & & q'. \end{array}$$

On supprime ensuite le premier nombre de chacune des deux lignes ; puis on forme le premier binôme P en multipliant en croix les deux nombres qui suivent dans chaque ligne, en commençant par le premier nombre de la ligne supérieure et en retranchant le second produit du premier. On trouve Q de la même façon en se servant du troisième et du quatrième nombre de chaque ligne, et enfin R en se servant du quatrième et du cinquième nombre de chaque ligne.

La condition pour que le plan (ghk) fasse partie de la zone PQR est évidemment

$$Pg + Qh + Rk = 0$$

puisque l'équation du plan est

$$g\frac{x}{a} + h\frac{y}{b} + k\frac{z}{c} = 0$$

et que les équations de la droite peuvent être mises sous la forme

$$\frac{x}{a} = CP \quad \frac{y}{b} = CQ \quad \frac{z}{c} = CR$$

C étant un nombre quelconque.

Soient PQR, P'Q'R', deux axes de zone, et (ghk) un plan appartenant à la fois aux deux zones que ces axes caractérisent, on a les deux équations de condition :

$$Pg + Qh + Rk = 0$$
$$P'g + Q'h + R'k = 0$$

Ces deux équations sont pour g, h, k, ce que sont les équations de deux plans d'une même zone pour $\frac{x}{a}$, $\frac{y}{b}$, $\frac{z}{c}$. On déduit de cette remarque les équations suivantes :

$$\frac{g}{QR' - Q'R} = \frac{h}{RP' - R'P} = \frac{k}{PQ' - P'Q}.$$

Si les binômes qui forment les dénominateurs sont divisés par leur plus grand diviseur commun, les quotients représentent les caractéristiques du plan.

Les caractéristiques d'un plan qui appartient à la fois à deux zones dont les caractéristiques sont connues, peuvent donc se déduire de ces dernières, par un procédé mnémonique absolument semblable à celui qui permet de déduire des caractéristiques de deux plans, celles de la droite qui leur sert d'intersection.

Changement d'axes coordonnés. — Les notations des rangées et des plans réticulaires étant rapportées à trois rangées conjuguées déterminées, on peut se demander ce qu'elles deviennent lorsque le réseau est rapporté à trois autres rangées conjuguées, que nous pourrons toujours, au reste, supposer partir de la même origine.

Soient x, y, z, les anciens axes ; x', y', z', les nouveaux ; et supposons données les caractéristiques des plans $x'y'$, $y'z'$, $z'x'$ par rapport aux anciens axes.

En considérant l'axe des x' comme l'intersection de $x'y'$ et de $z'x'$, on tirera facilement de ces caractéristiques, celles de l'axe x', et ainsi de suite pour les axes des y' et des z'. Les caractéristiques des nouveaux axes sont donc connues, et je désigne

celles de x' par P,Q,R
— y' — P',Q',R'
— z' — P'',Q'',R''.

Quant à la grandeur des paramètres, elle se déduit par une formule connue, des caractéristiques de chacun des axes. Appelons a', b', c' les paramètres respectifs de x', y', z', et soit (ghk) le symbole dans le sys tème des anciens axes, d'un plan réticulaire dont nous cherchons le symbole $(g'h'k')$ dans le nouveau.

Choisissons parmi tous les plans parallèles compris dans le symbole (ghk), celui qui est limitrophe de l'origine, dont l'équation est

$$g\frac{x}{a}+h\frac{y}{b}+k\frac{z}{c}=1,$$

et qui rencontre l'axe Ox', à une distance de l'origine égale à $D_{x'}$, en un point M (fig. 8), dont les coordonnées sont ξ, η, ζ. Soit $OA' = a'$ le paramètre de Ox' ; les coordonnées de A' sont

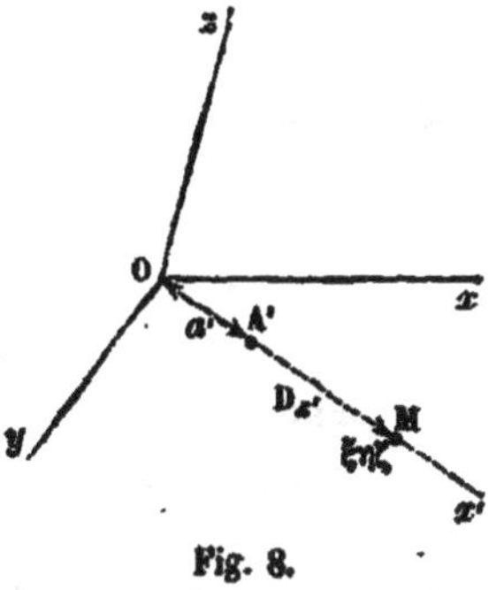

Fig. 8.

$$Pa,\ Qb,\ Rc$$

et il est clair qu'on peut poser les égalités :

$$\frac{\xi}{Pa}=\frac{\eta}{Qb}=\frac{\zeta}{Rc}=\frac{D_{x'}}{a'}$$

d'où l'on tire, en remarquant que le nœud M fait partie du plan (ghk),

$$Pg+Qh+Rk=\frac{a'}{D_{x'}}$$

En appelant $D_{y'}$, $D_{z'}$, les longueurs interceptées par le plan (ghk) sur les axes y', z', on trouve de même :

$$P'g + Q'h + R'k = \frac{b'}{D_y'}$$

$$P''g + Q''h + R''k = \frac{c'}{D_z'}$$

Les inverses des premiers membres des trois dernières équations, divisés respectivement par a', b', c', représentent donc les longueurs interceptées sur chacun des nouveaux axes ; et les premiers membres de ces équations, débarrassés, s'il y a lieu, de leurs facteurs communs, sont les caractéristiques cherchées g', h', k'.

Si uvw représentent les coordonnées numériques d'un nœud dans l'ancien système d'axes, on peut se proposer de chercher les coordonnés $u'v'w'$ de ce nœud dans le nouveau système.

Soit (pqr) le symbole du plan des zy dans l'ancien système, le plan parallèle qui passe par le point uvw a pour équation :

$$p\frac{x}{a} + q\frac{y}{b} + r\frac{z}{c} = pu + qv + rw$$

et le second membre représentant le nombre de strates compris entre ce plan et $z'y'$ est précisément la coordonnée numérique u' cherchée. On aura donc :

$$u' = pu + qv + rw$$

et de même

$$v' = p'u + q'v + r'w$$
$$w'' = p''u + q''v + r''w$$

en appelant $(p'q'r')$ le symbole du plan $z'x'$
et $(p''q''r'')$ — — $x'y'$.

Aire élémentaire d'un plan réticulaire. — Nous conviendrons de désigner l'aire élémentaire d'un système de plans réticulaires (ghk) par le symbole $s(ghk)$. Nous allons chercher l'expression de $s(ghk)$. Soient trois rangées conjuguées, servant d'axes coordonnés, et ayant respectivement pour paramètres a, b, c. Nous les supposons coupées aux points G, H, K (fig. 9), par un plan réticulaire (ghk) limitrophe de l'origine.

On a

$$\text{Aire GOH} = \frac{1}{2}\frac{a}{g}\frac{b}{h}\sin xy = \frac{1}{2}\frac{s(001)}{gh}$$

Soit p la perpendiculaire abaissée de O sur le plan, et S l'aire GHK :

$$(1)\qquad Sp = \frac{1}{2}\frac{s(001)}{gh}\cdot\frac{c}{k}\cos\gamma;$$

γ étant l'angle, avec Oz, de la perpendiculaire abaissée de K sur le plan xy, et dont la longueur est $\frac{c}{k}\cos\gamma$.

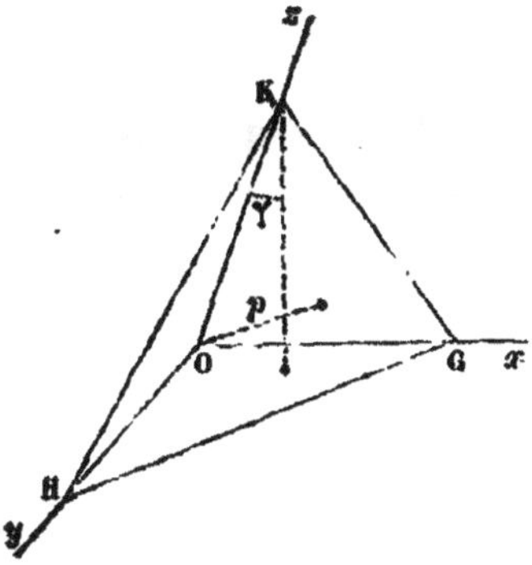

Fig. 9.

On a d'ailleurs, Ω étant le volume élémentaire du réseau,

$$(2)\qquad p.s(ghk) = s(001).\,c\cos\gamma = \Omega$$

et en composant les équations (1) et (2), on déduit

$$\frac{S}{s(ghk)} = \frac{1}{2}\frac{1}{ghk}.$$

Un théorème connu de la géométrie analytique permet, on le sait, d'écrire :

$$S^2 = X^2 + Y^2 + Z^2 - 2XY\cos\zeta - 2XZ\cos\eta - 2YZ\cos\xi$$

X, représentant l'aire du triangle KOH situé dans le plan des yz;

Y, l'aire GOK, et Z l'aire GOH ;

ξ, étant l'angle des deux plans coordonnés xy et xz dont Ox est l'arête;

η, l'angle des deux plans yx et yz dont Oy est l'arête;

ζ, l'angle des deux plans zx et zy dont Oz est l'arête.

D'après le théorème précédent, on a :

$$X = \frac{1}{2}\frac{s(100)}{hk}$$

$$Y = \frac{1}{2}\frac{s(010)}{gk}$$

$$Z = \frac{1}{2}\frac{s(001)}{gh}$$

$$S = \frac{1}{2}\frac{s(ghk)}{ghk}$$

valeurs qui, substituées dans l'équation précédente, donnent :

$$s^2(ghk)=\left\{\begin{array}{l} g^2.s^2(100) \\ +h^2.s^2(010) \\ +k^2\, s^2(001) \end{array}\right\}-2\left\{\begin{array}{l} gh.s(100).s(010).\cos\zeta \\ +hk.s(010).s(001).\cos\xi \\ +gk.s(100).s(001).\cos\eta \end{array}\right.$$

Angle de deux rangées. — Étant données deux rangées R et R′, dont les symboles respectifs sont

$$[pqr], \quad [p'q'r']$$

on peut se proposer de chercher l'angle qu'elles forment entre elles.

Soit (uvw) le plan qui comprend ces deux rangées, qu'on peut toujours supposer menées par l'origine ; on a :

$$u=\frac{qr'-rq'}{D}$$
$$v=\frac{rp'-pr'}{D}$$
$$w=\frac{pq'-qp'}{D}.$$

en appelant D le plus grand commun diviseur des trois numérateurs.

On a d'ailleurs

$$s(qr'-rq', rp'-pr', pq'-qp')=D.s(uvw)=p\,[pqr]\,.\,p\,[p'q'r']\,.\sin RR'$$

d'où l'on tire

$$\sin RR'=\frac{D.s(uvw)}{p\,[pqr]\,.\,p\,[p'q'r']}.$$

Cette formule est peu employée à cause de l'incertitude que laisse la détermination d'un angle par son sinus. On préfère déterminer l'angle RR′ par son cosinus ou sa tangente.

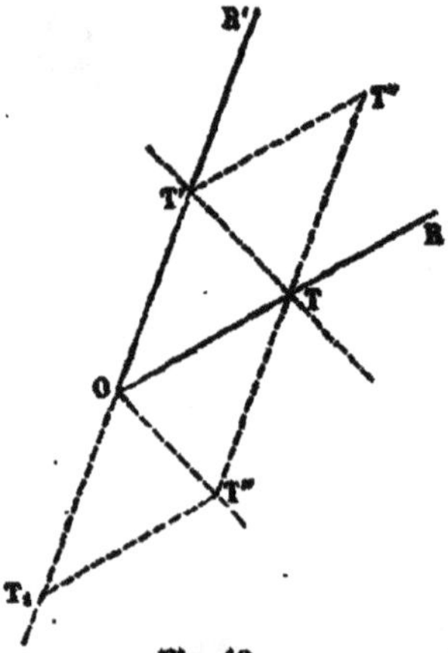

Fig. 10.

Soient les deux rangées OR et OR′ (fig. 10), dont les paramètres respectifs sont

$$OT=p\,[pqr], \quad OT'=p\,[p'q'r']$$

Construisons sur OT et OT′ un parallélogramme dont le quatrième sommet sera T″ ; les coordonnées numériques de T″ sont :

$$p+p', \quad q+q', \quad r+r'$$

et

$$OT'' = p[p+p',\ q+q',\ r+r'].$$

Construisons de même un parallélogramme sur OT et $OT_1' = -OT'$: les coordonnées numériques du quatrième sommet T'' seront

$$p-p',\ q-q',\ r-r'$$

et

$$OT_1'' = p[p-p',\ q-q'\ r-r'] = TT'$$

Or, dans le triangle OTT'', on a

$$\overline{OT''}^2 = \overline{OT}^2 + \overline{OT'}^2 + 2.OT.OT'.\cos RR',$$

et dans le triangle OTT' :

$$\overline{TT'}^2 = \overline{OT}^2 + \overline{OT'}^2 - 2.OT.OT' \cos RR'$$

On tire aisément de ces deux équations

$$\cos RR' = \frac{1}{4}\frac{\overline{OT''}^2 - \overline{TT'}^2}{OT \times OT'} = \frac{1}{4}\frac{p^2[p+p', q+q', r+r'] - p^2[p-p', q-q', r-r']}{p[pqr] \times p[p'q'r']}$$

et, en remplaçant les symboles par leurs expressions connues, il vient, toutes réductions faites :

$$\cos RR' = \frac{\left.\begin{matrix} pp'a^2 \\ +qq'b^2 \\ +rr'c^2 \end{matrix}\right\} + \left\{\begin{matrix} (pq'+p'q)\,ab\cos xy \\ +(pr'+p'r)\,ac\cos xz \\ +(qr'+q'r)\,bc\cos yz \end{matrix}\right.}{\sqrt{\left.\begin{matrix} p^2a^2 \\ +q^2b^2 \\ +r^2c^2 \end{matrix}\right\} + \left\{\begin{matrix} 2pqab\cos xy \\ +2prac\cos xz \\ +2qrbc\cos yz \end{matrix}\right.} \times \sqrt{\left.\begin{matrix} p'^2a^2 \\ +q'^2b^2 \\ +r'^2c^2 \end{matrix}\right\} + \left\{\begin{matrix} 2p'q'ab\cos xy \\ +2p'r'ac\cos xz \\ +2q'r'bc\cos yz \end{matrix}\right.}}.$$

Connaissant sin RR' et cos RR', il est aisé d'obtenir tang. RR', et l'on obtient :

$$\text{tang. } RR' = \frac{D.s(uvw)}{\frac{1}{4}\left[p^2[p+p',\ q+q',\ r+r'] - p^2[p-p',\ q-q',\ r-r']\right]}$$

ou, en remplaçant les symboles par leurs expressions

$$\text{tang.}\,RR' = D\,\frac{\sqrt{\left.\begin{array}{r} u^2b^2c^2 \sin yz \\ + v^2a^2c^2 \sin xz \\ + w^2a^2b^2 \sin xy \end{array}\right\} - \left\{\begin{array}{l} 2uvabc^2 \sin yz \sin xz \cos \zeta \\ + 2uwacb^2 \sin xy \sin yz \cos \eta \\ + 2vwbca^2 \sin xy \sin xz \cos \xi \end{array}\right.}}{\left.\begin{array}{r} pp'a^2 \\ + qq'b^2 \\ + rr'c^2 \end{array}\right\} + \left|\begin{array}{l} (pq' + p'q)\, ab \cos xy \\ + (pr' + p'r)\, ac \cos xz \\ + (qr' + q'r)\, bc \cos yz \end{array}\right.}.$$

Réseaux polaires. — Étant donné un réseau construit sur les paramètres *a*, *b*, *c* qui correspondent aux trois rangées conjuguées *x*, *y*, *z* (fig. 11), on mène par l'origine des perpendiculaires à tous les systèmes de plans réticulaires, et l'on marque sur chacune de ces perpendiculaires, à partir de l'origine, un nombre infini de points équidistants entre eux d'une quantité égale à l'aire de la maille plane du système de plans, divisée par la distance moyenne des nœuds E. Si le système de plans réticulaires a pour symbole (*ghk*), la distance commune OD de deux des points contigus marqués sur la perpendiculaire sera

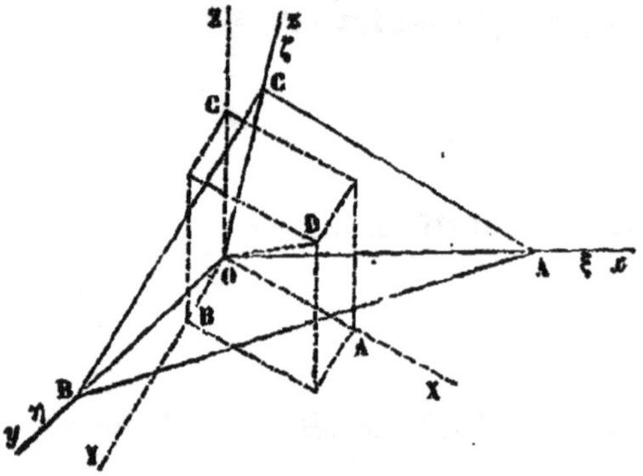

Fig. 11.

$$(1) \qquad OD = \frac{s(ghk)}{E}.$$

Or on a

$$(2) \qquad s^2(ghk) = \left\{\begin{array}{r} g^2.s^2(100) \\ + h^2.s^2(010) \\ + k^2.s^2(001) \end{array}\right\} - \left\{\begin{array}{l} 2gh.s(100).s(010).\cos \zeta \\ + 2hk.s(010).s(001).\cos \\ + 2gk.s(100).s(001).\cos \eta \end{array}\right.$$

Si l'on considère les trois perpendiculaires menées par l'origine perpendiculairement aux plans coordonnés, l'équidistance des points marqués sur ces perpendiculaires sera respectivement :

Sur la droite OX perpendiculaire à zy. . . $OA = \frac{s(100)}{E} = A$

— OY — zx. . . $OB = \frac{s(010)}{E} = B$

— OZ — xy. . . $OC = \frac{s(001)}{E} = C.$

Supposons que l'on rapporte le point D aux axes X, Y, Z, auxquels on attribuera respectivement les paramètres A, B, C. Une formule connue donnerait $\overline{OD}^2$ en fonction de ces paramètres et des coordonnées numériques de D par rapport aux nouveaux axes. La comparaison de cette formule avec la valeur de $\overline{OD}^2$ déduite des équations précédentes (1) et (2) fait voir que ces coordonnées numériques sont précisément égales aux nombres entiers g, h, k. On en conclut que tous les points D forment un réseau construit sur les axes X, Y, Z considérés comme des rangées conjuguées possédant respectivement les paramètres A, B, C. Nous appellerons ce réseau le *réseau polaire* du premier, que nous appellerons le *réseau primitif*.

On voit qu'à tout système de plans réticulaires (ghk) du réseau primitif correspond une rangée normale du réseau polaire, dont les caractéristiques, dans le système d'axes du réseau polaire, sont g, h, k. Nous désignerons cette rangée par le symbole $[ghk]_\pi$. Le paramètre de cette rangée désigné par le symbole P $[ghk]$ est donné par l'expression

$$\mathrm{P}\,[ghk] = \frac{s(ghk)}{\mathrm{E}}$$

$s\,(ghk)$ étant l'aire de la maille plane du système de plans réticulaires du réseau primitif.

Nous continuerons de désigner les axes coordonnés auxquels on rapporte le réseau primitif par x, y, z; ceux auxquels on rapporte le réseau polaire seront désignés par les lettres X, Y, Z.

Les paramètres des axes du réseau primitif étant appelés a, b, c, ceux du réseau polaire seront A, B, C. Les angles dièdres des plans coordonnés du réseau primitif étant appelés ξ, η, ζ, ceux des plans coordonnés du réseau polaire seront appelés Ξ, H, Z. On aura d'ailleurs

$$\begin{aligned} YX &= 180 - \zeta \qquad & \Xi &= 180 - zy \\ XZ &= 180 - \eta \qquad & H &= 180 - yx \\ ZY &= 180 - \xi \qquad & Z &= 180 - xz \end{aligned}$$

Le volume de la maille parallélipipédique du réseau primitif est

$$\Omega = abc\,\mathrm{J}$$

Le volume de la maille parallélipipédique du réseau polaire est

$$\Omega_\pi = \mathrm{ABC}\,\mathrm{J}_\pi = \frac{ab \sin xy}{\mathrm{E}} \cdot \frac{bc \sin yz}{\mathrm{E}} \cdot \frac{ac \sin xz}{\mathrm{E}} \cdot \sin\xi \sin\zeta \sin xz$$

ou à cause des relations

$$J = \sin xy \sin xz \sin \xi = \sin yz \sin xz \sin \zeta$$

$$\Omega_\pi = \frac{a^2 b^2 c^2 J^2}{E^3} = \frac{\Omega^2}{\Omega} = \Omega.$$

Les volumes sont donc identiques, ainsi que l'intervalle moyen E des nœuds, dans les deux réseaux.

On en conclut, sans difficulté, que le réseau primitif est le polaire du réseau polaire, et par conséquent qu'à tout système de plans réticulaires $(ghk)_\pi$ du réseau polaire correspond un système de rangées normales $[ghk]$ du réseau primitif. Si l'on désigne par le symbole S(ghk) l'aire de la maille plane du réseau polaire, on aura :

$$p\,[ghk] = \frac{S(ghk)}{E}$$

En résumé, on voit que le réseau polaire et le réseau primitif jouissent, l'un par rapport à l'autre, de propriétés réciproques analogues à celles qui existent entre un triangle sphérique et son polaire. Toute propriété démontrée pour les rangées d'un réseau se transformera en propriété relative aux plans réticulaires du second et réciproquement.

Nous avons vu que les paramètres du réseau polaire ont, en fonction de ceux du réseau primitif, les valeurs :

$$A = \frac{s(100)}{E} = \frac{bc \sin yz}{E}$$

$$B = \frac{s(010)}{E} = \frac{ac \sin xz}{E}$$

$$C = \frac{s(001)}{E} = \frac{ab \sin yz}{E}$$

que l'on peut encore écrire

$$A = \frac{abc}{E} \cdot \frac{1}{a} \sin yz$$

$$B = \frac{abc}{E} \cdot \frac{1}{b} \sin xz$$

$$C = \frac{abc}{E} \cdot \frac{1}{c} \sin xy$$

Angle de deux plans réticulaires. — De ce qui précède, nous concluons que si, dans un réseau, on a deux plans réticulaires P et P′ représentés par les symboles (pqr) et $(p'q'r')$, on trouvera l'angle de ces deux plans en cherchant le supplément de l'angle des deux rangées correspondantes du réseau polaire. Il suffira donc de prendre les formules qui donnent l'angle RR′ de deux rangées du réseau primitif, et d'y substituer aux paramètres et aux angles des axes de ce réseau, les paramètres et les angles des axes du réseau polaire, pour obtenir l'angle, que nous appellerons PP′, des normales aux deux plans. On peut ainsi écrire les formules

$$\sin PP' = \frac{D.S(uvw)}{P[pqr].P[p'q'r']}$$

ou encore

$$\sin PP' = \frac{E^2D.p[uvw]}{s(pqr).s(p'q'r')}$$

$$\cos PP' = \frac{\left.\begin{matrix} pp'A^2 \\ +qq'B^2 \\ +rr'C^2 \end{matrix}\right\} + \left\{\begin{matrix} (pq'+p'q)\,AB\cos XY \\ +(pr'+p'r)\,AC\cos XZ \\ +(qr'+q'r)\,BC\cos YZ \end{matrix}\right.}{\sqrt{\left.\begin{matrix} p^2A^2 \\ +q^2B^2 \\ +r^2C^2 \end{matrix}\right\} + \left\{\begin{matrix} 2pqAB\cos XY \\ +2prAC\cos XZ \\ +2qrBC\cos YZ \end{matrix}\right.} \times \sqrt{\left.\begin{matrix} p'^2A^2 \\ +q'^2B^2 \\ +r'^2C^2 \end{matrix}\right\} + \left\{\begin{matrix} 2p'q'AB\cos XY \\ +2p'r'AC\cos XZ \\ +2q'r'BC\cos YZ \end{matrix}\right.}}$$

Quant à la formule qui donne tg PP′, en remarquant que

$$\begin{aligned} BC\sin YZ &= Ea \\ AC\sin XZ &= Eb \\ AB\sin XY &= Ec \end{aligned}$$

elle peut s'écrire

$$\operatorname{tg} PP' = \frac{ED\sqrt{\left.\begin{matrix} u^2a^2 \\ +v^2b^2 \\ +w^2c^2 \end{matrix}\right\} + \left\{\begin{matrix} 2uv.\,ab\cos\zeta \\ +2uw.\,ac\cos\eta \\ +2vw.\,bc\cos\xi \end{matrix}\right.}}{\left.\begin{matrix} pp'A^2 \\ +qq'B^2 \\ +rr'C^2 \end{matrix}\right\} + \left\{\begin{matrix} (pq'+p'q)\,AB\cos XY \\ +(pr'+p'r)\,AC\cos XZ \\ +(qr'+q'r)\,BC\cos YZ. \end{matrix}\right.}$$

Remarques sur la formule qui donne tg PP′. — Si nous examinons l'expression de tg PP′, nous voyons que, lorsque les faces dont on veut trouver les inclinaisons, font partie de la même zone, u, v, w, étant les mêmes pour tous les plans de la même zone ; si P_1, P_1' sont deux plans faisant partie de la même zone que P et P′, on aura symboliquement :

$$\frac{\operatorname{tg} PP'}{\operatorname{tg} P_1P_1} = \frac{\Sigma p_1 p'_1 A^2 + \Sigma (p_1 q'_1 + p'_1 q_1) AB \cos XY}{\Sigma p p' A^2 + \Sigma (p q' + p' q) AB \cos XY}$$

Cette remarque peut simplifier les calculs dans beaucoup de cas.

On peut encore remarquer que si la maille du système réticulaire est un cube, les lignes trigonométriques, de même que les paramètres des axes, disparaissent. Le rapport des deux tangentes est donc rationnel, puisque les quantités D, D', p, p', p_1, p'_1 etc., sont entières.

Certains cristallographes allemands admettent en outre, comme une loi expérimentale, que le rapport des deux tangentes doit toujours être rationnel. Cette prétendue loi expérimentale n'aurait sans doute rien d'impossible, bien qu'on ne voie point les raisons théoriques qui la rendraient vraisemblable. On peut demander seulement que l'observation l'établisse nettement. Or si l'on consulte l'ouvrage de Naumann[1], on voit qu'on est obligé d'accepter pour rationnels des rapports tels que $\frac{11}{40}$, $\frac{17}{90}$, $\frac{13}{60}$, $\frac{1}{51}$, $\frac{8}{45}$.

Il paraît évident que l'on trouverait des rapports analogues, même si la loi était fausse. En réalité, à cause de l'imperfection inévitable de nos mesures, nous ne pouvons démontrer qu'un nombre observé est rationnel que lorsqu'il est en même temps simple. Ce n'est pas le cas pour les rapports que je viens de citer, et je ne crois pas que la loi dont j'ai parlé puisse être regardée comme expérimentalement démontrée.

Angles formés avec les plans coordonnés du réseau polaire, par les plans qui passent par une rangée de ce réseau et les axes coordonnés. — Si, par l'origine des coordonnées, on décrit une sphère de rayon arbitraire, on appellera *pôle d'une rangée*, le point où elle vient rencontrer la surface de la sphère.

Le grand cercle mené par deux pôles est l'intersection avec la sphère d'un plan réticulaire passant par l'origine.

Le pôle d'une rangée du réseau primitif peut être désigné par le symbole [*ghk*] de cette rangée, ou par le symbole (*ghk*)$_*$ qui convient au plan du réseau polaire normal à cette rangée.

Soient X, Y, Z, (fig. 12) les pôles des trois axes du réseau polaire, et P le pôle de la rangée [*pqr*]$_*$ du même réseau. PX est un plan réticu-

[1] *Elemente der Theoretischen Kristallographie*, von Dr Carl Friedrich Naumann. — 1856. — Pages 234-235.

laire dont le symbole est $(or\bar{q})_\pi$ et qui est perpendiculaire à la rangée $[or\bar{q}]$ du réseau primitif. La normale au plan XY est aussi une rangée du réseau primitif dont le symbole est [001]. L'angle de ces deux rangées mesure l'angle dièdre PXY, et le sinus en a pour expression :

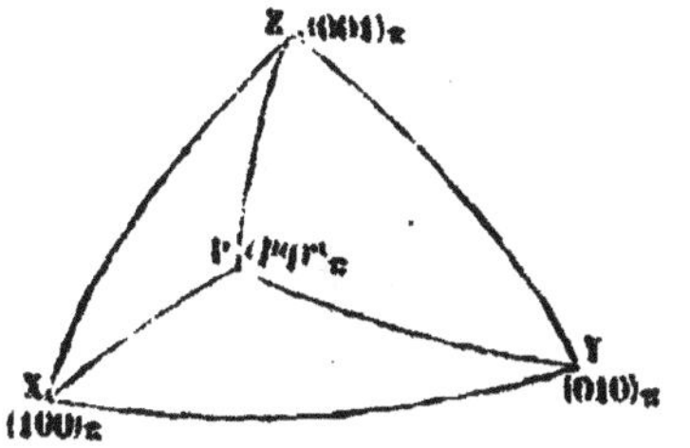

Fig. 12.

$$\sin PXY = \frac{r.s(100)}{c.p[or\bar{q}]}.$$

On aura de même

$$\sin PXZ = \frac{q.s(100)}{b.p[or\bar{q}]}$$

d'où l'on tirera

$$\frac{\sin PXY}{\sin PXZ} = \frac{r}{q}\frac{b}{c} = \frac{r}{c} : \frac{q}{b}$$

On aurait évidemment de même

$$\frac{\sin PYX}{\sin PYZ} = \frac{r}{p}.\frac{a}{c} = \frac{r}{c} : \frac{p}{a}$$

$$\frac{\sin PZX}{\sin PZY} = \frac{q}{p}.\frac{a}{b} = \frac{q}{b} : \frac{p}{a}$$

Angles d'une rangée du réseau polaire avec les axes du réseau primitif. — Soient toujours X, Y, Z (fig. 13) les pôles des axes coordonnés du réseau polaire; x, y, z les pôles des axes du réseau primitif; le triangle sphérique XYZ est le polaire du triangle xyz. Par le pôle P, $[pqr]_\pi$, nous menons les trois arcs Px, Py, Pz, que nous prolongeons jusqu'à la rencontre avec les côtés de XYZ en x', y', z'.

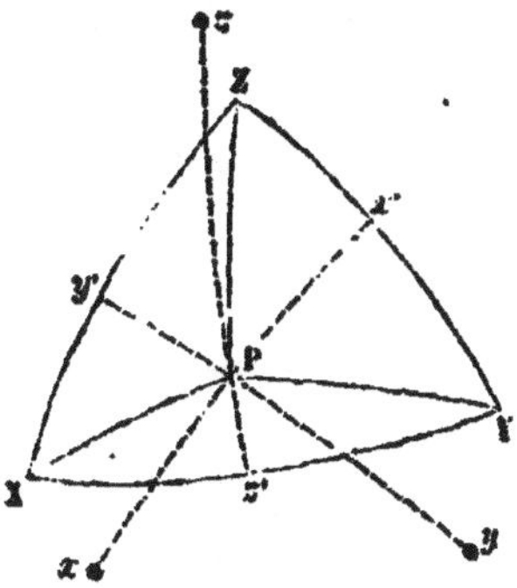

Fig. 13.

Dans les triangles rectangles PXz' et PXy' on a :

$$\sin Pz' = \sin PX \sin PXY$$
$$\sin Py' = \sin PX \sin PXZ$$

d'où l'on déduit

$$\frac{\cos Pz}{\cos Py}=\frac{\sin Px'}{\sin Py'}=\frac{\sin PXY}{\sin PXZ}=\frac{r}{c}:\frac{q}{b}$$

De même on trouvera

$$\frac{\cos Pz}{\cos Px}=\frac{r}{c}:\frac{p}{a}$$

ou enfin

$$\frac{\cos Pz}{\frac{r}{c}}=\frac{\cos Py}{\frac{q}{b}}=\frac{\cos Px}{\frac{p}{a}}$$

Relations qui lient quatre pôles situés sur la même zone. — Nous remarquons que la formule qui donne le sinus de l'angle de deux plans contient au numérateur la quantité E^3 qui est constante pour tous les plans du réseau, et la quantité $p[uvw]$ qui est le paramètre de l'axe de la zone déterminée par les deux plans. Cette dernière quantité est la même pour tous les plans faisant partie de la même zone.

Fig. 14.

Supposons sur le grand cercle de la zone quatre pôles P_1, P_2, P_3, P_4 (fig. 14). La remarque précédente montre que l'on peut poser

$$\frac{\sin P_1P_2}{\sin P_2P_3}=\frac{D_{1.2}}{D_{2.3}}\cdot\frac{s_2.s_3}{s_1.s_2}=\frac{D_1 s_3}{D_{2.3} s_1}$$

en désignant d'une manière générale par $D_{m.n}$ le plus grand commun diviseur des binômes formés avec les caractéristiques de P_m et P_n, et en posant pour abréger :

$$s_m=s(g_m h_m k_m).$$

Si nous prenons 4 pôles, nous aurons évidemment

$$\frac{\sin P_1P_2 . \sin P_3P_4}{\sin P_1P_3 . \sin P_2P_4}=\frac{D_{1.2} . D_{3.4}}{D_{2.3} . D_{2.4}}\cdot\frac{s_1.s_3.s_2.s_4}{s_1.s_2.s_3.s_4}=\frac{D_{1.2} . D_{3.4}}{D_{2.3} . D_{2.4}}$$

d'où l'on tire

$$C=\frac{D_{3.4}}{D_{2.4}}=\frac{D_{2.3}}{D_{1.2}}\cdot\frac{\sin P_1P_2 . \sin P_3P_4}{\sin P_1P_3 . \sin P_2P_4}$$

On déduit de cette formule un moyen de trouver les caractéristiques de P_4, lorsqu'on connait celles de P_1, P_2, P_3, et les inclinaisons mutuelles des 4 faces.

On a en effet :

$$h_2k_4 - h_4k_2 = uD_{2,4} \qquad k_2g_4 - g_2k_4 = vD_{2,4} \qquad g_2h_4 - g_4h_2 = wD_{2,4}$$
$$h_3k_4 - h_4k_3 = uD_{3,4} \qquad k_3g_4 - g_3k_4 = vD_{3,4} \qquad g_3h_4 - g_4h_3 = wD_{3,4}$$

u, v, w étant les caractéristiques de l'axe de zone.

On en déduit les 3 équations

$$\frac{h_2k_4 - h_4k_2}{h_3k_4 - h_4k_3} = \frac{k_2g_4 - g_2k_4}{k_3g_4 - g_3k_4} = \frac{g_2h_4 - g_4h_2}{g_3h_4 - g_4h_3} = C' = \frac{1}{C}.$$

Ces 3 équations du premier degré se transforment aisément en celles-ci :

$$\frac{k_4}{k_2 - C'k_3} = \frac{h_4}{h_2 - C'h_3} = \frac{g_4}{g_2 - C'g_3}.$$

Les dénominateurs, débarrassés, s'il y a lieu, de leurs facteurs communs, seront donc les caractéristiques cherchées du plan dont le pôle est P_4.

Ce procédé de calcul est remarquable, car il permet de déterminer les caractéristiques du plan sans qu'on ait besoin de recourir aux données qui fixent les dimensions de la maille du système réticulaire.

Réciproquement, si l'on connait les caractéristiques des 4 pôles et les angles mutuels de trois d'entre eux, P_1, P_2, P_3, on connaîtra $D_{3,4}$ et $D_{2,4}$ et par conséquent C ; on aura alors :

$$C = \frac{D_{3,4}}{D_{2,4}} = \frac{D_{1,3}}{D_{1,2}} \cdot \frac{\sin P_1P_2}{\sin P_1P_3} \cdot \frac{\sin P_3P_4}{\sin (P_2P_3 + P_3P_4)};$$

d'où en posant :

$$m = \frac{D_{3,4}}{D_{2,4}} \cdot \frac{D_{1,2}}{D_{1,3}} \cdot \frac{\sin P_1P_3}{\sin P_1P_2},$$

ce qui est une quantité connue, on tire aisément :

$$\operatorname{tg} P_3P_4 = \frac{m \sin P_2P_3}{1 - m \cos P_2P_3},$$

on peut donc calculer l'angle P_3P_4.

On peut encore poser

$$m = \operatorname{tg} \theta$$

et, par conséquent,

$$\frac{\sin P_3P_4}{\sin P_2P_4} = \frac{\sin \theta}{\cos \theta},$$

d'où l'on tire, par des transformations très-simples :

$$\frac{\sin P_2P_4 - \sin P_3P_4}{\sin P_2P_4 + \sin P_3P_4} = \frac{\operatorname{tg} \frac{1}{2} P_2P_3}{\operatorname{tg} \frac{1}{2} (P_2P_4 + P_3P_4)} \quad \frac{\cos \theta - \sin \theta}{\cos \theta + \sin \theta} = \operatorname{tg} (45^\circ - \theta).$$

Or on a

$$P_2P_4 + P_3P_4 = 2P_3P_4 + P_2P_3 ;$$

l'équation précédente se transforme donc en celle-ci :

$$\operatorname{tg} (P_3P_4 + \tfrac{1}{2} P_2P_3) = \operatorname{tg} \tfrac{1}{2} P_2P_3 \operatorname{cotg} (45 + \theta),$$

formule immédiatement calculable par logarithmes, et que l'on peut employer pour calculer P_3P_4.

Symboles à quatre caractéristiques. — Dans le but de rendre plus symétriques certaines formules, on peut, aux trois caractéristiques d'un nœud, d'une rangée ou d'un plan, en ajouter une quatrième se déduisant des trois autres suivant une loi connue. C'est ainsi qu'aux trois caractéristiques pqs se rapportant respectivement aux trois axes x, y, z, on peut en ajouter une quatrième, telle que

$$p + q + s + r = 0.$$

Si les caractéristiques se rapportent à un plan, r a une signification géométrique remarquable. Soit, en effet, Ou une direction allant de l'origine au nœud $\bar{1}\,\bar{1}\,\bar{1}$; la caractéristique du plan par rapport à Ou est (voir page 22) égale à $-p-q-s$, c'est-à-dire à la caractéristique auxiliaire r.

On pourrait aussi prendre cette caractéristique r telle que

$$p + q + r = 0.$$

Il serait alors aisé de voir que si pqs sont les caractéristiques d'un plan, r est la caractéristique de ce plan par rapport à une rangée Ou menée suivant le prolongement de la diagonale du parallélogramme construit sur a et b, c'est-à-dire joignant l'origine au nœud $\bar{1}\,\bar{1}\,0$.

Si nous supposons que l'axe des z est perpendiculaire sur le plan xy, la formule qui donne le cosinus de l'angle PP' formé par les normales menées à deux plans (pqs) et $(p'q's')$ est

$$\cos PP' = \frac{pp'A^2 + qq'B^2 + ss'C^2 + (pq' + p'q)\,AB\cos XY}{\sqrt{p^2A^2+q^2B^2+s^2C^2+2pqAB\cos XY}\,\sqrt{p'^2A^2+q'^2B^2+s'^2C^2+2p'q'AB\cos XY}}$$

La rangée qui, *dans le réseau polaire*, va de l'origine au nœud $\bar{1}\,1\,0$, est perpendiculaire au plan $(\bar{1}\,1\,0)$ du réseau primitif, c'est-à-dire au plan ZOu ; elle est donc perpendiculaire à Ou. Appelons F' le paramètre de cette rangée, on a

$$F'^2 = A^2 + B^2 - 2AB\cos XY.$$

Portons dans cos PP' la valeur de AB cos XY déduite de cette équation, et introduisons les nombres r et r' qui satisfont aux relations $p + q = r$, $p' + q' = -r'$, il vient

$$\cos PP' = \frac{ss'C^2 - A^2\dfrac{pr' + p'r}{2} - B^2\dfrac{qr' + q'r}{2} - F'^2\dfrac{pq' + p'q}{2}}{\sqrt{s^2C^2 - prA^2 - qrC^2 - pqF'^2}\,\sqrt{s'^2C^2 - p'r'A^2 - q'r'C^2 - p'q'F'^2}}.$$

La formule qui donne tg PP' est :

$$\operatorname{tg} PP' = \frac{ED\sqrt{u^2a^2 + v^2b^2 + w^2c^2 + 2uvab\cos xy}}{pp'A^2 + qq'B^2 + ss'C^2 + (pq' + p'q)AB\cos XY}$$

ou encore

$$\operatorname{tg} PP' = \frac{D\sqrt{w^2A^2B^2\sin^2 XY + C^2(u^2B^2 + v^2A^2 - 2uv\,AB\cos XY)}}{pp'A^2 + qq'B^2 + ss'C^2 + (pq' + p'q)\,AB\cos XY}.$$

Appelons F le paramètre de la rangée qui, dans le réseau polaire, va de l'origine au nœud 110, nous aurons

$$F^2 = A^2 + B^2 + 2AB\cos XY.$$

Si nous portons au numérateur la valeur de 2AB cos XY déduite de cette équation, et au dénominateur la valeur de AB cos XY déduite de celle qui donne F'^2, en appelant t la quatrième caractéristique de la zone $[uvw]$ satisfaisant à la relation $u + v + t = 0$, il vient :

$$\operatorname{tg} PP' = \frac{D\sqrt{w^2A^2B^2\sin^2 XY - C^2(vtA^2 + utB^2 + uvF^2)}}{ss'C^2 - A^2\dfrac{pr' + p'r}{2} - B^2\dfrac{qr' + q'r}{2} - F'^2\dfrac{pq' + p'q}{2}}.$$

Il serait aisé, en suivant une marche analogue à celle qu'on a suivie pour trouver cos PP′, de voir qu'on a :

$$\frac{1}{E^2} s^2(pqrs) = -prA^2 - qrB^2 - pqF'^2 + s^2C^2.$$

Si l'angle $xy = 120°$, les trois axes x, y, u font entre eux des angles égaux à 120°.

Si l'on suppose en outre $a = b$, et si l'on appelle h le paramètre de l'axe des z, on a

$$A = B = \frac{m}{a} \qquad C = \frac{m}{h}\frac{\sqrt{3}}{2}$$

$$F^2 = 2A^2(1 + \cos 60°) = 3A^2 \qquad F'^2 = 2A^2(1 - \cos 60°) = A^2.$$

Les formules précédentes deviendront donc :

$$\cos PP' = \frac{\frac{3}{4}\frac{a^2}{h^2}s^2 + \frac{1}{2}(pp' + qq' + rr')}{\sqrt{\frac{3}{4}\frac{a^2}{h^2}s^2 - pr - qr - pq}\sqrt{\frac{3}{4}\frac{a^2}{h^2}s'^2 - p'r' - q'r' - p'q'}}$$

ou, en remarquant que $p^2 + q^2 + r^2 + 2pr + 2qr + 2pq = 0$,

$$\text{tg}\, PP' = \frac{\frac{3}{2}\frac{a^2}{h^2}ss' + pp' + qq' + rr'}{\sqrt{\frac{3}{2}\frac{a^2}{h^2}s^2 + p^2 + q^2 + r^2}\sqrt{\frac{3}{2}\frac{a^2}{h^2}s'^2 + p'^2 + q'^2 + r'^2}}$$

On aurait de même :

$$\text{tg}\, PP' = \frac{D\sqrt{3\frac{a^2}{h^2}(t^2 - 3uv) + 3w^2}}{\frac{3}{2}\frac{a^2}{h^2}ss' + pp' + qq' + rr'};$$

et enfin :

$$s^2(pqrs) = \frac{E^2}{2}\left(p^2 + q^2 + r^2 + \frac{3}{2}\frac{a^2}{h^2}s^2\right).$$

CHAPITRE III

THÉORÈMES GÉNÉRAUX SUR LA SYMÉTRIE DES POLYÈDRES ET DES RÉSEAUX

Un corps cristallisé dont la constitution intérieure présente l'arrangement réticulaire que nous avons étudié dans le chapitre précédent, est nécessairement limité par une surface que nous pouvons toujours considérer comme passant par les centres de gravité des dernières molécules du corps et, par conséquent, comme formée par un nombre plus ou moins considérable de plans réticulaires. Si le nombre des plans réticulaires qui composent la surface était très-grand, la limite du corps serait courbe. En fait, l'observation la moins approfondie montre que le nombre des plans réticulaires limites est généralement très-restreint, et le caractère le plus saillant des substances cristallisées est la nature polyédrique de leur surface.

On peut se demander quels sont, parmi tous les plans réticulaires du réseau, ceux que la nature choisit pour servir de limite au cristal. Nous examinerons plus tard cette question, et nous reconnaîtrons que la théorie est insuffisante pour en donner la solution. Mais un raisonnement très-simple va nous fournir une donnée importante sur la configuration du polyèdre cristallin extérieur.

Supposons que dans le milieu où, sous l'action de causes multiples et inconnues, le cristal se développe, un plan réticulaire (*ghk*) vienne former un des plans limites du cristal. Ces causes, quelles qu'elles soient, dépendent uniquement de la constitution du milieu cristalligène qui est homogène, et de la façon dont la matière est répartie dans le milieu solide cristallin.

Or il peut arriver que la répartition de la matière dans ce dernier milieu se fasse d'une manière symétrique, et que, pour prendre un exemple simple, dans ce milieu, supposé indéfini, la matière soit répartie symétriquement de part et d'autre d'un certain plan. Toutes les causes qui tendent à produire une certaine face limite, d'un côté du plan de symétrie, se retrouveront alors pour produire, de l'autre côté de ce plan, une face symétrique. On voit donc que le polyèdre cristallin présentera un genre de symétrie identique à celui du milieu cristallin. Conclusion très-importante, puisqu'elle nous permet de conclure de la symétrie observable du polyèdre, la symétrie cachée du milieu.

Il faut d'ailleurs remarquer, pour qu'il ne reste pas d'ambiguïté dans l'esprit, que la symétrie dont il est ici question ne peut pas être celle que l'on a l'habitude de considérer dans la géométrie élémentaire. Imaginons, en effet, un polyèdre cristallin possédant un plan de symétrie dans le sens rigoureux de la géométrie, c'est-à-dire tel que si, par un point quelconque, on mène une perpendiculaire au plan de symétrie, et si on la prolonge de l'autre côté de ce plan d'une quantité égale à elle-même, on tombe sur un second point du polyèdre. Il suffira, pour que ce plan de symétrie n'existe plus, que certaines faces prennent des accroissements un peu plus grands que leurs symétriques. C'est ainsi que si le polyèdre est un cube (fig. 15), dans lequel le plan diagonal BDHF est un plan de symétrie, il suffira que les faces ABEF, CDGH soient plus développées que les autres pour que le solide devienne un prisme droit à base rectangle, et que le plan diagonal cesse d'être un plan de symétrie au sens géométrique.

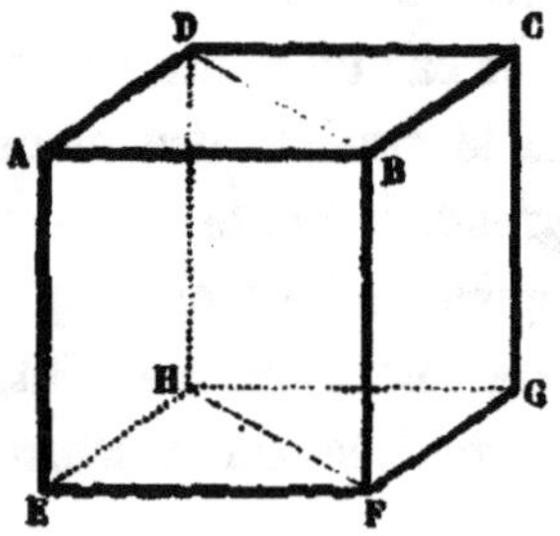

Fig. 15.

Cependant le cristal est limité par le même système de plans réticulaires. La seule différence entre les deux cas, c'est que, dans le système de plans réticulaires parallèles en nombre infini qui se rencontrent dans le réseau, ceux qui forment les faces ne sont pas tous situés à la même distance d'un des nœuds du réseau considéré comme origine. Mais dans le milieu cristallin où tout se répète identiquement autour de chaque nœud, rien ne distingue, dans un système de plans réticulaires, un des plans de son parallèle, et le choix fait par la nature entre tous les plans d'un même système pour en faire des faces limites ne dépend que de circonstances accidentelles qui échappent à la théorie et qu'elle néglige.

En résumé, des deux conditions de la symétrie géométrique, à savoir les directions des faces du polyèdre et les distances de ces faces à un point fixe, on sera conduit, dans la pratique des observations cristallographiques, à négliger la seconde pour ne tenir compte que de la première. En restant strictement dans les considérations morphologiques et laissant provisoirement de côté les autres propriétés physiques du cristal, la symétrie d'un polyèdre cristallin ne dépend donc que des inclinaisons mutuelles des faces qui le composent. Il est d'ailleurs commode, pour l'étude, de ramener dans tous les cas, par la pensée, les plans de ce polyèdre dans une position telle que les deux conditions géométriques de la symétrie soient satisfaites. Cette hypothèse, qui revient à donner au cristal la forme qu'il prendrait si des circonstances accidentelles et variables n'agissaient sur lui au moment de sa formation, est celle que nous ferons constamment dans tout ce qui suivra.

Quoi qu'il en soit, nous sommes, d'après ce qui précède, amenés à rechercher quels sont tous les modes de symétrie que l'on peut rencontrer dans un milieu cristallin; ce seront les seuls que l'on pourra observer dans les polyèdres cristallins. Mais nous sommes obligés, avant d'aborder cette question, de démontrer, sur la symétrie des polyèdres en général et des polyèdres réticulaires en particulier, un certain nombre de théorèmes que nous utiliserons dans la suite.

Définition des axes de symétrie et de leurs ordres. — De la symétrie des polyèdres. — Une figure quelconque étant donnée, si, après une rotation de $\frac{2\pi}{q}$ autour d'une certaine droite L, la figure revient en coïncidence avec elle-même, nous dirons que L est un axe de symétrie d'ordre q ou $q^{\text{ème}}$. Nous désignerons cet axe par le symbole L^q. Un axe binaire, ternaire, quaternaire, quinaire, sénaire, sera un axe d'ordre 2, 3, 4, 5, 6.

Il est clair que q ne peut être qu'un nombre entier, car si c'était un nombre fractionnaire $\frac{m}{n}$, l'angle dont tournerait l'axe de symétrie pour restituer les sommets du polyèdre serait $\frac{2\pi n}{m}$, et, après un nombre m de rotations semblables, la figure reviendrait dans sa position première. Un point quelconque du polyèdre aurait alors occupé successivement, dans un plan perpendiculaire à l'axe, tous les sommets d'un polygone étoilé, dont les sommets contigus seraient séparés par un angle au centre égal à $\frac{2\pi}{m}$. En faisant tourner la figure de $\frac{2\pi}{m}$ autour de l'axe, on arriverait donc à restituer tous les sommets, et n serait le véritable indice de l'axe.

Il est d'ailleurs évident que q ne saurait être irrationnel, car dans ce cas le polygone étoilé décrit par chaque sommet aurait un nombre infini de côtés, ce qui ne peut convenir qu'au cas très-particulier de la sphère.

Tout polyèdre qui possède un axe d'ordre pair passant par un centre de symétrie, possède un plan de symétrie passant par le centre et normal à cet axe.

En effet, l'axe étant d'ordre pair, les sommets du polyèdre sont restitués par une rotation de 180° autour de l'axe L (fig. 16). Un sommet A du polyèdre aura donc son symétrique A′ par rapport à L. Mais A et A′ ont chacun leurs symétriques A_1' et A_1 par rapport à C, lesquels sont respectivement les symétriques de A et de A′ par rapport au plan P mené par C perpendiculairement à L.

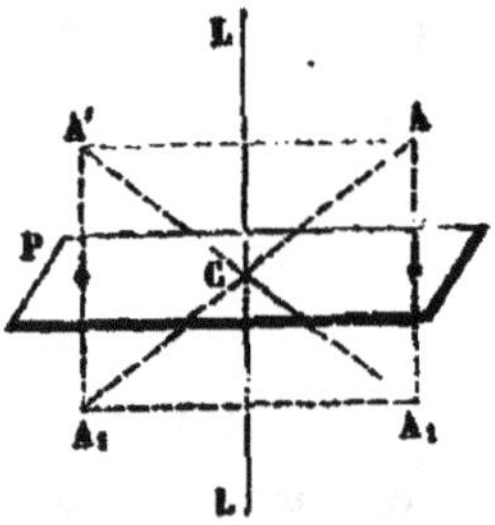

Fig. 16.

Lorsqu'un polyèdre possède un plan et un centre de symétrie, il possède un axe d'ordre pair. La démonstration de ce théorème se ferait d'une manière tout à fait analogue à celle du précédent.

S'il existe deux ou plusieurs axes de symétrie, ces axes et les plans de symétrie, s'il y en a, doivent tous se couper en un même point qui coïncide avec le centre de symétrie, s'il y en a un. Car le centre de gravité des sommets du polyèdre, supposés également pesants, devra se trouver sur chacun des axes de symétrie, sur tous les plans de symétrie, et coïncider avec le centre de symétrie du polyèdre.

Lorsqu'un polyèdre possède q *axes binaires, et* q *seulement, dans un même plan, chaque axe fait avec le plus proche un angle égal à* $\frac{\pi}{q}$.

S'il en était autrement, en effet, il y aurait un axe de symétrie L_1 (fig. 17), qui ne serait pas la bissectrice de l'angle L_3OL_2 formé par les 2 axes contigus; en faisant tourner le polyèdre de 180° autour de OL_1, L_2 ne viendrait pas coïncider avec L_3, et déterminerait la position d'un nouvel axe de symétrie du polyèdre qui en posséderait plus de q dans le même plan, ce qui est contraire à l'hypothèse.

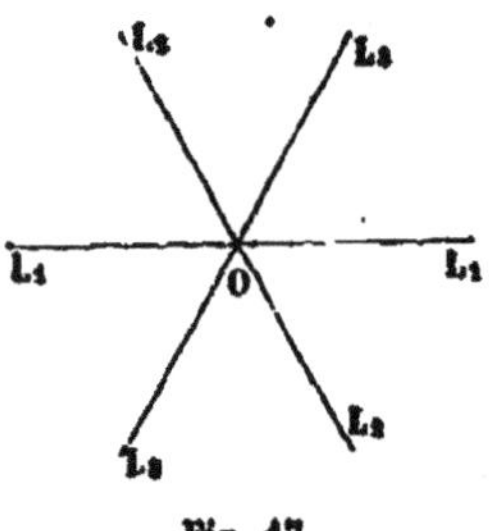

Fig. 17.

Tout polyèdre qui possède q *axes binaires dans un même plan possède un axe de symétrie d'ordre* q *perpendiculaire à ce plan.*

Soient, en effet, deux axes binaires OL_1 et OL_2 (fig. 18), faisant entre eux un angle égal à $\frac{\pi}{q}$; S un sommet quelconque du polyèdre, qui par la rotation de 180° autour de L_1, vient coïncider avec le sommet S_1, lequel, à son tour, après la rotation de 180° autour de L_2, vient coïncider avec S_2. Projetons sur le plan $L_1 L_2$ les trois sommets S, S_1, S_2 en s, s_1, s_2. On a

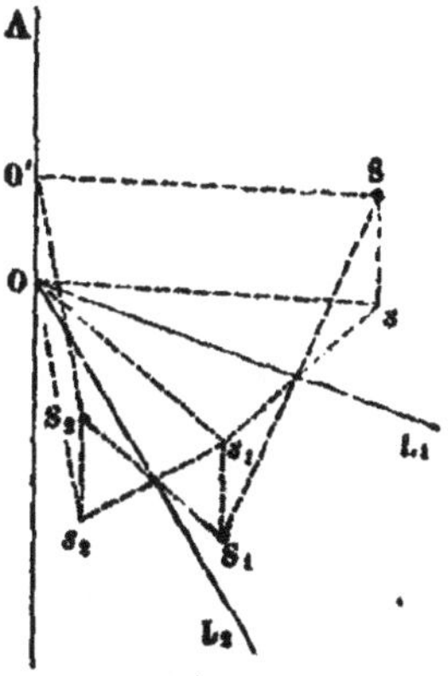

Fig. 17.

$$sOL_1 = s_1OL_1, \qquad s_1OL_2 = s_2OL_2.$$

et par conséquent

$$sOs_2 = 2.L_1OL_2 = \frac{2\pi}{q}.$$

Si l'on mène par O une perpendiculaire $O\Lambda$ au plan $L_1 L_2$, si l'on prend $OO' = Ss = S_2s_2$, $O'S$ est parallèle à Os, $O'S_2$ est parallèle à Os_2, et

$$SO'S_2 = sOs_2 = \frac{2\pi}{q}.$$

Donc, par une rotation de $\frac{2\pi}{q}$ autour de $O\Lambda$, on obtient le même résultat que par deux rotations successives de 180° autour de OL_1 et OL_2; $O\Lambda$ est donc un axe de symétrie d'ordre q.

Remarquons que les angles mutuels des axes binaires étant égaux à $\frac{\pi}{q}$, une rotation de $\frac{2\pi}{q}$ autour de Λ n'amène en coïncidence les axes binaires que de deux en deux. Si q est impair, après q rotations successives ou un tour complet de la circonférence, l'axe binaire L_1 ne viendra en coïncidence qu'avec une des deux directions que chacun des autres axes binaires forme à partir du centre; et comme OL_1 vient en coïncidence q fois avec un axe binaire, il vient successivement en coïncidence avec les q axes binaires. Ces axes ne peuvent donc être distingués les uns des autres que par la position accidentelle que l'on a donnée au polyèdre dans l'espace; nous disons qu'ils sont de même espèce.

Si, au contraire, q est pair, l'axe OL_1 vient en coïncidence, pendant un tour complet autour de $O\Lambda$, avec chacune des deux directions d'un même axe binaire; et comme il ne vient que q fois en coïncidence avec un axe binaire, il y a la moitié des axes binaires avec lesquels il ne peut coïncider. On peut donc distinguer des axes binaires de deux espèces; nous distinguerons les uns par le symbole L^2, les autres par le symbole L'^2. Les axes binaires d'une espèce bissèquent les angles formés par les axes binaires de l'autre espèce.

Lorsqu'il y a un nombre total q *de plans de symétrie se coupant suivant une même droite, cette droite est un axe de symétrie dont le numéro d'ordre est* q *ou un de ses multiples.*

En effet les angles dièdres de ces plans sont nécessairement égaux entre eux, sans cela ils se reproduiraient symétriquement l'un par rapport à l'autre, et leur nombre total serait supérieur à q.

Par un point quelconque S du polyèdre (fig. 19), nous menons un plan, pris pour plan de la figure, perpendiculaire à l'intersection commune des plans de symétrie. Ceux-ci viennent le couper suivant des droites également inclinées les unes sur les autres. L'angle que forment ces droites entre elles est égal à $\frac{\pi}{q}$. Le point aura, par rapport à l'une des droites voisines, son homologue en S' et, par rapport à la

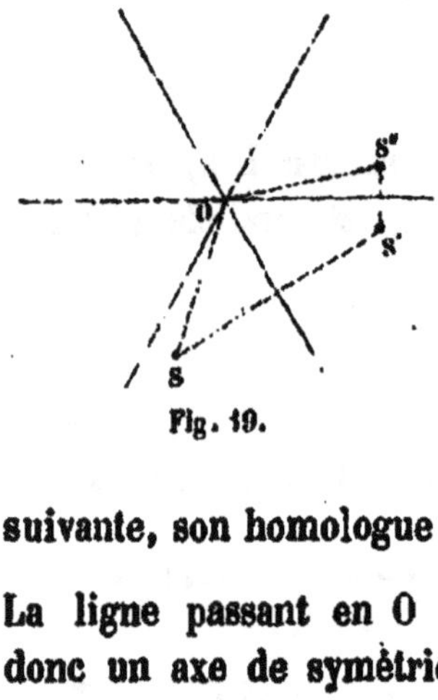

Fig. 19.

suivante, son homologue en S''. L'angle $S''OS$ est évidemment égal à $\frac{2\pi}{q}$. La ligne passant en O et perpendiculaire au plan de la figure est donc un axe de symétrie dont la caractéristique est au moins égale à q.

Tout polyèdre qui possède un axe d'ordre q *et un axe binaire perpendiculaire possède* q *axes binaires.*

En effet Λ (fig. 18) étant un axe d'ordre q, et L_1 un axe binaire, si S_2 est un point du polyèdre, S en est un autre, et S_1 un troisième; mais S_1 et S_2 viennent en coïncidence par une rotation de 180° autour de la droite L_2 qui fait avec L_1 un angle égal à $\frac{\pi}{q}$, donc, etc.

On démontrerait d'une manière analogue que *tout polyèdre qui possède un axe d'ordre* q *et un plan de symétrie passant par cet axe possède* q *plans de symétrie.*

De la symétrie propre aux réseaux. — Les théorèmes que nous avons démontrés, dans le paragraphe précédent, s'appliquent à tous les polyèdres quels qu'ils soient. Nous allons maintenant en faire connaître quelques autres qui ne s'appliquent qu'aux systèmes réticulaires.

Il est clair que, par la manière même dont est formé un semblable système supposé indéfini, tous les nœuds sont des centres de symétrie, c'est-à-dire que si l'on joint un nœud N_1 à un autre N, en prolongeant NN_1 de l'autre côté de N d'une quantité égale à elle-même, on trouve un autre nœud N_2.

Une droite sera un axe de symétrie d'ordre q du réseau, lorsque par une rotation de $\frac{2\pi}{q}$ autour de cette droite, tous les nœuds du réseau sont restitués. Tous les nœuds d'un même réseau étant identiques, l'existence d'un axe de symétrie d'ordre q passant par un nœud, entraîne celle d'un système d'axes du même ordre passant par chacun des autres nœuds.

Tous les axes de symétrie d'un réseau ne passent pas nécessairement par un nœud, mais *si nous menons par un nœud une parallèle à un axe de symétrie, cette parallèle est aussi un axe de symétrie de même ordre.*

Soit en effet O (fig. 20) la trace de l'axe de symétrie d'ordre q sur le plan de la figure supposée perpendiculaire à cet axe, et N un nœud situé dans ce plan. Faisons tourner le réseau de $\frac{2\pi}{q}$ autour de l'axe ; N vient, dans le plan de la figure, en N'. Donnons ensuite au réseau une translation égale et contraire à NN' ; les nœuds de la rangée NN', ainsi que ceux de toutes les rangées parallèles, c'est-à-dire tous ceux du réseau seront restitués. Or on sait, par un théorème bien connu de la cinématique, que la combinaison de cette translation et de cette rotation équivaut à une rotation de même amplitude autour d'un axe parallèle au premier et passant par N, qui est ains un axe de symétrie d'ordre q.

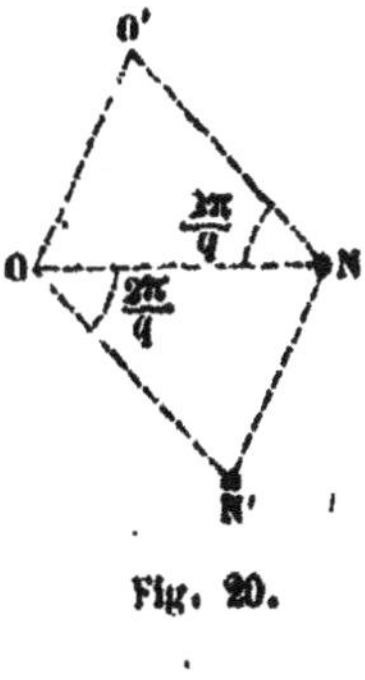

Fig. 20.

Il suffit donc, pour trouver tous les axes de symétrie d'un réseau, de chercher ceux qui passent par les nœuds.

Tout axe de symétrie passant par un nœud est une rangée.

En effet, il est aisé de voir que si l'on prend deux rangées issues d'un même nœud pour les directions de forces composantes, dont les grandeurs seront les paramètres des rangées, la direction de la résultante sera celle d'une rangée dont le paramètre sera la grandeur de la résultante ou l'un de ses sous-multiples. Les rangées se composent donc entre elles comme des forces.

Or si nous appelons N (fig. 21) le nœud situé sur l'axe de symétrie L d'ordre q, et si nous imaginons une rangée dont NN_1 est le paramètre, cette rangée en nécessite q autres ayant même paramètre, issues de N, et disposées symétriquement autour de l'axe L. La résultante de toutes ces rangées sera dirigée suivant l'axe qui est par conséquent une rangée.

Fig. 21.

Lorsqu'un réseau possède un axe de symétrie, tout plan mené par un nœud perpendiculairement à cet axe est un plan réticulaire.

Ce théorème est évident lorsque l'axe de symétrie a un indice supérieur au second, car alors la présence d'un nœud dont le plan est normal à l'axe, entraine celle de deux autres nœuds au moins.

Quant aux axes binaires, la démonstration est aisée. En effet, tout nœud ayant son symétrique par rapport à l'axe, il y a tout un système de rangées normales à cet axe; et si par un nœud quelconque, on mène des parallèles à toutes ces rangées, on détermine un plan réticulaire normal.

Dans un réseau à axe de symétrie binaire, si l'on considère les deux plans réticulaires limitrophes d'un plan réticulaire normal à l'axe, le réseau de l'un de ces plans coïncide avec la projection orthogonale du réseau de l'autre. Le théorème est évident, puisque, en vertu d'un des théorèmes précédents, le plan compris entre les deux limitrophes est un plan de symétrie du système réticulaire.

Quant au réseau de ce plan intermédiaire, si ses nœuds ne coïncident pas avec les projections orthogonales de ceux des deux autres, ils coïncident avec la projection des centres, ou celle des milieux des côtés des parallélogrammes générateurs.

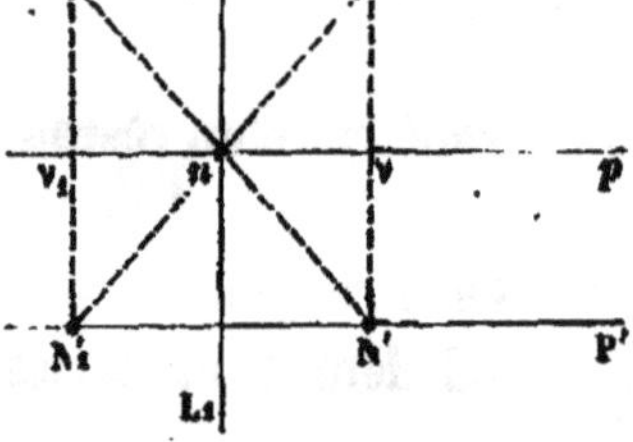

Fig. 22.

En effet représentons une coupe du système réticulaire faite par un plan passant par un nœud n (fig. 22) du plan intermédiaire p, par l'axe binaire LL passant en n, et par un nœud N d'un desplans limitrophes P. Soient N_1 le symétrique de N par rapport à LL_1, N' et N'_1 les symétriques de N et N_1 par rapport à p. Il est clair que n est le centre du rectangle $NN'N'N'_1$ et est à égale distance des points ν, ν_1, qui sont les projections sur p de N et N_1. Le point n se trouvera donc au milieu de la projection des côtés, ou au milieu de celle des diagonales du parallélogramme générateur.

Un théorème capital dans la question que nous avons à résoudre est le suivant :

Un réseau ne peut posséder que des axes de symétrie d'ordre 2, 3, 4 ou 6.

Par un nœud N (fig. 23), menons un plan normal à l'axe de symétrie passant en ce point, et dans ce plan qui sera celui de la figure, prenons un nœud n, tel qu'aucun autre nœud ne soit plus voisin de N.

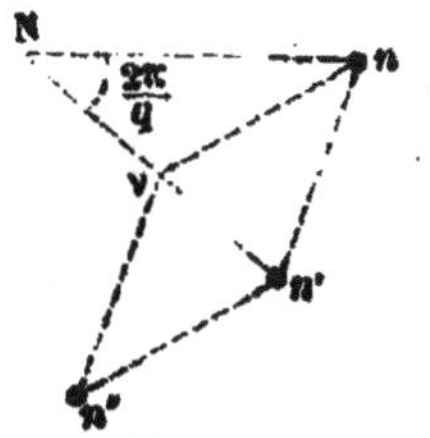

Fig. 23.

Si l'ordre de l'axe est q, en faisant tourner le réseau de $\frac{2\pi}{q}$ autour de N, nous obtiendrons dans le plan normal qui contient n, un autre nœud n'; puis, par une seconde rotation de $\frac{2\pi}{q}$ autour de l'axe, un troisième nœud n'', etc. Nous construisons un parallélogramme sur les deux côtés nn' et $n'n''$, l'autre sommet ν du parallélogramme est encore un nœud du réseau, et il faut chercher tous les cas qui sont compatibles avec la supposition que n est à la distance minimum de N, c'est-à-dire pour lesquels $N\nu$ est supérieur ou au plus égal à Nn que nous pouvons prendre comme unité. Or on a

$$N\nu = 1 - 4\sin^2\frac{\pi}{q}$$

d'où l'on déduit :

pour $q = 3$ $\quad N\nu = -2$
$q = 4$ $\quad N\nu = -1$
$q = 5$ $\quad N\nu = -\frac{3-\sqrt{5}}{2} = -0{,}382.$
$q = 6$ $\quad N\nu = 0$
$q > 6$ $\quad N\nu > 1$

La formule ne s'applique pas au cas de $q = 2$, qui est évidemment possible. Le théorème est donc démontré.

Nous terminerons en démontrant pour un réseau la réciproque d'un des théorèmes que nous avons démontrés pour les polyèdres quelques.

Si un réseau possède un axe de symétrie d'un ordre q *supérieur à* 2, *il possède* q *axes binaires dans un plan perpendiculaire à celui-ci.*

Soient en effet LL_1 (fig. 24) l'axe de symétrie et N_1 un nœud sur cet axe; nous prenons le plan réticulaire normal limitrophe de celui qui passe par N_1, et dans ce plan, un nœud N_2, le plus rapproché de l'axe qu'il se peut. En vertu de la symétrie, il y a un certain nombre d'autres nœuds N'_2, N''_2, etc., avec lesquels N_2 vient se superposer par ces rotations successives de $\frac{2\pi}{q}$ autour de LL_1.

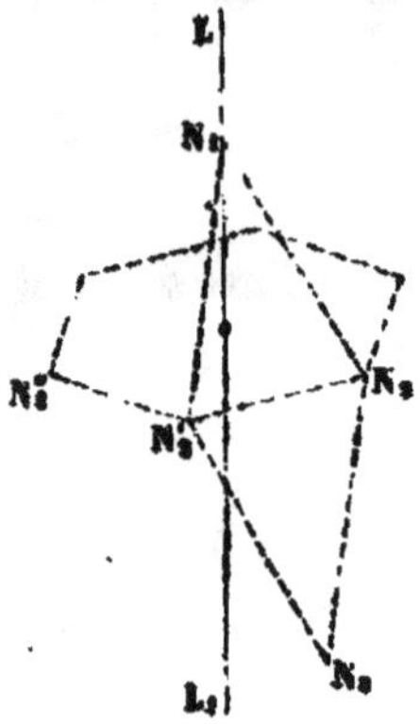

Fig. 24.

LL_1 ne peut être que ternaire, sénaire ou quaternaire. Dans ces 3 cas, le côté $N_2N'_2$ est un axe binaire du réseau plan $N_2N'_2N''_2$. De plus, en faisant tourner autour de $N_2N'_2$ tout le système réticulaire, N_1 vient coïncider avec le point N_3 qui se trouve dans le plan réticulaire limitrophe de $N_2N'_2N''_2$ et est obtenu en construisant un parallélogramme, sur $N_1N_2N'_2$. Donc $N_2N'_2$ est un axe binaire du système réticulaire, puisque, par une rotation de 180° autour de cette ligne, trois rangées conjuguées du réseau reviennent en coïncidence.

Si l'axe est ternaire, les points $N_2N'_2N''_2$ forment un triangle équilatéral, et il y a trois axes binaires; si l'axe est sénaire, ils forment un hexagone, et il est aisé de voir que non-seulement les côtés de cet hexagone sont des axes binaires, mais qu'il en est de même des lignes qui joignent les sommets de cet hexagone de deux en deux; il y a donc six axes binaires. Enfin, si l'axe est quaternaire, les points $N_2N'_2$ forment un carré dont les côtés et les diagonales sont des axes binaires. Le théorème se trouve donc démontré.

CHAPITRE IV

CLASSIFICATION DES ÉDIFICES MOLÉCULAIRES SUIVANT LE GENRE DE SYMÉTRIE QU'ILS POSSÈDENT

Classification des réseaux d'après leur mode de symétrie. — Nous allons chercher tous les modes de symétrie dont un réseau est susceptible.

Un premier mode est caractérisé par l'absence complète d'axes de symétrie qui entraîne celle des plans de symétrie, car le réseau possédant toujours un système de centres de symétrie, la présence d'un plan de symétrie entraînerait celle d'un axe d'ordre pair. Nous désignerons ce mode de symétrie par le symbole

$$0L, C, 0P.$$

Un second mode est celui où le réseau possède un seul axe binaire, ce qui n'entraîne que l'existence d'un plan de symétrie perpendiculaire. Ce mode est désigné par le symbole

$$L^2, C, P.$$

Il nous faut maintenant supposer que le réseau possède un nombre quelconque d'axes binaires, et nous distinguerons deux cas, suivant qu'il y a ou non des axes d'ordre supérieur à 2.

Supposons d'abord qu'il n'y ait pas d'axes d'un ordre supérieur à 2. Il faudra que, dans un même plan, il n'y ait pas plus de deux axes binaires, et ces deux axes binaires rectangulaires entraîneront la présence d'un troisième axe binaire perpendiculaire à leur plan. On aura donc trois axes binaires rectangulaires entre eux, et d'espèces différentes.

On ne peut pas avoir d'autre axe binaire, car s'il y en avait un quatrième, il ferait, avec l'un quelconque des trois premiers, un angle inférieur à 90°, et l'on aurait alors dans le plan de ces deux axes, plus de deux axes binaires, ce qui entraînerait l'existence d'un axe d'ordre supérieur au 2ᵉ. Ce mode de symétrie est donc caractérisé par trois axes binaires rectangulaires dont la présence, jointe à celle d'un centre de symétrie, nécessite celle de trois plans de symétrie respectivement normaux aux trois axes. Il est désigné symboliquement par

$$L^2,\ L'^2,\ L''^2,\ C,\ P,\ P',\ P''.$$

S'il existe des axes de symétrie d'un ordre supérieur à 2, nous distinguerons encore deux cas, suivant qu'il y a seulement un de ces axes ou qu'il y en a plusieurs. Supposons qu'il n'y ait qu'un axe d'un ordre supérieur à 2.

L'ordre de l'axe peut être égal à 3, et il y a alors trois axes binaires perpendiculaires, de même espèce, et faisant entre eux des angles de 60° ou de 120°. Le symbole est :

$$\Lambda^3,\ 3L^2,\ C,\ 3P.$$

L'ordre de l'axe peut être égal à 6, et il y a alors 6 axes binaires, de deux espèces différentes ; les axes binaires d'une espèce faisant des angles de 30° avec les axes binaires de la seconde. Le symbole est :

$$\Lambda^6,\ 3L^2,\ 3L'^2,\ C,\ \Pi,\ 3P,\ 3P'.$$

L'ordre de l'axe peut être égal à 4, et il y a alors 4 axes binaires, de deux espèces différentes ; les axes d'une espèce faisant des angles de 45° avec ceux d'une autre. Le symbole est :

$$\Lambda^4,\ 2L^2,\ 2L'^2,\ C,\ \Pi,\ 2P,\ 2P'.$$

Nous n'avons donc plus à examiner que le cas où il y a plusieurs axes de symétrie d'un ordre supérieur à 2.

Nous prendrons la question à un point de vue plus général, et nous chercherons tous les modes de symétrie que peut posséder, non plus un réseau, mais un polyèdre quelconque, dans lequel on suppose la présence de plus d'un axe de symétrie d'un ordre supérieur à 2.

Imaginons une sphère décrite du point de concours commun des axes de symétrie comme centre ; ceux-ci seront caractérisés par leurs points d'intersection avec cette sphère, que nous appellerons les pôles des axes.

Parmi les axes d'ordre supérieur au second, il y en a toujours plusieurs de même ordre : car supposons qu'il y en ait deux d'ordre différent, l'un d'ordre p, l'autre d'ordre q, la rotation de $\frac{2\pi}{q}$ autour du second ramènera le polyèdre en coïncidence avec sa première position ; l'axe d'ordre p aura pris une direction qui ne coïncide pas avec la première, puisque q est plus grand que 2, et qui doit être celle d'un second axe d'ordre p.

Parmi tous les axes d'ordre égal à p, nous en choisissons deux, dont les pôles P_1 et P_2 (fig. 25) font entre eux le plus petit angle possible. Nous faisons tourner le polyèdre de $\frac{2\pi}{p}$ autour de P_2 ; P_1 vient en P_3, et P_3 est le pôle d'un axe d'ordre p. Nous faisons tourner de $\frac{2\pi}{p}$ autour de P_3 ; P_2 vient en P_4 qui est encore le pôle d'un axe d'ordre p, et ainsi de suite. Les pôles P_1, P_2, P_3... sont tous sur un petit cercle dont je désigne le pôle par la lettre Q. Après p rotations successives autour de chacun des sommets P_2, P_3, etc., nous reviendrons au point de départ P_1, car autrement, la dernière rotation amènerait un pôle d'axe d'ordre p, à une distance angulaire de P_1, moindre que celle qui sépare P_2 et P_1, ce qui est contraire à l'hypothèse. Les pôles d'axes d'ordre p ainsi obtenus formeront donc les sommets d'un polygone régulier sphérique ayant Q pour pôle, et $\frac{2\pi}{q}$ pour angle au centre, q étant le nombre des sommets.

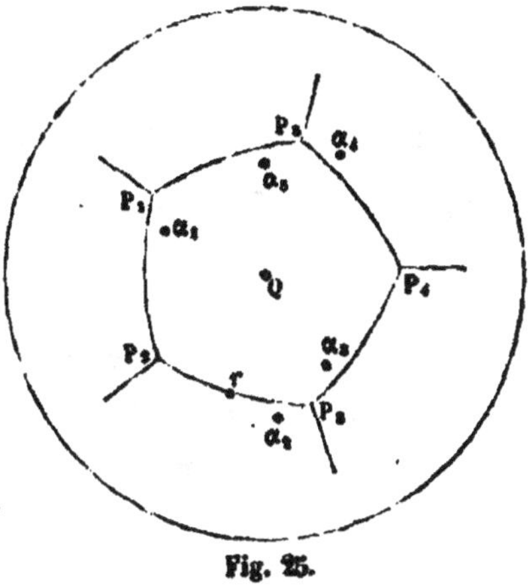

Fig. 25.

Si q est pair, le pôle Q est celui d'un axe de symétrie d'ordre $\frac{q}{2}$. En effet, en faisant tourner le polyèdre dans le sens rétrograde, de $\frac{2\pi}{p}$ autour de P_2, P_1 vient en P_3, et un point quelconque du polyèdre, α_1, que nous pouvons toujours supposer sur la sphère dont le rayon est arbitraire, viendra en α_2.

Une nouvelle rotation de $\frac{2\pi}{p}$ autour de P_3, amène P_2 en P_4, de sorte que, après ces deux rotations, P_1P_2 est venu coïncider avec P_3P_4 ; le point α_1 se trouve en α_3, placé, par rapport à P_3P_4, comme α_1 l'est par rapport à P_1P_2. Les deux rotations successives de $\frac{2\pi}{p}$ autour de P_2 et de P_3 équivalent donc à une rotation de $\frac{4\pi}{q}$ autour de Q, qui est ainsi le pôle d'un axe d'ordre $\frac{q}{2}$.

Si q est impair, p restant supérieur à 2, nous pouvons répéter le même raisonnement ; mais après q rotations successives autour des sommets du polygone sphérique régulier, P_1, P_2, P_3,.. P_q, le côté P_1P_2 est venu en coïncidence avec P_qP_1, le point α_q étant par rapport à P_qP_1 dans la même position que α_1 par rapport à P_1P_2. Après q rotations successives, lorsque q est impair, on arrive donc au même résultat que par une rotation de $\frac{2\pi}{q}$ autour de Q qui est ainsi le pôle d'un axe d'ordre q.

Lorsque q est impair, si l'on fait tourner le polyèdre de $\frac{2\pi}{q}$ autour de Q, P_1P_2 vient en P_2P_3, mais on peut obtenir le même résultat en faisant tourner le polyèdre de $\frac{2\pi}{p}$ autour de P_2, ce qui amène P_1 en P_3, puis en faisant tourner de 180° autour du milieu r du côté P_2P_3. Le point r est donc le pôle d'un axe binaire. *Lorsque* q *est impair, les bissectrices des angles formés par deux axes contigus d'ordre* p *sont donc des axes binaires.*

En faisant tourner le polygone régulier sphérique autour de ses sommets P_1, lorsque P_1P_3 coïncide avec P_1P_2, le polygone régulier vient prendre une nouvelle position $P_1P_3P'_4P'_3P'_2$ et chacun des sommets est encore le pôle d'un axe d'ordre p. En faisant tourner le nouveau polygone autour d'un de ses sommets, il viendra former un nouveau polygone égal au premier et ayant avec lui un côté commun, et ainsi de suite. Or en effectuant ainsi toutes les rotations possibles autour des sommets des polygones successivement formés, on doit nécessairement arriver à couvrir la surface de la sphère de polygones réguliers, égaux et contigus. Autrement, en effet, en continuant les rotations successives, on arriverait à trouver le pôle d'un axe d'ordre p, qui serait plus rapproché de P_1 que ne l'est P_2, ce qui est contraire à notre hypothèse.

Le problème est donc ramené à chercher quels sont, parmi les polygones réguliers sphériques, ceux qui, juxtaposés, peuvent recouvrir complètement la surface de la sphère.

On connaît la solution du problème analogue pour le plan, et on sait que les seuls polygones réguliers plans qui peuvent couvrir une surface plane sont le triangle équilatéral, le carré et l'hexagone.

La surface de notre polygone régulier sphérique est

$$S = q \times \frac{2\pi}{p} - \pi(q-2) = 2q\pi\left(\frac{1}{q} + \frac{1}{p} - \frac{1}{2}\right)$$

Le nombre n des polygones qui recouvriront la sphère sera donné par la relation

$$2nq\pi\left(\frac{1}{q} + \frac{1}{p} - \frac{1}{2}\right) = 4\pi.$$

On doit avoir évidemment

$$\frac{1}{q} + \frac{1}{p} - \frac{1}{2} > 0.$$

Le minimum de p est 3; le maximum de $\frac{1}{p}$ est donc $\frac{1}{3}$, et il résulte par conséquent de l'inégalité précédente que le minimum de $\frac{1}{q}$ est $\frac{1}{5}$, ou que le maximum de q est égal à 5. Les seules valeurs possibles de q sont donc

$$q = 3, \qquad q = 4, \qquad q = 5.$$

Le maximum de q étant 3, et l'inégalité étant symétrique en p et q, on verrait de même que les seules valeurs admissibles de p sont

$$p = 3, \qquad p = 4, \qquad p = 5.$$

On voit d'ailleurs aisément que les combinaisons

$$(p=5,\ q=5);\ (p=5,\ q=4);\ (p=4,\ q=5);\ (p=4,\ q=4);$$

ne satisfont pas à l'inégalité, et il ne reste plus à examiner que les 5 combinaisons :

$$p=5,\ q=3$$
$$p=3,\ q=5$$
$$p=4,\ q=3$$
$$p=3,\ q=4$$
$$p=3,\ q=3.$$

1° $p=5$, $q=3$. Cette combinaison couvre la surface de la sphère de 20 triangles équilatéraux dont les sommets sont des axes quinaires, dont les pôles sont des axes ternaires, et dont les milieux des côtés sont des axes binaires.

2° $p=3$, $q=5$. Cette combinaison qui rentre évidemment dans la première, s'obtiendrait en joignant, par des arcs de grands cercles, les pôles des triangles précédents. On obtient ainsi 12 pentagones dont les sommets sont des axes ternaires, dont les pôles sont des axes quinaires, et dont les milieux des côtés sont des axes binaires.

Ces combinaisons ont servi de point de départ à M. Élie de Beaumont pour sa théorie célèbre du réseau pentagonal.

3° $p=4$, $q=3$. — Cette combinaison donne 8 triangles équilatéraux, trirectangles et trirectilatères. Les sommets, qui sont ceux de l'octaèdre régulier inscrit, sont des axes quaternaires; les pôles, qui sont les sommets du cube inscrit, sont des axes ternaires; les milieux des côtés, qui sont les points où les lignes qui joignent les milieux des côtés opposés du cube inscrit viennent couper la sphère, sont des axes binaires. Le symbole de la symétrie est

$$3L^4,\ 4L^3,\ 6L^2.$$

4° $p=3$, $q=4$. — Cette combinaison peut rentrer dans la précédente, et s'obtiendra alors en joignant les pôles des triangles précédents. On couvre ainsi la sphère de 6 carrés sphériques, dont les sommets sont des axes ternaires, et les pôles des axes quaternaires.

Mais le nombre des côtés du polygone étant pair, il peut se faire aussi que les sommets restant des axes ternaires, les pôles ne soient que binaires, et le symbole de la symétrie est alors

$$3L^2,\ 4L^3.$$

5° $p=3$ $q=3$. — Avec cette combinaison, on obtient 4 triangles équilatéraux dont les sommets, qui sont ceux du tétraèdre régulier inscrit, sont des axes ternaires; les pôles sont aussi des axes ternaires, mais il est aisé de voir que le sommet d'un triangle et le pôle d'un autre sont aux extrémités d'un même diamètre. On n'a donc en tout que quatre axes ternaires disposés comme les précédents. On a en outre 3 axes binaires qui correspondent aux sommets de l'octaèdre régulier inscrit et sont disposés comme dans la combinaison précédente.

Cette combinaison rentre donc dans la précédente.

Ainsi, en résumé, la symétrie d'un polyèdre, qui a plus d'un axe de symétrie d'un ordre supérieur à 2, ne peut rentrer, au point de vue des axes de symétrie, que dans l'un des trois cas suivants :

1° $6L^5$, $10L^3$, $15L^2$ — Réseau pentagonal de M. E. de Beaumont.
2° $3L^4$, $4L^3$, $6L^2$ — Axes de symétrie du cube.
3° $3L^2$, $4L^3$. . . . — Axes de symétrie du tétraèdre régulier.

La présence ou l'absence d'un centre de symétrie, ou de plans de symétrie, introduirait d'autres différences dans la symétrie du polyèdre dont il s'agit.

De ces trois modes de symétrie, le premier ne convient point à un réseau qui ne peut contenir d'axes quinaires; le troisième ne convient pas davantage, parce que l'on ne trouverait pas dans un plan perpendiculaire à chaque axe ternaire, trois directions d'axes binaires, comme nous avons démontré que cela est nécessaire pour un réseau.

Il ne reste donc plus que le deuxième cas. Un réseau qui a plus d'un axe d'ordre supérieur à 2, a donc nécessairement 3 axes quaternaires, 4 axes ternaires et 6 axes binaires. Comme il y a des centres de symétrie, il y a des plans de symétrie perpendiculaires à tous les axes d'ordre pair, et le symbole total de la symétrie d'un réseau qui a plus d'un axe d'ordre supérieur à 2, est le suivant :

$$3L^4,\ 4L^3,\ 6L^2,\ C,\ 3P^4,\ 6P^2.$$

En résumé, les réseaux, au point de vue de la symétrie, peuvent se partager en 7 classes différentes dont le mode de symétrie est marqué respectivement par les symboles suivants :

1° $0L$, C, $0P$. . . . . Système asymétrique ou anorthique.
2° L^2, C, P. . . . . Système binaire ou clinorhombique.
3° L^2, L'^2, L''^2, C, P, P', P''. . . . Système terbinaire ou orthorhombique.
4° Λ^4, $2L^2$, $2L'^2$, C, Π, $2P$ $2P'$. . . Système quadratique.
5° Λ^3, $3L^2$, C, $3P$ . . . . Système ternaire ou rhomboédrique.
6° Λ^6, $3L^2$, $3L'^2$, C, Π, $3P$, $3P'$. . Système sénaire ou hexagonal.
7° $3L^4$, $4L^3$, $6L^2$, C, $3P^4$, $6P^2$. . . Système terquaternaire ou cubique.

Chaque mode de symétrie du réseau détermine ce que nous appelons un *système cristallin*.

De l'holoédrie et de la mériédrie. — Jusqu'ici nous ne nous sommes occupés que de la symétrie du réseau, il faut maintenant étudier la façon dont la répartition de la matière autour de chaque nœud modifie la symétrie de l'*édifice cristallin*.

Cette répartition peut toujours s'exprimer géométriquement par un certain polyèdre, que nous avons appelé polyèdre moléculaire, et dont la symétrie peut appartenir au mode le plus général de symétrie d'un polyèdre quelconque. Pour qu'un élément de symétrie appartienne à l'édifice cristallin, il faut nécessairement qu'il se rencontre à la fois dans le réseau et dans le polyèdre moléculaire.

Il peut se présenter deux cas principaux. Ou bien le polyèdre moléculaire possède *tous* les éléments de symétrie du réseau, et alors l'édifice cristallin et le réseau ont le même mode de symétrie. Un polyèdre cristallin dont un plan réticulaire est une face limite, aura donc en même temps comme autres faces tous les plans réticulaires qui se déduisent du premier en vertu de la symétrie du réseau. L'édifice cristallin et le polyèdre cristallin sont dits alors *holoédriques*.

Ou bien le polyèdre moléculaire ne possède qu'une partie des éléments de symétrie du réseau. Les seuls éléments de symétrie de l'édifice cristallin sont alors ceux qui sont communs au polyèdre moléculaire et au réseau. Si un plan réticulaire se présente au nombre des faces du polyèdre cristallin, les plans qui se déduisent de celui-ci en vertu de la symétrie de l'édifice sont les seuls dont la présence est nécessaire parmi les autres faces. L'édifice et le polyèdre cristallin sont dits *mériédriques*.

Les éléments de symétrie qui, se rencontrant dans le réseau, ne se rencontrent pas dans le polyèdre moléculaire, sont les éléments *déficients*. Si c'est le centre de symétrie qui est *déficient*, il manquera dans le polyèdre cristallin limite toutes les faces symétriques, par rapport au centre, de celles qui subsistent, c'est-à-dire la *moitié* des faces qui coexistent nécessairement dans le polyèdre holoédrique. On dit alors que le polyèdre est *hémiédrique*.

On verrait de même que si un plan de symétrie est déficient, et si, après la restitution de ce plan de symétrie, il n'y a plus d'éléments déficients, le polyèdre cristallin est encore *hémiédrique*. Si, après la restitution de ce plan de symétrie déficient, un autre plan de symétrie fait encore défaut, il manque encore un nombre de faces égal au nombre de celles qui ont été restituées, et le polyèdre primitif ne possédait que le *quart* des faces du polyèdre holoédrique; il était *tétartoédrique*, etc.

Si les éléments déficients sont des axes de symétrie, il y aura certainement parmi eux au moins un axe binaire, car il est aisé de voir qu'un polyèdre qui possède tous les axes binaires d'un réseau, possède aussi les autres axes. Prenons donc le polyèdre mériédrique et faisons-le tourner autour de l'axe binaire déficient, les faces viendront former un nouveau polyèdre qui, réuni au premier, donnera un polyèdre d'un nombre double de faces, et possédant l'axe binaire déficient. Si ce nouveau polyèdre n'a plus d'axes binaires déficients, il est lui-même le polyèdre holoédrique, et le polyèdre primitif était *hémiédrique*. S'il manque encore un axe binaire, en faisant tourner autour de cet axe le polyèdre dont le nombre de faces est doublé, on obtient un nouveau polyèdre dont le nombre de faces est quadruplé, et si ce polyèdre n'a plus d'axes binaires déficients, le polyèdre primitif était tétartoédrique.

En résumé, le nombre des faces d'un polyèdre mériédrique ne peut être que $\frac{1}{2}$, $\frac{1}{4}$, $\frac{1}{8}$, etc., du polyèdre holoédrique. Dans le premier cas, il est dit *hémiédrique*; dans le second, *tétartoédrique*, etc. L'hémiédrie est le cas le plus fréquent; la tétartoédrie est rare; les autres cas ne se rencontrent jamais.

Nous ne connaissons aucun moyen de déduire la forme du réseau de celle du polyèdre moléculaire. Cependant on peut établir certaines relations entre les modes de symétrie de ces deux formes. Il est, par exemple, naturel d'admettre qu'un élément de symétrie de la molécule doit se rencontrer dans le réseau, autant du moins que cela est possible. Il est clair, en effet, qu'un axe de symétrie de la molécule tend à former une rangée du réseau, car si deux molécules se placent bout à bout dans le prolongement de l'axe, toutes les actions mutuelles attractives ou répulsives donnent une résultante dirigée suivant l'axe. Le même raisonnement se répéterait pour le plan de symétrie. On peut donc regarder au moins comme très-vraisemblable la règle suivante : *Parmi les sept systèmes cristallins, les molécules d'une substance donnée qui vient à cristalliser, adopteront celui dont la symétrie offre le plus grand nombre d'éléments communs avec la symétrie qui leur est propre.*

L'expérience paraît d'ailleurs confirmer cette règle, car, si elle n'existait pas, on trouverait des cristaux dans lesquels le réseau serait d'une symétrie très-élevée; appartiendrait, par exemple, au système cubique, tandis que la molécule aurait la symétrie du système anorthique. Le polyèdre cristallin n'aurait que la symétrie anorthique, mais les inclinaisons mutuelles des faces seraient au nombre de celles que l'on peut rencontrer entre les plans réticulaires du système cubique. Ce fait, que l'observation pourrait constater, ne paraît pas se produire, au moins généralement.

Quoi qu'il en soit de ces conjectures intéressantes, mais sur lesquelles il serait prématuré d'insister dans l'état actuel de la science, nous pouvons dire avec certitude, et sans le secours d'aucune hypothèse, que *les éléments de symétrie que l'on observe dans le polyèdre cristallin se rencontrent tous à la fois dans le polyèdre moléculaire et dans le réseau.*

Classification des polyèdres cristallins. — Systèmes cristallins. — Nous pouvons maintenant faire, au point de vue de la symétrie, une classification de tous les polyèdres cristallins. Nous les répartirons entre les sept systèmes déduits du mode de symétrie du réseau. Dans chacun de ces systèmes nous rangerons : 1° les polyèdres cristallins qui auront tous les éléments de symétrie du système et qui seront les polyèdres *holoédriques ;* 2° les polyèdres cristallins qui n'auront qu'une partie des éléments de symétrie du système, mais dont la symétrie sera plus riche que celle des systèmes dont la symétrie est inférieure à celle du système considéré, ce seront les polyèdres *mériédriques.*

Si la relation conjecturale que nous avons établie plus haut entre la symétrie du réseau et celle du polyèdre moléculaire était vraie, le mode de classification serait tel que la nature du système cristallin indiquerait immédiatement le mode de symétrie du réseau. La seule chose qu'il nous soit permis d'affirmer, c'est que le réseau fournit une symétrie au moins égale à celle qui caractérise le système.

Nous étudierons, dans les chapitres suivants, la nature des polyèdres cristallins qui peuvent se rencontrer dans chaque système. Pour chacun d'eux, nous aurons à étudier tous les modes possibles du réseau et toutes les formes simples du polyèdre cristallin ; en appelant *forme simple* le polyèdre déterminé par l'association de toutes les faces qui *coexistent nécessairement*, en vertu de la loi de symétrie. Nous aurons à étudier d'ailleurs les formes simples holoédriques et les formes simples mériédriques.

Pour obtenir ces dernières, nous appauvrirons graduellement les éléments de symétrie du système, jusqu'à ce que nous ne puissions plus poursuivre cet appauvrissement sans tomber sur un mode de symétrie caractéristique d'un autre système.

Parmi les éléments de symétrie que l'on peut supprimer, se trouve le centre de symétrie. Si l'on fait cette suppression, sans en faire aucune autre, on supprime la moitié des faces du polyèdre holoédrique; les faces conservées forment un polyèdre hémiédrique; les faces supprimées en formeraient un autre, qui est évidemment le symétrique inverse du premier par rapport au centre de symétrie. L'un de ces polyèdres est donc l'image du premier vu dans un miroir plan. Ces deux polyèdres ne sont pas, en général, superposables. En effet, s'ils l'étaient, on pourrait amener la superposition en faisant tourner l'un d'eux d'un certain angle autour d'une droite passant par le centre supprimé, et qui serait ainsi un axe de symétrie du polyèdre holoédrique. Or tous les axes de symétrie de ce polyèdre subsistant par hypothèse, dans le polyèdre hémiédrique, une ou plusieurs rotations autour de ces axes amène celui-ci en coïncidence avec lui-même et non avec son inverse.

Si, au lieu de supprimer le centre, on supprime un ou plusieurs axes, parmi lesquels il y a toujours, comme on le sait, au moins un axe binaire, le polyèdre holoédrique sera décomposé encore, dans le cas de l'hémiédrie, en deux polyèdres hémiédriques conjugués, mais superposables. En effet, si l'on fait tourner l'un des deux polyèdres de 180° autour de l'axe binaire déficient, les faces ne reviennent pas en coïncidence avec celles de ce polyèdre, car alors l'axe ne serait pas déficient; elles reviennent donc nécessairement en coïncidence avec celles du polyèdre conjugué.

Si c'est un plan de symétrie que l'on supprime, tous les axes étant conservés, cette suppression est nécessairement accompagnée de celle du centre, car l'existence de tous les axes et celle du centre entraîne celle de tous les plans de symétrie. On rentre donc dans un cas déjà examiné.

Nous pouvons donc dire qu'il y a deux cas principaux d'hémiédrie :

1° L'hémiédrie holoaxe, dans laquelle tous les axes sont conservés; un même polyèdre holoédrique donne alors deux polyèdres conjugués, non superposables, que l'on peut par conséquent distinguer l'un de l'autre autrement que par leur position accidentelle dans l'espace. L'un de ces polyèdres est l'image de l'autre. L'un d'eux étant le polyèdre *droit*, l'autre sera le polyèdre *gauche*.

2° L'hémiédrie non holoaxe; un même polyèdre holoédrique donne deux polyèdres conjugués superposables, que l'on ne peut pas par conséquent distinguer l'un de l'autre autrement que par leur position accidentelle dans l'espace. Ce genre d'hémiédrie se partage lui-même en deux autres suivant que le centre est conservé ou ne l'est pas :

a — si le centre est conservé, chaque face du polyèdre hémiédrique fournit une face parallèle ; c'est ce qu'on appelle la *parahémiédrie ;*

b — si le centre n'est pas conservé, aucune face du polyèdre hémiédrique ne possède sa parallèle ; c'est ce qu'on appelle l'*antihémiédrie.*

Les phénomènes de l'hémiédrie ayant pour cause la forme du polyèdre moléculaire, doivent rester identiques dans tous les polyèdres cristallins d'une même substance. Ces polyèdres peuvent être formés par la juxtaposition de plusieurs formes simples. Mais si l'une de ces formes est hémièdre holoaxe, les autres formes ne peuvent pas présenter un autre genre d'hémiédrie. Une même substance ne peut pas davantage présenter tantôt des polyèdres parahémiédriques, tantôt des polyèdres antihémiédriques. C'est en effet ce que l'observation confirme.

Il semble au premier abord qu'il en doit être de même des polyèdres holoédriques, et que des formes holoédriques ne doivent jamais subsister avec des formes hémiédriques. L'observation montre que cette conclusion n'est point exacte, et l'on en comprend facilement la raison.

Dans une substance hémiédrique, il y a en effet deux façons de concevoir comment un même polyèdre cristallin peut contenir des formes holoédriques coexistant avec des formes hémiédriques.

En premier lieu, nous remarquerons que lorsqu'un cristal est hémiédrique, les deux polyèdres conjugués, dont la réunion donnerait un polyèdre holoédrique, ne coexistent plus *nécessairement ;* mais cette coexistence, qui n'est plus nécessaire, reste *possible ;* les deux polyèdres conjugués peuvent donc par leur coexistence, donner une forme en apparence holoédrique. Seulement dans ce cas, les faces des deux polyèdres conjugués ne jouent plus le même rôle physique, et en général cette différence s'accuse par des différences physiques observables. C'est ainsi que les faces d'un des polyèdres conjugués étant lisses, celles de l'autre pourront être rugueuses ; les faces de l'un des polyèdres étant toutes largement développées, celles de l'autre pourront l'être fort peu, etc. Réciproquement, lorsqu'on observera de semblables différences entre les faces des deux polyèdres conjugués, on devra conclure à l'hémiédrie, malgré l'apparence holoédrique du cristal.

D'un autre côté, il peut se faire que pour certaines formes holoédriques les deux formes hémiédriques conjuguées se confondent, et soient par conséquent identiques avec la forme holoédrique ; de sorte qu'une forme en apparence holoédrique peut appartenir à un cristal hémiédrique. Nous verrons ultérieurement de nombreux exemples de ce cas particulier.

Notation symbolique. — Avant d'aborder l'étude détaillée de chaque système cristallin, il faut connaître le système de notation symbolique que nous emploierons.

Nous avons déjà vu qu'une rangée d'un réseau est notée $[ghk]$, le paramètre de la rangée étant noté $p[ghk]$. Nous emploierons la même notation pour les arêtes des faces des polyèdres cristallins, qui sont des rangées. Un plan réticulaire du réseau est noté (ghk) comme le sera la face parallèle des polyèdres cristallins ; $s(ghk)$ est l'aire élémentaire du plan réticulaire (ghk).

Toutes ces notations changeront naturellement lorsqu'on changera le système de rangées conjuguées pris pour axes coordonnés, et nous avons vu au moyen de quelles formules on peut passer des notations relatives à un système d'axes à celles qui se rapportent à un autre système.

On cherche ordinairement à choisir le système des trois axes de telle sorte que, par une rotation quelconque autour d'un axe de symétrie, le système d'axes revienne en coïncidence avec lui-même. Lorsqu'il en est ainsi, les trois longueurs interceptées par un même plan sur les trois axes coordonnés sont les mêmes pour tous les plans d'une même forme simple. Les caractéristiques g, h, k de tous ces plans sont donc les mêmes en valeur absolue, et leurs notations symboliques ne diffèrent entre elles que par les signes des coefficients, et par l'ordre dans lequel ces coefficients sont écrits, en suivant toujours la convention déjà faite, que le premier des coefficients se rapporte à l'axe pris comme axe des x, le second à l'axe des y, le troisième à l'axe des z.

Lorsqu'on voudra désigner symboliquement la forme simple, on emploiera la notation $\{ghk\}$ dans laquelle l'ordre des coefficients et leurs signes seront ceux qui conviennent à l'une des faces quelconques de la forme.

Une forme hémiédrique holoaxe sera notée $\lambda\{ghk\}$; la notation deviendra $\lambda_d\{ghk\}$ pour la forme droite, $\lambda_g(ghk)$ pour la forme gauche conjuguée.

Une forme non holoaxe parahémiédrique sera notée $\pi\{ghk\}$; une forme antihémiédrique, $\varkappa\{ghk\}$.

Les cristallographes emploient encore, pour désigner symboliquement les formes simples, un nombre, malheureusement trop grand, d'autres systèmes de notations. Celui que nous venons d'exposer, qui est très-commode pour désigner les plans isolés, l'est beaucoup moins pour noter les formes simples, à cause de l'attention qu'il faut faire à l'ordre des coefficients et à leurs signes. Nous ferons connaître plus tard les divers systèmes de notations usités.

CHAPITRE V

SYSTÈMES DE REPRÉSENTATIONS GRAPHIQUES

Il ne suffit pas de savoir désigner par un symbole chacun des plans d'un polyèdre cristallin ; il convient encore, pour faciliter l'étude, d'en représenter graphiquement la position relative.

On peut à cet effet tracer une perspective de ce polyèdre. On place ordinairement le point de vue à l'infini, et on dirige les lignes projetantes obliquement par rapport aux axes cristallographiques de manière à donner une idée plus nette du relief du solide.

On fait le plus souvent passer le plan de projection par deux des trois rangées conjuguées OA, OB (fig. 26), auxquelles le cristal est rapporté. On prend sur OA une longueur OA_1 égale au paramètre a de la rangée, et sur OB une longueur OB_1 égale au paramètre b. La troisième rangée peut toujours être supposée projetée suivant une droite OC choisie arbitrairement, et sur laquelle une longueur arbitraire OC_1 représentera le troisième paramètre c. Un plan quelconque (ghk) coupe OA à une distance de O égale à $\frac{a}{g}$, OB à une distance $\frac{b}{h}$, OC à une distance $\frac{c}{k}$; pour avoir les points d'intersection du plan et de OA, il suffit donc de porter sur OA, dans le sens indiqué par le signe de g, $\frac{1}{g}$ fois OA_1 et ainsi de suite pour les autres axes. Le problème qui consiste à trouver les projections des plans déterminés par la projection de trois points est un problème de géométrie descriptive qui est toujours assez simple dans les cas habituels.

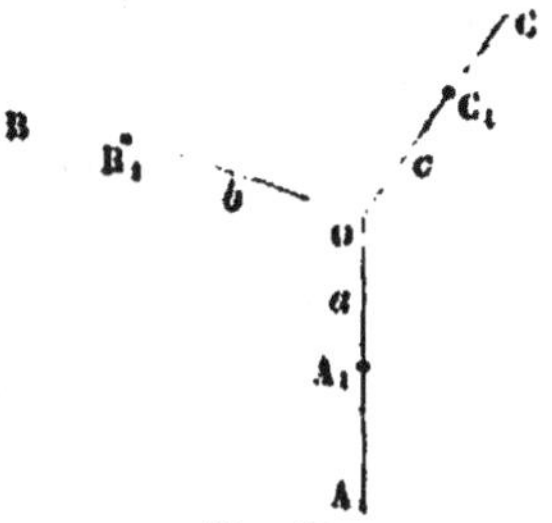

Fig. 26.

Lorsqu'on est conduit, par la nature particulière de la figure que l'on veut représenter, à ne pas placer deux des rangées conjuguées dans le plan de projection, on commence par déterminer, d'après les données de la question, les projections des trois rangées conjuguées, et l'on est ramené au cas précédent.

Il faut remarquer que, pour déterminer la direction de la projection de l'intersection de deux plans cristallins dont les caractéristiques sont connues, il suffit de chercher, par les procédés connus, les caractéristiques [*ghk*] de cette intersection. On détermine alors en projection la position du point dont les coordonnées numériques sont *ghk*; la droite qui passe par ce point et par l'origine est la direction cherchée.

Représentation des faces du cristal par les positions de leurs pôles sur une sphère de projection. — Les figures perspectives dont nous venons de parler donnent une idée nette de la figure extérieure du cristal, mais elles se prêtent mal à une étude géométrique précise. Lorsqu'on se propose ce but, il vaut mieux employer un autre mode de représentation.

Supposons que par le centre de symétrie du cristal nous décrivions une sphère avec un rayon quelconque pris pour unité. Par le même point, menons une normale à chacun des plans du cristal; chacune de ces normales vient rencontrer la sphère en un point que nous appelons le pôle du plan. L'ensemble de ces pôles pourra servir à représenter la figure cristalline, et l'arc de grand cercle compris entre deux pôles mesurera le supplément de l'angle des deux plans correspondants. Pour représenter le cristal sur un plan, il suffira de représenter sur ce plan la sphère et les pôles qui y sont contenus.

On sait que pour représenter une sphère sur un plan, on peut employer plusieurs systèmes de projections utilisées dans la construction des cartes de géographie.

On peut d'abord projeter orthogonalement la surface de la sphère sur le plan d'un grand cercle. Ce système a l'inconvénient de transformer la plupart des cercles en ellipses et de déformer considérablement la portion de la surface de la sphère qui avoisine le grand cercle de projection.

Projection stéréographique des pôles. — Un des systèmes de projection les plus employés dans la cristallographie, comme dans les cartes géographiques, est la *projection stéréographique*. On sait que ce système de projection est une perspective dans laquelle, le point de vue étant placé au pôle de l'hémisphère opposé à celui que l'on veut représenter, on prend pour plan de perspective la base de cet hémisphère.

Dans ce système de projection bien connu, les angles sont conservés; les cercles tracés sur la sphère sont encore des cercles, et il est possible de construire, avec la règle et le compas, la résolution d'un triangle sphérique, quelles que soient les données. Ces avantages sont considérables. Malheureusement ils deviennent souvent illusoires, parce que les cercles qu'on est obligé de tracer ont fréquemment un très-grand rayon et sont alors d'une construction difficile.

Projection gnomonique des pôles. — Un autre système de projection, qu'on appelle *projection gnomonique*, est aussi une perspective dans laquelle le point de vue est au centre de la sphère, et le plan de perspective est le plan tangent à la sphère passant par le pôle de l'hémisphère que l'on veut représenter. Ce système jouit de cet avantage considérable que les grands cercles sont représentés par des droites. En revanche, les petits cercles sont des ellipses, la résolution des triangles sphériques ne peut plus se faire dans tous les cas par la règle et le compas, et enfin les points situés sur la base de l'hémisphère ont une perspective située à l'infini.

La projection gnomonique des pôles des faces d'un cristal est susceptible d'une interprétation intéressante.

Les pôles des faces d'un cristal sont en effet les nœuds du réseau polaire. Si le centre de la projection gnomonique est un nœud de ce réseau, les droites perspectives en sont des rangées. Supposons que le plan de perspective soit le plan réticulaire qui, dans le réseau polaire, est limitrophe du nœud pris pour point de vue, et contient les deux rangées conjuguées prises pour axes des X et des Y, les nœuds du réseau polaire situés dans ce plan, et dont les coordonnées numériques sont $(gh1)$, sont à eux-mêmes leurs perspectives et dessinent le réseau plan à maille parallélogrammique. Pour tracer ce réseau plan, et trouver la perspective de tous les nœuds compris dans le symbole $(gh1)$, il suffira donc de tracer deux axes coordonnés (fig. 27, pl. I) faisant entre eux un angle

$$XY = 180 - \zeta$$

de prendre sur X une longueur

$$Zx = A = \frac{abc}{E}\frac{1}{a}\sin zy$$

sur Y une longueur

$$Z\beta = B = \frac{abc}{E} \frac{1}{b} \sin zx$$

et de construire un réseau avec ces deux longueurs pour paramètres. Les caractéristiques des nœuds de ce réseau plan s'obtiennent évidemment à simple vue. Les droites qui joignent au point de vue un nœud quelconque du plan représentent, comme on le voit, les aires planes des faces correspondantes du réseau primitif. Ce point de vue O_1 sera situé au-dessous du plan de perspective, sur une droite partant du point de croisement des X et des Y, et faisant avec ces deux axes des angles égaux à

$$YZ = 180 - \xi$$
$$XZ = 180 - \eta$$

La distance qui séparera sur cette droite le point O du point de croisement des X et des Y est

$$C = \frac{abc}{E} \frac{1}{c} \sin xy$$

En convenant de prendre $\frac{abc}{E} \cdot \frac{1}{c} \cdot \sin xy$ pour l'unité de longueur, le point de vue sera complètement déterminé en indiquant sur le plan sa projection orthogonale O. Lorsque la rangée Z est un axe binaire, le point O se confond avec l'intersection des axes des X et des Y.

Les nœuds du réseau polaire situés dans le plan parallèle au plan de perspective ont leurs perspectives situées à l'infini, mais sur des directions différentes. Soit le nœud ($gh0$), la droite qui joint O à ce nœud est parallèle à celle qui, dans le plan de perspective, joint Z au point ($gh1$). On peut convenir de tracer tout autour de l'épure une bande où viendront aboutir les droites semblables, et on inscrira alors dans cette bande, sur la droite qui joint Z à ($gh1$), les coordonnés numériques du point (gho).

Il ne reste plus à représenter que les perspectives des nœuds situés au-dessus du plan de perspective (001).

Soit (ghm) un de ces nœuds, situé dans le plan réticulaire ($00m$), la droite menée du point de vue à ce nœud viendra rencontrer le plan de perspective en un point dont les coordonnées numériques sont évidemment $\frac{g}{m}$, $\frac{h}{m}$. Ainsi, on peut dire, d'une manière générale, que la perspective d'un nœud quelconque (ghm) situé dans le plan ($00m$), est l'un des nœuds d'un réseau plan tracé dans le plan de perspective, sur les directions des X et des Y, avec des paramètres $\frac{A}{m}$ et $\frac{B}{m}$. La longueur

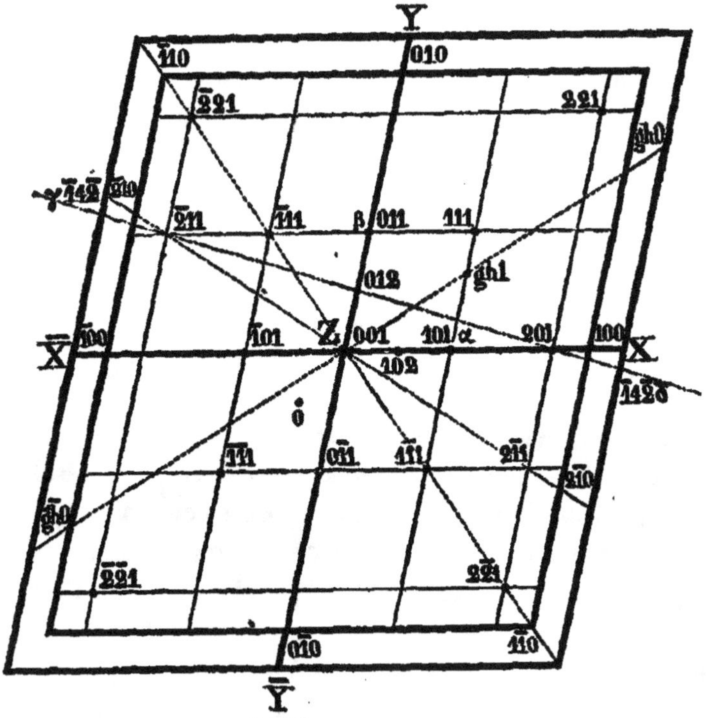

Fig. 27.

de la droite qui va du point de vue au point $\left(\frac{g}{m}, \frac{h}{m}, 1\right)$ est égale à $\frac{r}{m}$, en appelant r la longueur de la droite qui joint le point de vue au nœud (ghm), longueur qui représente l'aire de la maille correspondante du réseau primitif.

Si l'on mène sur la projection gnomonique une droite $\gamma\delta$, passant par deux nœuds quelconques, (012) et (201) par exemple, cette droite représente la trace d'un plan qui passe par les deux nœuds considérés et par le point de vue. Ce plan est perpendiculaire à une droite qui est l'axe de la zone de laquelle font partie toutes les faces du réseau primitif dont les pôles se trouvent sur la droite $\gamma\delta$.

Appelons p et q les longueurs numériques interceptées par $\gamma\delta$ sur les axes coordonnés du réseau polaire ou plutôt sur les parallèles aux axes coordonnés menés dans le plan (001) ; il est clair que les caractéristiques du plan passant par le point de vue et par $\gamma\delta$ ont :

$$\frac{1}{p}\,\frac{1}{q}\,\bar{1} \quad \text{ou} \quad qp\,\overline{pq}.$$

Telles seront donc aussi, dans le réseau primitif, les caractéristiques de l'axe de la zone ; de sorte que tous les pôles situés sur la ligne $\gamma\delta$ font partie d'une même zone dont l'axe a pour caractéristiques $q, p, \overline{pq}$.

La ligne $\gamma\delta$ de la figure correspond, par exemple, à la zone dont l'axe est noté

$$\frac{\bar{1}}{\bar{2}}\,\frac{\bar{1}}{\frac{\bar{1}}{2}}\,\bar{1} \quad \text{ou} \quad \bar{1}4\bar{2}.$$

Parmi les problèmes auxquels donne lieu le calcul des cristaux, un grand nombre, et des plus intéressants, se trouvent donc résolus très-simplement par la projection gnomonique. La projection stéréographique a, il est vrai, pour avantages, de se contenter d'un cadre plus restreint, et de ne pas donner de points situés à l'infini ; mais elle n'est jamais qu'une image destinée à représenter la position relative des pôles. La projection gnomonique est une véritable épure géométrique qui permet de trouver graphiquement, et souvent à simple vue, la solution de beaucoup de questions importantes.

CHAPITRE VI

SYSTÈME CUBIQUE OU TERQUATERNAIRE

Système régulier (Rose). — Système tesséral (Naumann). — Système tessulaire (Schrauf). — Premier système cristallin (Dufrénoy). — Système octaédrique (Miller).

Des modes possibles du réseau — Par un nœud N (fig. 28), menons un plan réticulaire normal à un axe quaternaire ; si N_1 est un nœud pris dans ce plan à la distance minimum de N, les sommets N_2, N_3, N_4 du carré ayant N pour centre et NN_1 pour demi-diagonale sont aussi des nœuds. Les deux rangées perpendiculaires NN_1, NN_2 ayant des paramètres égaux, la maille du réseau plan est un carré, car ces deux rangées sont conjuguées. Si elles ne l'étaient pas, en effet, il y aurait un nœud dans l'intérieur d'une maille carrée $NN_1\,N_2\,N_3$, et ce nœud étant à une distance de l'un des sommets de la maille, moindre que NN_1, on en conclurait aisément qu'il y aurait dans le plan un nœud plus voisin de N que ne l'est N_1, ce qui est contraire à l'hypothèse.

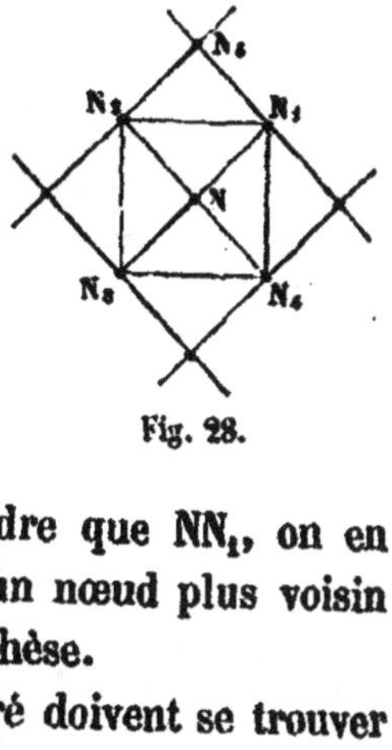

Fig. 28.

Dans le plan réticulaire à maille carrée considéré doivent se trouver compris les deux autres axes quaternaires; ces axes peuvent être dirigés ou suivant les côtés, ou suivant les diagonales de la maille.

Nous supposerons d'abord qu'ils coïncident avec les côtés de la maille.

On sait, d'après un théorème connu (page 44), que si l'on considère 3 plans contigus, que l'on notera 0, 1, 2, en allant de haut en bas, les projections des nœuds du plan 2 coïncidant toujours avec les nœuds du plan 0, celles des nœuds du plan intermédiaire 1, peuvent coïncider soit avec les centres, soit avec les milieux des côtés de la maille du plan 0.

On n'a donc que trois cas à examiner :

1er cas. — *Les projections des nœuds du plan 2 coïncident avec les nœuds du plan* 1. La maille solide est un prisme droit à base carrée, qui est en réalité un cube puisque une rotation autour d'un des axes ternaires doit amener successivement en coïncidence, les trois arêtes du prisme.

2e cas. — *Les projections des nœuds du plan 1 coïncident avec les centres des mailles du plan* 0. La figure 29 dans laquelle A_0, A_0', B_0, B_0' sont les projections des nœuds des plans pairs, et A_1, A'_1, B_1, B'_1 les projections des nœuds des plans impairs montre quelle est, dans ce cas, la disposition générale du réseau.

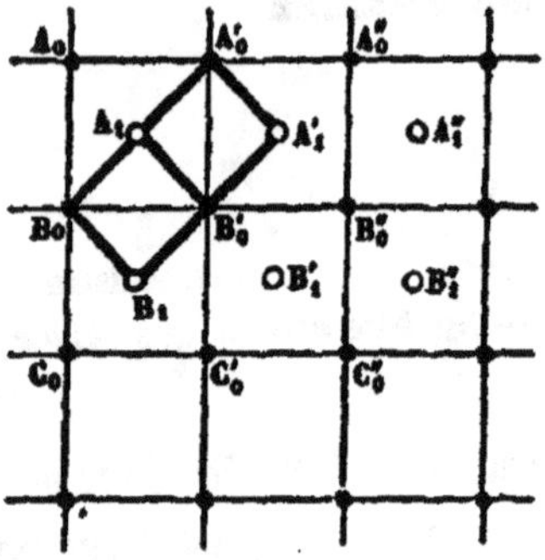

Fig. 29.

Une rotation de 120° autour de l'axe ternaire passant en A_0, amène $A_0\ A'_0$ en coïncidence avec $A_0\ A_2$; le réseau peut être considéré comme formé par des mailles cubiques $A_0\ B'_0\ A_2\ B'_2$ ayant au centre un nœud A_1. On peut dire que la maille du réseau est un cube, mais un *cube centré*.

En réalité, la *vraie* maille du réseau n'est plus un cube, et il est intéressant de voir quelle en est la forme. Représentons en perspective (fig. 30) le réseau dont nous venons d'étudier la projection. Si l'on joint un nœud B'_2 à trois centres des mailles adjacentes, $B'_2A_1, B'_2B_3, B'_2A'_3$, et si l'on construit sur ces trois longueurs un parallélipipède $B'_2\ A_1\ B_2\ B_3\ B'_4\ A'_3A_2A_3$, ce parallélipipède a tous ses côtés égaux, tous ses angles plans et tous ses angles dièdres égaux ou supplémentaires. C'est ce qu'on appelle un *rhomboèdre*. L'angle dièdre de ce rhomboèdre est celui que forment entre eux deux plans diagonaux d'un cube; il est donc égal à 120°. Ce rhomboèdre de 120° est d'ailleurs la vraie maille du réseau, car il ne contient aucun nœud dans son intérieur.

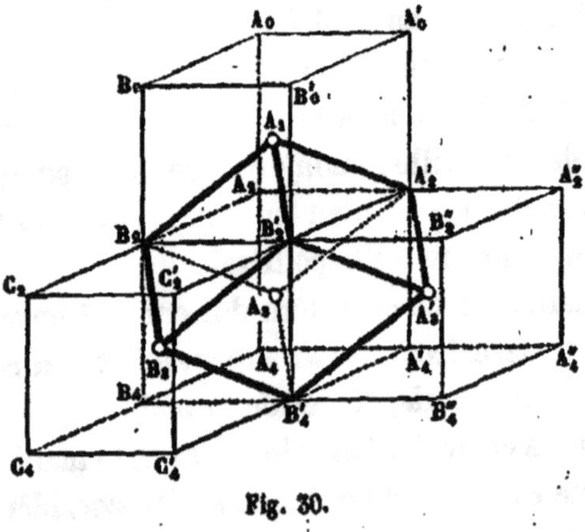

Fig. 30.

3° *cas.* — ***Les projections des nœuds du plan 1 coïncident avec les milieux des côtés du plan*** **0.** Supposons que le réseau du plan 0 soit $A_0 A'_0 B_0 B'_0$ (fig. 30) la projection du réseau 1, peut être $A_1 A'_1 B_1 B'_1$, mais l'axe quaternaire passant en A_0 exige alors dans le plan 1, un nœud a_1, dont la projection vient partager $A_0 B_0$ en deux parties égales. La maille du plan 1 est donc $A_1\ a_1\ B_1\ a'_1$, et celle du plan 0, devant lui être égale, il faut qu'un système de nœuds a_0 vienne occuper les centres des carrés $A_0 A'_0 B_0 B'_0$.

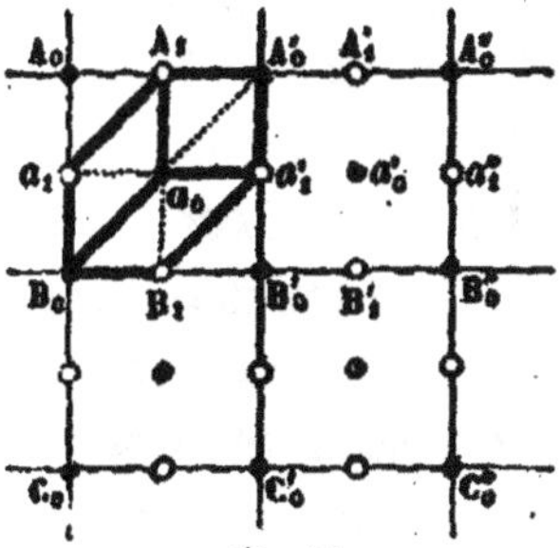

Fig. 31.

On voit donc que le réseau peut être supposé formé par un cube $A_0 A'_0 B_0 B'_0$ — $A_2 A'_2 B_2 B'_2$, portant un nœud au centre de chaque face. On dit que la maille est *un cube à faces centrées.*

Pour chercher la vraie maille du réseau, on figure la projection de ce réseau; on joint A'_0 (fig. 31) avec les trois centres des faces voisines A_1, a_0, a'_1, et on construit sur ces trois longueurs égales un parallélipipède qui aura pour autres sommets les trois autres centres des faces, a_1, B_1, a_2, et le sommet du cube B_2. Ce parallélipipède est une maille du réseau, car il ne contient aucun nœud. Les arêtes sont toutes égales entre elles; les angles plans et les angles dièdres sont tous respectivement égaux ou supplémentaires; c'est donc encore un rhomboèdre. Le plan $A'_0 a'_1 B_1 a_0$, qui est le plan $A_0 B_0 B'_2$, est perpendiculaire à une diagonale du cube; il en est de même du plan adjacent du rhomboèdre, $a_0 B_1 B_2 a_1$; l'angle dièdre du rhomboèdre est donc l'angle formé par les diagonales du cube, qui est égal à 70° 31′ 44″ et dont le cosinus a pour valeur $\frac{1}{3}$.

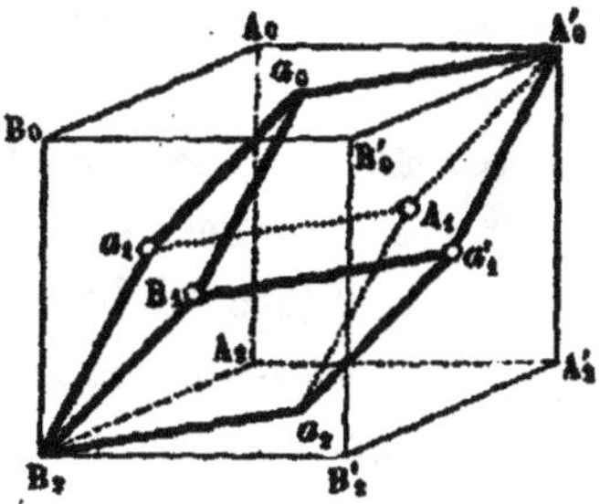

Fig. 32.

Après avoir supposé que les axes quaternaires sont dirigés suivant les côtés de la maille carrée du plan 0, il faut supposer qu'ils coïncident avec les diagonales. On aurait encore à examiner les trois cas précédents relatifs au mode de projection des nœuds. Il serait aisé de voir que le 1er cas est impossible; que le 2e cas donne un cube à faces centrées et le 3e, un cube centré.

En sous-entendant les restrictions convenables, on peut donc dire, en résumé, que les substances appartenant au système terquaternaire ont un réseau à mailles cubiques, ou, en employant le langage d'Haüy, ont le cube pour forme primitive. De là le nom de *cubique* donné souvent au système. Mais avant d'aller plus loin, il importe de voir si l'introduction de mailles parallélipipédiques centrées ou à faces centrées n'apporte pas des modifications considérables aux formules que nous avons déduites de la théorie des réseaux.

Or la substitution d'une maille centrée ou à faces centrées à une maille ordinaire ne portant des nœuds qu'à ses sommets revient à introduire dans le réseau un certain nombre de nœuds dont les coordonnées numériques sont rationnelles; les rangées introduites ont donc des caractéristiques rationnelles; elles sont donc parallèles aux rangées de l'ancien réseau, et si l'introduction de nouveaux nœuds amène des rangées nouvelles, elle n'amène pas de nouveaux *systèmes de rangées*. Elle n'amène donc pas non plus de nouveaux systèmes de plans réticulaires, et la seule modification importante qui résulte de cette introduction de nouveaux nœuds est le changement de l'aire de la maille plane de certains plans réticulaires.

Système d'axes coordonnés. — Les axes quaternaires du système jouent un rôle tellement prépondérant qu'ils sont employés par tous les cristallographes (accord bien peu commun) comme axes coordonnés.

Angles des arêtes et de faces. — Les formules générales se transforment aisément en remarquant que les trois axes coordonnés sont rectangulaires et ont le même paramètre.

Si PP′ désigne l'angle de deux pôles P, (pqr) et P′ $(p'q'r')$

$$\cos PP' = \frac{pp' + qq' + rr'}{\sqrt{(p^2 + q^2 + r^2)(p'^2 + q'^2 + r'^2)}}$$

Si RR′ désigne l'angle des deux arêtes R, $[ghk]$ et R′, $[g'h'k']$

$$\cos RR' = \frac{gg' + hh' + kk'}{\sqrt{(g^2 + h^2 + k^2)(g'^2 + h'^2 + k'^2)}}$$

Formes simples holoédriques. — Si l'on considère les trois axes quaternaires, et, sur chaque axe, les deux directions positive et négative, on peut amener en coïncidence deux quelconques de ces 6 directions par des rotations autour des axes de symétrie, compatibles avec les indices de ces axes. Cette coïncidence obtenue, on peut faire coïncider entre elles deux quelconques des 4 autres directions. Il en résulte que si l'on imagine un plan réticulaire (pqr), tous les plans réticulaires qui ont les mêmes caractéristiques en valeur absolue sont identiques entre eux, car ils interceptent des longueurs égales sur les trois axes quaternaires, et peuvent, par conséquent, être amenés en coïncidence par des mouvements compatibles avec la symétrie du système.

Hexoctaèdre. — On peut faire six arrangements des trois lettres p, q, r; chacun des 6 arrangements peut recevoir une des 8 combinaisons de signes qui conviennent à chacun des 8 quadrants dans lesquels les plans coordonnés partagent l'espace ; la forme simple holoédrique la plus générale du système cubique se compose donc de 48 faces.

Pour trouver la position de ces 48 faces, nous cherchons la position

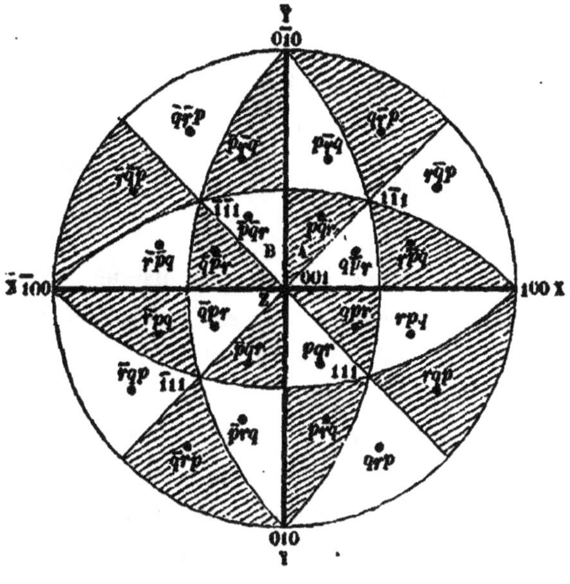

Fig. 33.

de leurs pôles sur la sphère, ou sur la projection stéréographique faite sur un plan de symétrie perpendiculaire à un axe quaternaire pris pour axe des Z (fig. 33). Le centre de projection représente le pôle (001), les points de rencontre des axes des Y et des X avec le cercle de perspective représentent les pôles $(\bar{1}00)$, (100), $(0\bar{1}0)$, (010).

La surface de l'hémisphère supérieur est partagée par les plans coordonnés en quatre quadrants, dans chacun desquels le centre est le pôle d'un axe ternaire :

Le centre du quadrant	des	XY est un pôle noté	111
—	—	$\bar{X}Y$	$\bar{1}11$
—	—	$\bar{X}\bar{Y}$	$\bar{1}\bar{1}1$
—	—	$X\bar{Y}$	$1\bar{1}1$

Les grands cercles qui joignent deux à deux les centres de ces quadrants passent par un des axes quaternaires. Nous menons ces grands cercles, qui représentent les traces des plans de symétrie perpendiculaires aux axes binaires ; ils sont à la fois les bissectrices et les médianes des triangles formés par les axes quaternaires.

Chacun de ces triangles se trouve ainsi divisé en 6 triangles rectangles égaux entre eux. Si l'on considère spécialement un des triangles trirectangles, et si l'on hache de deux en deux les triangles rectangles qui le composent, les triangles de même teinte peuvent venir en superposition mutuelle par une rotation permise autour du pôle ternaire. Dans les autres quadrants, on hache les triangles qui viennent en superposition avec les triangles hachés du premier, lorsqu'on met en coïncidence les deux quadrants par une rotation de $\frac{2\pi}{4}$ autour d'un axe quaternaire.

On peut convenir de désigner les triangles hachés par le nom de *triangles droits* ; les autres seront les *triangles gauches*. Si l'on regarde, par exemple, en face, le pôle Z qui est l'extrémité d'un axe quaternaire, 8 triangles viennent se croiser sur la sphère en ce pôle ; dans l'hémisphère supérieur, deux triangles A et B (fig. 33) de teintes différentes viennent se juxtaposer suivant le grand cercle perpendiculaire à la base de l'hémisphère. Les triangles droits sont ceux qui sont de même teinte que le triangle A situé à droite de l'observateur. Les autres sont les triangles gauches. Il est facile de voir que les triangles gauches sont opposés par le centre aux triangles droits.

Si l'on suppose un pôle (pqr), placé dans l'un des triangles gauches du quadrant YZ, ce pôle en entraînera deux autres placés d'une manière analogue dans les deux autres triangles gauches, et comme en faisant tourner les axes X, Y, Z autour du pôle (111), dans le sens contraire à celui des aiguilles d'une montre, on change successivement X en Z, Y en X, Z en Y, les notations des trois pôles des trois triangles gauches seront en les parcourant dans le sens indiqué,

$$(pqr),\ (qrp),\ (rpq)$$

et, pour les former, il suffit d'écrire les caractéristiques à la suite les unes des autres et toujours dans le même ordre

$$pqrpq\ldots,$$

de prendre d'abord les 3 premières lettres, puis les 3 lettres qui deviennent les premières après avoir supprimé p, etc.; c'est ce qu'on appelle les *permutations tournantes* des trois lettres *pqr*.

Le triangle gauche qui contient (pqr) est séparé, par un plan de symétrie, du triangle droit que l'on rencontre en tournant toujours dans le même sens autour du pôle ternaire. L'existence d'un pôle dans le triangle gauche entraîne donc celle d'un pôle symétrique dans le triangle droit. Si le plan de symétrie considéré passe par X, les deux pôles auront le même X, et leurs Y et Z seront inversés. Les caractéristiques du pôle symétrique seront donc (prq), et les symboles des pôles situés dans les trois triangles droits du quadrant XY s'obtiendront en formant les permutations tournantes des trois lettres *prq*.

On a ainsi, dans un des quadrants, 6 pôles; et, comme tous les quadrants sont identiques, on en aura 6 dans chacun des 8 quadrants, ce qui fera bien 48 pôles. Il ne peut pas y en avoir d'autres, car il est aisé de voir que nous avons utilisé, pour les obtenir, tous les éléments de symétrie du système.

Quant aux notations des pôles, elles sont identiques avec celles du quadrant des XYZ que nous avons considéré d'abord, sauf que, dans le quadrant des $\bar{X}YZ$, il faudra affecter du signe — le paramètre correspondant à l'axe des X, et ainsi de suite pour les autres quadrants.

La forme holoédrique la plus générale du système terquaternaire est donc un polyèdre à 48 faces; la position des pôles sur la sphère nous montre d'ailleurs que ce polyèdre a 6 sommets à 8 faces sur les axes quaternaires, 8 sommets à 6 faces sur les axes ternaires, et enfin 12 sommets à 4 faces sur les axes binaires.

Ces données suffisent pour se faire une idée précise de la forme de ce polyèdre qui est représenté dans la figure 34 et que l'on appelle *hexoctaèdre*.

Fig. 34.

Trapézoèdre. — Trioctaèdre. — Il est clair que, lorsque le pôle (pqr) se trouve sur l'un des plans de symétrie binaire, 2 pôles symétriques se confondent en un seul; chaque quadrant ne comprend plus que 3 pôles, et la forme simple ne possède plus que 24 faces.

Il faut et il suffit, pour que ce cas se produise, que deux caractéristiques soient égales entre elles ; la notation de la forme sera donc

$$\{ppr\}$$

Il peut se présenter deux cas suivant que le pôle placé sur l'un des plans de symétrie binaire tombe dans la partie de la médiane du quadrant comprise entre le sommet et le centre du quadrant, ou dans la partie comprise entre le centre et le côté.

Dans le 1er cas, les longueurs interceptées sur les deux axes placés symétriquement par rapport au plan de symétrie sont plus longues que la longueur interceptée sur le troisième, et on a $p<r$.

Dans le second cas, l'inverse a lieu, et l'on a $p>r$.

1er *cas : $p<r$. Trapézoèdre.* — La projection stéréographique des pôles est représentée figure 35. La forme simple a des sommets à 3 faces sur les axes ternaires, des sommets à 4 faces sur les axes quaternaires

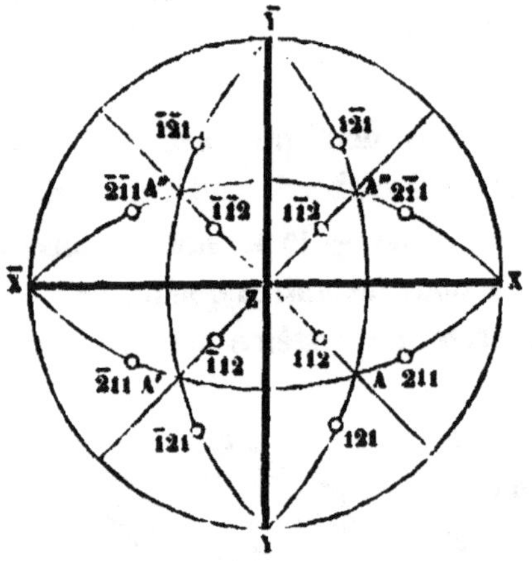

Fig. 35.

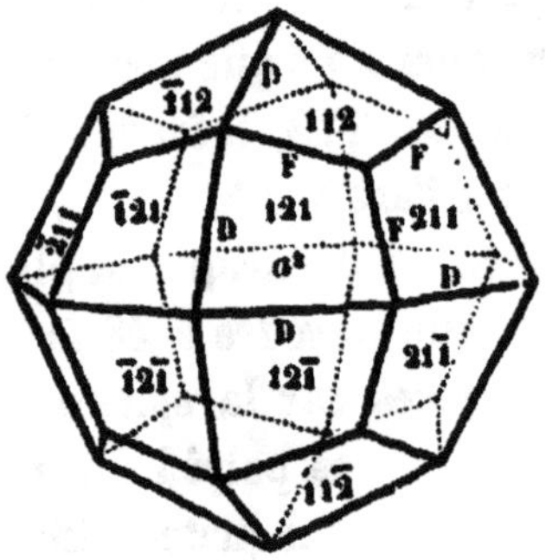

Fig. 36.

et des sommets également à 4 faces sur les axes binaires. On obtient un solide représenté, figure 36, que l'on appelle *icositétraèdre* ou *trapézoèdre*, parce que les faces sont des quadrilatères.

2e *cas : $p>r$. Trioctaèdre.* — La projection des pôles est représentée figure 37. La forme simple a des sommets à 3 faces sur les axes ternaires, des sommets à 8 faces sur les axes quaternaires ; 2 faces viennent se rencontrer, suivant des droites perpendiculaires aux axes binaires sur lesquels il n'y a aucun sommet. On obtient ainsi le solide, représenté figure 38, que l'on appelle *trioctaèdre* pour rappe-

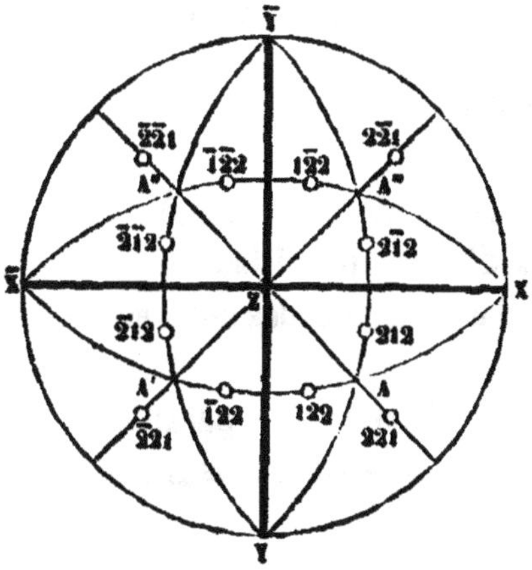

Fig. 37.

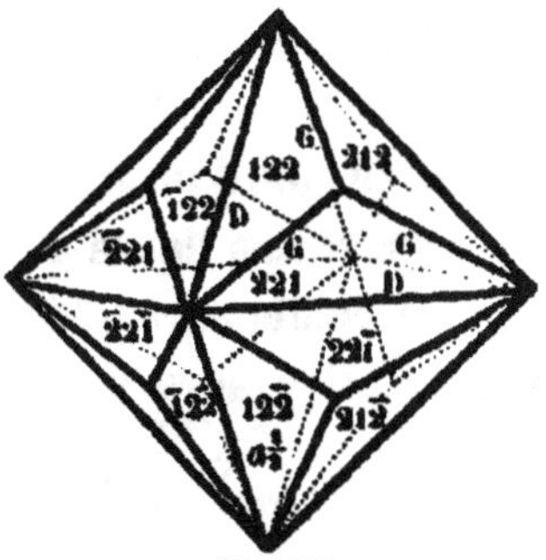

Fig. 38.

ler que la forme générale est celle d'un octaèdre régulier dont les faces sont remplacées par des pyramides surbaissées.

Octaèdre. — Lorsque le pôle tombe au centre même du triangle trirectangle, le solide se réduit à 8 faces perpendiculaires aux axes quaternaires; c'est l'*octaèdre régulier* (fig. 39), dont le symbole est

$$\{111\}.$$

Cet octaèdre est la limite commune des trapézoèdres et des trioctaèdres dont les 2 caractéristiques symétriques convergent vers la troisième.

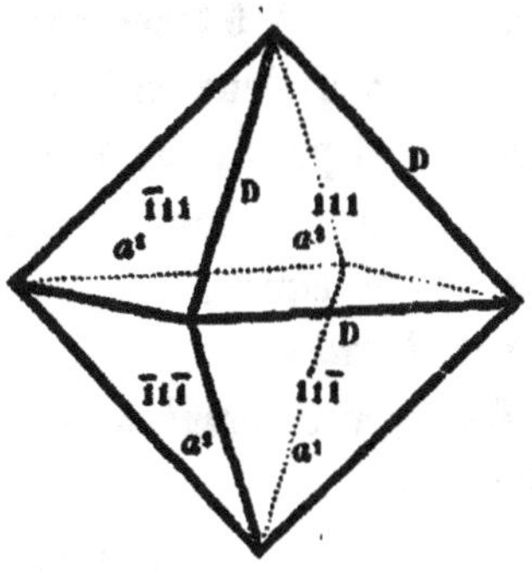

Fig. 39.

Les arêtes de l'octaèdre sont perpendiculaires en leurs milieux sur les axes binaires; les faces sont perpendiculaires en leurs centres sur les axes ternaires; les sommets sont placés sur les axes quaternaires.

Deux faces adjacentes de l'octaèdre font entre elles un angle égal au supplément de celui des diagonales du cube, c'est-à-dire à $180^0 - 70^0 31',7 = 109^0 28',3$, angle dont le cosinus est $-\frac{1}{3}$. Deux faces opposées font entre elles un angle égal à $70^0 31',7$.

Hexatétraèdre. — Il ne nous reste plus à examiner que les cas dans lesquels les pôles sont placés dans les plans coordonnés, c'est-à-dire dans les plans de symétrie perpendiculaires aux axes quaternaires. La condition nécessaire et suffisante pour que ce cas se produise est que l'une des caractéristiques soit nulle ; la forme est alors notée :

$$\{pq0\}.$$

Il y a sur chaque côté d'un des triangles trirectangles deux pôles placés symétriquement de part et d'autre du milieu de ce côté correspondant au pôle d'un axe binaire. La projection des pôles est donc celle qui est représentée figure 40.

La forme simple aura 24 faces dont chacune sera parallèle à un axe quaternaire. Il y aura un sommet à 4 faces sur les axes quaternaires,

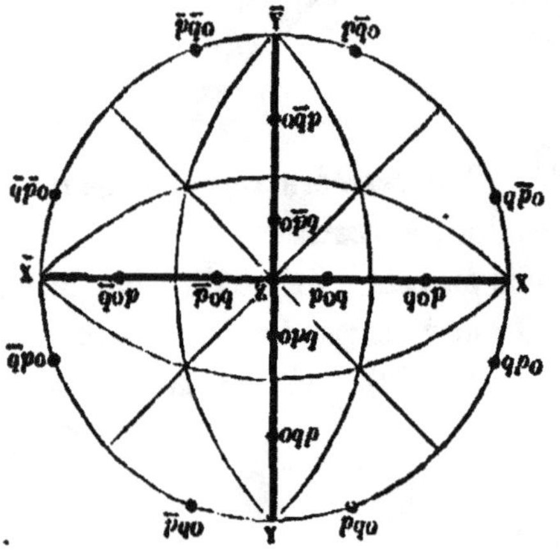

Fig. 40.

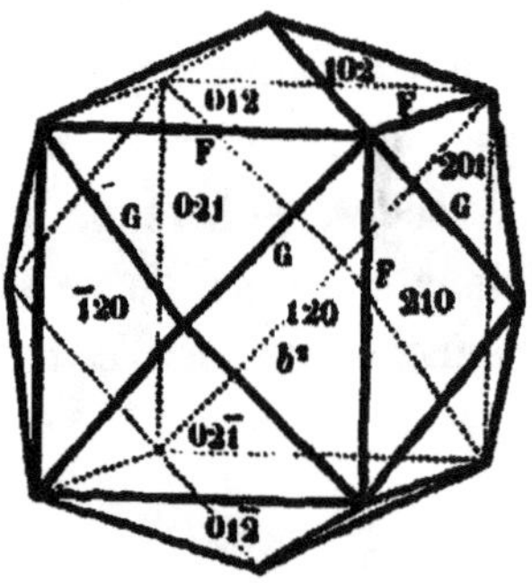

Fig. 41.

des sommets à 6 faces sur les axes ternaires, et les faces se rencontreront deux à deux suivant des arêtes perpendiculaires sur les axes binaires et parallèles à un axe quaternaire. Le solide, représenté figure 41, a la forme générale d'un cube dont les faces seraient remplacées par des pyramides à 4 faces surbaissées. On l'appelle *hexatétraèdre* ou *tétrabishexaèdre*.

Dodécaèdre rhomboïdal. — Lorsque les pôles coïncident avec les milieux mêmes des côtés du triangle trirectangle, c'est-à-dire avec les pôles des axes binaires, on a $p=q$, et la forme est notée

$$\{110\}.$$

Elle est composée de 12 faces perpendiculaires sur les axes binaires.

La projection des pôles est représentée figure 42. Il y a des sommets à 4 faces sur les axes quaternaires, des sommets à trois faces sur les axes ternaires. Toutes les arêtes sont égales, et les faces sont des rhombes égaux. Le solide représenté figure 43 est appellé le *dodécaèdre rhomboïdal.*

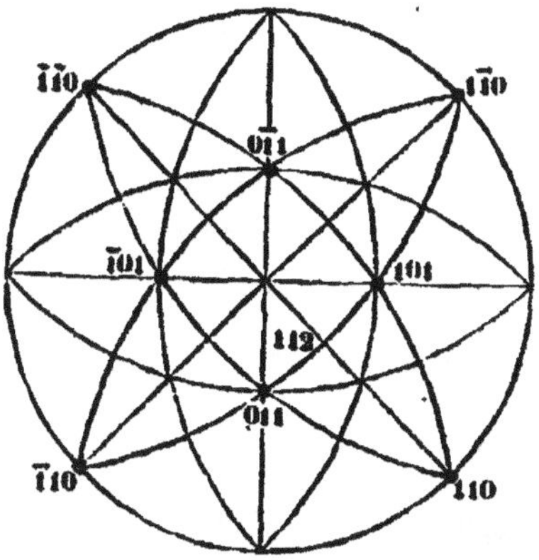

Fig. 42.

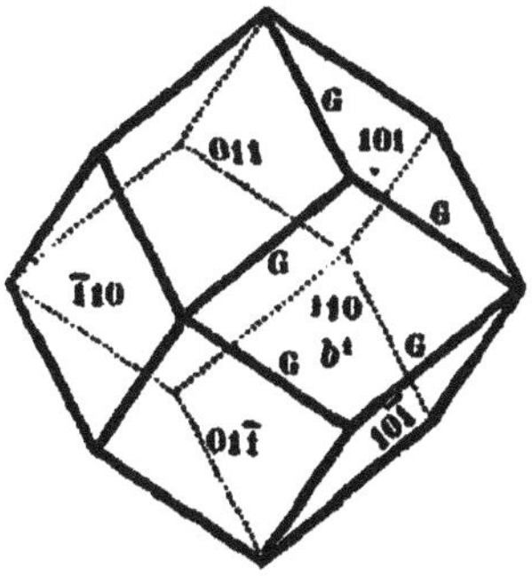

Fig. 43.

L'angle obtus des arêtes est égal au supplément de l'angle de deux diagonales du cube, c'est-à-dire à 180° — 70° 31′7, = 109° 28′,3 ou l'angle dont le cosinus est $-\frac{1}{3}$. Il y a trois axes binaires se croisant sous des angles de 60° dans un plan perpendiculaire à un axe ternaire ; il y a donc 6 faces du dodécaèdre rhomboïdal dans une zone perpendiculaire à un axe ternaire, et ces six faces forment entre elles un prisme dont la section droite est un hexagone régulier. Il y a deux axes binaires se croisant sous un angle de 90° dans un plan perpendiculaire à un axe quarternaire ; il y a donc 4 faces du dodécaèdre rhomboïdal dans une zone perpendiculaire à un axe quaternaire, et ces 4 faces forment un prisme dont la section droite est un carré.

Les formes simples du système cubique, que l'on rencontre dans la nature, sont assez peu nombreuses. Les tableaux suivants font connaitre quelques-uns des angles que forment entre elles les faces des formes qui se rencontrent le plus habituellement.

TABLEAU DES ANGLES QUE FORMENT LES NORMALES AUX FACES ADJACENTES DES FORMES SIMPLES LES PLUS COMMUNES DU SYSTÈME CUBIQUE

Octaèdre a^1 (fig. 39)		**111**	$\cos D = \frac{1}{3}$ D=70° 31',7.		
Dodécaèdre rhomboïdal b^1 (fig. 43)		**110**	$\cos G = \frac{1}{2}$ G=60° D=90° est l'angle des normales aux deux faces qui se rencontrent par le sommet de leur angle aigu.		
Hexatétraèdres (fig. 41)		**210**	F=36°52',2 .	G=36°52'2.	
		310	53° 7',8 .	23°50'5.	
		320	22°37',2 .	46°11'7.	
		520	46°23',8 .	30°27'.	
Trapézoèdres (fig. 36)		**211**	D=48°11',5 .	F=33°33',4.	
		311	35° 5',8 .	50°28'7	
Trioctaèdres (fig. 38)		**221**	D=38°56',3 .	G=27°16.	
		331	26°31',5 .	37°51',8.	
Hexoctaèdres (fig. 34)		**321**	D=31° 0',2 .	F=21°47',2 . .	G=21°47',2.
		431	22°37',2 .	15°56',5 . ,	32°12',2.
		421	25°12',5 .	35°57' . .	17°45',1.
		731	14°57',7 .	43°12',8 . .	21°13',2.
Hémioctaèdre (Tétraèdre), (fig. 82)	κ	**111**	T=109°28',3.		
Hémihexatétraèdres (fig. 71)	π	**210**	D=53° 7',8 .	U=60°25',3.	
	π	**320**	67°22',1 .	62°30',8.	
	π	**430**	73°44',4 .	61°18',9.	
Hémitrapézoèdres (fig. 83)	κ	**211**	F=33°33',4 .	T=70°31',7.	
	κ	**311**	50°28',7 .	50°28',7.	
Hémitrioctaèdres (fig. 84)	κ	**221**	G=27°16' .	T=90°	

Hémihexoctaèdres à faces parallèles (fig. 70)	π{123}	W=64°37',3 .	D=30° 0',3. .	U=38°12',8.
	π{124}	51°45',3. .	25°12',7. .	48°13',1.
	π{135}	29° 3',5. .	19°27',8. .	48°55'.
Hémihexoctaèdres à faces inclinées (fig. 81)	ϰ{321}	F=21°47',2. .	G=21°47',2. .	T=69° 4',5.
	ϰ{531}	27°30'7. .	27°30',7. .	57° 7',3.

TABLEAU DES DISTANCES ANGULAIRES QUI SÉPARENT LES POLES DES FORMES LES PLUS COMMUNES ET LES POLES LES PLUS RAPPROCHÉS DES FORMES {100}, {110}, {111}.

	100	**010**	**001**	**011**	**101**	**110**	**111**
	0	90°	90°	90°	45°	45°	54°44'15"
011	90°	45°	45°	0°	60°	60°	35°15',85
111	54°44'15"	54°44'15"	54°44'15"	35°15',85	35°15',85	35°15',85	0°
210	26°34'	63°26'	90°0'	71°34'	50°46'	18°26'	39°44'
310	18°26'	61°34'	90°0'	77°5'	47°52'	26°34'	43°5'
320	33°41'	56°19'	90°0'	60°54'	53°58'	1°19'	36°49'
520	41°48'	68°12'	90°0'	74°47'	48°58'	23°12'	41°22'
211	35°16'	65°54'	65°54'	54°44'	30°0'	30°0'	19°28'
311	25°14'	72°27'	72°27'	64°46'	31°29'	31°29'	29°30'
221	70°31'	48°11'	48°11'	19°28'	45°0'	45°0'	15°48'
331	76°44'	46°30'	46°30'	13°16'	49°33'	49°33'	22°0'
321	36°42'	57°41'	74°30'	55°28'	40°54'	19°6'	22°13'
421	29°12'	64°7'	77°24'	62°25'	39°31'	22°17'	28°8'
431	38°20'	53°58'	78°41'	56°1[illegible]'	46°0'	13°54'	25°4'
731	24°18'	67°1'	82°31'	68°24'	42°[illegible]4'	22°59'	34°14'

Des formes composées du système cubique. — Nous avons étudié d'une façon complète les formes simples du système cubique, nous allons maintenant nous occuper de quelques-unes des formes composées, c'est-à-dire qui sont dues à la réunion de plusieurs formes simples. De telles formes sont en nombre infini ; nous nous bornerons aux plus remarquables.

Nous commencerons par les formes composées dues à la réunion du cube avec chacune des formes simples. Sans qu'il soit besoin de nous appesantir longtemps sur ce sujet, nous verrons que :

1° les plans de l'hexoctaèdre viennent remplacer par des pointements à 6 faces chacun des angles du cube (fig. 44);

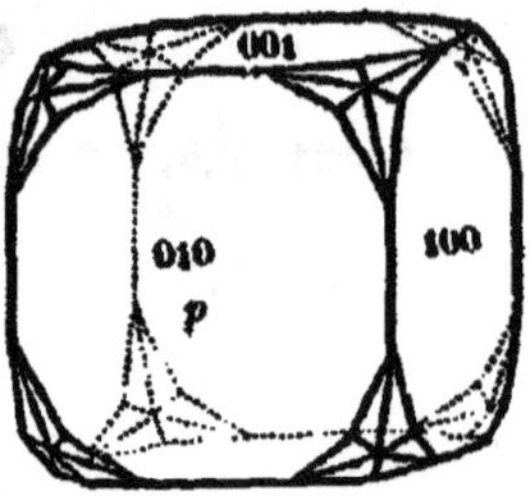

Fig. 44.

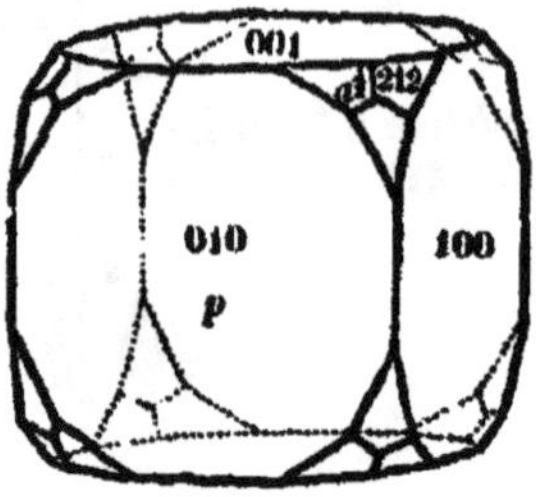

Fig. 45.

2° les plans des trioctaèdres forment à chaque angle des pointements à 3 faces dont les arêtes viennent rencontrer les diagonales des faces du cube (fig. 45);

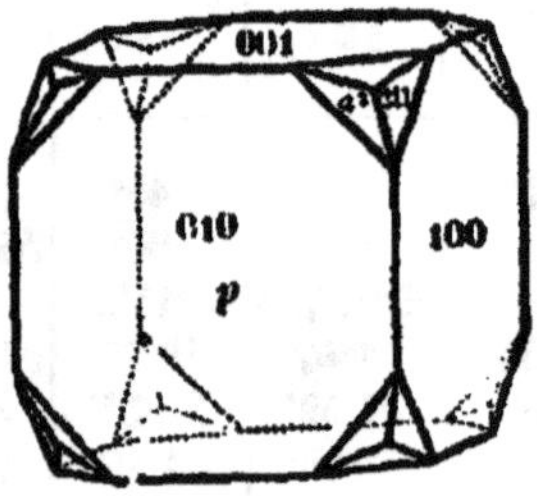

Fig 46.

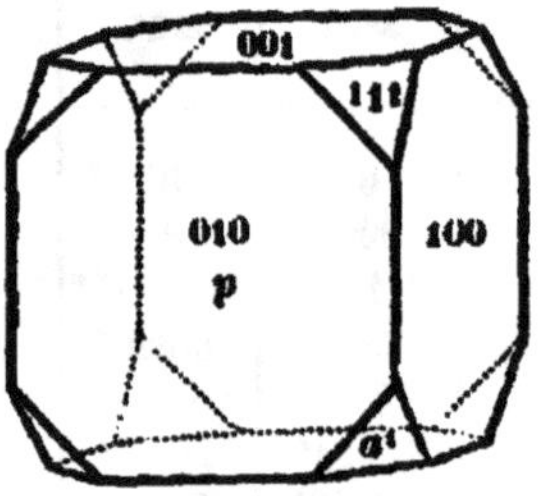

Fig. 47.

3° les plans du trapézoèdre forment à chaque angle des pointements à 3 faces dont les arêtes viennent rencontrer les arêtes du cube (fig. 46);

4° les plans de l'octaèdre tronquent les angles du cube et les rem-

Fig. 48.

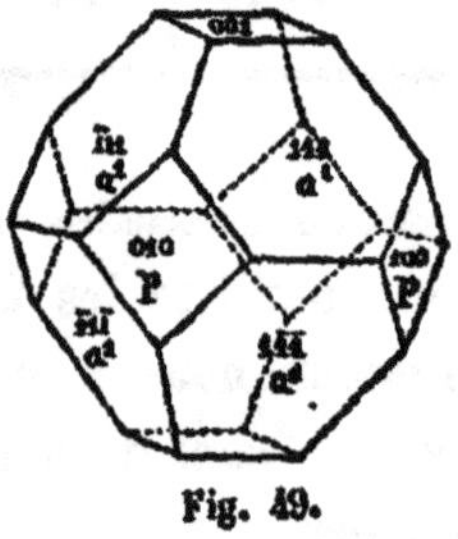

Fig. 49.

placent par des plans également inclinés sur les 3 faces du cube ; ce sont ce qu'on appelle *des plans tangents à l'angle* (fig. 47, 48, 49).

Quant aux formes dont les plans sont parallèles aux axes coordonnés ou aux arêtes du cube, nous verrons que :

1° les plans de l'hexatétraèdre viennent former un biseau sur chaque arête, et un pointement à 6 faces sur chaque angle (fig. 50);

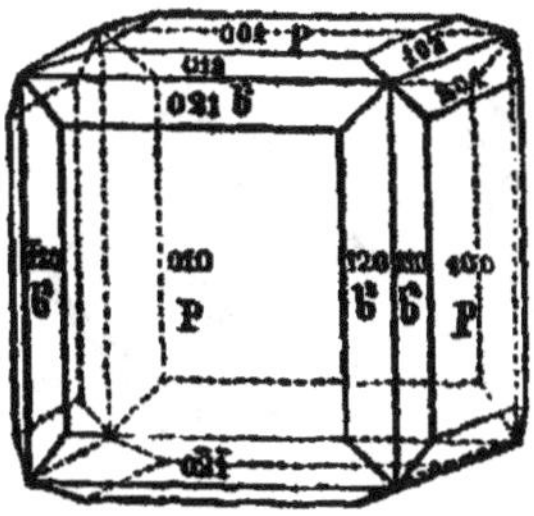

Fig. 50.

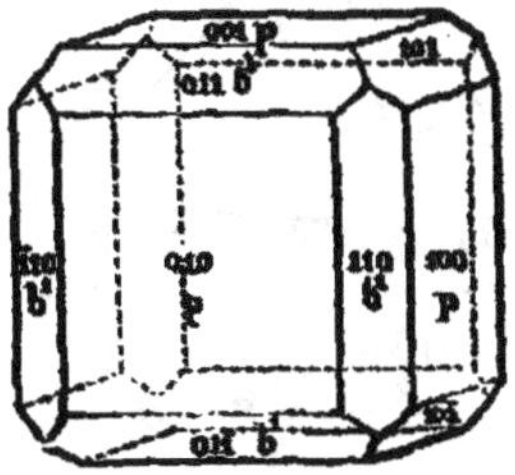

Fig. 51.

2° les plans du dodécaèdre rhomboïdal remplacent chaque arête par un plan également incliné sur les 2 faces adjacentes du cube; c'est un plan *tangent à cette arête* (fig. 51).

Les pôles de l'octaèdre et ceux des trapézoèdres sont situés sur des plans

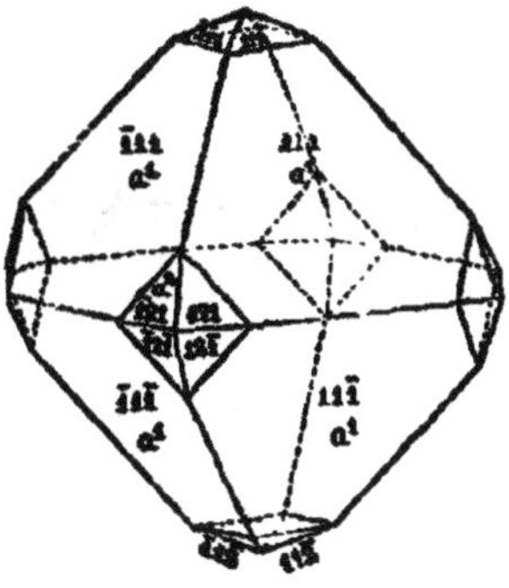

Fig. 52.

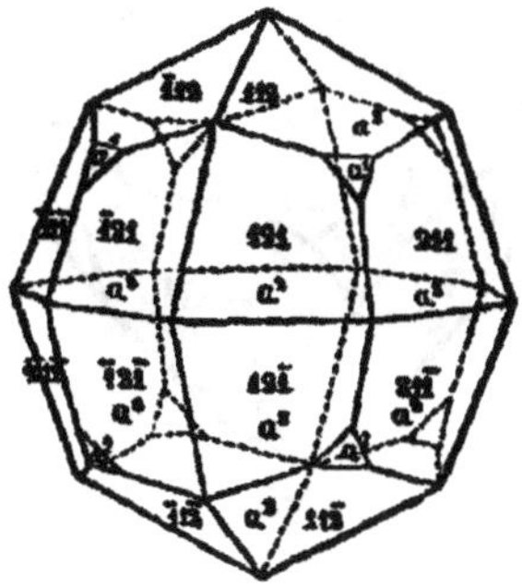

Fig. 53.

de zones communes qui sont les plans de symétrie, et les intersections sont parallèles à celles de l'octaèdre et du cube. Les figures 52 et 53 représentent la coexistence des faces de l'octaèdre $\{111\}$ et du trapézoèdre $\{112\}$.

Les faces de l'octaèdre et du trioctaèdre se rencontrent suivant des parallèles aux arêtes de l'octaèdre. La coexistence de l'octaèdre $\{111\}$ et du trioctaèdre $\{122\}$ est représentée figure 54.

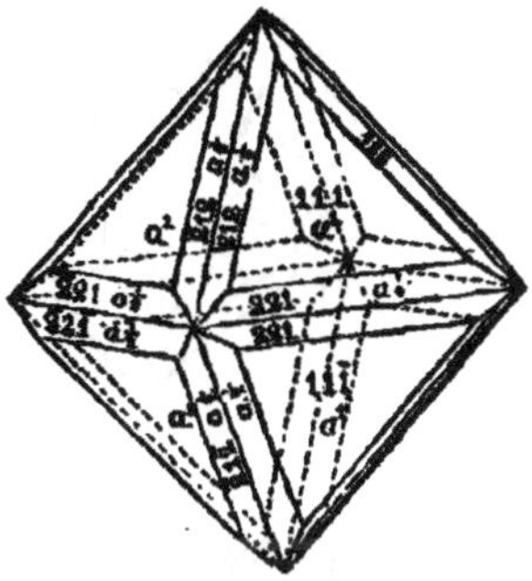

Fig. 54.

La coexistence de l'octaèdre et du dodécaèdre rhomboïdal est représentée figures 55 et 56. On voit que les faces du dodécaèdre rhomboïdal sont *tangentes* sur les arêtes de l'octaèdre, c'est-à-dire qu'elles interceptent des longueurs numériques égales sur les deux arêtes adjacentes.

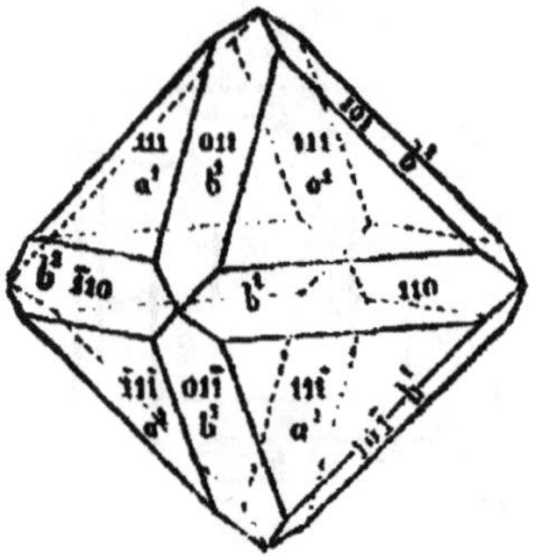

Fig. 55.

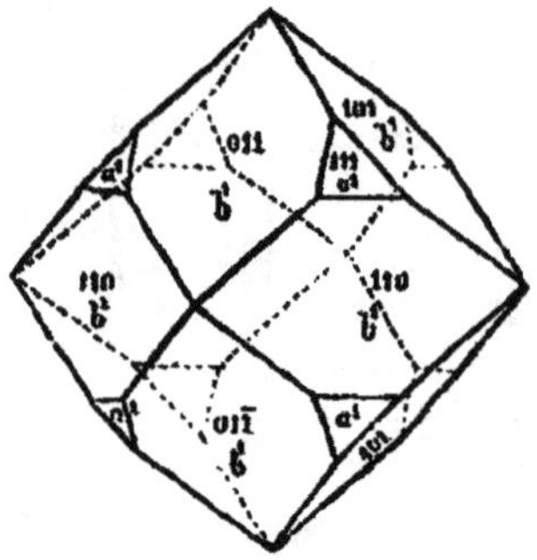

Fig. 56.

La figure 57 représente la coexistence de l'octaèdre et d'un hexatétraèdre; la figure 58 celle de l'octaèdre et d'un hexoctaèdre.

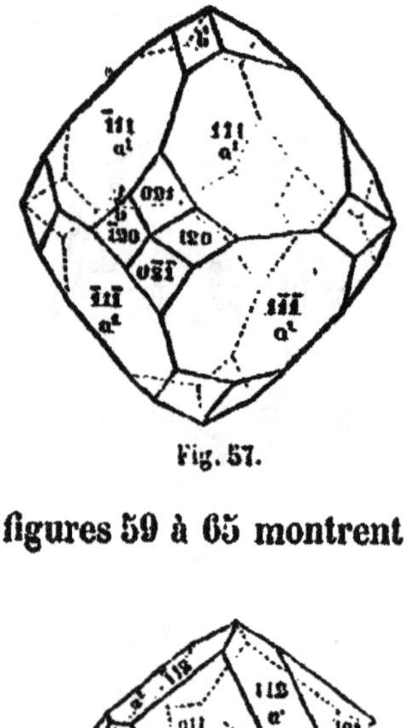

Fig. 57.

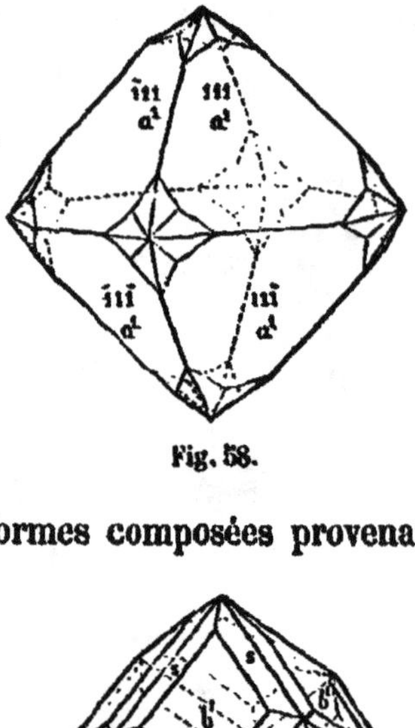

Fig. 58.

Les figures 59 à 65 montrent des formes composées provenant de la

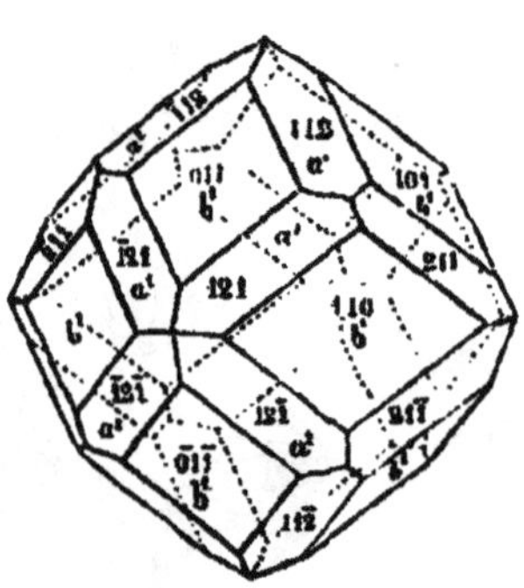

Fig. 59.

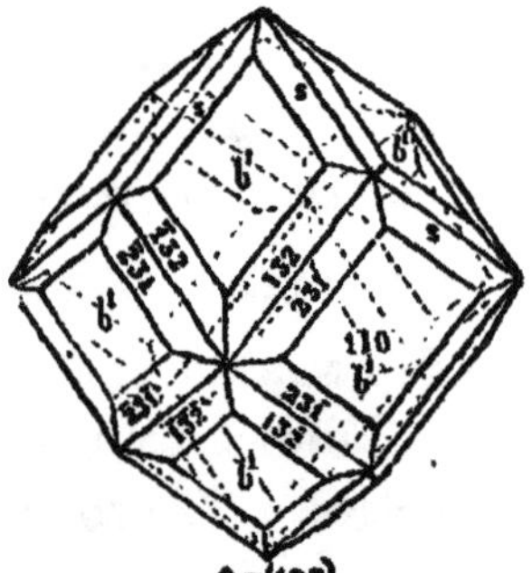

s = {123}

Fig. 60.

coexistence des diverses formes simples avec le dodécaèdre rhomboïdal.

Lorsque la forme qui s'ajoute au dodécaèdre est le trapézoèdre {112} (que l'on appelle *leucitoèdre* parce que c'est la forme cristalline d'un minéral nommé *leucite*), il est aisé de voir que la zone $[11\bar{1}]$ déterminée par les pôles (101) et (011) rencontre la zone $[1\bar{1}0]$ déterminée par les pôles (001) et (110) en un pôle noté (112) appartenant au leucitoèdre (fig. 42). Les faces du leucitoèdre sont donc parallèles à l'intersection de deux faces adjacentes du dodécaèdre et, à cause de la symétrie, également inclinées sur ces faces; elles sont, en un mot, tangentes sur les arêtes du dodécaèdre. C'est ce qu'on voit sur la figure 59.

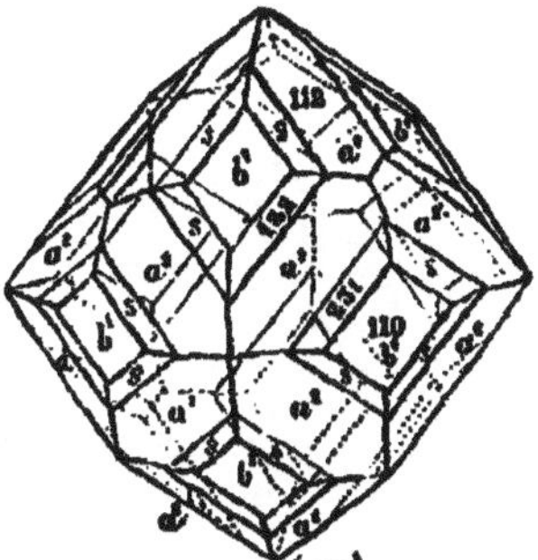

$s = \{123\}$

Fig. 61.

Il faut remarquer que les hexoctaèdres dont les caractéristiques satisfont à la relation

$$-p-q+r=0$$

et au nombre desquels se trouve, par exemple, l'hexoctaèdre $\}123\{$, ont des pôles compris dans la zone $[11\bar{1}]$. Les faces viennent donc former, deux à deux, des biseaux parallèles aux arêtes du dodécaèdre. C'est ce que montre la figure 60. Dans la figure 61, se trouvent à la fois les faces du dodécaèdre, celles de l'hexoctaèdre $\}123\{$ et celles du leucitoèdre. C'est une combinaison qu'on rencontre dans le grenat.

Les figures 62 et 63 montrent la coexistence du dodécaèdre rhomboïdal et du trapézoèdre. Lorsque le trapézoèdre $\}ppr\{$ est tel que $r > 2p$, ses faces forment un pointement à 4 faces sur les axes quater-

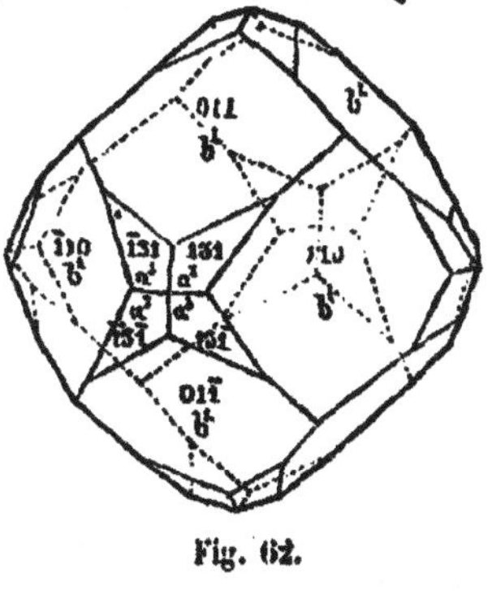

Fig. 62.

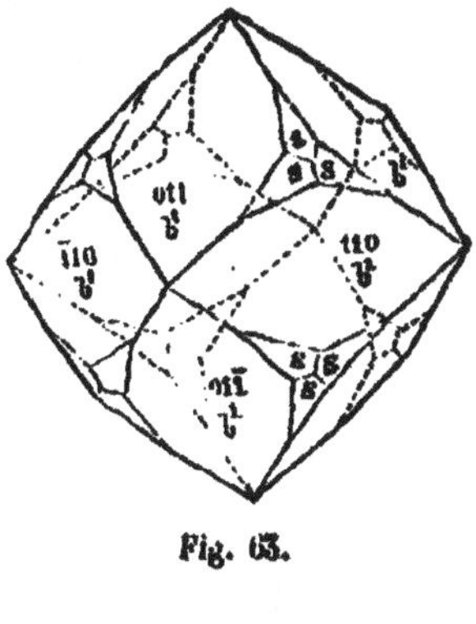

Fig. 63.

naires, comme dans la figure 62. Lorsque $r < 2p$, les faces du trapézoèdre donnent un pointement à trois faces sur les axes ternaires, comme dans la figure 63. Dans le premier cas, en effet, les pôles du trapézoèdre se placent entre ceux du cube et ceux du leucitoèdre $\{112\}$; et dans le deuxième cas, ils se placent entre ceux du leucitoèdre $\{112\}$ et ceux de l'octaèdre.

Le cristal de la fig. 64 est formé par la combinaison du dodécaèdre

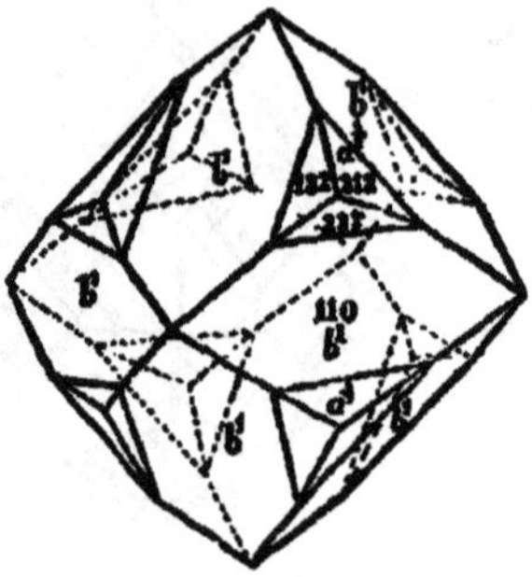

Fig. 64.

Fig. 65.

et du trioctaèdre $\{122\}$; celui de la figure 65, par la combinaison du dodécaèdre et de l'hexatétraèdre $\{120\}$.

Enfin, dans la figure 66, on a représenté la combinaison du cube, de l'octaèdre et du dodécaèdre rhomboïdal.

Fig. 66.

Système de notation de Lévy. — On peut définir, non plus un plan réticulaire en particulier, mais la forme simple dont il fait partie, en fixant la manière dont ce plan réticulaire est placé par rapport aux arêtes de la forme primitive, ou, dans le cas actuel, du cube.

Convenons de désigner par la consonne *b* les arêtes du cube, toutes identiques entre elles, et par la voyelle *a* tous les angles aussi identiques entre eux. Une forme simple

$$\{pqr\}$$

est composée de plans interceptant sur les trois arêtes *b*, qui concourent au même angle, des longueurs numériques

$$\frac{1}{p}, \quad \frac{1}{q}, \quad \frac{1}{r},$$

On peut représenter la forme simple par le symbole

$$b^{\frac{1}{p}} \quad b^{\frac{1}{q}} \quad b^{\frac{1}{r}},$$

la lettre qui désigne chacune des arêtes étant surmontée d'un exposant qui marque la longueur numérique interceptée sur l'arête.

Lorsque $p = q$, on peut simplifier la notation qui est alors

$$b^{\frac{1}{p}} \quad b^{\frac{1}{p}} \quad b^{\frac{1}{r}}$$

en écrivant simplement la lettre a (qui rappelle que le plan de la forme vient rencontrer les trois arêtes issues d'un angle a), surmontée d'un exposant qui est le rapport des longueurs numériques interceptées sur les arêtes, la longueur qui est répétée deux fois étant placée au numérateur :

$$a^{\frac{\frac{1}{p}}{\frac{1}{r}}} = a^{\frac{r}{p}}.$$

Lorsque $\frac{r}{p}$ est plus grand que 1, on a des trapézoèdres

$$a^2 = \{112\} \text{ (c'est le leucitoèdre)}$$
$$a^3 = \{113\} \text{ etc.}$$

Lorsque $\frac{r}{p}$ est plus petit que 1, on a des trioctaèdres

$$a^{\frac{1}{2}} = \{221\}$$
$$a^{\frac{1}{3}} = \{331\}, \text{ etc.}$$

Lorsque $\frac{r}{p} = 1$, on a l'octaèdre

$$a^1 = \{111\}.$$

Lorsque les plans de la forme sont parallèles aux arêtes b, leur notation aurait la forme générale

$$b^{\frac{1}{p}} \quad b^{\frac{1}{q}} \quad b^{\frac{1}{0}} = b^{\frac{1}{p}} \quad b^{\frac{1}{q}} \quad b^{\infty}.$$

On simplifie en écrivant la lettre b (qui rappelle que les plans de la forme sont parallèles à une arête b, ou, comme on dit, placés sur une arête b) et la surmontant d'un exposant qui est le rapport des deux longueurs interceptées sur les deux arêtes aboutissant à celle sur laquelle le plan est placé, ou, pour employer le langage consacré, que le plan modifie. La notation sera donc

$$b^{\frac{p}{q}} = b^{\frac{q}{p}} = \{pq0\}.$$

Il est indifférent de placer au numérateur l'une des caractéristiques ou l'autre ; on s'arrange toujours pour que $\frac{p}{q}$ soit > 1. Lorsque $\frac{p}{q} = 1$, on a le dodécaèdre rhomboïdal

$$b^1 = \{110\}.$$

Les faces du cube ne seraient pas comprises dans ce système de notation ; on les note p.

Ce système de notation, dû au minéralogiste Lévy, et qui n'est d'ailleurs que celui d'Haüy, légèrement modifié, est très-commode pour rappeler la manière dont les formes simples sont placées par rapport au cube. Cela est d'autant plus important que, très-souvent, la forme dominante, celle qui imprime au cristal son aspect général, est le cube, et que les autres formes simples ne se présentent que comme facettes modifiantes.

Toutes les figures précédentes portent sur les faces la notation Lévy, en même temps que les notations à trois caractéristiques qu'on désigne souvent sous le nom de notations Miller.

Formes mériédriques. — Les formes mériédriques du système terquaternaire ont au moins deux axes de degré supérieur à 2 ; car, si elles n'en avaient qu'un seul, ou si elles n'en avaient pas, le réseau qui posséderait la symétrie la plus voisine de celle de la forme appartiendrait à l'un des six autres systèmes. Les seuls polyèdres qui, ayant une symétrie égale ou inférieure à celle d'un réseau, peuvent exister avec deux axes de degré supérieur à 2, sont, comme on sait :

1° Ceux dont les axes de symétrie sont exprimés par le symbole

$$3A^4 \quad 4L^3 \quad 6L^2 ;$$

2° Ceux dont les axes de symétrie sont exprimés par le symbole

$$3A^2 \quad 4L^3.$$

Ainsi toutes les formes mériédriques possèdent les quatre axes ternaires de la forme holoédrique ; quant aux axes quaternaires, ils subsistent toujours comme axes de symétrie, mais ils peuvent devenir simplement binaires.

Il suit de là que les seuls modes de mériédrie que l'on rencontre dans le système cubique sont ceux qui sont représentés par les symboles suivants :

$$1^\circ \quad 3A^4 \quad 4L^3 \quad 6L^2 \quad 0C \quad 0\Pi \quad 0P$$
$$2^\circ \quad 3A^2 \quad 4L^3 \quad 0L^2 \quad C \quad 3\Pi \quad 0P$$
$$3^\circ \quad 3A^2 \quad 4L^3 \quad 0L^2 \quad 0C \quad 0\Pi \quad 6P$$
$$4^\circ \quad 3A^2 \quad 4L^3 \quad 0L^2 \quad 0C \quad 0\Pi \quad 0P.$$

Pour voir quelle est la position des pôles dans chacun de ces modes de mériédrie, on remarque que les pôles situés dans un même quadrant et dans les trois triangles rectangles de même teinte (fig. 33), dérivant de l'un d'entre eux par la supposition que le centre du quadrant est le pôle d'un axe ternaire, ces trois pôles ne se séparent jamais dans la mériédrie. Des quatre quadrants qui se groupent autour de la direction de même signe d'un axe quaternaire, deux quadrants opposés restent encore identiques, si l'axe, cessant d'être quaternaire, reste binaire. Ces deux quadrants restent donc identiques dans toutes les formes mériédriques, puisque les axes quaternaires restent toujours au moins binaires.

On peut donc diviser les huit quadrants en deux groupes : le premier comprend les quadrants

$$xyz \quad \bar{x}\bar{y}z,$$
$$\bar{x}y\bar{z} \quad x\bar{y}\bar{z},$$

et le second comprend les quadrants

$$\bar{x}\bar{y}\bar{z} \quad x\bar{y}z,$$
$$\bar{x}yz \quad xy\bar{z},$$

c'est-à-dire ceux qui sont opposés par le centre aux quatre premiers. Les quatre quadrants d'un même groupe restent toujours identiques entre eux dans les formes mériédriques.

Hémiédrie holoaxe. — Considérons maintenant le premier mode d'hémiédrie qui est le mode holoaxe. Nous réaliserons le genre de symétrie qui le caractérise en prenant dans chaque quadrant les pôles contenus dans les triangles de même nom ; la forme obtenue avec les pôles des triangles droits est la forme *droite ;* la forme conjuguée obtenue avec les pôles des triangles gauches est la forme *gauche.* Ces deux formes ne sont pas superposables.

La figure 67 représente un hémihexoctaèdre droit ; la figure 68, un hémihexoctaèdre gauche.

Ce mode d'hémiédrie n'a pas été, jusqu'ici, observé dans les cristaux

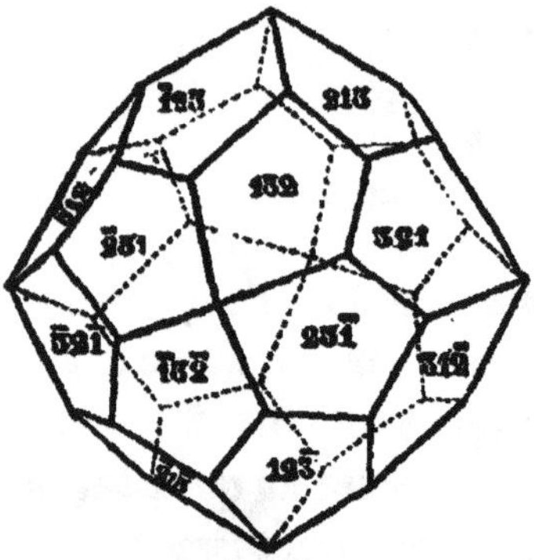

Fig. 67.

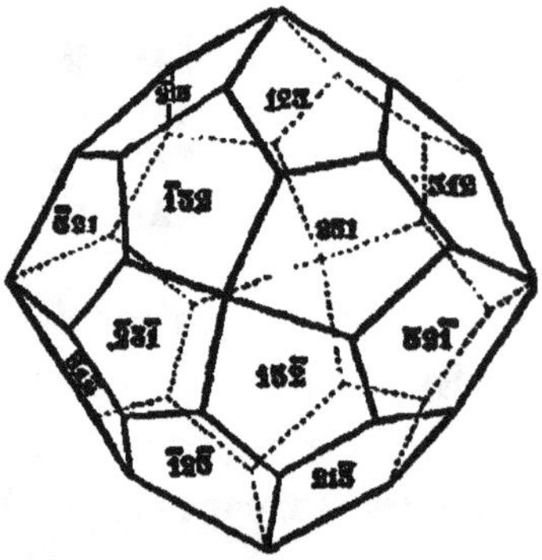

Fig. 68.

naturels. Nous ne nous y arrêterons donc pas, mais nous ferons remarquer qu'il ne peut s'appliquer qu'aux hexoctaèdres ; car toutes les autres formes ayant leurs pôles dans des plans de symétrie, les deux formes gauche et droite se confondent alors en une seule qui est la forme holoédrique.

Deuxième mode d'hémiédrie ou *Parahémiédrie.* — Le symbole de la symétrie est :

$$3A^2 \quad 4L^3 \quad 0L^2 \quad C \quad 3\Pi \quad 0P.$$

Nous prendrons dans l'un des quadrants les pôles contenus dans les triangles droits ; dans les quadrants identiques en vertu de la symétrie binaire des axes principaux, nous prendrons encore les pôles des triangles droits ; mais dans les quatre quadrants opposés par le centre aux quatre premiers, nous prendrons les pôles contenus dans les triangles gauches, qui sont opposés par le centre aux triangles droits des premiers quadrants. En figurant en noir les triangles dont les pôles sont supprimés, en blanc ceux dont les pôles sont conservés, on a donc la figure ci-contre (fig. 69).

La forme hémiédrique la plus générale est un solide à 24 faces qui a des pointements à quatre faces sur les axes quaternaires de l'holoédrie, des pointements à trois faces sur les axes ternaires, et, dans les plans de symétrie principaux qui persistent, des pointements à quatre

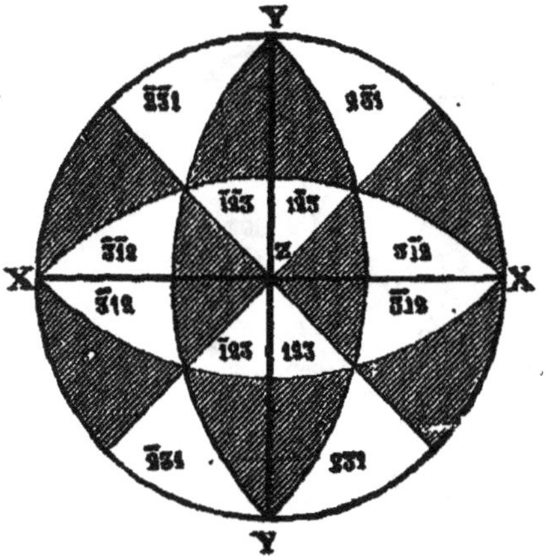

Fig. 69.

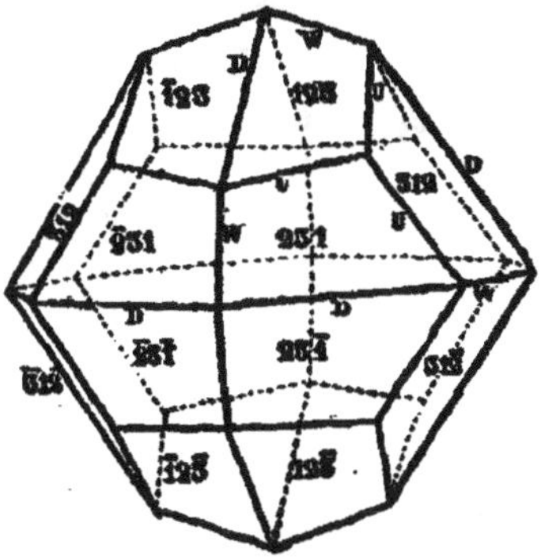

Fig. 70.

faces qui ne sont plus situés sur les axes binaires de la forme holoédrique (fig. 70). Les deux formes conjuguées sont d'ailleurs, comme on le sait, superposables.

L'hémiédrie ne s'applique pas aux formes holoédriques dont les pôles sont situés dans les plans de symétrie perpendiculaires aux axes binaires, ou plutôt, comme on le voit à la simple inspection de la figure, ces formes sont à elles-mêmes leurs hémiédriques. Les cristaux qui présentent ce mode d'hémiédrie pourront donc, sans qu'on puisse y voir une dérogation à la loi de l'hémiédrie, présenter les formes, en apparence holoédriques, du cube, de l'octaèdre, du trapézoèdre, du trioctaèdre et du dodécaèdre rhomboïdal.

L'hémiédrie s'applique, au contraire, aux formes dont les pôles sont situés dans les plans de symétrie principaux, telles que les hexatétraèdres. La forme hémiédrique est alors composée de douze faces qui forment deux à deux des biseaux parallèles aux axes coordonnés ou aux arêtes de cube et des pointements à trois faces sur les axes ternaires. Chaque face étant entourée de cinq autres, comme on le voit aisément sur la projection stéréographique, est un pentagone symétrique par rapport à l'intersection de celui des 3 plans de symétrie qui lui est perpendiculaire. Cette forme, représentée (fig. 71) est appelée *dodécaèdre pentagonal*.

Ce mode d'hémiédrie, qui est un des plus fréquents, prend le nom d'*hémiédrie parallèle*, ou de *parahémiédrie*, ou encore d'*hémiédrie pentagonale*.

Les figures suivantes montrent les principales combinaisons de for-

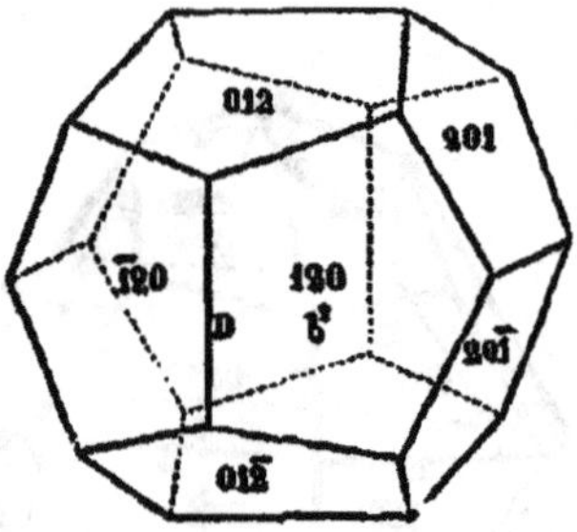

Fig. 71.

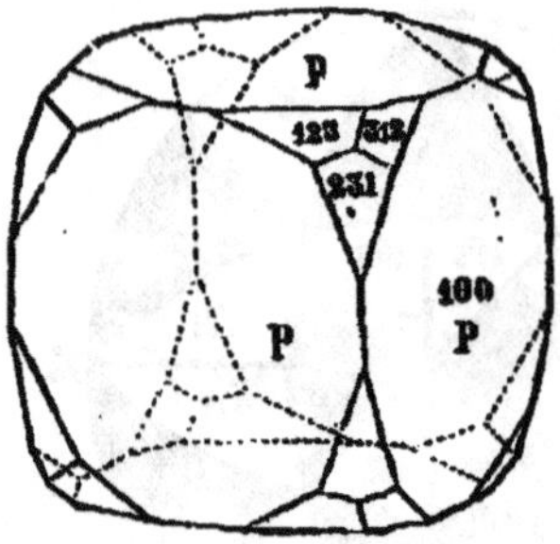

Fig 72.

mes qui se rencontrent dans les cristaux possédant, comme la pyrite jaune, la parahémiédrie.

Figures 72 et 73 : combinaison du cube et d'un hémihexoctaèdre.

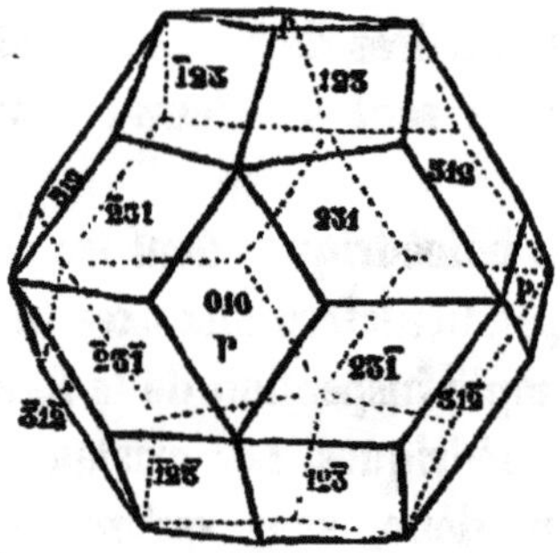

Fig. 73.

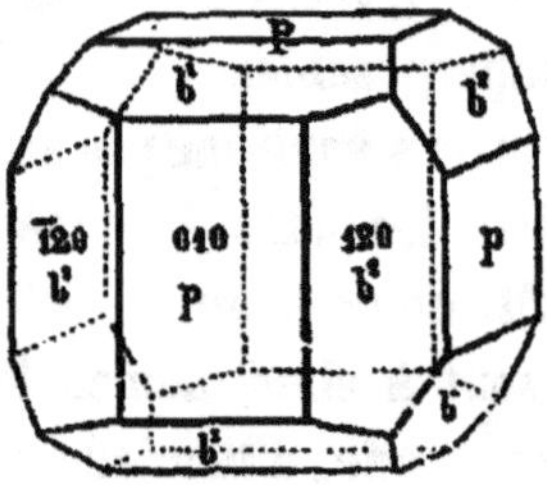

Fig. 74.

Figure 74 : combinaison du dodécaèdre pentagonal et du cube.

Figure 75 : combinaison du dodécaèdre pentagonal et de l'octaèdre ;

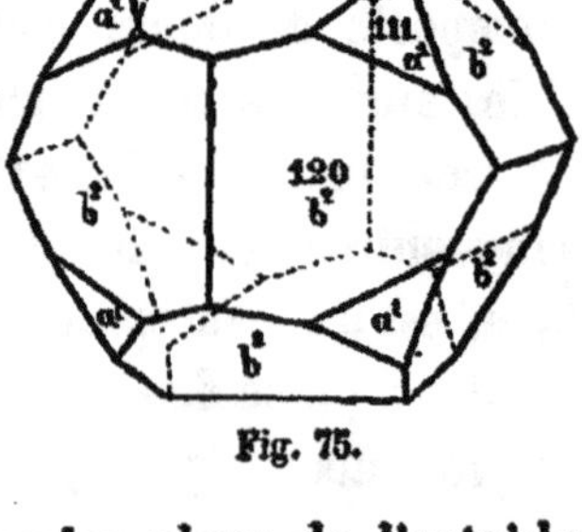

Fig. 75.

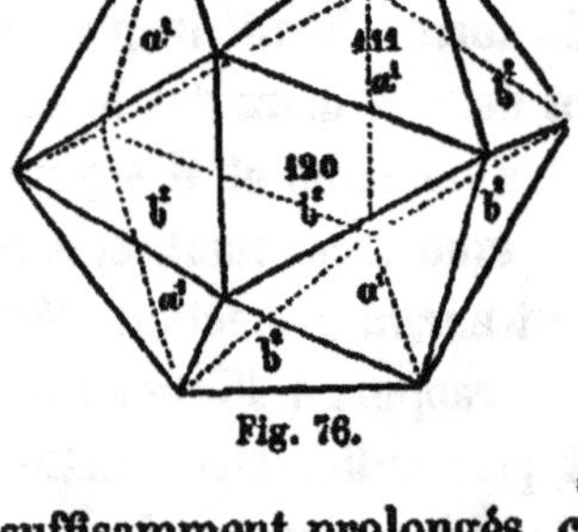

Fig. 76.

lorsque les plans de l'octaèdre sont suffisamment prolongés, comme dans la figure 76, on obtient un solide à vingt faces triangulaires que l'on appelle un *icosaèdre*.

Il peut arriver que les deux formes hémiédriques conjuguées existent en même temps dans le même cristal, bien que celui-ci soit réellement hémiédrique. Ces deux formes sont en effet des formes possibles, et la théorie n'apprend qu'une seule chose, c'est que leur existence simultanée n'est point nécessaire. L'hémiédrie se traduit alors par des différences physiques entre les faces des deux formes; c'est ainsi que ces faces pourront être inégalement brillantes, ou, comme il arrive plus souvent, inégalement développées. On s'apercevra dans ce cas que cette inégalité de développement n'est point due aux circonstances accidentelles de la cristallisation, par ce fait que toutes les faces d'une même forme hémiédrique auront subi à la fois une sorte d'arrêt de développement par rapport à celles de la forme conjuguée. La figure 77 montre la combinaison, sur le même cristal, de deux formes hémiédriques conjuguées dont chacune conduirait à un dodécaèdre pentagonal.

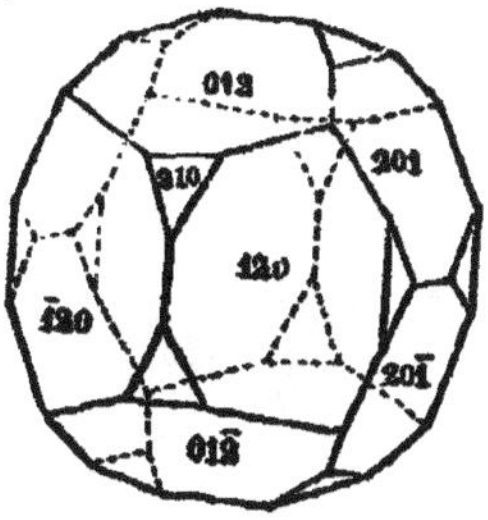

Fig. 77.

La figure 78 représente un cristal de pyrite jaune dans lequel

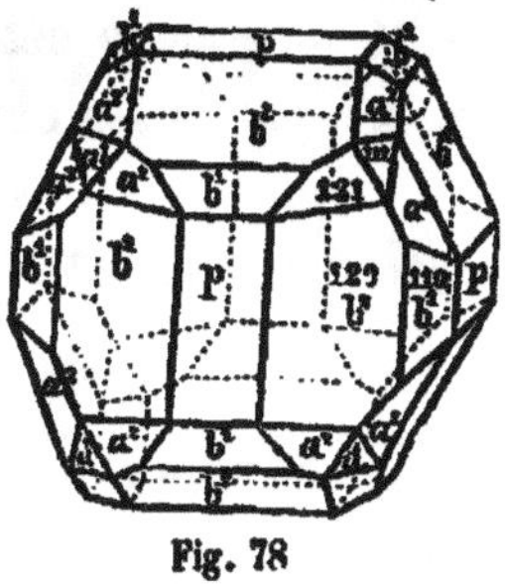

Fig. 78

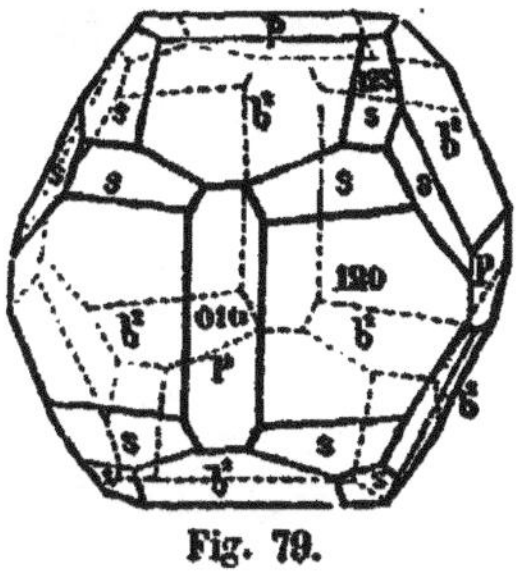

Fig. 79.

coexistent le cube, le dodécaèdre rhomboïdal, l'octaèdre, le leucitoèdre $a^2 = \{112\}$ et le dodécaèdre pentagonal $\frac{1}{2}b^2 = \pi\{120\}$.

La figure 79 représente un autre cristal de pyrite jaune possédant à la fois les faces du cube, du dodécaèdre pentagonal $\frac{1}{2}b^2 = \pi\{120\}$ et de l'hémihexoctaèdre $\pi\ \{123\}$.

Troisième mode d'hémiédrie ou *Antihémiédrie*. — Le symbole de la symétrie est :

$$3A^2 \quad 4L^3 \quad 0L^2 \quad 0C \quad 0\Pi \quad 6P.$$

Les éléments de symétrie forcent à prendre dans un quadrant où se trouve un pôle les six pôles de la forme holoédrique : on conserve donc les six pôles de chacun des quatre quadrants identiques entre eux en vertu de la symétrie binaire des axes principaux. Les pôles des quatre autres quadrants sont supprimés. La figure 80, dans laquelle les quadrants hachés sont ceux dont les pôles sont conservés, montre comment les pôles situés au-dessus du plan de projection se projettent dans ce système d'hémiédrie qu'on appelle *hémiédrie inclinée* ou *antihémiédrie*, ou encore *hémiédrie tétraédrique*, par une raison qu'on verra tout à l'heure. Au-dessous du plan de projection, les quadrants conservés se projettent sur les quadrants supprimés de la partie supérieure.

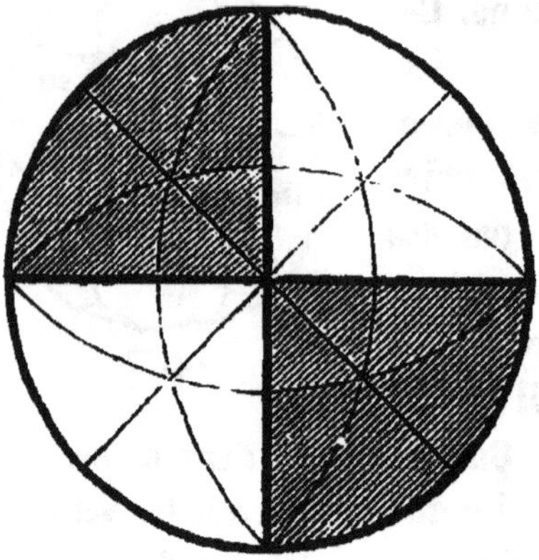

Fig. 80.

L'hémihexoctaèdre possède alors des pointements à six faces placés sur les axes ternaires, mais qui sont différents aux deux extrémités d'un même axe, et des pointements à quatre faces sur les axes quaternaires de la forme holoédrique. La figure 81 représente cette forme hémiédrique qui possède vingt-quatre faces, non parallèles entre elles, deux à deux.

L'hémiédrie s'applique à toutes les formes dont les pôles ne sont

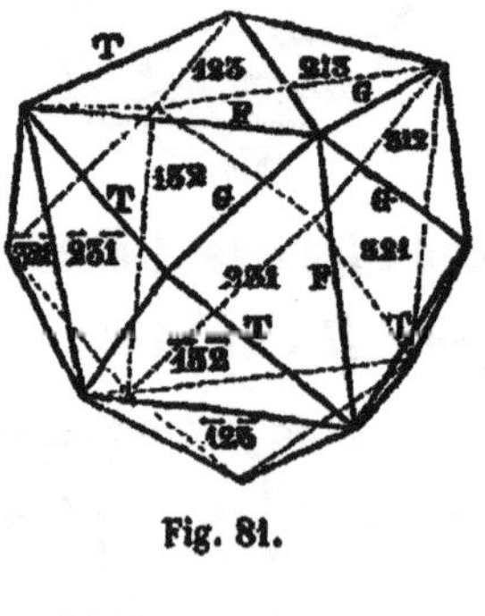

Fig. 81.

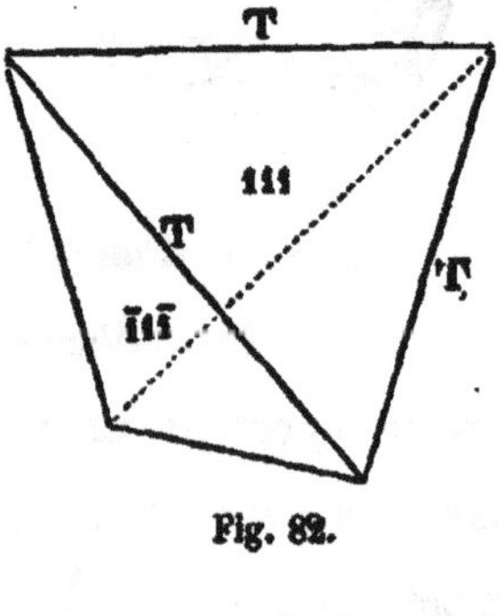

Fig. 82.

pas situés dans les plans de symétrie principaux de la forme holoédrique. Elle ne s'applique ni au cube, ni au dodécaèdre rhomboïdal, ni aux hexatétraèdres.

Lorsque l'hémiédrie s'applique à l'octaèdre, elle donne le tétraèdre régulier (fig. 82).

Appliquée aux trapézoèdres, elle donne la forme (fig. 83) qui repré-

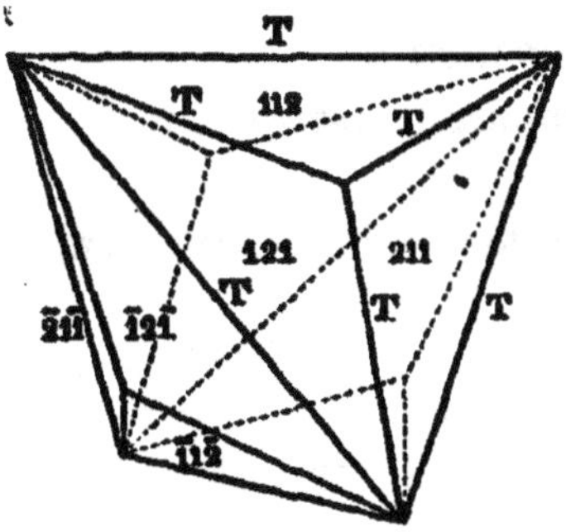

Fig. 83.

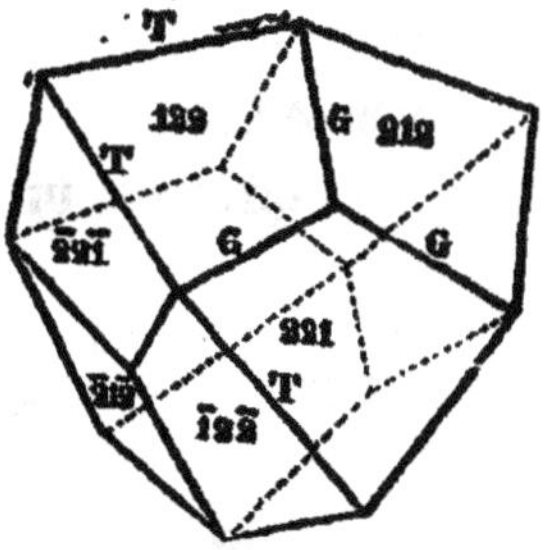

Fig. 84.

sente un tétraèdre dont chaque face serait remplacée par une pyramide trièdre.

Appliquée au trioctaèdre, elle donne le solide de la figure 84.

La figure 85 représente la combinaison du cube et du tétraèdre.

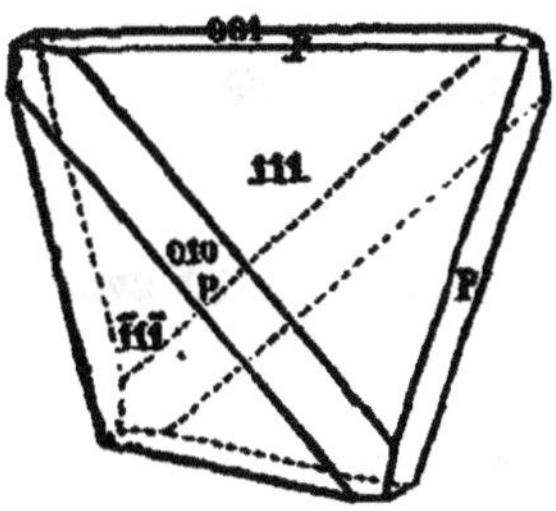

Fig. 85.

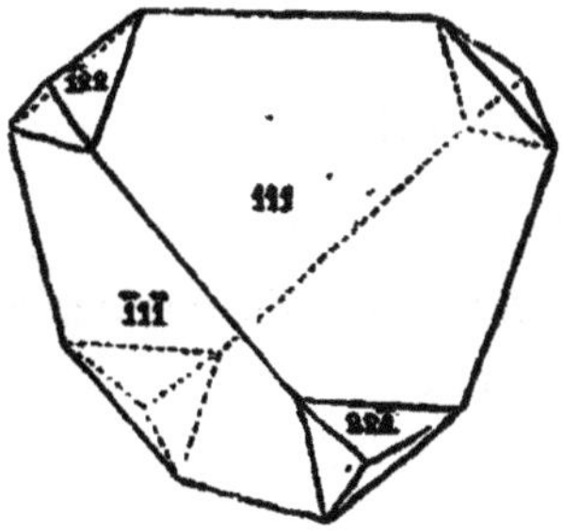

Fig. 86.

La figure 86 représente la combinaison du tétraèdre et d'un hémitrioctaèdre $\frac{1}{2}a^{\frac{1}{2}} = \varkappa\left\{122\right\}$.

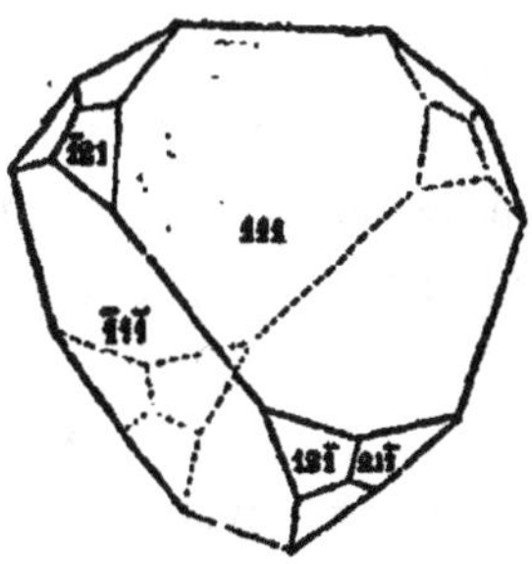

Fig. 87.

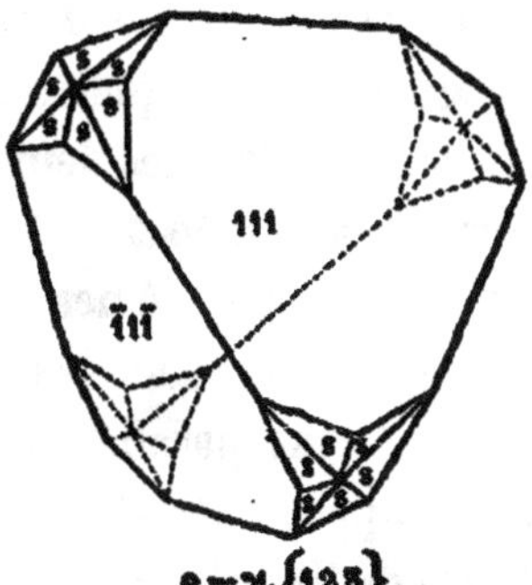

$s = \varkappa\left\{123\right\}$

Fig. 88.

La figure 87 représente la combinaison du tétraèdre et d'un hémitrapézoèdre.

La figure 88 représente la combinaison du tétraèdre et d'un hémi-hexoctaèdre.

La figure 89 représente la combinaison de deux tétraèdres conjugués; le développement beaucoup moindre des faces de l'un des tétraèdres manifeste l'hémiédrie.

La figure 90 représente un cristal de boracite où se trouve la combi-

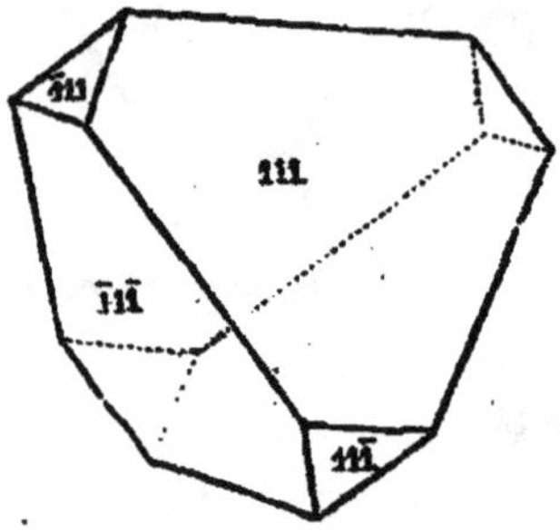

Fig. 89.

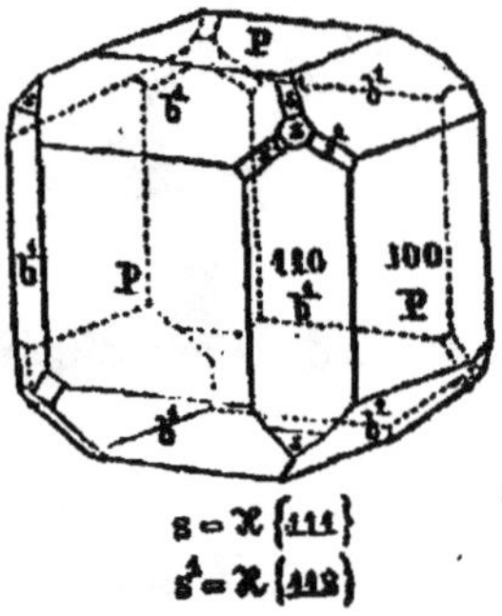

Fig. 90.

naison du cube, du dodécaèdre rhomboïdal, du tétraèdre et de l'hémi-trapézoèdre $\frac{1}{2}a^2 = \varkappa\left\{112\right\}$.

Quatrième mode de mériédrie ou *Tétartoédrie*. — Le symbole de la symétrie est :

$$3A^2 \quad . \quad 4L^3 \quad 0C \quad 0\Pi \quad 0P.$$

Ce symbole montre aisément qu'on arrive à un même mode de tétartoédrie en appliquant l'hémiédrie à l'un quelconque des modes hémiédriques.

Une même forme simple donne d'ailleurs quatre formes conjuguées tétartoédriques. De ces quatre formes il y en a deux qui peuvent être regardées comme étant les deux formes conjuguées hémiédriques d'une forme hémiédrique holoaxe. Ces deux formes sont superposables, puisqu'elles n'ont pas les mêmes axes que celles dont on les suppose dérivées par hémiédrie. Mais les deux formes conjuguées, dont la réunion donnerait la forme parahémiédrique, ont les mêmes axes que celles dont on les suppose dérivées; elles ne sont donc pas superposables, et peuvent être distinguées l'une de l'autre. La tétartoédrie conduit donc à deux solides qui se distinguent entre eux autrement que par leur position dans l'espace.

Dans les figures 91 et 92, les triangles hachés représentent ceux dont les pôles sont conservés dans une forme tétartoédrique ; les triangles les plus foncés se rapportent à la partie supérieure du plan de projection, les moins foncés, à la partie inférieure. En conservant la même règle que dans le cas de l'hémiédrie holoaxe, la forme dont les pôles

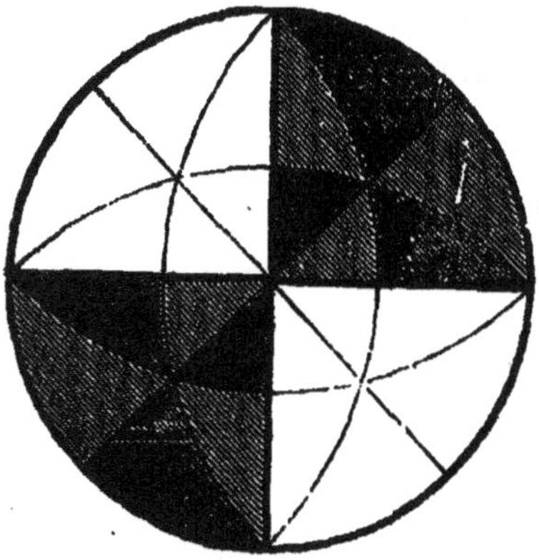

Fig. 91.

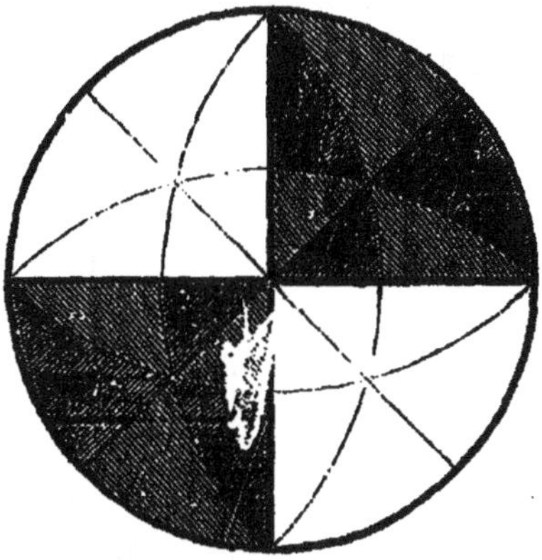

Fig. 92.

sont représentés figure 91 est droite, celle dont les pôles sont représentés figure 92 est gauche.

Il est clair que certaines formes holoédriques, dont les pôles appartiennent à la fois aux triangles conservés et supprimés, ne sont point atteintes par la tétartoédrie; telles sont celles du cube et du dodécaèdre rhomboïdal.

Parmi les formes hémiédriques, celles dont les pôles se trouvent dans le même cas ne sont pas non plus soumises à la tétartoédrie. Telles sont toutes les formes antihémiédriques dont les pôles se trouvent dans les plans de symétrie binaire, comme les tétraèdres, les hémitrapézoèdres et les hémitrioctaèdres. Telles sont encore les formes parahémiédriques dont les pôles se trouvent dans les plans coordonnés, comme les do-

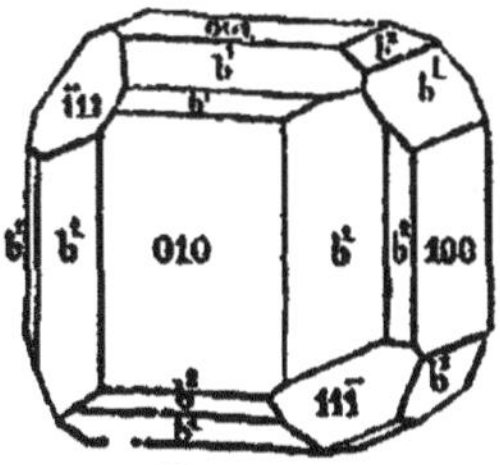

Fig. 93.

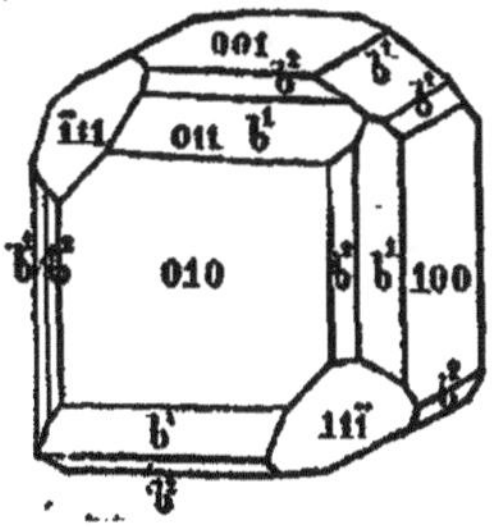

Fig. 94.

décaèdres pentagonaux. Des cristaux tétartoédriques peuvent donc présenter à la fois les faces du dodécaèdre pentagonal et celles du tétraèdre; et réciproquement, lorsque ces deux formes coexistent dans le même cristal, nous sommes avertis que celui-ci est tétartoédrique et peut, par conséquent, présenter deux formes non superposables.

Un exemple célèbre dans la science est fourni par le chlorate de soude, où l'existence de deux formes non superposables, entraînant la polarisation rotatoire, a été démontrée par M. Marbach. La figure 93 représente un cristal droit de chlorate de soude, possédant les faces du cube, du dodécaèdre rhomboïdal, du dodécaèdre pentagonal $\pi \left\{ 210 \right\}$ et enfin du tétraèdre. La figure 94 est un cristal gauche de chlorate de soude montrant les mêmes formes.

CHAPITRE VII

SYSTÈME SÉNAIRE OU HEXAGONAL.

S rhomboédrique (*pro parte*) (Miller). — S. orthohexagonal (Schrauf).

Modes possibles du Réseau. — Le système est caractérisé par la symétrie dont le symbole est

$$\Lambda^6\ 3L^2\ 3L'^2\ C\ \Pi\ 3P\ 3P'.$$

Dans un plan réticulaire normal à l'axe sénaire ou axe principal, on voit sans peine que, si l'on suppose l'axe passant par un certain nœud A (fig. 95), et si l'on prend, dans le plan, un autre nœud A_1, le plus voisin possible de A, l'existence de A_1 entraîne celle de 6 nœuds $A_1\ A_2\ .\ .\ .\ A_6$, disposés aux sommets d'un hexagone régulier dont A est le centre. Le réseau du plan réticulaire perpendiculaire à l'axe sénaire est donc formé d'hexagones réguliers centrés ou de triangles équilatéraux juxtaposés.

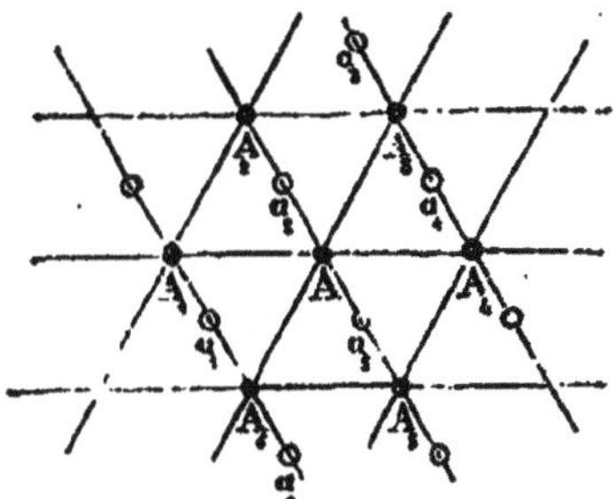

Fig. 95.

Si nous considérons le plan réticulaire contigu, il y a deux cas possibles :

1° Celui où les projections des nœuds de ce plan contigu coïncident avec les nœuds du plan; il est clair que cette supposition est compatible avec le degré de symétrie de l'axe.

2° Celui où les projections des nœuds du plan contigu coïncident avec les milieux des côtés ou les centres du parallélogramme générateur. Ces projections occuperaient alors des positions telles que $a_1\ a_2\ \ldots\ a_6$, et il est aisé de voir que dans ce cas l'axe A ne serait plus sénaire, mais simplement binaire.

La seule hypothèse admissible est donc la première, et la maille solide du réseau est nécessairement un prisme droit trièquiangle ou un prisme droit à base rhombe de 60° et 120°, ou enfin un prisme droit hexagonal régulier à bases centrées. L'axe de ce dernier prisme est l'axe sénaire; les diagonales de sa base, les axes binaires de première espèce; les apothèmes, les axes binaires de deuxième espèce.

Systèmes d'axes coordonnés usités. — On pourrait rapporter les cristaux de ce système à l'axe sénaire et à deux diagonales de la base, c'est-à dire deux axes binaires de première espèce. On pourrait aussi substituer aux deux derniers axes, qui sont obliques, une diagonale et l'apothème perpendiculaire, c'est-à-dire deux axes binaires, l'un de première, l'autre de deuxième espèce. Mais, pour faire apparaître la symétrie spéciale du système, il est préférable de prendre, dans le plan de la base du prisme hexagonal, non plus deux, mais trois axes coordonnés qui sont trois axes binaires de même espèce faisant entre eux des angles de 120°.

On a déjà étudié précédemment de semblables systèmes d'axes, et l'on sait que, si $p\ q\ r\ s$ sont les quatre caractéristiques dont la dernière se rapportera à l'axe vertical, on a, entre les trois caractéristiques qui se rapportent aux axes binaires horizontaux, la relation

$$p+q+r=0.$$

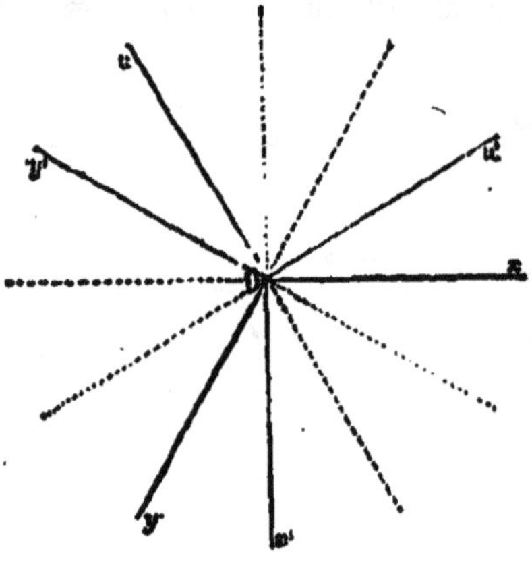

Fig. 96.

On peut d'ailleurs choisir pour les trois axes coordonnés horizontaux, soit les axes binaires de première espèce x, y, u, soit ceux de seconde x', y', u' (fig. 96).

Négligeons pour un moment l'axe auxiliaire des u. Choisissons les axes positifs des x', y', de telle sorte que l'axe des x' soit perpendiculaire à celui des x, et que la partie positive des x' soit située dans l'angle des axes positifs $x\ y$; la partie positive des y' dans l'angle des axes positifs $y\ u$, etc.; l'axe des x' sera déterminé par l'intersection du plan des xy (001) avec le plan des zx' $(2\bar{1}0)$, les caractéristiques de cet axe seront donc 120. L'axe des y' déterminé par l'intersection du plan (001) avec le plan des zy' $(\bar{1}20)$ aura pour caractéristiques $\bar{2}\bar{1}0$; enfin l'axe des u' déterminé par l'intersection du plan (001) avec le plan $(\bar{1}\bar{1}0)$ aura pour caractéristiques $1\bar{1}0$.

On aura donc en appelant p, q, r les coefficients d'un plan quelconque par rapport aux premiers axes horizontaux : p', q', r', ceux du même plan par rapport aux nouveaux, et en se rappelant la relation $p+q+r=0$

$$\begin{aligned} p' &= p+2q = q-r \\ q' &= -2p-q = r-p \\ r' &= p-q, \end{aligned}$$

équations symétriques, faciles à former, et sur lesquelles on peut aisément vérifier la relation connue $p'+q'+r'=0$. Il est clair que les équations seraient d'une forme identique, s'il s'agissait de passer des axes binaires de deuxième espèce aux axes binaires de première.

Quant au paramètre a' des nouveaux axes, il est

$$a' = a\sqrt{3},$$

a étant celui des anciens.

Calculs des angles des arêtes et des faces. — Si nous supposons deux faces

$$\mathrm{P},\ (pqrs) \quad \text{et} \quad \mathrm{P}',\ (p'q'r's')$$

l'angle des normales à ces deux faces sera donné par la formule

$$\cos \mathrm{PP}' = \frac{\frac{3}{2}\frac{a^2}{h^2}ss' + pp' + qq' + rr'}{\sqrt{\left(\frac{3}{2}\frac{a^2}{h^2}s^2 + p^2 + q^2 + r^2\right)\left(\frac{3}{2}\frac{a^2}{h^2}s'^2 + p'^2 + q'^2 + r'^2\right)}}$$

et l'angle des deux arêtes R $(ghkl)$, R′ $(g'h'k'l')$, est

$$\cos \mathrm{RR}' \ \frac{ll' + \frac{1}{2}\frac{a^2}{h^2}(gg' + hh' + kk')}{\sqrt{\left[l^2 + \frac{1}{2}\frac{a^2}{h^2}(g^2 + h^2 + k^2)\right]\left[l'^2 + \ \ldots \ + k'^2)\right]}}$$

Formes holoédriques. — Pour suivre plus commodément la discussion, nous tracerons une projection gnomonique des pôles sur un plan parallèle au plan de symétrie (fig. 97 et 98, pl. II). Les lignes x, y, u, sont les trois axes coordonnés horizontaux du réseau primitif ; X et Y sont les axes horizontaux du réseau polaire. Il importe de remarquer que, pour obtenir les trois caractéristiques horizontales d'un pôle quelconque, il faut prendre, sur la projection, les coordonnées numériques de ce pôle par rapport à X et à Y, ce qui donne les deux premières caractéristiques ; la troisième s'obtient en prenant, en signe contraire, la somme algébrique des deux premières.

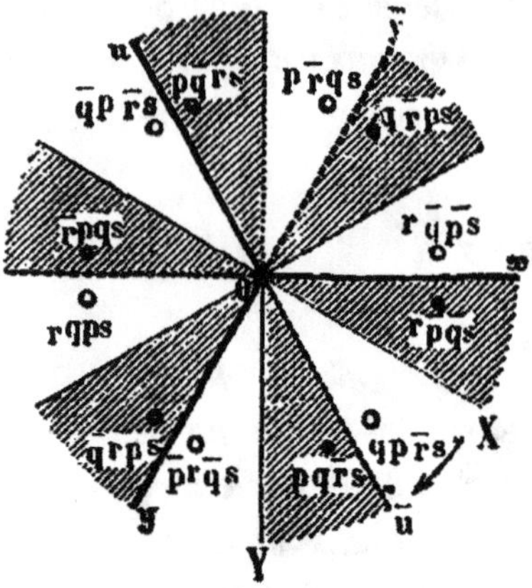

Fig. 97.

Pour tracer la projection gnomonique, il faut connaître les paramètres du réseau polaire. Soit, dans le réseau polaire, H le paramètre de l'axe ternaire et A celui des axes perpendiculaires aux axes de première espèce du réseau primitif; le formules de la page 28 donnent

$$\frac{H}{A} = \frac{a}{h}\frac{\sqrt{3}}{2}.$$

H est la distance du point de vue au plan de projection ; A est la distance des deux pôles (0001) et $(10\bar{1}1)$.

Le paramètre A′ des axes de deuxième espèce du réseau polaire est la distance qui sépare sur la bissectrice de XY les pôles (0001) et $(11\bar{2}1)$; on a :

$$A = A'\sqrt{3}, \text{ d'où } \frac{H'}{A} = \frac{1}{2}\frac{a}{h}.$$

Pour éviter toute confusion, nous conviendrons de donner, dans tout ce qui va suivre, aux diverses caractéristiques leurs signes *explicites*.

Un pôle quelconque $(pq\bar{r}s)$ en entraîne d'abord cinq autres situés à la même distance de l'axe sénaire, et venant en superposition lorsqu'on fait tourner le cristal autour de l'axe sénaire d'un angle égal à $\frac{2\pi}{6} = 60°$. Traçons autour de O douze secteurs de 30° et hachons-les de deux en deux (fig. 97). Si $pq\bar{r}s$ se trouve dans un secteur haché, il en sera de même des cinq autres. Mais les lignes qui séparent les secteurs étant les traces des plans de symétrie, le pôle $(pq\bar{r}s)$ situé dans un secteur haché en entraîne un autre $(qp\bar{r}s)$ situé dans un des secteurs adjacents non hachés : on aura donc encore 6 pôles situés dans les secteurs non hachés.

Nous avons fait usage de la symétrie de l'axe sénaire, et de l'existence des 6 plans de symétrie menés suivant cet axe ; il ne nous reste plus qu'à faire appel à l'existence du plan de symétrie principal pour avoir épuisé les éléments de symétrie, car un axe sénaire, un plan de symétrie perpendiculaire et 6 plans de symétrie menés suivant l'axe sénaire entraînent l'existence d'un centre et de six axes binaires. L'existence du plan de symétrie principal nous donnera 12 pôles placés au-dessous de ce plan et symétriques, par rapport à celui-ci, des 12 pôles supérieurs.

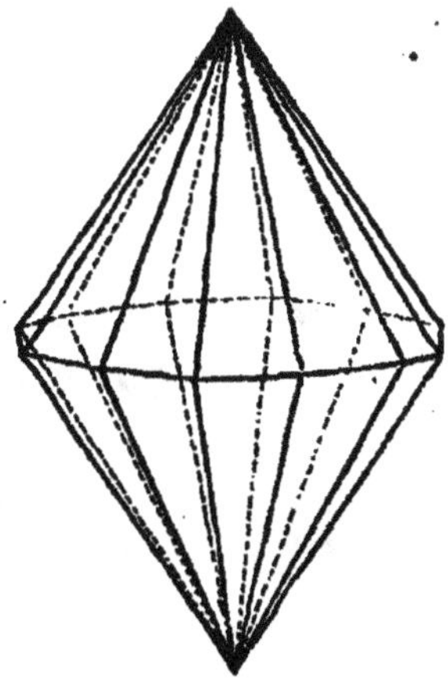
Fig. 99.

La forme la plus générale du système sénaire se compose donc de deux pyramides à douze faces ayant une base commune située dans le plan de symétrie. Cette base n'est pas un dodécagone régulier, mais les sommets de ce dodécagone pris de deux en deux forment un hexagone régulier. Cette forme est ce qu'on appelle le *didodécaèdre* (fig. 99).

Les notations des 24 pôles de la forme sont faciles à obtenir. Il suffit de s'occuper des 12 pôles situés au-dessus du plan de symétrie, car les 12 autres, étant opposés par le centre aux 12 premiers, ont les mêmes notations changées de signe. Il est d'ailleurs inutile de parler de la caractéristique verticale s, qui est la même pour tous les pôles.

Par une rotation de $\frac{2\pi}{3}$ autour de l'axe sénaire, dans le sens xy, x vient en coïncidence avec y, etc. : on obtiendra donc les symboles des deux pôles avec lesquels $(pq\bar{r})$ vient successivement en coïncidence, en effectuant les permutations tournantes des 3 lettres p, q, $\bar{r}$; ces symboles seront $(\bar{r}pq)$, $(q\bar{r}p)$.

Par une rotation de $\frac{2\pi}{6}$, x se change en $\bar{u}$, etc., et le pôle $(pq\bar{r})$ vient en coïncidence avec $(\bar{q}r\bar{p})$, lequel par des rotations de $\frac{2\pi}{3}$ vient successivement en coïncidence avec les pôles $(\bar{p}\bar{q}r)$ et $(r\bar{p}\bar{q})$, dont les symboles sont obtenus par les permutations tournantes des lettres $\bar{q}$, r, $\bar{p}$.

Les pôles qui se trouvent dans les secteurs hachés de la figure 98 sont donc les suivants :

$$\begin{array}{cc} (pq\bar{r}) & (\bar{q}r\bar{p}) \\ (\bar{r}qp) & (\bar{p}\bar{q}r) \\ (q\bar{r}p) & (r\bar{p}\bar{q}). \end{array}$$

Les 3 pôles écrits l'un au-dessous de l'autre viennent en coïncidence par des rotations de $\frac{2\pi}{3}$; deux pôles situés sur la même ligne horizontale viennent en coïncidence par des rotations de $\frac{2\pi}{6}$.

Le pôle symétrique de $(pq\bar{r})$, par rapport au plan $z\bar{u}$, est situé dans un secteur non haché. Il a le même u que le premier et n'en diffère que par l'arrangement des x et y : le symbole de ce pôle est donc $(qp\bar{r})$. En raisonnant sur ce pôle comme sur le pôle $(pq\bar{r})$, nous trouverons les symboles des 6 pôles situés dans les secteurs non hachés.

On forme ainsi le tableau suivant des caractéristiques horizontales des 12 pôles supérieurs :

$$\begin{array}{cccc} pq\bar{r} & \bar{q}r\bar{p} & qp\bar{r} & \bar{p}r\bar{q} \\ \bar{r}pq & \bar{p}\bar{q}r & \bar{r}qp & \bar{q}\bar{p}r \\ q\bar{r}p & r\bar{p}\bar{q} & p\bar{r}q & r\bar{q}\bar{p}. \end{array}$$

Nous conviendrons, pour désigner la forme, de choisir les caractéristiques du pôle pour lequel, p et q étant positifs, on a $p < q$. C'est le pôle qui est situé dans l'angle $Y\bar{u}$ de la projection gnomonique.

Lorsque le pôle $(pq\bar{r}s)$ est situé dans le plan $z\bar{u}$, on a $p = q$; le symbole de la forme est

$$\left\{ p\,p\,\overline{2p}\,s \right\};$$

tous les pôles sont situés dans les plans coordonnés, et la forme simple ne se compose plus que d'une double pyramide hexagonale dont la base, qui est un hexagone régulier, est dans le plan de symétrie. Les côtés de cet hexagone sont perpendiculaires aux axes binaires de première espèce et parallèles aux axes de deuxième; c'est ce qu'on appelle le *dihexaèdre* ou *isoscéloèdre de seconde espèce* (fig. 100).

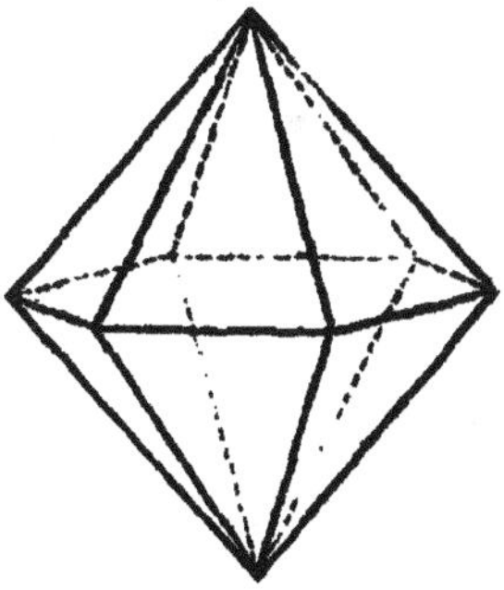

Fig. 100.

Si le pôle $(pq\bar{r}s)$ est placé sur un axe coordonné, Y, par exemple, du réseau polaire, on a $p=0$; la forme simple est notée $\{0p\bar{q}s\}$; on a encore un dihexaèdre; mais les arêtes de la base sont perpendiculaires aux axes binaires de seconde espèce, et parallèles à ceux de première; c'est le *dihexaèdre ou isoscéloèdre de première espèce*.

Si le pôle coïncide avec le centre même de projection, la forme simple qui est notée $\{0001\}$ se réduit à *deux plans* perpendiculaires à l'axe principal.

Si le pôle $(pq\bar{r}s)$ se trouve dans le plan de symétrie horizontal, sa projection vient se placer à l'infini sur la direction d'un rayon partant de O et passant par un nombre infini de pôles ayant tous pour caractéristiques horizontales p, q, $\bar{r}$. Le pôle situé à l'infini a $s=0$, et la forme est notée $\{pq\bar{r}0\}$; dans le cas le plus général, cette forme est un *prisme dodécaèdre;* la base en est un dodécagone non régulier, mais dont les sommets, pris de deux en deux, forment un hexagone régulier.

Lorsque $p=q$, les pôles sont placés à l'infini sur les axes de première espèce; la forme est un prisme ayant pour base un hexagone régulier dont les arêtes sont perpendiculaires aux axes de première espèce et parallèles aux axes de seconde; c'est le *prisme hexaèdre de seconde espèce*, noté $\{11\bar{2}0\}$.

Lorsque $p=0$, les pôles sont placés à l'infini sur les axes de seconde espèce du réseau primitif, la forme est un prisme hexagonal régulier dont les plans sont perpendiculaires aux axes de seconde espèce et parallèles aux axes de première espèce; c'est le *prisme hexaèdre de première espèce*, noté $\{01\bar{1}0\}$.

Formes composées et système de notations de Lévy. — Nous n'examinerons que les combinaisons des formes simples avec le prisme hexagonal régulier de première espèce, qui est presque toujours une des formes dominantes des cristaux appartenant à ce système, et celle qui leur imprime leur aspect général.

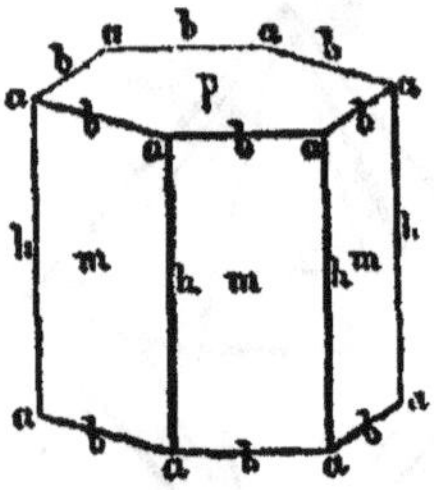

Fig. 101.

Nous remarquons que dans le prisme hexagonal les 12 angles qu'on appellera *a* sont identiques entre eux, ainsi que les 12 arêtes horizontales qu'on appellera *b*, et les 6 arêtes verticales qu'on désignera par *h*; les faces verticales seront appelées *m* et les bases *p* (fig. 101).

Un plan quelconque de la forme $\{pq\bar{r}s\}$ vient rencontrer les 3 arêtes du prisme, issues d'un des angles *a*, du même côté de *a*; placé sur ce prisme, ce plan viendra donc tronquer cet angle en supprimant sur les arêtes *b* des longueurs numériques représentées par $\frac{1}{p}$ et $\frac{1}{q}$, et sur l'arête *h* une longueur numérique représentée par $\frac{1}{s}$. En vertu de la *symétrie* par rapport au plan vertical bissecteur de l'angle de la base, il viendra se placer sur le même angle *a* un autre plan qui, combiné avec le premier, remplacera l'angle par une espèce de biseau dont l'arête inclinée est contenue dans le plan bissecteur (fig. 102).

Lévy, pour noter la forme simple $\{pq\bar{r}s\}$, définit la manière dont chaque plan est placé par rapport au prisme primitif en employant le symbole

$$b^{\frac{1}{p}}b^{\frac{1}{q}}h^{\frac{1}{s}}=\{pq\bar{r}s\}.$$

Lorsque $p=q$, les deux plans de chaque biseau se confondent en un seul (fig. 103), et chaque angle *a* est tronqué par un plan incliné sur l'axe vertical et perpendiculaire sur le plan vertical bissecteur de l'angle de la base. Lévy désigne cet isoscéloèdre de seconde espèce par le symbole

$$a^{\frac{\frac{1}{p}}{\frac{1}{s}}}=a^{\frac{s}{p}}=\{pp\overline{2p}s\},$$

qui indique que chaque plan est placé symétriquement sur *a*, que les longueurs numériques égales, interceptées sur les arêtes b, sont repré-

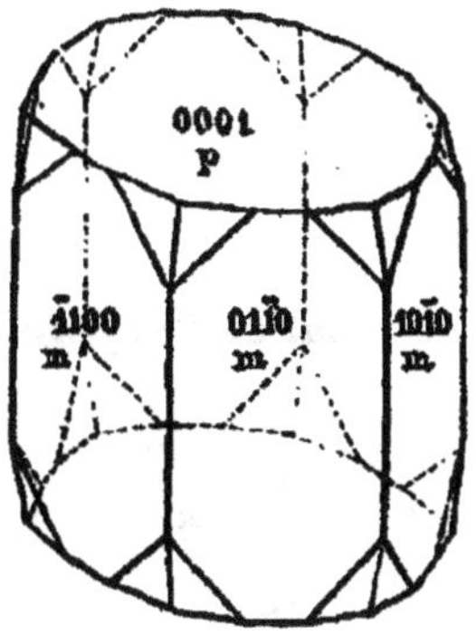

Fig. 102.

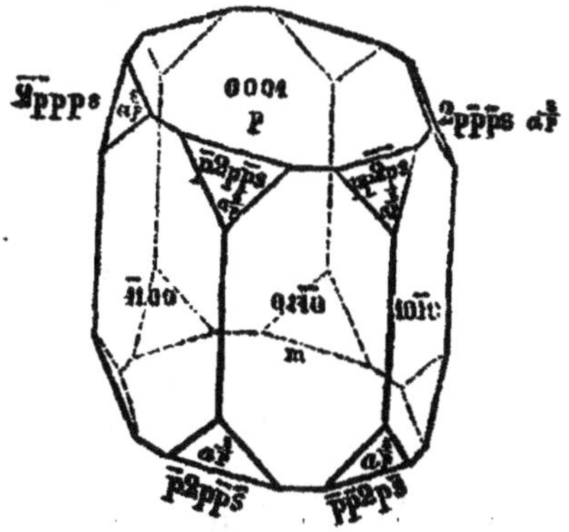

Fig. 103.

sentées par le numérateur $\frac{1}{p}$ de l'exposant de a, le dénominateur $\frac{1}{s}$ étant la longueur numérique interceptée sur l'arête verticale.

Lorsque $p = s$, la forme est encore, comme dans le cas général, un didodécaèdre, mais Lévy en simplifie la notation en se servant du symbole

$$a_{\frac{\frac{1}{p}}{\frac{1}{q}}} = a_{\frac{q}{p}} = b^{\frac{1}{p}} b^{\frac{1}{q}} h^{\frac{1}{p}} = \{ pq\bar{r}p \}.$$

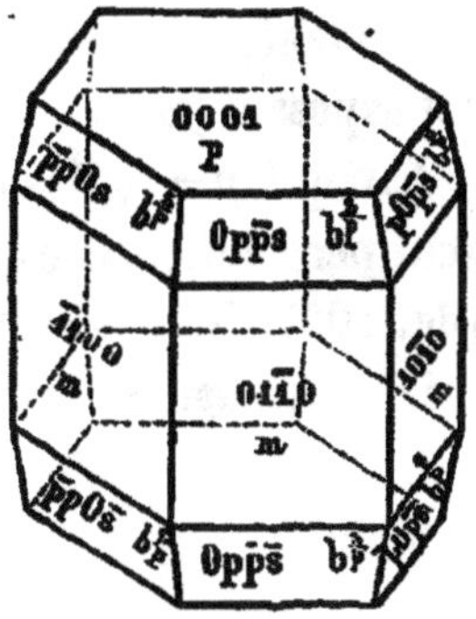

Fig. 104.

Le numérateur de l'*indice* de a est la longueur numérique qui se répète deux fois.

Lorsque $p = 0$, chacun des plans de la forme est parallèle à une arête b, qu'elle vient remplacer par une troncature parallèle (fig. 104). Lévy désigne ces isoscéloèdres de première espèce, placés sur les arêtes b, par le symbole

$$b^{\frac{\frac{1}{q}}{\frac{1}{s}}} = b^{\frac{s}{q}} = \{ 0q\bar{q}s \},$$

dans lequel le numérateur de l'exposant de b est la longueur numérique interceptée sur l'arête horizontale.

Lorsque $s = 0$, les plans de la forme sont parallèles aux arêtes h, et viennent remplacer chacune d'elles par un biseau à arête verticale symétrique par rapport au plan bissecteur (fig. 105). Lévy désigne ces prismes dodécaèdres par le symbole

$$h^{\frac{\frac{1}{p}}{\frac{1}{q}}} = h^{\frac{q}{p}} = \left\{ pq\bar{r}0 \right\}.$$

Il est indifférent de placer p ou q au numérateur de l'exposant de h ;

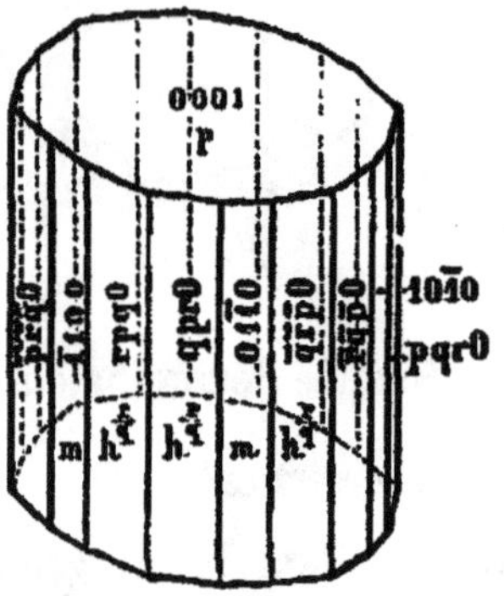

Fig. 105.

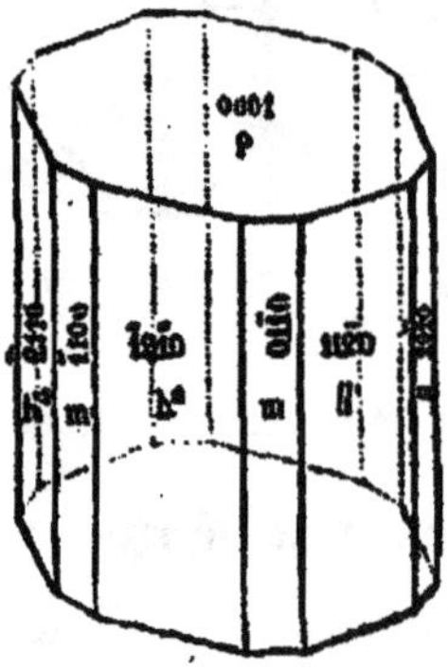

Fig. 106.

cependant, pour éviter la confusion, on convient de prendre toujours cet exposant > 1.

Lorsque $p = q$, les deux plans de chaque biseau se confondent en un seul perpendiculaire au plan bissecteur du dièdre ou *tangent* à l'arête h (fig. 106). Dans le système de notation de Lévy, cette forme, qui est le prisme hexagonal de deuxième espèce, se trouve désigné par le symbole

$$h^1 = \left\{ 11\bar{2}0 \right\}.$$

Nous avons, dans ce qui précède, montré quelle est la position des diverses formes simples sur le prisme hexagonal de première espèce. Pour voir quelle est la position de ces formes par rapport au prisme hexagonal de deuxième espèce, il suffirait de remarquer que les isoscéloèdres de première espèce sont alors placés symétriquement sur les angles et non plus sur les arêtes du prisme ; qu'au contraire les isoscéloèdres de première espèce sont placés non plus sur les arêtes, mais symétriquement sur les angles.

Formes mériédriques. — La symétrie complète de ce système étant représentée par le symbole

$$A^6\ 3L^2\ 3L'^2\ C\ \Pi\ 3P\ 3P',$$

nous allons rechercher tous les modes de symétrie mériédriques qu'il comporte.

A. — L'AXE SÉNAIRE EST CONSERVÉ.

1° *Hémiédrie holoaxe.* — Si on conserve un axe binaire, il faut les conserver tous ; on ne peut en même temps conserver le centre qui entraînerait tous les plans de symétrie et ramènerait à l'holoédrie : on n'a donc qu'un seul mode d'hémiédrie qui est l'hémiédrie holoaxe et est caractérisée par le symbole

$$A^6\ 3L^2\ 3L'^2\ 0C\ 0\Pi\ 0P\ 0P'.$$

Au-dessus du plan de symétrie, les 6 pôles des secteurs hachés, de la figure 97, sont conservés, les 6 autres supprimés. Au-dessous du plan de symétrie, on conserve les 6 pôles des secteurs qui se projettent sur les secteurs supérieurs non hachés. Ce genre d'hémiédrie ne peut s'appliquer qu'aux didodécaèdres. Il donne deux formes conjuguées non superposables, dont chacune est formée par deux pyra-

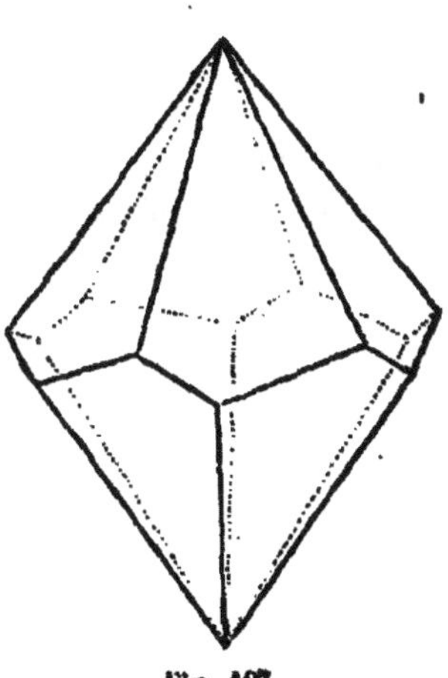

Fig. 107.

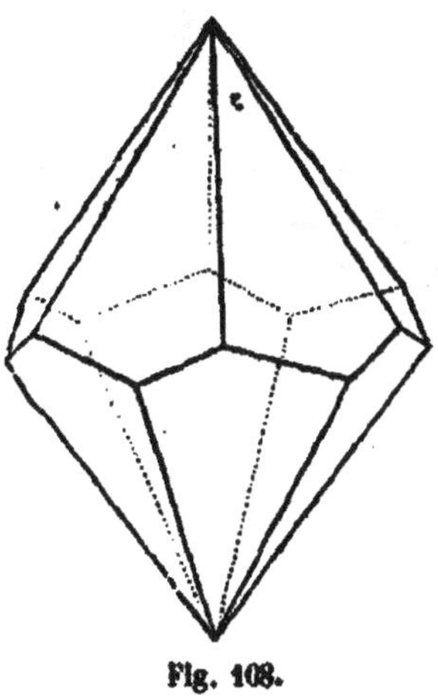

Fig. 108.

mides à 6 faces accolées et se raccordant suivant 12 arêtes en zigzag. C'est le *trapézoèdre hexagonal* de Naumann (fig. 107 et 108). — On appelle forme gauche celle où l'on conserve le pôle du secteur qui se trouve à gauche de l'observateur et en haut lorsqu'il regarde en face un axe de *seconde* espèce.

Si l'on supprime un axe binaire, il faut les supprimer tous. Si en outre on supprime le centre, il y a deux cas possibles.

2° Ou bien on conserve les plans de symétrie verticaux (qui doivent rester ou disparaître à la fois), et alors on a une hémiédrie caractérisée par le symbole

$$A^6 \ 0L^2 \ 0C \ 3P \ 3P'.$$

Cette hémiédrie conserve tous les pôles supérieurs et supprime tous les inférieurs ; le cristal n'est pas terminé de la même façon aux deux extrémités de l'axe sénaire. L'hémiédrie ne s'applique pas aux formes parallèles à cet axe.

3° Ou bien on ne conserve pas les plans de symétrie, et l'on obtient une tétartoédrie caractérisée par le symbole

$$A^6 \ 0L^2 \ 0C \ 0P.$$

Ce serait une hémiérie de l'hémiédrie précédente. Les pôles inférieurs sont encore tous supprimés et l'on ne conserve que la moitié des pôles supérieurs. L'hémiédrie ne s'applique qu'aux didodécaèdres. Comme elle est holoaxe par rapport au système précédent, cette hémiédrie donnerait des formes conjuguées non superposables et permettrait par conséquent de distinguer des cristaux droits et des cristaux gauches.

4° *Parahémiédrie.* — Si en conservant l'axe sénaire et supprimant les axes binaires on conserve le centre, on est obligé de supprimer les plans de symétrie verticaux dont la présence, combinée avec celle du centre, forcerait à rétablir les axes binaires. Le seul mode hémiédrique possible est donc caractérisé par le symbole

$$A^6 \ 0L^2 \ C \ \Pi.$$

Les 6 pôles des secteurs de même teinte (fig. 97) sont conservés au-dessus du plan de symétrie ; les 6 pôles conservés au-dessous sont les symétriques des premiers. La forme la plus générale est donnée par deux pyramides hexagonales accolées suivant une base commune dans le plan de symétrie ; cette base commune est un hexagone régulier dont les côtés ne sont plus ni parallèles ni perpendiculaires aux axes binaires. Lorsque les pôles sont dans le plan de symétrie principal, la forme hémiédrique est un prisme hexagonal dont la base régulière est tournée dissymétriquement par rapport aux axes binaires. Cette hémiédrie, que Naumann appelle *pyramidale*, ne s'applique pas aux formes dont les pôles sont situés dans les plans de symétrie.

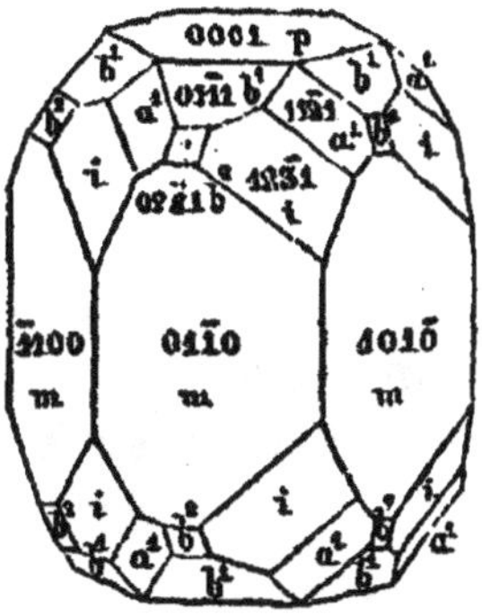

Fig. 109.

L'*apatite*, dans les cristaux naturels, offre un exemple de ce genre d'hémiédrie. La figure 109 montre un cristal complexe d'apatite qui possède les formes simples suivantes :

$p = \{0001\}$;

$m = \{01\bar{1}0\}$ Prime hexadère de 1re espèce.

$b^1 = \{01\bar{1}1\}$, $b^{\frac{1}{2}} = \{02\bar{2}1\}$ Isoscéloèdres de 1re espèce.

$a^1 = \{11\bar{2}1\}$ Isoscéloèdre de 2e espèce.

$i = \frac{1}{2}\{b^1 b^{\frac{1}{2}} h^1\} = \pi\{12\bar{3}1\}$ Didodécaèdre parahémiédrique.

B. — L'AXE SÉNAIRE DEVIENT TERNAIRE.

Supposons maintenant qu'on diminue de moitié l'indice de l'axe sénaire. Les combinaisons possibles sont les quatre combinaisons hémiédriques :

$A^3\ 3L^2\ C\ 3P$
$A^3\ 3L'^2\ C\ 3P'$
$A^3\ 3L^2\ 0C\ \Pi\ 3P'$
$A^3\ 3L'^2\ 0C\ \Pi\ 3P.$

ou les 5 combinaisons tétartoédriques :

$A^3\ 3L^2\ 0C\ 0P$
$A^3\ 3L'^2\ 0C\ 0P$
$A^3\ 0L^2\ 0C\ 3P$
$A^3\ 0L^2\ 0C\ 3P'$
$A^3\ 0L^2\ 0C\ \Pi.$

ou enfin la combinaison hémitétartoédrique :

$$A^3\ 0L^2\ 0C\ 0P.$$

Parmi les combinaisons hémiédriques, les deux premières doivent être rejetées comme possédant exactement la symétrie du système ternaire. Mais il faut noter avec soin qu'il résulte de cette discussion que les formes du système ternaire peuvent être considérées comme des formes hémiédriques du système sénaire. C'est pour cette raison que beaucoup de cristallographes confondent en un seul les systèmes ternaire et sénaire. La rigueur des principes s'oppose à cette confusion.

Parmi les combinaisons tétartoédriques, les quatre premières sont des hémiédries du système ternaire : il ne reste donc à étudier que la cinquième.

Enfin la combinaison hémitétartoédrique est une tétartoédrie du système ternaire.

Parmi les combinaisons mériédriques dont l'axe principal est ternaire, il n'y a donc que deux combinaisons hémiédriques et une combinaison tétartoédrique qui appartiennent exclusivement au système sénaire.

5° Les deux combinaisons hémiédriques

$$A^3\ 3L^2\ 0C\ \Pi\ 3P'$$
$$A^3\ 3L'^2\ 0C\ \Pi\ 3P$$

ne donnent en réalité qu'un même mode d'hémiédrie s'appliquant respectivement à chacune des deux espèces d'axes binaires.

Si ce sont des axes de première espèce qui sont conservés, on conserve au-dessus du plan de symétrie les pôles de deux secteurs hachés et non hachés de la figure 97, se juxtaposant suivant la direction *positive* d'un axe binaire de première espèce ; on supprime ceux des deux secteurs qui se juxtaposent suivant la direction *négative* d'un axe binaire de première espèce. Au-dessous du plan de symétrie on conserve les pôles symétriques de ceux qui sont conservés au-dessus. La figure 110, dans laquelle les secteurs hachés représentent ceux dont les pôles sont conservés au-dessus du plan de symétrie, montre la projection des pôles dans ce genre d'hémiédrie.

La forme la plus générale est constituée par deux pyramides à 6 fa-

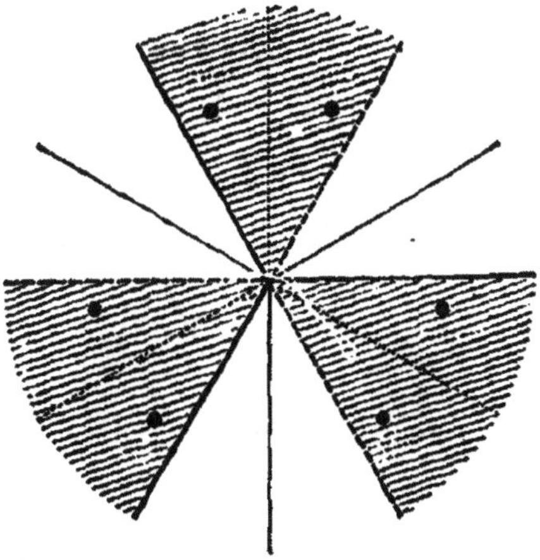

Fig. 110.

ces ayant pour base commune un hexagone non régulier. Les sommets de cet hexagone, pris de trois en trois, forment un triangle équilatéral, dont les côtés ne sont pas placés symétriquement par rapport aux axes binaires (fig. 111).

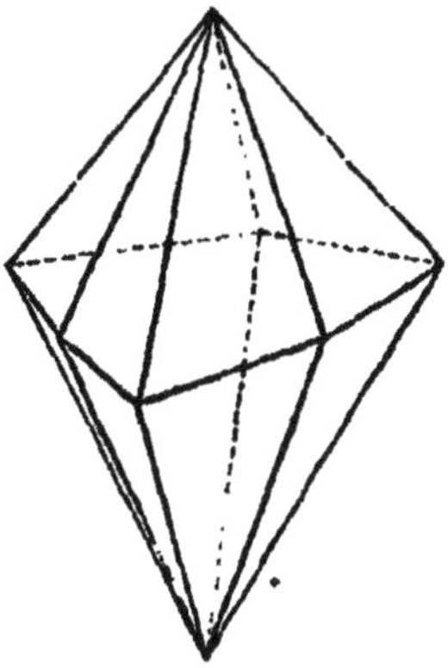

Fig. 111.

Lorsque la forme est parallèle, on a un prisme hexagone dont la base est analogue à celle des doubles pyramides précédentes.

Ce genre d'hémiédrie ne s'applique pas aux formes holoédriques dont les pôles sont situés dans les plans de symétrie de seconde espèce.

6° La tétartoédrie caractérisée par le symbole

$$A^3\ 0L^2\ 0C\ \Pi$$

prend au-dessus du plan de symétrie les 3 pôles situés du même côté des trois directions de même signe appartenant à trois axes binaires de même espèce, et au-dessous du plan de symétrie les 3 pôles symétriques du premier. La forme la plus générale est donnée par deux pyramides à trois faces ayant dans le plan de symétrie une base commune, qui est un triangle équilatéral (fig. 112).

Pour les formes dont les pôles sont situés dans les plans de symétrie, cette tétartoédrie n'est plus qu'une hémiédrie.

Des six modes mériédriques qui peuvent se rencontrer dans le système sénaire, on n'en a jusqu'ici observé qu'un seul, celui que nous avons appelé *parahémiédrie*.

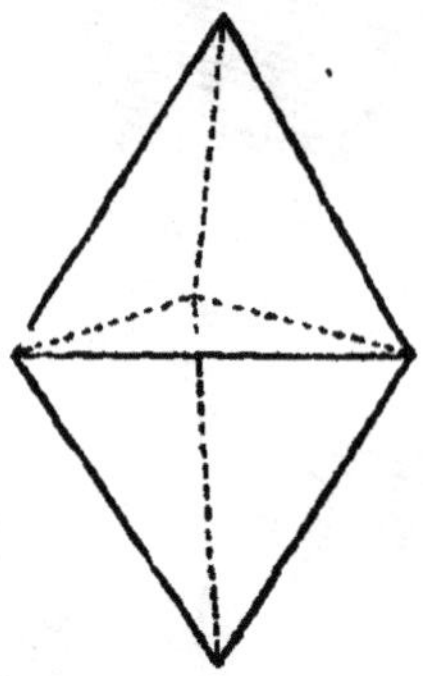

Fig. 112.

CHAPITRE VIII

SYSTÈME TERNAIRE OU RHOMBOÉDRIQUE

Syst. hexagonal avec hémiédrie rhomboédrique (Naumann, etc.); Dreigliedriges Syst. (Quenstedt); Sechsgliedriges Syst. (Weiss); Quatrième Système Crist. (Dufrénoy).

La symétrie du système est indiquée par le symbole

$$A^3\ 3L^2\ C\ 3P.$$

Dans un plan réticulaire normal à l'axe ternaire, le réseau est figuré par des triangles équilatéraux juxtaposés dont les directions sont celles des axes binaires (fig. 114). La trace, sur ce plan, d'un axe ternaire, peut, dans ce système, coïncider avec un sommet ou un centre de ces triangles. Soit 4 plans superposés, 0, 1, 2, 3; A_0 étant un des nœuds du réseau 0, on considère l'axe ternaire passant en A_0. Les triangles du plan 1 ont les côtés dirigés comme ceux du plan 0, mais les nœuds ne peuvent venir se projeter sur ceux de ce plan, car alors l'axe serait non plus ternaire, mais sénaire. Il faut donc que A_0 coïncide avec la projection du centre d'un des triangles du plan 1, et ce triangle ne peut occuper que l'une des deux positions $E_1\ E_1'\ E_1''$ ou $E_2\ E_2'\ E_2''$; on supposera qu'il occupe la première. Les nœuds du plan 2 ne peuvent se projeter ni sur ceux du plan 1, ni sur ceux du plan 0, car dans l'une et l'autre hypothèse, l'axe serait sénaire; les triangles du plan 2 viennent donc prendre l'orientation $E_2\ E_2'\ E_2''$. Quant au plan 3, on voit aisément que les nœuds ne pouvant coïncider ni avec ceux du plan 2, ni avec ceux du plan 1, coïncident avec ceux du plan 0.

En joignant à A_0 les trois nœuds E_1, E_1', E_1''; à A_3 les trois nœuds E_2, E_2', E_2'' et en traçant l'hexagone en zigzag $E_1 E_2'' E_1' E_2 E_1'' E_2'$, on forme un parallélipipède dont toutes les arêtes, également inclinées sur l'axe ternaire A_0 A_3, sont égales entre elles ; toutes les faces sont des rhombes égaux, sont également inclinées sur l'axe-ternaire, et forment entre elles des angles égaux ou supplémentaires. Ce parallélipipède, qui est la maille du système, puisque tous ses sommets sont des

Fig. 113.

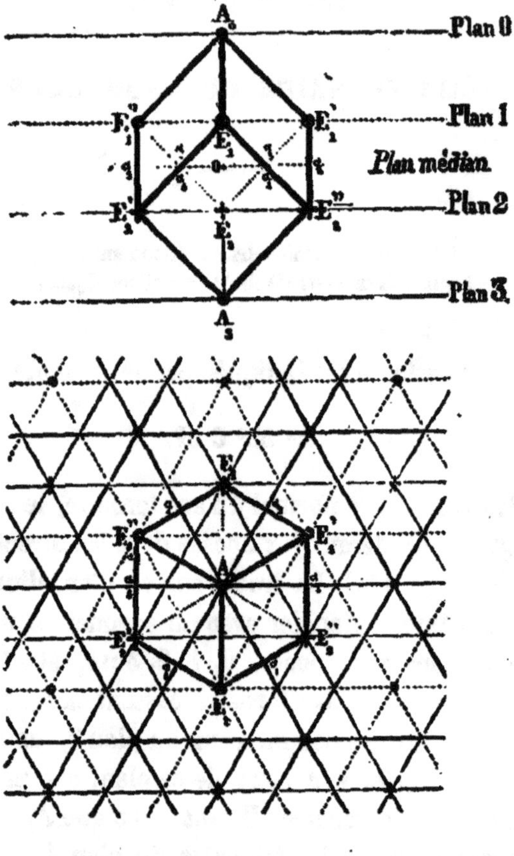

nœuds, et qu'il ne contient aucun nœud dans son intérieur, est ce qu'on appelle un *rhomboèdre*.

La figure 113 montre les projections de ce rhomboèdre sur un plan perpendiculaire à l'axe ternaire et sur un plan passant par l'axe ternaire et par un des axes binaires. La figure 114 en est une perspective.

On peut distinguer dans un rhomboèdre : 1° trois arêtes culminantes supérieures aboutissant en A_0 et dont les extrémités forment un triangle équilatéral situé dans un plan qui coupe normalement, au tiers de sa longueur à partir de A_0, la ligne A_0 A_3 dont la longueur est le paramètre de l'axe ternaire; 2° trois arêtes culminantes inférieures aboutissant en A_3 et dont les extrémités forment aussi un triangle équilatéral dans un plan qui coupe normalement, au tiers de sa longueur à partir de A_3, la longueur $A_0\ A_3$; 3° enfin six arêtes latérales formant une sorte d'hexagone en zigzag $E_1\ E_2''$...., dont la projection, sur un plan perpendiculaire à l'axe ternaire, est un hexagone régulier, normal aux axes binaires, et ayant pour rayons les projections des arêtes culminantes.

Si l'on coupe le rhomboèdre par un plan médian passant par le centre

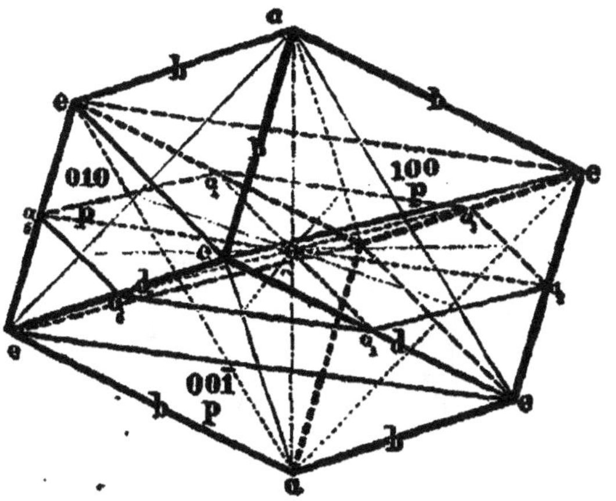

Fig. 114.

et normal à l'axe ternaire, l'intersection est un hexagone régulier $\alpha_1\ \alpha_2\ \alpha_3$...., dont les rayons sont les axes binaires du réseau.

Le cube peut être considéré comme un cas particulier du rhomboèdre dans lequel l'angle que forment les faces entre elles est égal à 90°.

Système d'axes coordonnés adopté. — On peut prendre, comme dans le système sénaire, l'axe principal ternaire comme axe des z, et les 3 axes binaires comme axes horizontaux. On aura une notation à 4 caractéristiques identique à celle qui a déjà été étudiée dans l'examen du système précédent.

On peut aussi prendre 3 axes coordonnés obliques également inclinés les uns sur les autres et qui sont les 3 arêtes du rhomboèdre formant le parallélipipède générateur du système réticulaire.

Les formules de transformation qui permettront de passer de l'un de ces systèmes d'axes à l'autre sont faciles à établir.

Projetons en effet sur sa base, que l'on placera dans le plan du tableau, l'hémisphère ayant pour axe l'axe ternaire. Soient x, y, z, (fig. 115) les points où 3 parallèles aux arêtes du rhomboèdre partant du centre de la sphère viennent rencontrer la sphère. Les plans verticaux dont les traces sur le plan de la figure sont $z_1\,x_1$, $z_1\,y_1$, $z_1\,u_1$, sont les plans de symétrie; les axes binaires x_1, y_1, u_1 sont les bissectrices des angles formés par les droites $z_1 x$, $z_1 y$, $z_1 z$. On suppose qu'en regardant en face la partie positive de l'axe des x, on a à droite l'axe positif des x_1.

Appelons g, h, k les coordonnées numériques d'un point prises par

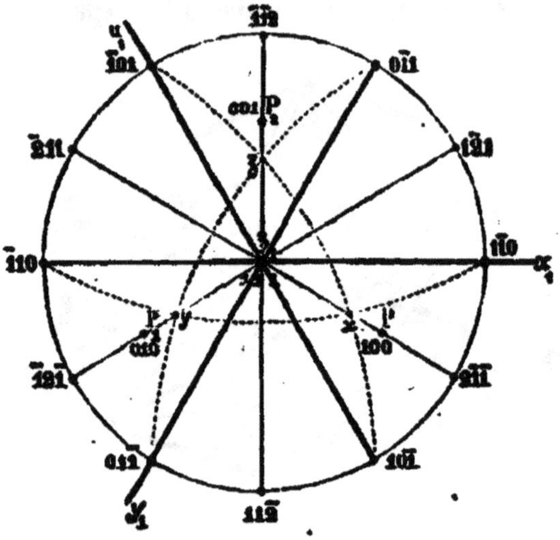

Fig. 115.

rapport aux 3 arêtes du rhomboèdre comme axes coordonnés, et p, q, r, s les coordonnées numériques du même point prises par rapport aux 4 axes des x_1, des y_1, des u_1 et des z_1. Ces derniers axes étant parallèles aux intersections des faces (111), $(11\bar{2})$, $(\bar{2}11)$, $(1\bar{2}1)$, les caractéristiques de

$$\begin{array}{lll} x_1 & \text{sont} & 1\bar{1}0 \\ y_1 & — & 01\bar{1} \\ u_1 & — & \bar{1}01 \\ z_1 & — & 111. \end{array}$$

Les formules de transformation pour passer des x, y, z aux $x_1\,y_1\,z_1$ sont donc

$$\begin{aligned} s &= g + h + k \\ p &= g - h \\ q &= h - k, \end{aligned}$$

et, en vertu de la relation $p + q + r = 0$,

$$r = k - g.$$

Quant aux paramètres des nouveaux axes, ils se tirent des formules générales. En appelant a le paramètre de l'axe binaire horizontal, h celui de l'axe ternaire, et b celui des arêtes rhomboédriques, on obtient les expressions

$$a = b\sqrt{2}\sqrt{1-\cos xy}$$
$$h = b\sqrt{3}\sqrt{1+2\cos xy}$$

ou

$$\lambda = \frac{3}{2}\frac{a^2}{h^2} = \frac{1-\cos xy}{1+2\cos xy}.$$

Entre l'angle plan xy et l'angle dièdre du rhomboèdre, la trigonométrie sphérique donne la relation

$$\cos\xi = -\cos^2\xi + \sin^2\xi \cos xy,$$

ou encore

$$\cos xy = \frac{\cos\xi}{1-\cos\xi}.$$

On peut donc écrire

$$\lambda = \frac{3}{2}\frac{a^2}{d^2} = \frac{1-2\cos\xi}{1+\cos\xi} = \frac{1}{2}\,\frac{\sin\frac{3}{2}(\pi-\xi)}{\sin^3\frac{1}{2}(\pi-\xi)},$$

d'où

$$\cos\xi = \frac{1-\lambda}{2+\lambda}.$$

Si l'on voulait, inversement, passer des axes x_1, y_1, u_1, z_1 aux axes x, y, z, on aurait les formules de transformation

$$g = s + p - r$$
$$h = s + q - p$$
$$k = s + r - q.$$

Calcul des angles des arêtes et des faces. — *Lorsque les arêtes du rhomboèdre sont les 3 axes coordonnés*, on tire des formules générales, pour l'expression de l'angle R R′ de deux arêtes $(g\,h\,k)$ et $(g'\,h'\,k')$:

$$RR' = \frac{gg' + hh' + kk' + \cos xy\,(gh' + g'h + gk' + g'k + hk' + h'k)}{\sqrt{\left\{g^2+h^2+k^2+2\cos xy(gh+gk+hk)\right\}\left\{g'^2+h'^2+k'^2+2\cos xy(g'h'+g'k'+h'k')\right\}}}$$

et en remarquant que

$$gh' + g'h + \text{etc.} = (g + h + k)(g' + h' + k') - (gg' + hh' + kk'),$$

on peut écrire symboliquement

$$\cos RR' = \frac{\Sigma gg' + \cos xy\,(\Sigma g \times \Sigma g' - \Sigma gg')}{\sqrt{(\Sigma g^2 + 2\cos xy\,\Sigma gh)\,(\Sigma g'^2 + 2\cos xy\,\Sigma g'h')}}.$$

Quant à l'angle P P' des deux normales aux deux plans (pqr) et $(p'q'r')$, on a :

$$\cos PP' = \frac{\Sigma pp' - \cos\xi\,(\Sigma p \times \Sigma p' - \Sigma pp')}{\sqrt{(\Sigma p^2 - 2\cos\xi\,\Sigma pq)(\Sigma p'^2 - 2\cos\xi\,\Sigma p'q')}}$$

$$\operatorname{tang} PP' = D \sin\xi \frac{\sqrt{u^2 + v^2 + w^2 + r\cos\xi\,(uv + uw + vw)}}{\Sigma pp' - \cos\xi\,(\Sigma p \times \Sigma p' - \Sigma pp')}$$

expression dans laquelle D, u, v, w ont la signification indiquée page 23.

Lorsque l'axe ternaire et les trois axes binaires sont les axes coordonnés, on déduit des formules générales à 4 caractéristiques pour l'angle RR' de deux arêtes $[ghkl]$ et $[g'h'k'l']$:

$$\cos RR' = \frac{ll' + \frac{5}{6}\frac{a^2}{h^2}(gg' + hh' + kk')}{\sqrt{\left\{l^2 + \frac{5}{6}\frac{a^2}{h^2}(g^2 + h^2 + k^2)\right\}\left\{l'^2 + \frac{5}{6}\frac{a^2}{h^2}(g'^2 + h'^2 + k'^2)\right\}}}$$

et pour l'angle PP' des normales aux deux plans $(pqrs)$ et $(p'q'r's')$:

$$\cos PP' = \frac{\frac{3}{2}\frac{a^2}{h^2}ss' + pp' + qq' + rr'}{\sqrt{\left\{\frac{3}{2}\frac{a^2}{h^2}s^2 + p^2 + q^2 + r^2\right\}\left\{\frac{3}{2}\frac{a^2}{h^2}s'^2 + p'^2 + q'^2 + r'^2\right\}}},$$

Formes holoédriques. — Projetons le cristal gnomoniquement sur le plan perpendiculaire à l'axe principal (fig. 116 et 120). On aura dans ce plan trois axes binaires ox_1, oy_1, ou_1 disposés comme les axes binaires de première espèce du système sénaire, puis trois droites ox, oy, oz disposées comme les axes binaires de deuxième espèce du système sénaire, mais qui seront ici les traces des trois plans de symétrie, et les projections des trois axes coordonnés de l'espace lorsque ces axes coordonnés sont les arêtes du rhomboèdre primitif.

Hachons de deux en deux les secteurs de 60° compris entre un axe binaire positif et un axe binaire négatif; nous distinguerons ainsi trois secteurs non hachés et trois secteurs hachés. Trois secteurs de même teinte viennent mutuellement en coïncidence lorsqu'on fait tourner le cristal de 120° autour de l'axe ternaire; ils sont donc identiques ou de même espèce. Les secteurs hachés que l'on rencontre en partant d'un axe binaire positif et tournant dans le sens des aiguilles d'une montre, seront appelés ***secteurs directs***; les trois autres seront les ***secteurs inverses***.

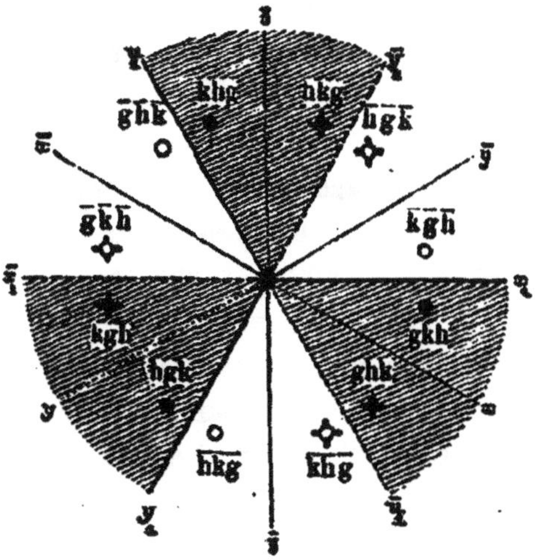

Fig. 116.

Soit dans un des secteurs, que nous supposerons haché, pour fixer les idées, un pôle (*ghk*); il y en aura nécessairement deux autres avec lesquels celui-ci viendra coïncider par des rotations de $\frac{2\pi}{3}$; on en obtiendra les symboles en effectuant les permutations tournantes de *ghk*.

Le plan de symétrie qui divise en deux parties égales le secteur direct où se trouve (*ghk*), entraîne, dans le même secteur, l'existence d'un pôle, symétrique du premier et qui, ayant le même x, sera noté (*gkh*). Ce nouveau pôle sera nécessairement accompagné de deux autres avec lesquels il peut coïncider par des rotations de $\frac{2\pi}{3}$. On a donc, au-dessus du plan médian, six pôles ayant respectivement pour symboles

$$\begin{array}{lcl} ghk & \ldots\ldots\ldots\ldots & gkh \\ kgh & \ldots\ldots\ldots\ldots & hgk \\ hkg & \ldots\ldots\ldots\ldots & khg. \end{array}$$

Les trois pôles de la même colonne verticale se superposent par des rotations de 120°; les pôles situés en regard sont symétriques l'un de l'autre par rapport à un plan de symétrie vertical. Les symboles de ces six pôles sont les six permutations des lettres ghk.

Au-dessous du plan médian, on aurait six autres pôles symétriques des six premiers par rapport au centre, et dont les symboles seraient les précédents changés de signe. Sur la figure 116 on a marqué, par de petits cercles, les projections des pôles inférieurs au plan médian, avec leurs symboles. Dans cette figure, on a marqué d'un même signe les pôles qui viennent en coïncidence mutuelle par des rotations de 120°.

Dans la discussion précédente, nous avons épuisé la symétrie du réseau, car nous avons fait successivement appel à l'existence de l'axe ternaire, à celle des trois plans de symétrie, et à celle du centre. L'existence des trois axes binaires est une conséquence nécessaire de celle des éléments de symétrie précédents. La forme la plus générale du système ternaire a donc 12 pôles et 12 seulement.

Nous conviendrons, pour éviter toute confusion, de désigner une forme par le symbole de celui des 12 pôles qui est situé dans le secteur de 60° compris entre la trace du plan de symétrie sur laquelle se projette Ox, et celle du plan de symétrie sur laquelle se projette $O\bar{z}$. Avec cette convention, la forme étant représentée par le symbole $\{g\,h\,k\}$, dans lequel g, h et k sont des quantités algébriques, on a les inégalités algébriques

$$g > h > k.$$

Dans cette forme simple, les six faces correspondant aux six pôles de l'hémisphère supérieur, viennent concourir en un même point de l'axe ternaire; les six autres faces correspondant aux six pôles de l'hémisphère inférieur viennent concourir aussi en un même point de l'axe ternaire symétrique du premier par rapport au centre, et la forme simple la plus générale se trouve ainsi donnée par la réunion de deux pyramides hexagonales accolées. Mais comme le plan perpendiculaire à l'axe ternaire et passant par le centre n'est pas un plan de symétrie, ces deux pyramides ne se raccordent pas en général suivant un hexagone situé dans ce plan. L'hexagone de raccord est nécessairement gauche, et comme les côtés sont deux à deux symétriques par rapport aux trois plans de symétrie passant par l'axe ternaire, cet hexagone est disposé en zigzag comme celui que forment les arêtes latérales du rhomboèdre. Ce solide remarquable dont toutes les faces sont des triangles scalènes, est ce que l'on nomme un *scalénoèdre* (fig. 117). Nous allons examiner les cas particuliers qui peuvent se présenter et modifier la figure du solide.

Si les pôles se placent sur les plans verticaux qui contiennent les axes binaires, ils reviennent en coïncidence après une rotation de 60° autour de l'axe principal qui devient, pour la forme simple considérée, un axe sénaire. Le plan principal devient un plan de symétrie et l'hexagone en zigzag est un hexagone plan. La forme simple est constituée par

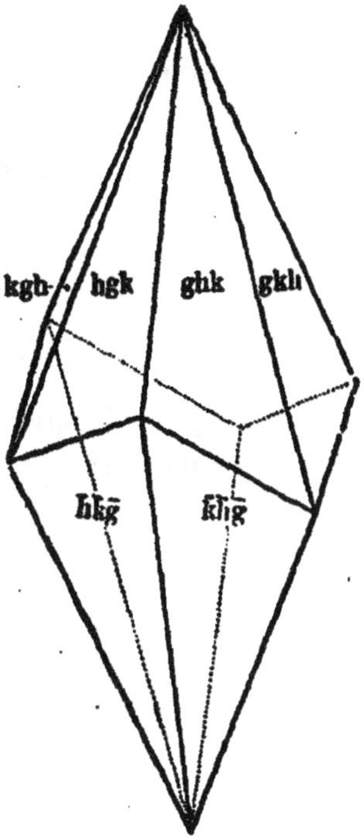

Fig. 117.

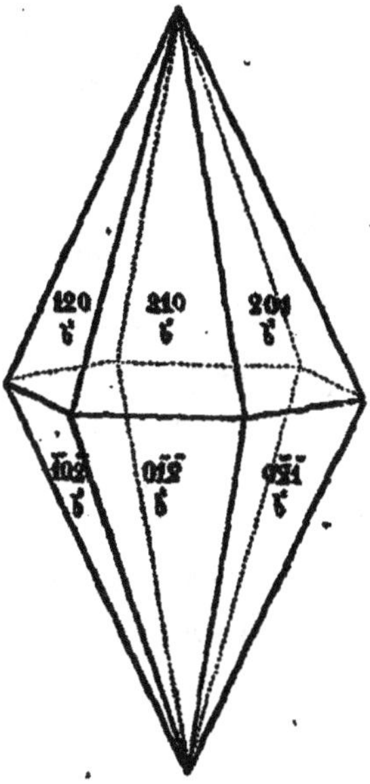

Fig. 118.

deux pyramides hexagonales accolées par la base; elle est limitée par des triangles tous égaux entre eux et isoscèles. Elle prend le nom d'*isoscéloèdre* (fig. 118). La condition pour que la forme simple soit un isoscéloèdre, exprime que les pôles sont situés dans l'un des plans verticaux qui comprennent les axes binaires. Or, il est aisé de voir que le plan de zone $z_1\,u_1$ passant par les pôles (111) et $(10\bar{1})$, a pour caractéristiques $12\bar{1}$. La condition pour que le pôle (ghk) soit contenu dans ce plan est donc :

$$g - 2h + k = 0.$$

C'est ainsi que la forme simple $\{210\}$ est un isoscéloèdre.

Lorsque les pôles sont situés dans les plans de symétrie, les six pôles d'un hémisphère se réduisent à trois, et la forme simple est limitée, non plus par 12 faces, mais par 6. Le solide ayant ses faces parallèles deux à deux est un parallélipipède. Les trois faces qui se rencontrent sur l'axe ternaire peuvent venir en superposition ; les angles plans, et par conséquent les angles dièdres du solide sont égaux entre eux. Ce solide est donc un *rhomboèdre* (fig. 119).

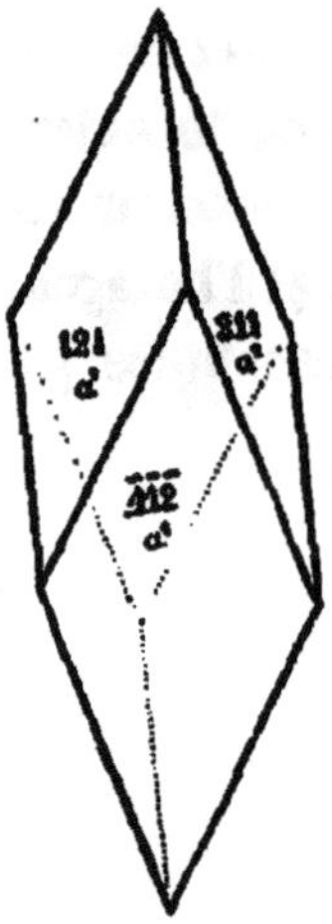

Fig. 119.

Les caractéristiques d'un plan de symétrie, celui des x, par exemple, étant $01\bar{1}$, la condition pour que le pôle ghk appartienne à une forme rhomboédrique est

$$h - k = 0.$$

La forme simple $\{211\}$ est donc un rhomboèdre.

Les 6 pôles d'un même hémisphère se trouvent toujours dans un même plan perpendiculaire à l'axe ternaire. Lorsque ce plan est tangent à la sphère, les 6 pôles se réduisent à un seul, dont la notation est (111) ou $(\bar{1}\bar{1}\bar{1})$, et la forme simple se réduit à deux plans parallèles perpendiculaires à l'axe ternaire.

Lorsque le plan passe par le centre de la sphère, les pôles se trouvent dans le plan de zone [111] ; la condition pour que ce cas se réalise est donc :

$$g + h + k = 0.$$

Tous les plans de la forme sont alors parallèles à l'axe ternaire, et elle devient :

1° Dans le cas général, un prisme à 12 faces, dont la section droite est un dodécagone non régulier c'est le *prisme dodécaèdre*.

2° Un prisme à 6 faces, dont la section droite est un hexagone régulier, dans deux cas particuliers :

a. Lorsque les pôles sont situés dans les plans de symétrie, la notation est $(2\bar{1}\bar{1})$, et les axes binaires passent par les sommets de la section droite ; c'est le *prisme hexagonal de première espèce*.

b. Lorsque les pôles sont situés dans les plans verticaux qui comprennent les axes binaires ; le symbole est $(10\bar{1})$, et les axes binaires sont les apothèmes de la section droite ; c'est le *prisme hexagonal de seconde espèce*.

Telles sont toutes les formes simples que l'on peut rencontrer dans le système ternaire ou rhomboédrique.

Toute la discussion précédente aurait pu être faite, plus aisément peut-être, en se servant de la notation à 4 caractéristiques. Les symboles des pôles supérieurs de la forme la plus générale s'obtiendraient alors en prenant dans le tableau des pôles de la forme la plus générale du système sénaire, ceux de la première colonne verticale par exemple, c'est-à-dire ceux qui sont formés par les permutations tournantes de $p\,q\,\bar{r}$, puis ceux de la troisième colonne, c'est-à-dire ceux qui sont formés par les permutations tournantes de $\bar{p}\ r\ \bar{q}$. Le tableau des pôles supérieurs de la forme ternaire est ainsi, en négligeant la caractéristique verticale s qui est la même pour tous :

$$\begin{array}{cc} pq\bar{r} & \bar{p}r\bar{q} \\ \bar{r}pq & \bar{q}\bar{p}r \\ q\bar{r}p & r\bar{q}\bar{p}. \end{array}$$

Les pôles écrits sur la même colonne verticale viennent en coïncidence mutuelle par des rotations de $\frac{2\pi}{3}$; les pôles placés en face l'un de l'autre sont symétriques par rapport aux plans de symétrie verticaux.

On convient de désigner la forme par le symbole de celui de ses pôles pour lequel les deux premières caractéristiques sont positives, c'est-à-dire de celui qui est situé dans l'angle XY.

Il est aisé de voir que les isoscéloèdres ont pour symbole $\{pp\overline{2p}s\}$; les rhomboèdres, $\{0p\bar{p}s\}$ ou $\{p0\bar{p}s\}$; les primes dodécagonaux, $\{pq\bar{r}0\}$; le prisme hexagonal de deuxième espèce est, comme dans le système sénaire, noté $\{1120\}$ et celui de première espèce $\{10\bar{1}0\}$.

Formes directes et inverses. — Formes birhomboédriques. — Lorsque le pôle (ghk) d'une face supérieure d'une forme simple tombe dans un secteur direct, les 6 pôles des faces supérieures tombent tous dans des secteurs directs; on dit alors que la forme est *directe*. Dans le cas contraire, la forme est *inverse*. Le secteur de 60° compris entre deux plans de symétrie x et $\bar{z}$ (fig. 116) et dans lequel est situé le pôle (ghk) dont les caractéristiques satisfont aux inégalités algébriques $g>h>k$, est bissèqué par un axe binaire $\bar{u}_1$. Les pôles situés sur $\bar{u}_1$ appartiennent à des isoscéloèdres, pour lesquels on a $g+k=2h$. Lorsqu'on passe d'un point de cet axe $\bar{u}_1$, au demi secteur direct adjacent, en suivant une parallèle à $Y\bar{Y}$, g reste le même tandis que algébriquement k augmente et h diminue; les caractéristiques de tous les pôles contenus dans le demi secteur direct, et qui appartiennent à des formes directes, satisfont donc à l'inégalité algébrique $g+k>2h$. Les caractéristiques de tous les pôles contenus dans le demi secteur inverse adjacent à $\bar{u}_1$, satisfont au contraire à l'inégalité algébrique $g+k<2h$. Les faces des rhomboèdres directs sont inclinées dans le même sens que celles du rhomboèdre primitif; les faces des rhomboèdres inverses sont inclinées en sens inverse. On peut dire encore que les arêtes des rhomboèdres directs sont inclinées comme celles du primitif, et les arêtes des rhomboèdres inverses, comme les diagonales des faces du primitif. Dans les scalénoèdres directs, les arêtes les moins saillantes sont inclinées comme les arêtes du primitif; c'est le contraire pour les scalénoèdres inverses.

Si l'on donne au cristal, autour de l'axe ternaire, une rotation de $\frac{2\pi}{6}$, les pôles d'une forme directe $\{ghk\}$ viennent coïncider avec les pôles d'une forme inverse $\{g'h'k'\}$. Les deux formes ainsi obtenues, qu'on appelle souvent formes *birhomboédriques*, ne sont évidemment que les deux formes conjuguées hémiédriques d'un cristal à symétrie hexagonale, dont le cristal ternaire peut toujours, comme on sait, être considéré comme dérivé.

Lorsqu'on emploie la notation à 4 caractéristiques, il est clair que si les pôles supérieurs d'une forme ternaire sont ceux des 1re et 3e colonnes du tableau des pôles de la forme sénaire, les pôles supérieurs de la forme birhomboédrique seront ceux des 2e et 4e colonnes. La forme directe a l'un de ses pôles situé dans l'angle $X\bar{u}$; la forme inverse a l'un de ses pôles situé dans l'angle $Y\bar{u}$. Si une forme directe a pour symbole $\{pq\bar{r}s\}$ on a $p > q$; la forme birhomboédrique ou inverse de celle-là est notée $\{qp\bar{r}s\}$.

Il faut remarquer que, suivant nos conventions, les deux premières caractéristiques du symbole d'une forme étant toujours positives, la première sera *plus grande* que la seconde pour les formes *directes*, et *plus petite* pour les formes *inverses*.

Il est maintenant facile de chercher quel est, dans le système de notation à 3 caractéristiques, le symbole $\{g'h'k'\}$ de la forme birhomboédrique de la forme $\{ghk\}$. Si, en effet, cette dernière forme est notée $\{pq\bar{r}s\}$, on a :

$$\begin{aligned} s &= g+h+k \\ p &= g-h \\ q &= h-k \\ -r &= k-g. \end{aligned}$$

Mais la forme $\{g'h'k'\}$ est notée $\{qp\bar{r}s\}$; on a donc :

$$\begin{aligned} s &= g'+h'+k' = g+h+k \\ q &= g'-h' = h-k \\ p &= h'-k' = k-g \\ -r &= k'-g' = k-g. \end{aligned}$$

d'où l'on tire aisément, en multipliant g', h', k', par le facteur commun 3 ;

$$\begin{aligned} g' &= 2(g+h)-k \\ h' &= 2(g+k)-h \\ k' &= 2(h+k)-g. \end{aligned}$$

Comme application de ces formules, on peut voir que le rhomboèdre primitif $\{100\}$ a pour forme birhomboédrique $\{22\bar{1}\}$. Ces deux formes coexistent souvent, comme il arrive pour le quartz, et donnent alors au cristal une apparence hexagonale.

Projection gnomonique des pôles. — Les figures 120 et 120bis (pl. III) montrent la projection gnomonique des pôles d'un cristal appartenant au système rhomboédrique. Le plan de projection est perpendiculaire à l'axe ternaire. Pour dessiner cette projection, on commence par tracer un triangle équilatéral, dont les sommets représentent les projections des pôles du rhomboèdre primitif. Le réseau parallélogrammique construit sur ces trois points donne tous les nœuds du réseau polaire qui se trouvent dans le plan de projection supposé contigu du nœud pris pour point de vue. Les distances respectives de chacun des nœuds aux trois côtés du triangle (001) (010) (100) ou XYZ représentent les projections des coor-

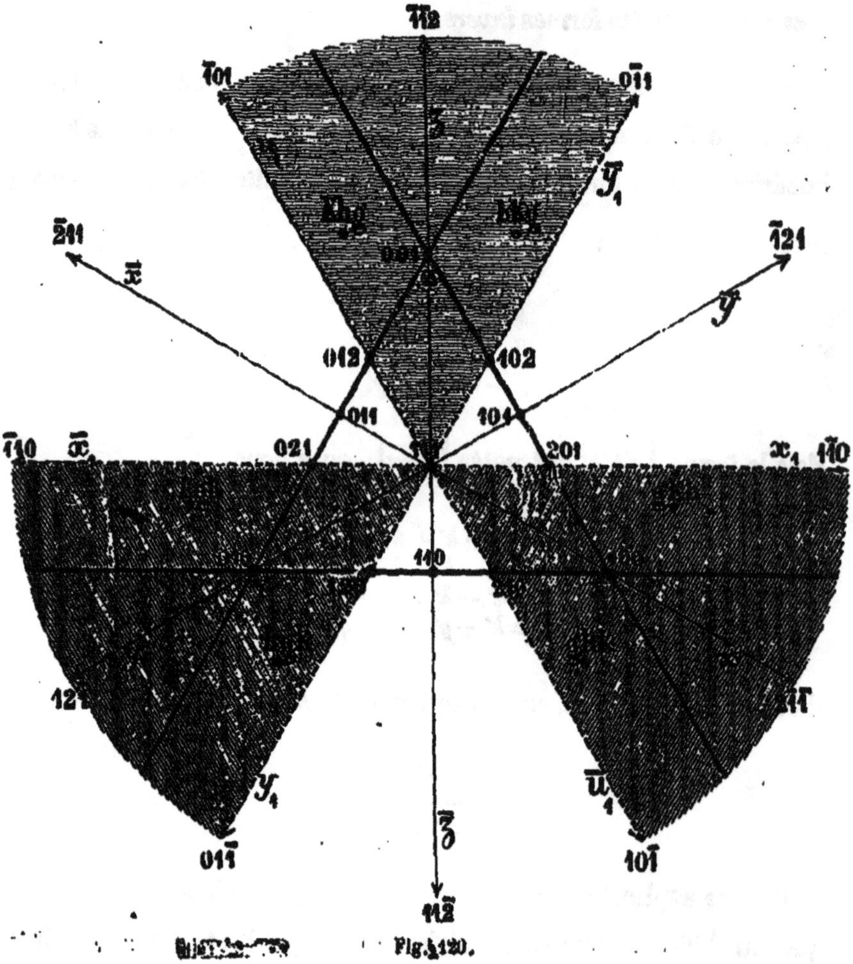

Fig. 120.

données du nœud prises par rapport aux trois arêtes du rhomboèdre; ces trois directions faisant des angles égaux sur le plan de projection, le rapport des longueurs des projections est en effet le même que celui des coordonnées de l'espace. Pour trouver les caractéristiques d'un pôle quelconque, dont la position est connue sur la projection gnomonique, il suffit donc de chercher les distances de ce pôle aux trois côtés du triangle; les rapports de ces distances sont les caractéristiques du pôle.

Le symbole (111) caractérise le système des plans réticulaires du réseau polaire parallèles au plan médian. Or on sait (voir page 17) que, pour qu'un pôle (ghk) soit contenu dans celui de ces plans qui est séparé du plan médian par un nombre de strates égal à C, la condition est

$$g+h+k=C.$$

Si l'on désigne chacun de ces plans par le nombre C qui lui convient, on peut dire que le plan 0 ou le plan qui passe pour l'origine comprend tous les pôles pour lesquels la somme des caractéristiques est nulle; le plan 1, tous ceux pour lesquels cette somme est égale à 1; etc.

Les projections des nœuds du plan 2 forment un réseau dont le côté de la maille est $\frac{1}{2}$ de celui de la maille du plan 1, et en général les projections du nœud du plan n forment un réseau dont le côté de la maille est égal à $\frac{1}{n}$ de celui de la maille du plan 1.

Pour placer sur la projection un pôle $\{ghk\}$, dont les caractéristiques sont connues, il faut donc chercher, en faisant la somme algébrique $g+h+k=n$, quel est le numéro d'ordre du plan réticulaire, normal à l'axe ternaire, dont le pôle fait partie. Il ne reste plus alors qu'à choisir un point tel qu'il soit à une distance $\frac{gp}{n}$ de la ligne ZY, et $\frac{hp}{n}$ de la ligne ZX; p étant la hauteur du triangle équilatéral formé par les trois pôles X, Y, Z. Ainsi le pôle $(42\bar{3})$ est dans le plan réticulaire n° 3; il se trouvera donc à une distance $\frac{4p}{3}$ de la ligne ZY, $\frac{2p}{3}$ de la ligne ZX, et $-p$ de la ligne XY.

Au lieu de prendre pour coordonnées les distances d'un pôle aux trois côtés du triangle, on peut d'ailleurs prendre les longueurs comptées sur les parallèles aux côtés, qui sont évidemment dans le même rapport.

Cette projection donne lieu à des remarques intéressantes.

Les côtés du triangle équilatéral, que nous appellerons fondamental, et dont les sommets sont les pôles du rhomboèdre primitif, représentent les traces des plans coordonnés du réseau polaire. Si l'on considère un de ces côtés prolongé, celui, par exemple, qui passe par Z et Y et représente la trace du plan des YZ, tous les pôles situés, par rapport à cette droite, du même côté que l'autre sommet X, auront positive la caractéristique relative aux X, c'est-à-dire *g*; tous les pôles situés de l'autre côté de la droite auront le *g* négatif. Il en sera de même pour les deux autres côtés du triangle.

On en déduit :

1° Que tous les pôles situés dans l'intérieur du triangle fondamental ont les trois caractéristiques positives ;

2° Que tous les pôles situés dans l'espace compris entre un côté et les prolongements des deux autres ont une caractéristique négative : c'est celle qui se rapporte à l'axe correspondant au sommet opposé du triangle ;

3° Que les pôles situés dans l'espace angulaire compris entre deux côtés prolongés ont deux caractéristiques négatives ; ce sont celles qui correspondent aux deux sommets opposés du triangle ;

4° Tous les pôles situés sur les droites servant de côtés au triangle fondamental ont une caractéristique nulle : c'est celle qui correspond au sommet opposé du triangle.

La figure 98 (pl. II), qui représente la projection gnomonique des pôles du système sénaire, peut être considérée également comme une projection des pôles du système ternaire, où les pôles des deux formes birhomboédriques ont trouvé place.

Les figures 115 et 121 (pl. VIII) représentent la projection stéréographique des pôles d'un cristal rhomboédrique sur le plan principal.

Si l'on considère les trois grands cercles de zone passant par les pôles P_1, P_2, P_3 du rhomboèdre primitif, on peut faire les remarques suivantes, qui sont la traduction de celles que nous avons faites pour la projection gnomonique.

Dans l'intérieur du triangle $P_1 P_2 P_3$, les trois coefficients sont positifs.

Les pôles situés au-dessus du grand cercle P_1P_2 (c'est-à-dire situés par rapport à ce grand cercle du même côté que le pôle supérieur de l'axe ternaire.)	ont la caractéristique	relative à	Z	positive.
Les pôles situés au-dessus du grand cercle P_2P_3	—	—	X	—
..... — P_1P_3	—	—	Y	—

Dans l'intérieur des petits triangles tels que $x_1 P_1 \bar{u}_1$, deux des coefficients sont négatifs, celui qui est positif se rapportant à l'axe contenu dans le plan de symétrie qui traverse le triangle.

Dans le reste de l'hémisphère supérieur, c'est-à-dire dans les quadrilatères sphériques tels que $\bar{u}_1 P_1 P_2 y_1$, il n'y a qu'un coefficient négatif se rapportant à l'axe contenu dans le plan de symétrie qui traverse le quadrilatère.

Chacun des grands cercles tels que $P_1 P_2$ étant parallèle à un axe coordonné, les pôles qui se trouvent sur ces grands cercles ont une caractéristique égale à 0; c'est celle qui se rapporte à l'axe contenu dans le plan de symétrie qui coupe le grand cercle normalement.

Formes composées et symboles de Lévy. — Nous allons étudier la manière dont les diverses formes simples viennent se placer sur le rhomboèdre primitif.

Nous remarquons d'abord qu'une face quelconque telle que $(g\bar{h}k)$ coupe la direction positive des x, la direction négative des y, la direction positive des z; si nous prenons dans le rhomboèdre l'angle dont partent des arêtes parallèles à $\bar{x}$, y, $\bar{z}$, la face rencontre les trois directions formées par le prolongement des arêtes et, lorsqu'on la fait mouvoir parallèlement à elle-même, elle vient couper les trois arêtes du rhomboèdre issues de l'angle considéré; elle vient se placer sur cet angle.

Or, dans le rhomboèdre, du sommet supérieur a partent trois directions positives; de chacun des trois angles supérieurs e partent deux directions positives et une négative; de chacun des trois angles inférieurs e, deux directions positives et une négative.

On en conclut que lorsque les faces supérieures d'une forme ont trois caractéristiques positives, elles sont placées sur les angles a; lorsqu'elles ont deux caractéristiques positives et une négative, elles sont placées sur les angles e supérieurs; et enfin lorsqu'elles ont une caractéristique positive et une négative, elles sont placées sur les angles e inférieurs.

Supposons d'abord positives les trois caractéristiques du pôle dont on emprunte le symbole pour en faire celui de la forme. Sur un angle a, et de chaque côté d'un plan de symétrie, viennent se placer deux plans formant un biseau incliné (fig. 122). L'angle a est remplacé par un pointement scalénoédrique à six faces

Chaque plan intercepte sur les arêtes b des longueurs numériques $\frac{1}{g}, \frac{1}{h}, \frac{1}{k}$; le symbole de la forme dans le mode de notation employé par Lévy est $b^{\frac{1}{k}}\, b^{\frac{1}{h}}\, b^{\frac{1}{g}}$.

La forme est directe ou inverse suivant que $g+k >$ ou $< 2h$. Les

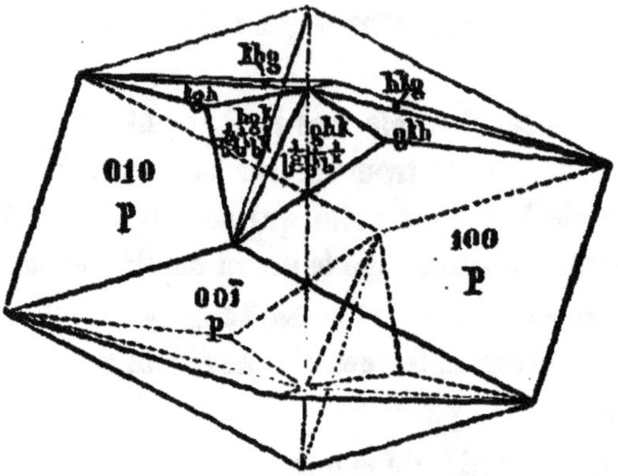

Fig. 122.

pôles toujours compris dans l'intérieur du triangle fondamental XYZ sont compris, dans un cas, dans les secteurs directs; dans l'autre, dans les secteurs inverses.

Lorsque $g+k=2h$, les pôles sont placés sur les axes binaires et les parallèles aux côtés du triangle menées par le centre; la forme est un isoscéloèdre qui ne présente rien de particulier quant à la manière dont il se place sur le rhomboèdre.

Lorsque $g=h$, les deux plans du scalénoèdre qui forment biseau au-dessus d'une arête du rhomboèdre se confondent en un seul; la forme devient un rhomboèdre inverse dont chaque plan tronque une arête b (fig. 123). Cette forme, dans le système de convention de Lévy, est noté $a^{\frac{\frac{1}{g}}{\frac{1}{k}}} = a^{\frac{k}{g}}$; on a toujours $k < g$. Les pôles sont situés sur les médianes du triangle entre le centre et le côté.

Lorsque $h=k$, ce sont les deux plans du scalénoèdre formant biseau au-dessus d'une face du rhomboèdre qui se confondent; on a encore un rhomboèdre, mais il est direct et chaque plan vient tronquer pour ainsi dire le sommet culminant d'une face du rhomboèdre (fig. 124). Ces rhomboèdres sont notés par Lévy $a^{\frac{g}{h}}$; $g > h$. Les pôles sont placés sur la médiane du triangle entre le centre et le sommet.

Lorsque $g=h=k$, les trois plans du rhomboèdre a^m se confondent en un seul, perpendiculaire à l'axe ternaire, qui sera noté a^1 et dont le pôle coïncide avec le centre de la projection.

Si les deux plans a^1 sont assez développés pour passer par les extré-

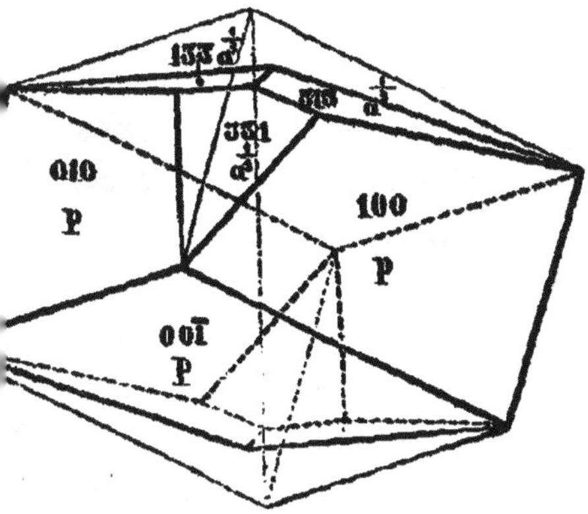

Fig. 123.

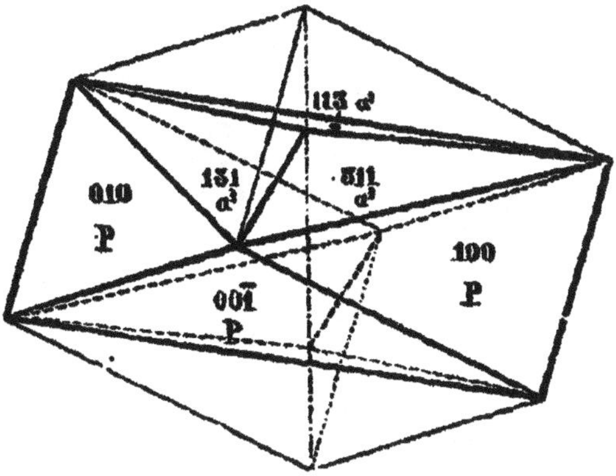

Fig. 124.

mités des arêtes b, ils forment, avec ce qui reste des faces p, une sorte d'octaèdre que l'on rencontre assez fréquemment dans certaines substances (fig. 125). Si les deux faces a^1 sont encore plus développées, le cristal prend la forme d'une lame à contour hexagonal limitée latéralement par des faces qui vont converger alternativement vers le haut et

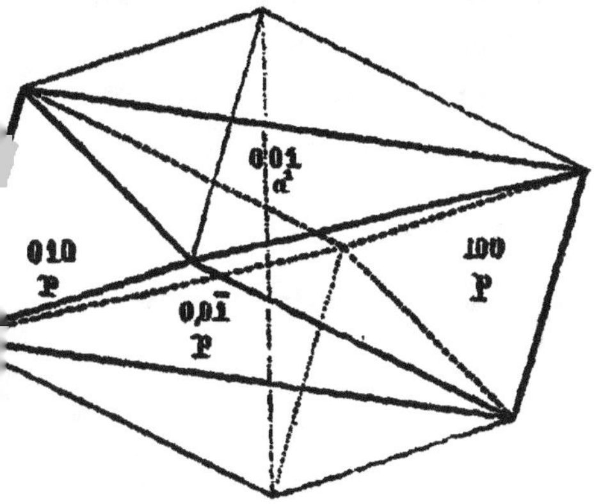

Fig. 125.

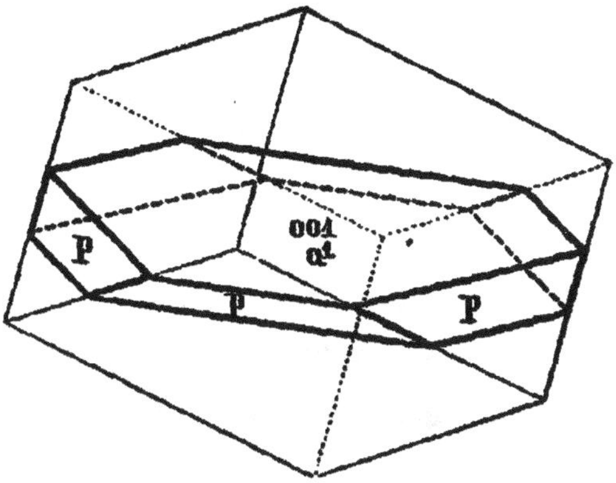

Fig. 126.

vers le bas (fig. 126). Cette forme est fréquente dans l'oligiste, le mica, etc.

Lorsque $k = 0$, chaque plan de la forme est parallèle à une arête b; chaque arête b est remplacée par un biseau dont l'arête est parallèle à b (fig. 127). La forme est notée par Lévy $b^{\frac{g}{h}}$; elle est directe ou inverse suivant que $g >$ ou $< 2h$. Elle devient un isoscéloèdre lorsque $g = 2h$; les pôles se confondent alors avec les points qui divisent les côtés en trois parties égales ; cet isoscéloèdre est noté b^2. Si $g = h$, la forme (110) est un rhomboèdre tronquant chaque arête b (fig. 127); elle est notée par Lévy b^1. Cette face b^1 fait zone avec p et tous les a^m. Les pôles sont placés au milieu des côtés du triangle.

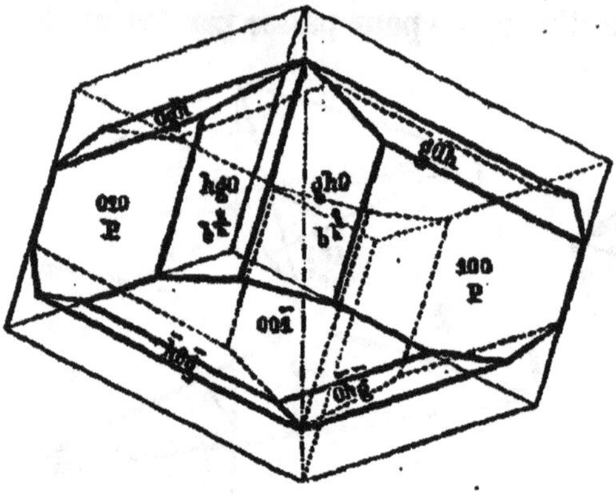

Fig. 127.

Lorsque la forme est notée $\{gh\bar{k}\}$, le pôle supérieur $(gh\bar{k})$ vient se placer sur un angle e supérieur. Deux plans symétriques viennent former sur chacun des angles e supérieurs un biseau dont l'arête va rencontrer la partie supérieure de l'axe ternaire (fig. 129). La forme

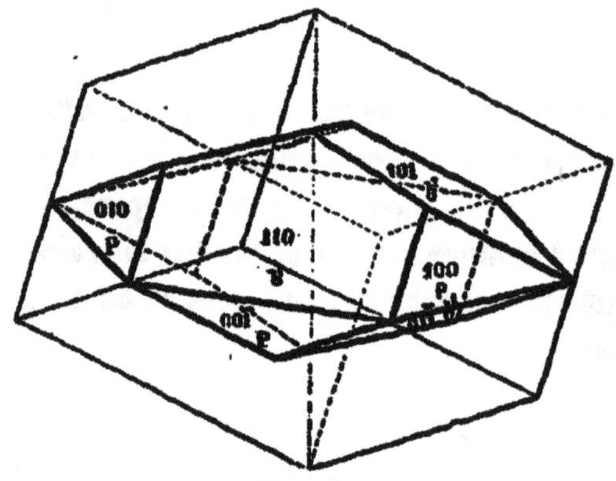

Fig. 128.

qui rencontre deux arêtes d et une arête b, est notée par Lévy $b^{\frac{1}{k}}\, d^{\frac{1}{h}}\, d^{\frac{1}{g}}$, quand elle est directe, c'est-à-dire quand $g - k > 2h$, et $d^{\frac{1}{g}}\, d^{\frac{1}{h}}\, b^{\frac{1}{k}}$ quand elle est inverse.

Lorsque $g - k = 2h$, on a un isoscéloèdre.

On sait que les pôles sont toujours situés dans l'espace compris entre un côté du triangle et le prolongement des deux autres.

Si $g + h - k = 0$, les plans de tous les biseaux deviennent verticaux ; on a alors un prisme dodécagone dont les faces viennent remplacer chaque arête d par des troncatures en forme de biseaux verticaux (fig. 130). Il n'y a pas lieu dans ce cas de distinguer des formes directes et inverses, car les pôles supérieurs et les pôles inférieurs se trouvant dans le plan médian, il y a un pôle dans chacun des secteurs de 30°, direct ou inverse.

Lorsque $g = h$, les longueurs numériques interceptées sur les arêtes d sont égales ; les deux plans placés sur l'angle supérieur e se confondent en un seul symétriquement placé ; chaque angle e est

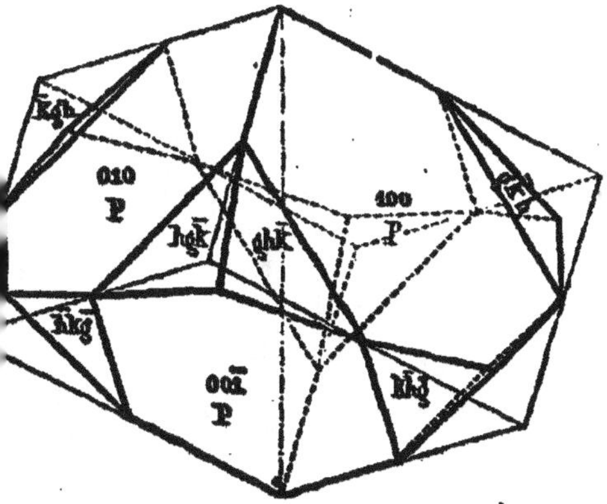

Fig. 129.

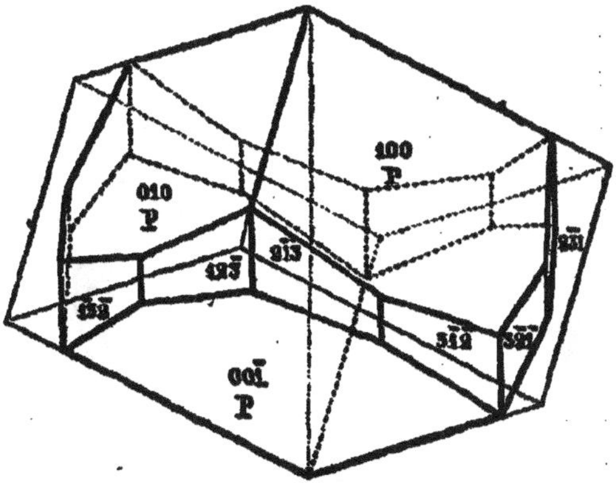

Fig. 130.

tronqué par un plan (fig. 131) ; les troncatures des angles supérieurs rencontrent l'axe ternaire en haut, celles des angles inférieurs le rencontrent en bas. Avec les conventions de Lévy, cette forme qui est un

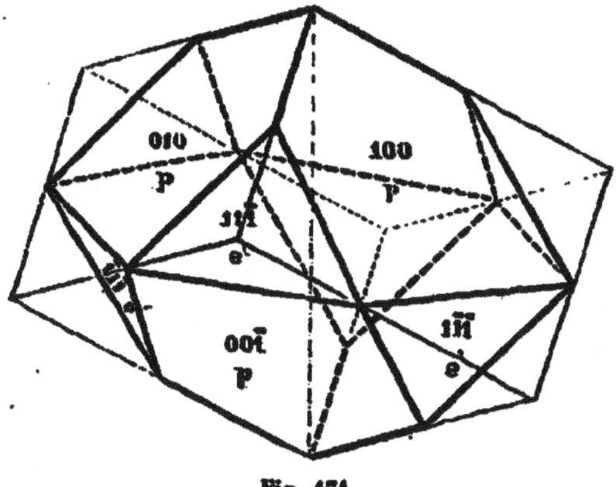

Fig. 131.

rhomboèdre inverse est notée $g^{\frac{g}{k}}$; $\frac{k}{g} < 2$. Les pôles sont placés sur le prolongement de la médiane du triangle fondamental. Partant du pôle $(110) = b^1$, ils vont jusqu'au pôle $(11\bar{2})$ situé à l'infini. La forme $\{11\bar{2}\} = e^2$ tronque tous les angles e par des plans verticaux (fig. 132 et 133); c'est, comme on le sait, le prisme hexagonal de première espèce dont les faces sont perpendiculaires aux plans de symétrie.

Lorsque $h = 0$, chacun des plans de la forme $\{g0\bar{k}\}$ est parallèle à une arête d ; sur chacune de celles-ci viennent se placer deux plans, convergeant l'un en haut, l'autre en bas de l'axe ternaire. Ces deux

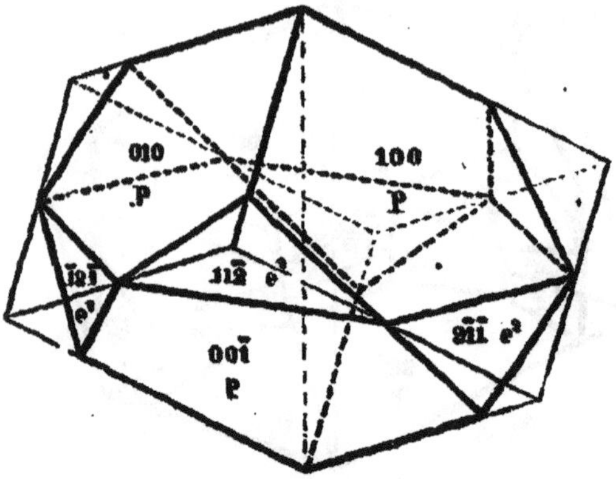

Fig. 132.

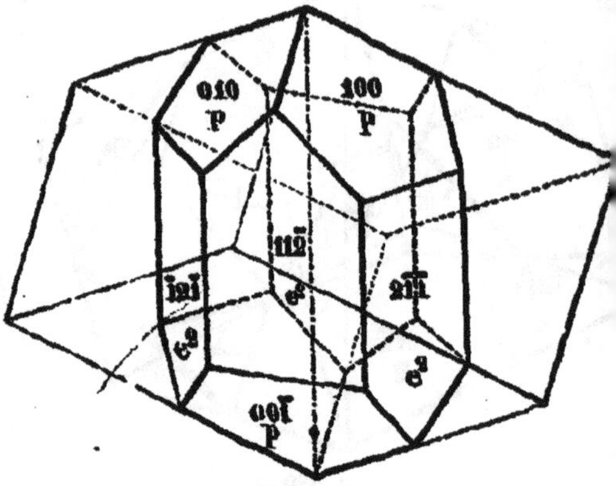

Fig. 133.

plans forment un biseau dont l'arête est parallèle à d (fig. 134 et 135). Ces scalénoèdres sont tous directs ; l'hexagone en zig-zag est, pour tous, parallèle à celui du rhomboèdre primitif ; on les appelle *métastatiques*.

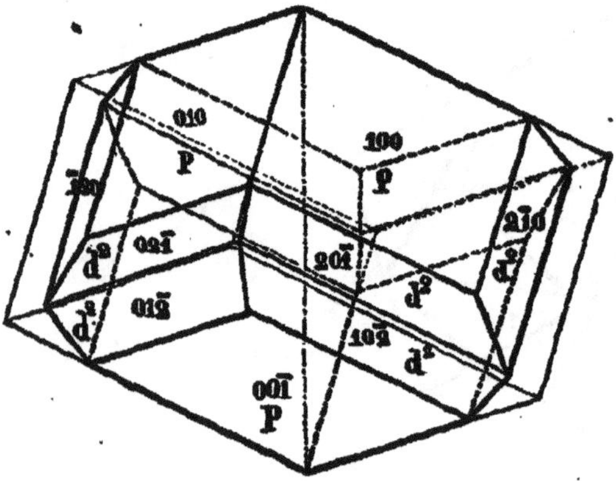

Fig. 134.

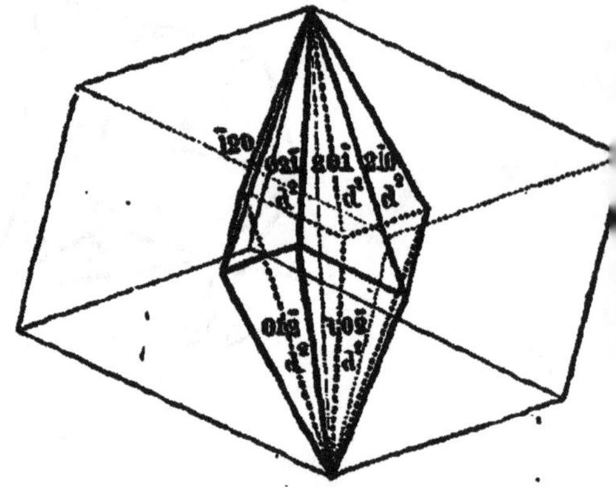

Fig. 135.

Ils sont notés par Lévy $d^{\frac{g}{k}}$. Les pôles en sont placés sur le prolongement des côtés du triangle fondamental. Partant du pôle p qu'on pourrait noter d^{∞}, puisque $k = 0$, ils vont jusqu'au pôle $(10\bar{1})$ situé à l'infini.

La forme $\{10\bar{1}\} = d^1$ est celle pour laquelle les deux plans du biseau placés sur une arête d se confondent en un seul perpendiculaire à l'axe binaire et par conséquent vertical. Les plans de cette face remplaçent chaque arête *d* par une troncature verticale, tangente sur *d* (fig. 136). On sait que c'est le prisme hexagonal de seconde espèce. Les pôles se trouvent à l'infini sur le prolongement des côtés du triangle, ou, ce qui est la même chose, à l'infini sur les axes binaires.

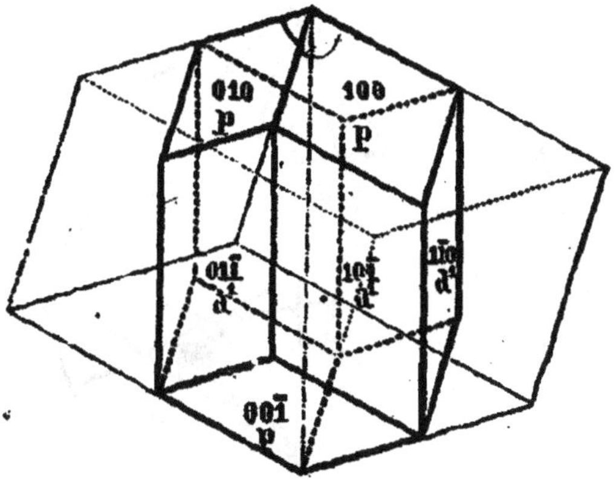

Fig. 136.

Lorsque les deux caractéristiques *h* et *k* sont négatives, la face $(g\bar{h}\bar{k})$, dont le symbole sert à désigner la forme, est placée sur l'angle inférieur *e* de droite. Sur cet angle sont placés deux plans symétriques formant un biseau dont l'arête va rencontrer l'axe ternaire en haut. Le scalénoèdre est toujours direct et noté par Lévy $b^{\frac{1}{g}}\, d^{\frac{1}{h}}\, d^{\frac{1}{k}}$. Les pôles se trouvent dans l'angle formé par le prolongement des côtés.

Lorsque $h = k$, les deux plans du scalénoèdre placés sur un même *e* se confondent en un seul; les angles *e* sont tronqués par des plans perpendiculaires aux plans de symétrie. Contrairement à ce qui a lieu pour

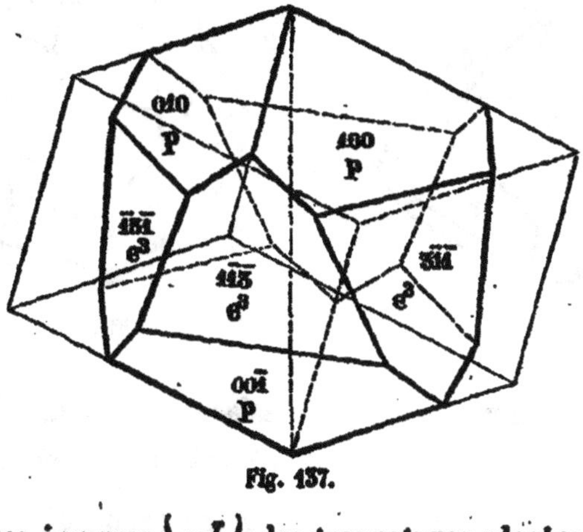

Fig. 137.

les rhomboèdres inverses $\{g g \bar{k}\}$, les troncatures placées sur les angles inférieurs vont rencontrer l'axe ternaire en haut et *vice versâ* (fig. 137).

La forme est un rhomboèdre direct noté $e^{\frac{1}{k}}$; $\frac{g}{h} > 2$. Les pôles sont situés sur le prolongement de la médiane du triangle, du côté du sommet.

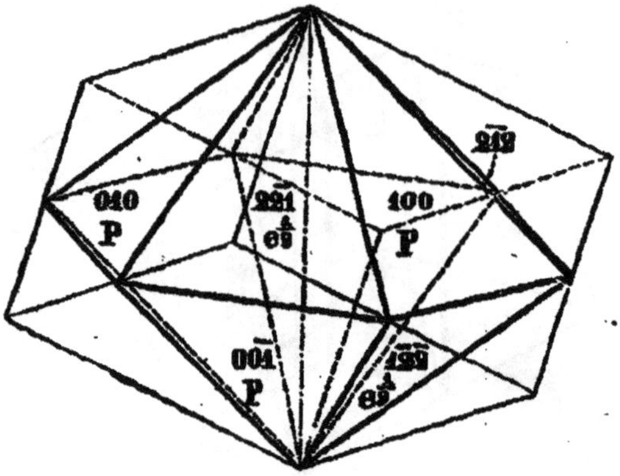

Fig. 138.

Partant du pôle p que l'on pourrait noter e^{∞}, puisque dans ce cas $h = 0$, ils vont jusqu'au pôle e^2 placé à l'infini et qui nous ramène au prisme hexagonal de première espèce.

Lorsque deux formes birhomboédriques sont combinées, elles donnent une forme composée, d'apparence hexagonale. Tel est le cas pour la combinaison des deux rhomboèdres p et $e^{\frac{1}{2}}$ qui forme un pseudo-iscéloèdre habituel aux cristaux de quarz (fig. 138).

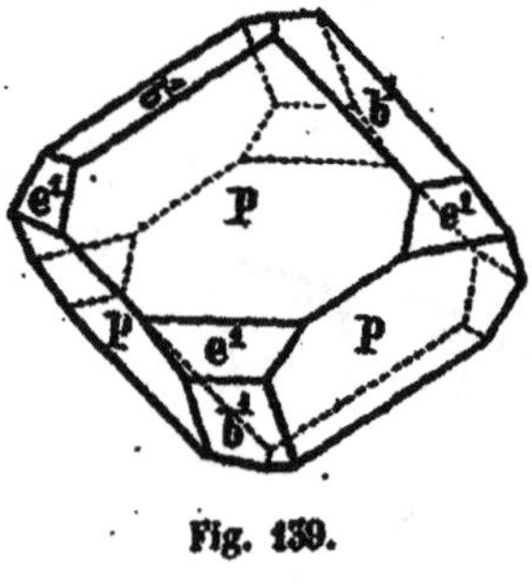

Fig. 139.

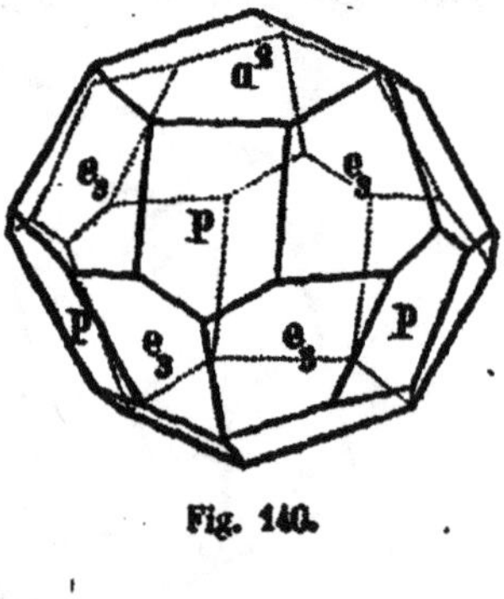

Fig. 140.

La figure 139 montre la combinaison du rhomboèdre primitif $p = \{100\}$, du rhomboèdre direct $a^2 = \{211\}$ et de l'isoscéloèdre $e_3 = \{311\}$. Cette combinaison est fréquente dans l'oligiste.

La figure 140 montre la combinaison du rhomboèdre primitif

$p = \{100\}$ et des rhomboèdres inverses $b^1 = \{110\}$ et $e^1 = \{11\bar{1}\}$. Elle se rencontre dans la chabasie.

La figure 141 est une combinaison du scalénoèdre métastatique

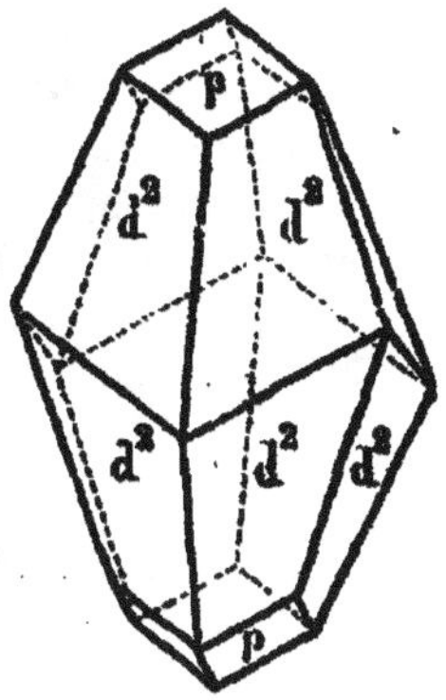

Fig. 141.

$d^2 = \{20\bar{1}\}$ et du rhomboèdre primitif $p = \{100\}$, fréquente dans la calcite.

Le tableau suivant résume la discussion qui vient d'être faite.

MODIFICATIONS SUR LES ANGLES CULMINANTS a.

Pôles supérieurs se projetant dans l'intérieur du triangle fondamental dont les sommets sont les trois pôles (100), (010), (001) des faces culminantes supérieures du rhomboèdre primitif p. Les trois caractéristiques de Miller sont positives.

	NOTATION MILLER.	OBSERVATIONS.	NOTATION LÉVY.	SITUATION DES PÔLES SUPÉRIEURS DANS LA PROJECTION GNOMONIQUE
Scalénoèdres.	$\{ghk\}$	$g>h>k$	$b^{\frac{1}{k}}\ b^{\frac{1}{h}}\ b^{\frac{1}{g}}$	»
Isoscéloèdres	»	$g+k=2h$	»	Sur les axes binaires, c'est-à-dire sur les parallèles aux côtés du triangle menées par le centre.
Scalénoèdres. directs. . . .	»	$g+k>2h$	»	Dans les angles des axes binaires qui comprennent les sommets du triangle.
Inverses . . .	»	$g+k<2h$		Dans les angles des axes binaires qui comprennent les milieux des côtés.
Rhomboèdres	»	»	»	Sur les médianes du triangle.
Directs. . . .	$\{ghh\}$	»	$a^{\frac{g}{h}}$	Sur la partie des médianes comprise entre un sommet et le centre.
Inverses. . .	$\{ggk\}$	»	$a^{\frac{k}{g}}$	Sur la partie des médianes comprise entre le centre et un côté.
Plans	$\{111\}$	»	a^1	Au centre du triangle.

MODIFICATIONS SUR LES ARÊTES CULMINANTES b.

Pôles se projetant sur les côtés du triangle fondamental.

	NOTATION MILLER.	OBSERVATIONS.	NOTATION LÉVY.	SITUATION DES PÔLES SUPÉRIEURS DANS LA PROJECTION GNOMONIQUE
Scalénoèdres.	$\{gh0\}$	»	$b^{\frac{g}{h}}$	»
Directs. . . .	»	$g>2h$	»	Sur le tiers du côté pris à partir du sommet.
Inverses . . .	»	$g<2h$	»	Sur le tiers médian de chaque côté.
Isoscéloèdre.	$\{210\}$	»	b^2	Sur les points qui marquent la division de chaque côté en trois parties égales.
Rhomboèdre inverse . . .	$\{110\}$	»	b^1	Au milieu de chaque coté.

»	NOTATION MILLER.	OBSERVATIONS.	NOTATION LÉVY.	SITUATION DES POLES SUPÉRIEURS DANS LA PROJECTION GNOMONIQUE.

MODIFICATIONS SUR LES ANGLES LATÉRAUX e.

A. Une seule des caractéristiques de Miller est négative pour les pôles supérieurs. Pôles se projetant entre un côté du triangle fondamental et les prolongements des deux autres. Formes *directes* quand les pôles se projettent entre le prolongement d'un côté et la parallèle à ce côté, menée par le centre.

Scalénoèdres.	$\{gh\bar{k}\}$	»		»
Directs. . . .	»	$g-k>2h$	$b^{\frac{1}{k}}\ d^{\frac{1}{h}}\ d^{\frac{1}{g}}$	Entre le prolongement d'un côté et l'axe binaire parallèle.
Inverses. . . .	»	$g-k<2h$	$d^{\frac{1}{g}}\ d^{\frac{1}{h}}\ b^{\frac{1}{k}}$	Dans l'angle formé par les deux axes binaires parallèles aux prolongements des côtés.
Scalénoèdres.	$\{gh\bar{k}\}$	»	$e_{\frac{g}{h}}$	Sur une parallèle à l'un des cotés menée par le sommet opposé du tri[gle].
Directs. . . .	»	$g-h>2$	»	De $p=e_{\infty}$ à e_2
Inverses. . . .	»	$g-h<2$	»	De e_2 à $d_1=e^0$
Prisme dodécagonal. . .	$\{k-h, h, \bar{k}\}$	$k-h>h$ ou $k>2h$	$b^{\frac{1}{k}}\ d^{\frac{1}{h}}\ d^{\frac{1}{k-h}}$	A l'infini sur le rayon partant du centre et parallèle à la droite menée par le pôle (100) et le pôle $(0h\bar{k})$.
Prisme hexagonal de 1re espèce. . . .	$\{11\bar{2}\}$	»	e^2	A l'infini sur le prolongement des médianes. (Projection des plans de symétrie).
Rhomboèdres inverses. . .	$\{gg\bar{k}\}$	$2g-k>0$ ou $k<2g$	$e^{\frac{k}{g}}$	Sur le prolongement des médianes du triangle. De $b^1=e^0$ à e^2

B. Deux des caractéristiques de Miller se rapportant aux pôles supérieurs sont négatives. Pôles se projetant dans l'espace angulaire compris entre les prolongements des deux côtés. Formes toujours directes.

Scalénoèdres directs. . . .	$\{g\bar{h}\bar{k}\}$	»	$b^{\frac{1}{g}}\ d^{\frac{1}{h}}\ d^{\frac{1}{k}}$	»
Rhomboèdres directs. . . .	$\{g\bar{h}\bar{h}\}$	»	$e^{\frac{g}{h}}$	Sur le prolongement des médianes du triangle. De $p=e^{\infty}$ à e^2.

MODIFICATIONS SUR LES ARÊTES LATÉRALES d.

Pôles se projetant sur les prolongements des côtés du triangle.

Scalénoèdres métastatiques.	$\{g0\bar{k}\}$	»	$d^{\frac{k}{g}}$	De $p=d^{\infty}$ à d^1.
Prisme hexagonal de 2e espèce. . . .	$\{10\bar{1}\}$	»	d^1	A l'infini sur les axes binaires ou sur le prolongement des côtés qui sont parallèles.

Formes mériédriques. — Le symbole de la symétrie du système rhomboédrique est

$$A^3\ 3L^2\ C\ 3P.$$

On obtiendra les formes mériédriques en supprimant autant d'éléments de symétrie qu'il est possible de le faire sans tomber sur un mode de symétrie propre à l'un des autres systèmes cristallins. On remarque d'abord que les axes binaires seront ou tous conservés ou tous supprimés ; car si l'on conserve l'axe ternaire, l'existence d'un seul des axes binaires entraîne celle des deux autres. On pourrait, il est vrai, en supprimant l'axe ternaire, ne conserver que l'un des axes binaires, mais il faudrait alors, ou supprimer les trois plans de symétrie ou n'en conserver qu'un seul qui serait nécessairement perpendiculaire à l'axe binaire (car autrement le plan de symétrie ferait encore retrouver les trois axes binaires). Or, dans l'un et l'autre cas, on aurait un mode de symétrie du système binaire. La même remarque s'applique aux plans de symétrie.

Il suit de là que l'axe ternaire doit toujours persister, car si l'on conserve les trois axes binaires ou les trois plans de symétrie, l'existence de l'axe ternaire est forcée ; et si on les supprime, la suppression de l'axe ternaire ramène à un mode de symétrie propre au système anorthique.

On conclut donc de cette discussion que les seuls modes mériédriques du système ternaire sont compris dans les quatre symboles suivants :

$$\begin{array}{l} 1^\circ\ A^3\ 3L^2\ 0C\ 0P \\ 2^\circ\ A^3\ 0L^2\ \ C\ 0P \\ 3^\circ\ A^3\ 0L^2\ 0C\ 3P \\ 4^\circ\ A^3\ 0L^2\ 0C\ 0P. \end{array}$$

Le *premier mode de mériédrie* ou *hémiédrie holoaxe* est caractérisé par le symbole

$$A^3\ 3L^2\ 0C\ 0P.$$

Des deux pôles situés dans un même secteur de 60°, direct ou inverse, on n'en conserve qu'un. Il ne reste plus au-dessus du plan principal que trois pôles qui seront, par exemple, ceux qui avoisinent les parties positives des axes binaires ; au-dessous, il ne reste encore que trois pôles qui sont symétriques des premiers par rapport aux axes binaires. Les symboles des pôles supérieurs conservés sont ceux qui composent une des colonnes du tableau des pôles de la forme holoédrique; les symboles des pôles inférieurs conservés sont ceux des pôles supérieurs supprimés, mais changés de signe. Si l'on projette ortho-

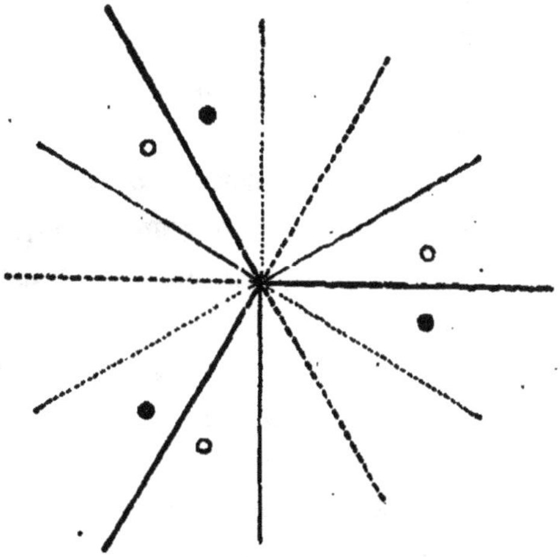

Fig. 142.

gonalement les pôles sur le plan principal, on a la projection (fig. 142), où les points noirs désignent les projections des pôles supérieurs, et les points blancs celles des pôles inférieurs. La forme la plus générale est

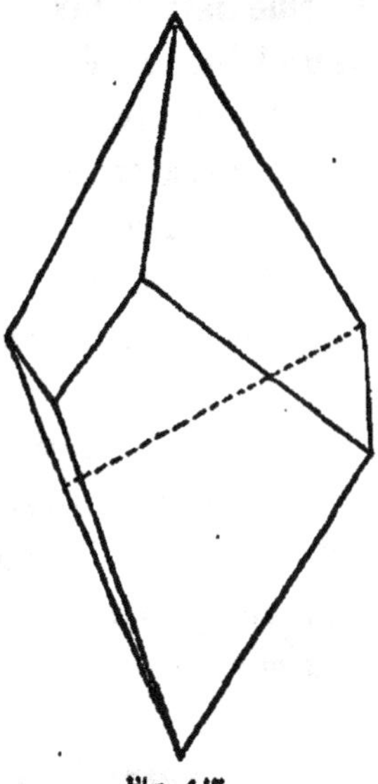

Fig. 143.

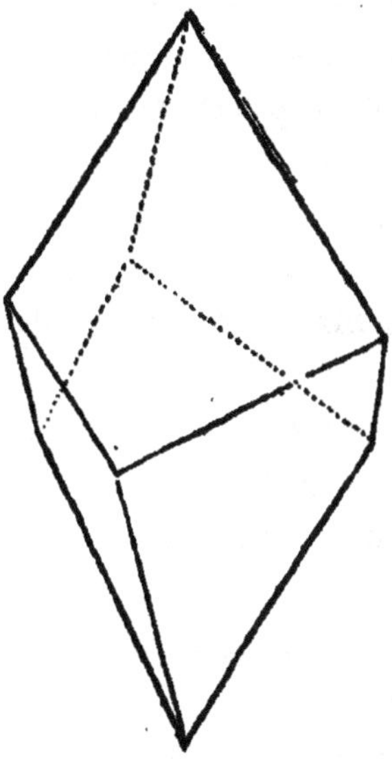

Fig. 144.

donc celle de deux pyramides à trois faces qui viennent se raccorder suivant un hexagone en zigzag, dont les arêtes sont perpendiculaires en leurs milieux sur les axes binaires (fig. 143 et 144).

Les deux formes hémiédriques conjuguées ne sont pas superposables. On appelle formes hémiédriques droites, celles pour lesquelles, des deux pôles supérieurs de la forme holoédrique placés dans le même secteur de 60°, celui-là est conservé qui est à droite en regardant la tranche du plan de symétrie. Cela revient à dire que, dans les figures ci-contre, la forme droite est celle dans laquelle en regardant une face supérieure, l'arête de l'hexagone en zigzag la moins inclinée est située à droite de l'observateur.

L'hémiédrie peut s'appliquer aux isoscèloèdres, et donne deux pyramides trièdres accolées suivant une base commune qui est un triangle équilatéral situé dans le plan principal. Les deux formes conjuguées sont alors superposables.

L'hémiédrie peut encore s'appliquer aux prismes dodécaèdres qui se transforment en prismes hexagonaux non réguliers ; les deux formes conjuguées sont encore superposables.

Les prismes hexagonaux de la première espèce donnent deux prismes superposables, dont la base est un triangle équilatéral.

Les rhomboèdres et les prismes hexagonaux de deuxième espèce sont à eux-mêmes leurs hémiédriques.

En partant de la convention faite, il est aisé, à l'inspection d'une forme hémiédrique holoaxe, de voir si elle est droite ou gauche. On sait bien, en outre, que cette hémiédrie de la forme dévoile une dissymétrie spéciale de l'édifice, et que celui-ci est alors tellement disposé que son image ne lui est pas superposable. Mais il est impossible de savoir si un édifice qui possède une telle dissymétrie portera exclusivement des formes du genre de celles que nous avons nommées droites, ou s'il pourra porter à la fois des formes droites et des formes gauches. La théorie est muette à cet égard; c'est à l'observation seule à nous éclairer.

Malheureusement les observations de ces phénomènes sont nécessairement fort limitées, car on ne connaît que le quartz qui présente nettement l'hémiédrie holoaxe ternaire, et l'étude cristallographique du quartz est singulièrement compliquée par des phénomènes de groupement très-habituels à cette substance et sur lesquels nous reviendrons plus tard.

Quoi qu'il en soit, l'observation a montré que, parmi les cristaux de quartz, les uns ne montrent à peu près que des formes *directes droites*, et les autres que des formes *directes gauches*. Les premiers sont appelés cristaux *droits*, ils dévient à droite le plan de polarisation; les autres sont appelés cristaux gauches, ils dévient à gauche le plan de polarisation; toutefois les droits montrent très-rarement, et à l'état de petites facettes tout-à-fait subordonnées, des formes *inverses gauches*. Il est d'ailleurs à remarquer que l'observateur qui regarde un plan de symétrie bissèquant un secteur direct, a à sa *droite* et le pôle de la face *directe droite* et celui de la face *inverse gauche*.

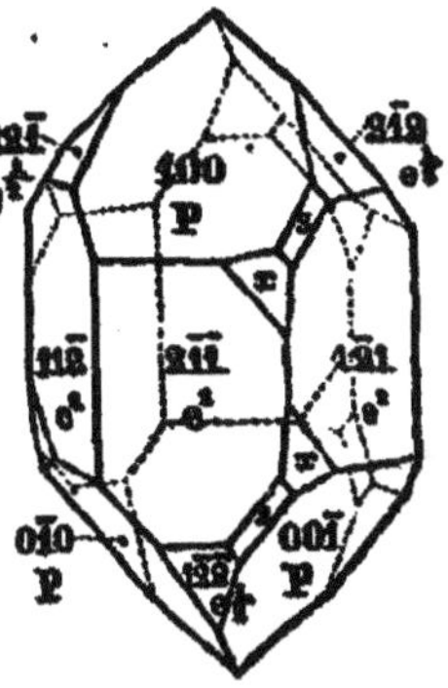

Fig. 145.

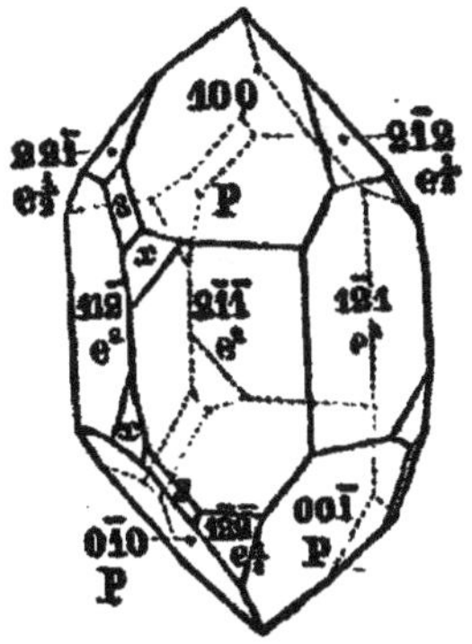

Fig. 146.

Réciproquement les cristaux gauches ont très-rarement, et à l'état de facettes très-subordonnées, des formes *inverses droites*.

Il résulte de ce qui précède que les cristaux de quartz dont la forme dominante est le prisme $e^2 = \{2\bar{1}\bar{1}\}$ surmonté des deux rhomboèdres conjugués $p = \{100\}$ et $e^{\frac{1}{2}} = \{22\bar{1}\}$, portent des facettes hémiédriques qui, pour l'observateur regardant une face p, sont à droite lorsque le cristal est droit, à gauche lorsque le cristal est gauche.

La figure 145 représente un cristal de quartz droit qui porte l'hémiisocéloèdre droit $s = \lambda_s \{41\bar{2}\}$, et l'hémiscalénoèdre droit $x = \lambda_s \{4\bar{1}\bar{2}\}$. La figure 146, représente un cristal de quartz gauche qui porte les formes conjuguées des précédentes.

Le *deuxième mode d'hémiédrie* ou *parahémiédrie*, défini par le symbole

$$A^3 \; 0L^3 \; C \; 0P,$$

conserve à la partie supérieure 3 pôles, et à la partie inférieure 3 autres pôles symétriques du premier par rapport au centre.

En employant le même système de représentation que précédemment, les projections des 6 pôles ont la disposition ci-contre (fig. 147).

Les symboles des pôles supérieurs conservés sont ceux qui composent une colonne verticale du tableau; les mêmes symboles changés de signe donnent ceux des pôles inférieurs conservés.

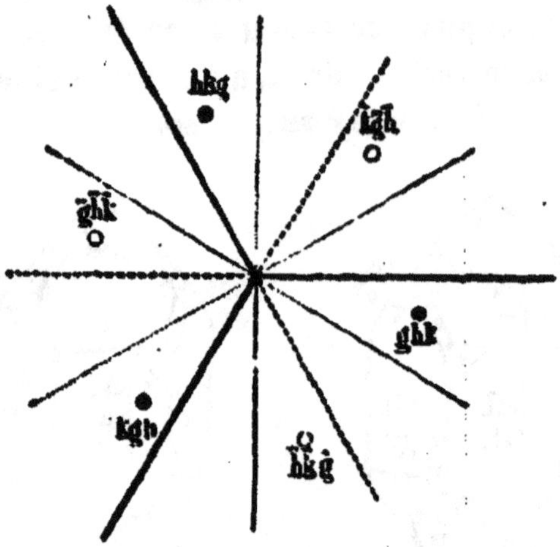

Fig. 147.

La forme la plus générale est un rhomboèdre, dont les plans diagonaux ne sont plus les plans de symétrie du cristal.

La forme hémiédrique est à faces parallèles, elle est notée $\pi \{gh\,k\}$.

Les prismes dodécagonaux donnent des prismes hexagonaux réguliers,

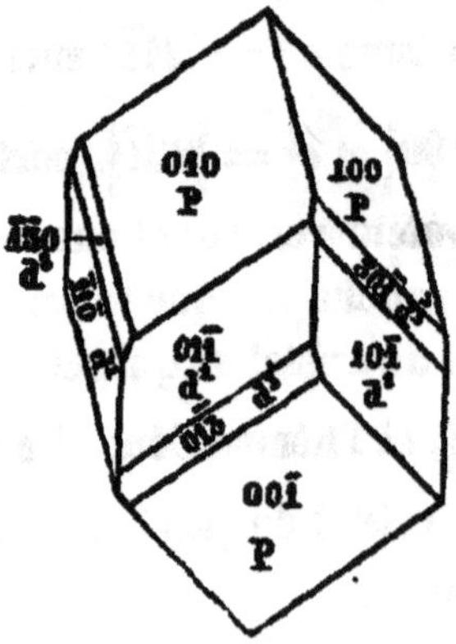

Fig. 148.

dont les plans sont placés dissymétriquement par rapport aux axes binaires et aux plans de symétrie.

L'hémiédrie ne s'applique ni aux prismes hexagonaux, ni aux rhomboèdres.

Le dioptase est un exemple de ce genre d'hémiédrie à faces parallèles. La figure 148 montre un cristal de dioptase qui présente les combinaisons du rhomboèdre $p = \{100\}$, du prisme $d^1 = \{10\bar{1}\}$ et de l'hémiscalénoèdre $\frac{1}{2}\, d^3 = \pi \{30\bar{1}\}$.

Le *troisième mode d'hémiédrie*, ou *antihémiédrie*

$$A^3\ 0L^2\ 0C\ 3P$$

conserve au-dessus du plan principal les 6 pôles de la forme holoédrique (fig. 149) et supprime les 6 pôles placés au-dessous. Le cristal est donc terminé d'une manière différente aux deux extrémités de l'axe ternaire.

La forme hémiédrique à faces non parallèles est notée $\varkappa \{ghk\}$.

Ce mode d'hémiédrie s'applique à toutes les formes fermées, ainsi qu'aux deux plans parallèles $\{111\}$, aux prismes dodécagonaux qui sont transformés en prismes hexagonaux non réguliers, et au prisme hexagonal de première espèce $\{11\bar{2}\}$ qui est transformé en un prisme ayant pour base un triangle équilatère. Ce mode d'hémiédrie ne s'ap-

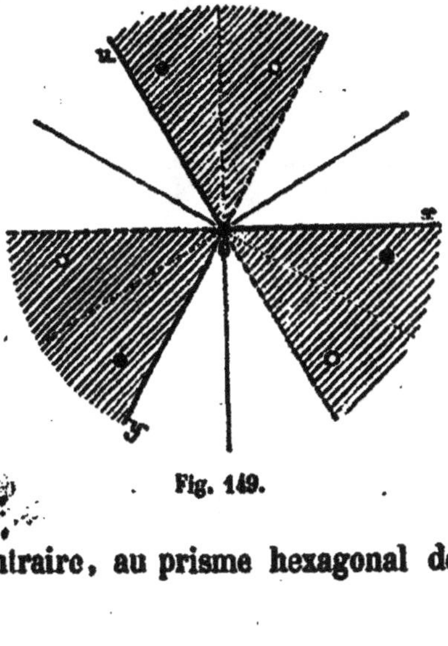

Fig. 149.

plique pas, au contraire, au prisme hexagonal de deuxième espèce $\{10\bar{1}\}$.

La tourmaline présente ce mode d'hémiédrie, qui s'accompagne de propriétés physiques spéciales à chacune des deux extrémités du cristal.

La figure 150 montre un cristal de tourmaline possédant le prisme $\{10\bar{1}\} = d^1$, l'hémiprisme $\varkappa \{11\bar{2}\} = \frac{1}{2}\, e^2$, l'hémirhomboèdre $\varkappa \{101\} = \frac{1}{2} b^1$, l'hémirhomboèdre $\varkappa \{11\bar{1}\} = \frac{1}{2}\, e^1$. Les faces du rhomboèdre $\{100\} = p$ se répètent en haut et en bas, contrairement à la règle ; il faut supposer

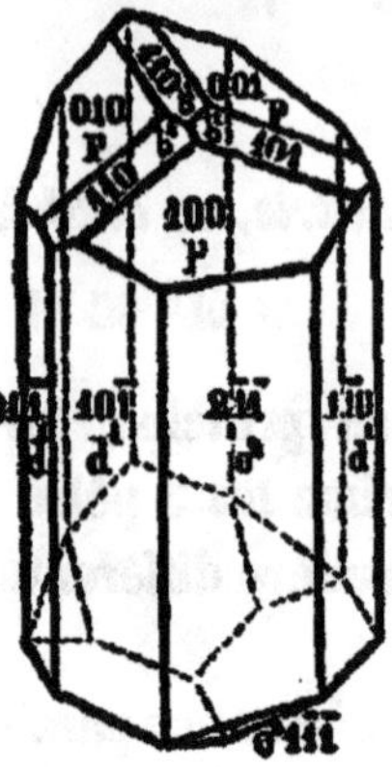

Fig. 150.

que cette anomalie est due à la coexistence des deux formes conjuguées hémiédriques $\varkappa \{100\}$.

Enfin, le *quatrième mode de mériédrie*

$$A^3\ 0L^2\ 0C\ 0P$$

conduit à une tétartoédrie. Il ne reste plus que 3 pôles à la partie supérieure, les pôles situés au-dessous du plan médian étant supprimés.

On ne connaît pas de substances présentant cette tétartoédrie.

CHAPITRE IX

SYSTÈME QUATERNAIRE OU QUADRATIQUE

Syt. tétragonal (Naumann) ; Viergliedriges Syst. (Rammelsberg); Syst. pyramidal (Miller, Schrauf, etc.); Syst. du prisme droit à base carrée, deuxième Syst. cr. (Dufrénoy, etc.); Dimetric Syst. (Dana).

Le symbole de la symétrie complète du système est

$$A^4\ 2L^2\ 2L'^2\ C\ \Pi\ 2P\ 2P'.$$

Deux axes binaires de même espèce sont à angle droit ; deux autres axes binaires d'espèce différente font avec les premiers des angles de 45°.

Dans un plan perpendiculaire à l'axe quaternaire, la maille plane est un carré. Les projections des nœuds du plan contigu peuvent coïncider avec les nœuds du plan considéré, et la maille solide du réseau est alors un *prisme droit à base carrée.*

Les projections des nœuds du plan contigu peuvent coïncider avec les centres des mailles du plan considéré, et la maille solide du réseau est un *prisme droit centré à base carrée.*

Les projections des nœuds du plan contigu peuvent enfin coïncider avec les milieux des côtés de la maille du plan considéré. Un nœud vient, par exemple, se projeter en A_1 (fig. 151) ; mais la présence du plan de symétrie mené suivant $A_0B'_0$, entraîne un autre sommet en a_1 et la maille du plan contigu devient $A_1a_1B_1a'_1$. Celle du plan considéré doit être identique, et, aux nœuds primitifs du plan, il faut en ajouter d'autres qui centreront les mailles. Il est alors aisé de voir que la maille solide du réseau est encore un prisme, dont la base

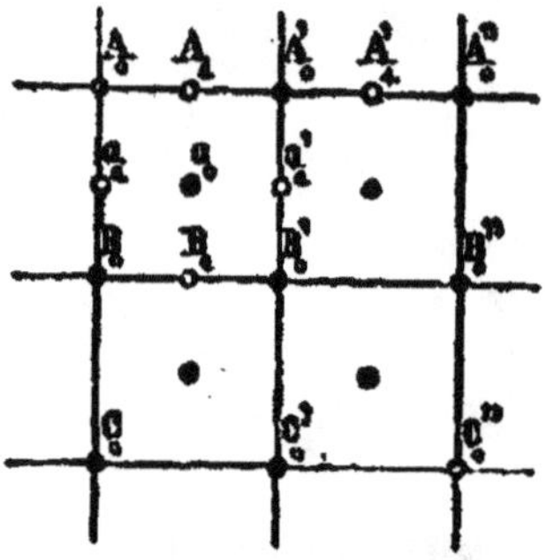

Fig. 151.

est $a_0 B_0 a_1 B_0'$ et qui a un nœud B_1 au centre. Cette maille est donc encore un prisme droit centré à base carrée.

Il n'y a en résumé que deux modes possibles du réseau pour le système quadratique :

1° Celui qui a pour maille solide un prisme droit à base carrée ;

2° Celui qui a pour maille solide un prisme droit centré à base carrée.

Systèmes d'axes coordonnés. — On prend toujours pour axes coordonnés l'axe quadratique que l'on place verticalement, et qui est l'axe des z, et deux axes binaires qui sont les axes des x et des y. Mais les axes horizontaux, sont tantôt les axes binaires perpendiculaires aux côtés du carré de la base, c'est-à-dire les axes de première espèce L; tantôt les axes binaires parallèles aux diagonales du carré de la base, c'est-à-dire les axes binaires de deuxième espèce L'.

Il est aisé d'ailleurs, de passer d'un système d'axes à l'autre. Soit xy les axes binaires de première espèce, $x'y'$ ceux de deuxième espèce. Soit a le paramètre des axes binaires de première espèce, a' celui des axes binaires de deuxième, c le paramètre de l'axe vertical. On a :

$$a' = a\sqrt{2}.$$

Si une face est notée (pqr) dans le premier système, et $(p'q'r')$ dans le second, on aura :

$$\begin{aligned} p' &= p + q & \qquad p &= p' - q' \\ q' &= -p + q & \qquad q &= p' + q' \\ r' &= r & \qquad r &= 2r', \end{aligned}$$

en convenant de prendre pour axe des x' positifs la bissectrice de l'angle xy, et pour axe des y' positifs, la bissectrice de l'angle $y\bar{x}$.

Calcul des angles, des arêtes et des faces. — On déduit des formules générales, que deux arêtes dont les notations sont $[ghk]$ et $[g'h'k']$ font entre elles un angle RR′ dont le cosinus est donné par l'expression

$$\cos RR' = \frac{(gg'+hh')a^2+kk'c^2}{\sqrt{[(g^2+h^2)a^2+k^2c^2][(g'^2+h'^2)a^2+k'^2c^2]}}.$$

Les normales à deux plans, dont les notations sont (pqr) et $(p'q'r')$, font entre elles un angle PP′, dont le cosinus est donné par l'expression

$$\cos PP' = \frac{(pp'+qq')A^2+rr'C^2}{\sqrt{[p^2+q^2)A^2+r^2C^2][(p'^2+q'^2)+r'^2C^2]}}.$$

en posant

$$A = \frac{1}{a} \quad \text{et} \quad C = \frac{1}{c}.$$

On peut encore écrire en posant $\lambda = \frac{a^2}{c^2} = \frac{A^2}{C^2}$

$$\cos RR' = \frac{\lambda(gg'+hh')+kk'}{\sqrt{[\lambda(g^2+h^2)+k^2][\lambda(g'^2+h'^2)+k'^2]}}$$

$$\cos PP' = \frac{pp'+qq'+\lambda rr'}{\sqrt{[p^2+q^2+\lambda r^2][p'^2+q'^2+\lambda r'^2]}}$$

et

$$\operatorname{tg} PP' = \frac{D\sqrt{\lambda\,(u^2+v^2)+w^2}}{pp'+qq'+\lambda rr'}$$

u, v, w étant les caractéristiques de la zone définie par P et P′; D étant le plus grand commun diviseur par lequel il faut diviser les binômes formés avec les caractéristiques de P et de P′ pour obtenir u, v, w (Voir page 23).

Formes simples. — Projetons gnomoniquement les pôles sur le plan de symétrie principal qui est celui des *xy* (fig. 152 et 153). Le

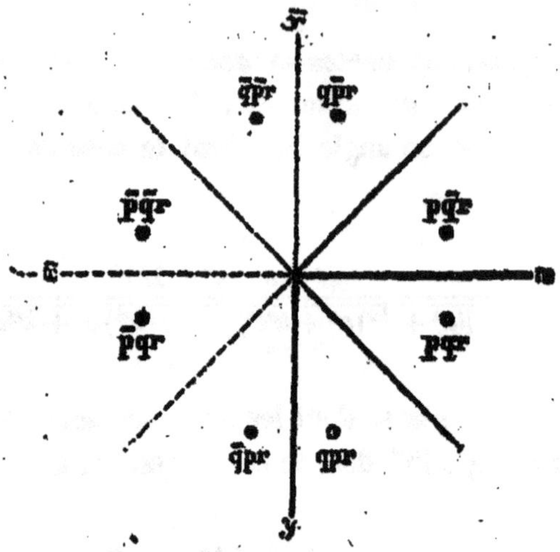

Fig. 152.

plan de projection est divisé en 8 secteurs de 45° par les axes binaires de première espèce *x*, *y*, et par ceux de deuxième espèce *x′ y′*.

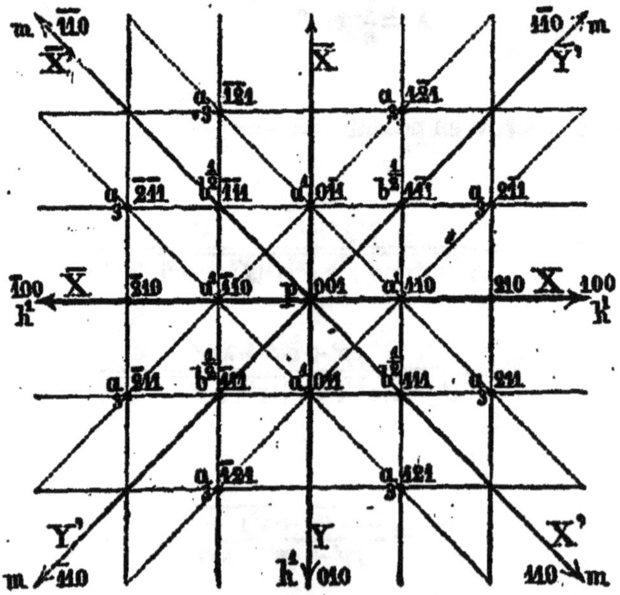

Fig. 153.

Un pôle (*pqr*) étant placé au-dessus du plan de projection dans l'un de ces 8 secteurs, le secteur *xx′* par exemple, la forme simple en aura

3 autres qui seront ceux avec lesquels (pqr) peut venir en coïncidence par des rotations de $\frac{2\pi}{4}$ autour de l'axe principal. Faisons abstract la caractéristique r qui est la même pour tous les pôles, il est aisé d trouver les caractéristiques horizontales de ces quatre pôles. Si nous tournons autour de l'axe principal dans le sens des aiguilles d'une montre, nous rencontrerons : après un quart de tour, qui change x en y, et y en $\bar{x}$, le pôle $\bar{q}p$; après un demi tour, qui change $\bar{x}$ en x et y en y, le pôle $\overline{pq}$, qui est, sur la projection, opposé par le centre au pôle pq; après trois quarts de tour, nous rencontrerons un pôle qui, sur la projection, est l'opposé du pôle $\bar{q}p$, c'est-à-dire le pôle $\bar{q}p$.

Le pôle pq a d'ailleurs un symétrique par rapport au plan bissecteur de xy; ce pôle qp, en entraîne, par suite de la symétrie quadratique de l'axe principal, trois autres dont on trouverait les caractéristiques en suivant une marche analogue à la précédente.

Il y a donc, au-dessus du plan de symétrie principal 8 pôles situés respectivement dans l'un des 8 secteurs de 45° formés par les 4 axes binaires. Les caractéristiques horizontales de ces pôles sont comprises dans le tableau suivant :

pq	qp
$\bar{p}\bar{q}$	$\bar{q}\bar{p}$
$\bar{q}p$	$\bar{p}q$
$q\bar{p}$	$p\bar{q}$.

Les 4 pôles d'une même colonne verticale viennent en coïncidence mutuelle par des rotations successives de $\frac{2\pi}{4}$; chaque colonne verticale est partagée, par une ligne horizontale, en deux parties dont chacune comprend deux pôles coïncidant par une rotation de $\frac{2\pi}{2}$; les pôles en regard sur une même ligne horizontale sont symétriques l'un de l'autre par rapport à un plan de symétrie de deuxième espèce ; les pôles qui se correspondent en croix comme pq et $p\bar{q}$, $\bar{q}\bar{p}$ et $\bar{q}p$, sont symétriques l'un de l'autre par rapport à un plan de symétrie de première espèce.

Au-dessous du plan de symétrie principal, se trouvent 8 autres pôles symétriques des 8 premiers par rapport au centre, et ayant les mêmes symboles changés de signe.

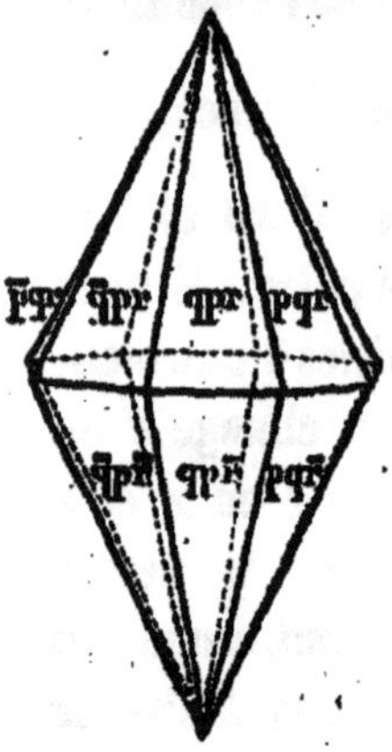

Fig. 154.

En faisant appel à l'axe quaternaire, aux plans de symétrie verticaux et au centre, nous avons évidemment épuisé les éléments de symétrie desquels les autres dépendent ; la forme la plus générale a donc 16 pôles ou 16 faces et 16 seulement. Ces faces forment deux pyramides octogones se raccordant dans le plan de symétrie principal suivant une base commune qui est un octogone non régulier dont les sommets pris de deux en deux forment un carré. C'est le *dioctaèdre* (fig. 154).

Si la caractéristique r, relative à l'axe vertical est nulle, la forme

$$\{pq0\}$$

est composée de 8 faces parallèles à l'axe vertical, et dont les pôles sont situés à l'infini sur les directions des rayons vecteurs partant du centre de projection et passant par les pôles de la forme $\{pqr\}$. Ces huit plans forment un *prisme octogone*, dont la section droite est un octogone de même forme que celui qui sert de base aux pyramides du dioctaèdre.

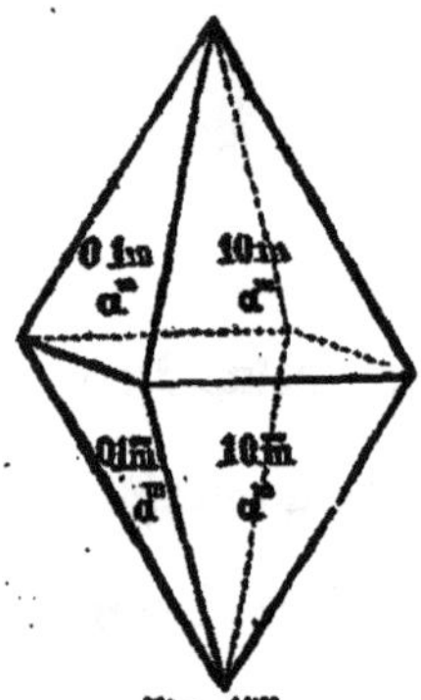

Fig. 155.

Si le pôle (pqr) est placé sur un plan de symétrie de première espèce, une des caractéristiques horizontales est nulle, et la forme

$$\{p0r\}$$

se compose de deux pyramides à 4 faces se raccordant dans le plan de symétrie suivant une base qui est un carré, dit de première espèce, dont les arêtes sont perpendiculaires aux axes binaires de première espèce. C'est un *octaèdre quadratique de seconde espèce* (fig. 155).

Si les pôles, restant toujours dans les plans coordonnés, sont à l'infini sur les axes des x et des y, l'octaèdre se transforme en un prisme

$$\{100\}$$

dont la section droite est un carré, dont les faces sont perpendiculaires aux axes binaires de première espèce et qui est le *prisme de seconde espèce.*

Si les pôles coïncident avec le centre de projection, la forme se réduit à *deux plans parallèles*

$$\{001\}.$$

Si les pôles tombent dans les plans de symétrie de deuxième espèce, les deux caractéristiques horizontales sont égales, et la forme

$$\{ppr\}$$

est un *octaèdre quadratique de première espèce*, formé de deux pyramides à 4 faces, dont les côtés de la base carrée sont perpendiculaires aux axes binaires de deuxième espèce.

Lorsqu'en outre $r = 0$, on a *le prisme carré de première espèce*

$$\{110\}$$

dont les faces sont perpendiculaires aux axes binaires de deuxième espèce.

Formes composées et système de notations de Lévy. — Nous étudierons seulement les combinaisons des diverses formes simples avec l'un des prismes carrés de première ou de deuxième espèce. Supposons qu'il s'agisse du prisme carré de première espèce $\{110\}$; nous en désignons tous les sommets, identiques entre eux, par la lettre *a* (fig. 156); toutes les arêtes de la base sont appelées *b*; toutes les arêtes perpendiculaires à la base, *h*. Les faces perpendiculaires à la base seront appelées *m*; les bases, *p*.

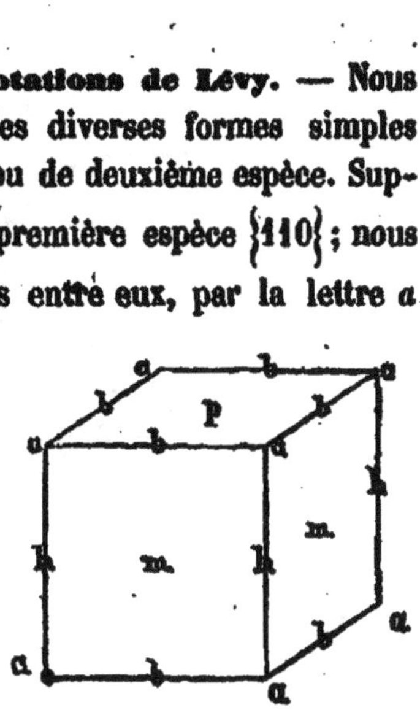

Fig. 156.

On convient de placer toujours, dans les figures qui représentent la perspective des cristaux, les arêtes *h* verticales, et la base *p* horizontale présentant en avant un de ses angles saillants.

De chaque sommet supérieur du prisme partent 3 arêtes; l'une verticale est parallèle à la direction $-z$, les deux autres horizontales sont parallèles à 2 des 4 directions $\pm x'$, et $\pm y'$.

Une des faces d'un dioctaèdre, notée (pqr) dans le système des axes de première espèce et $(p'q'r')$ dans celui des axes de deuxième espèce,

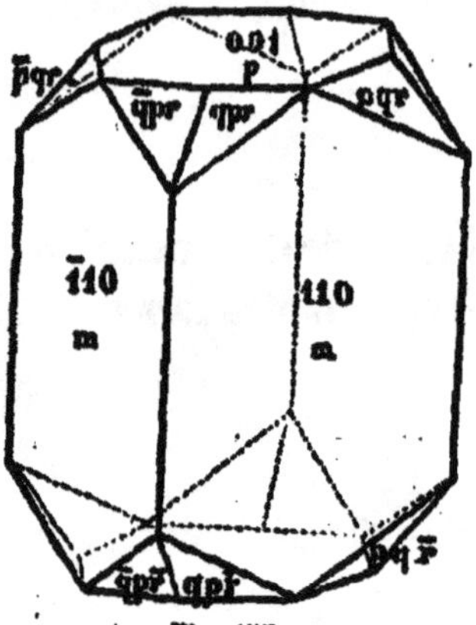

Fig. 157.

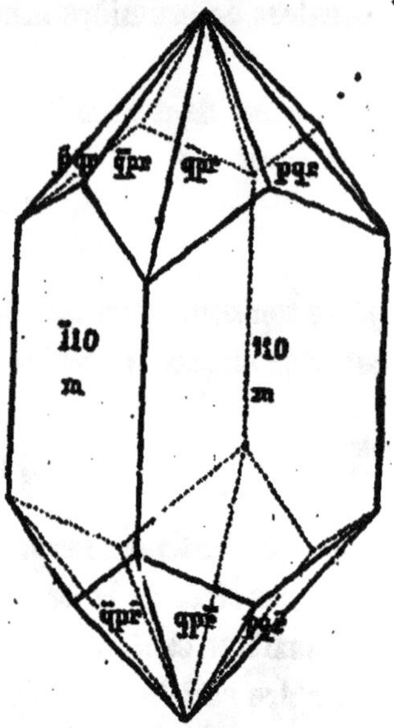

Fig. 158.

vient rencontrer, d'un même côté du point a, les 3 arêtes issues d'un certain sommet du prisme facile à déterminer, car les directions des

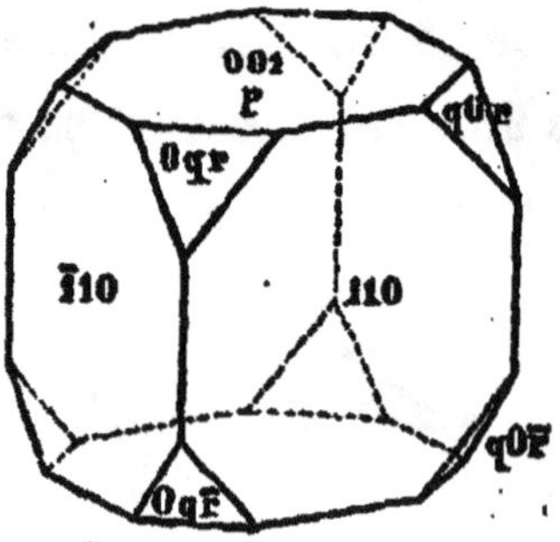

Fig. 159.

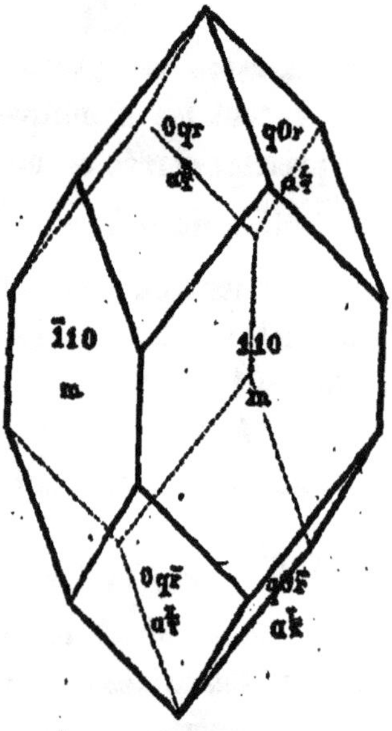

Fig. 160.

arêtes partant de ce sommet doivent avoir des signes contraires à ceux des caractéristiques p', q', r. Les longueurs numériques interceptées par cette face sur les arêtes horizontales sont $\frac{1}{p'}$, $\frac{1}{q'}$, et sur l'arête verticale, $\frac{1}{r}$.

A cause de la symétrie par rapport aux plans bissecteurs des dièdres verticaux du prisme, il y a 2 plans venant se placer sur chaque sommet qui est remplacé par une sorte de biseau incliné (fig. 157 et 158).

Lévy rappelle cette position des faces du dioctaèdre en désignant cette forme par le symbole

$$b^{\frac{1}{p'}}\, b^{\frac{1}{q'}}\, h^{\frac{1}{r}}.$$

La notation est simplifiée lorsque $p'=r$ ou $p+q=r$; on se sert alors du symbole

$$a_{\frac{\frac{1}{p}}{\frac{1}{q}}}=a_{\frac{q}{p}}.$$

Il est aisé de voir que les pôles de cette forme sont situés sur le prolongement des côtés du carré dont les sommets sont (101), (011), ($\bar{1}01$), ($0\bar{1}1$), (fig. 155).

Lorsque $p'=q'$ ou $p=0$, les deux plans du biseau incliné se confondent en un seul perpendiculaire sur le plan de symétrie. Chaque angle a est tronqué par un plan incliné formant une troncature symétrique (fig. 159 et 160). Lévy désigne ces octaèdres de deuxième espèce par le symbole

$$a^{\frac{\frac{1}{p}}{\frac{1}{r}}}=a^{\frac{r}{q}}=\{0qr\}.$$

Lorsque $q'=0$ ou $p=q$, les faces de la forme sont parallèles aux arêtes horizontales; chacune de ces arêtes est remplacée par une troncature parallèle (fig. 161 et 163). Lévy note ces formes modifiant les arête b par le symbole

$$b^{\frac{\frac{1}{p}}{\frac{1}{q}}}=b^{\frac{r}{2p}}=\{ppr\}$$

Lorsque $r = 0$, toutes les faces sont parallèles à l'axe quaternaire

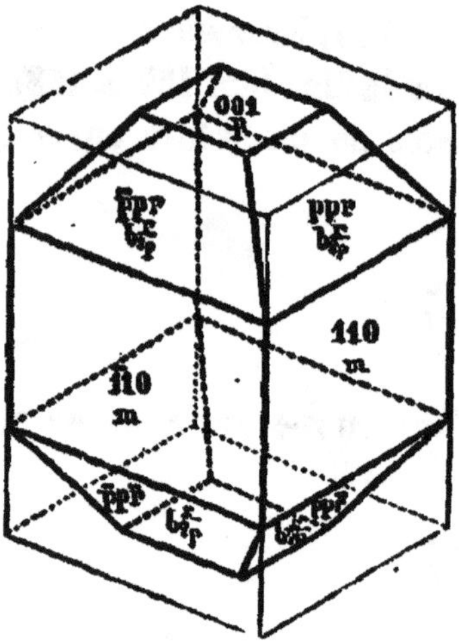

Fig. 161.

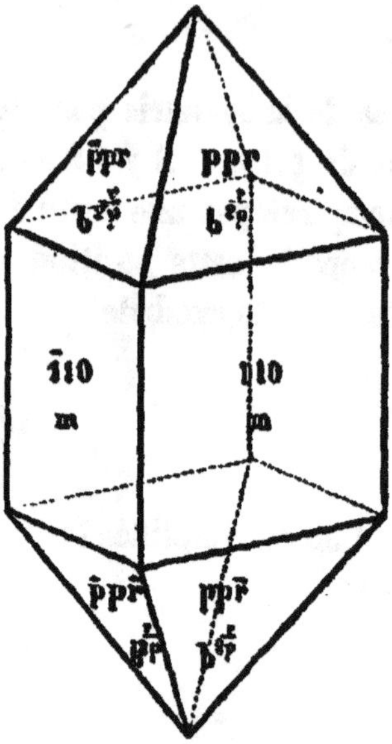

Fig. 162.

ou aux arêtes verticales; chacune de ces arêtes est remplacée par un biseau vertical (fig. 163). Lévy désigne cette forme par le symbole

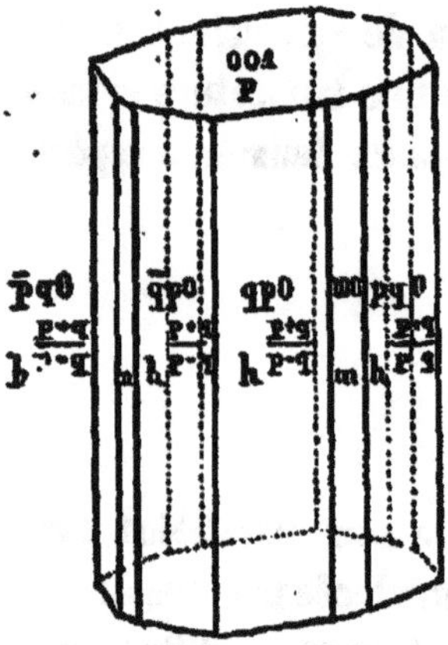

Fig. 163.

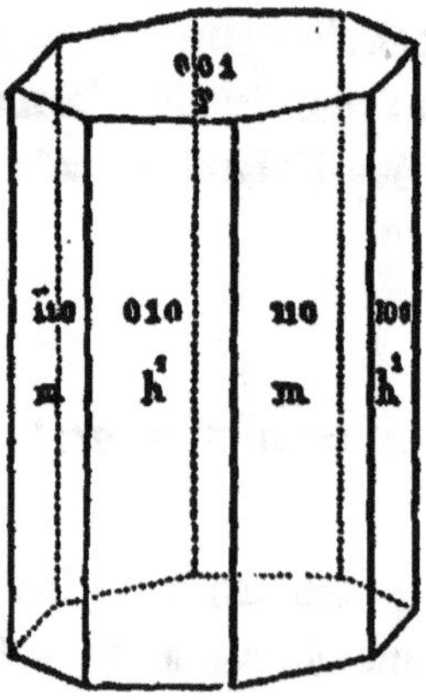

Fig. 164.

Fig. 165.

$$h^{\frac{q}{p}} = h^{\frac{p+q}{p-q}} = \{pq0\}.$$

Les deux plans de chaque biseau se confondent en un seul perpendiculaire au plan bissecteur du dièdre ou tangent sur l'arête h (fig. 164), quand $p' = q'$ ou $p = 0$. La forme, qui est le prisme de deuxième espèce, se trouve, dans la notation Lévy, désigné par le symbole

$$h^1 = \{101\}.$$

Il est clair que si on prenait comme forme dominante le prisme de deuxième espèce h^1, les formes de première espèce seraient placés sur ce prisme comme les formes de deuxième espèce sont placés sur le prisme m, et réciproquement.

On ne peut distinguer les formes de première espèce de celles de deuxième que lorsqu'elles viennent en combinaison, comme il arrive souvent. Ainsi la fig. 165 montre la combinaison des prismes de première et de deuxième espèce, et des octaèdres de première et de deuxième espèce. Les figures 166 et 167 montrent la combinaison

Fig. 166.

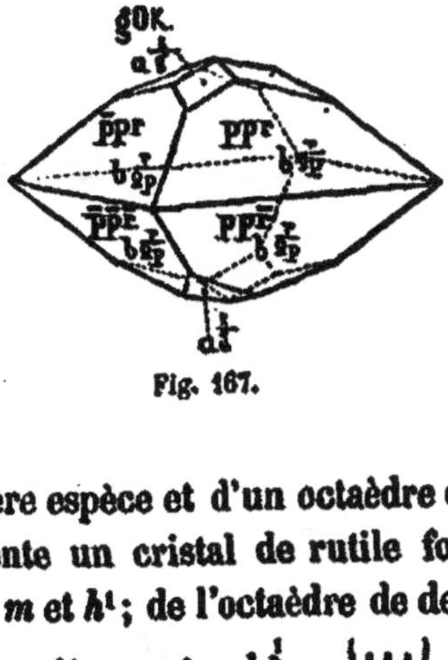
Fig. 167.

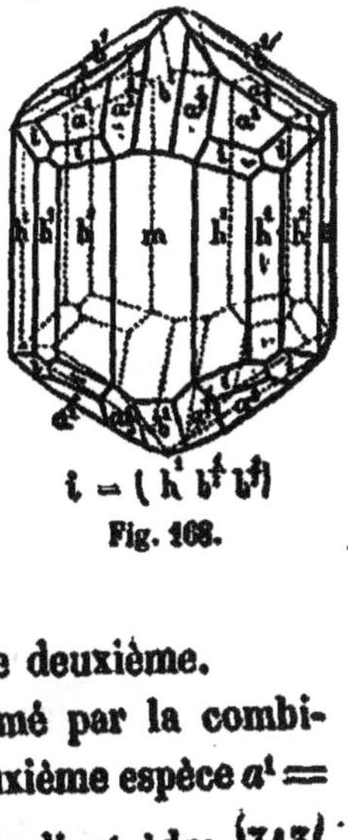
Fig. 168.

d'un octaèdre de première espèce et d'un octaèdre de deuxième.

La figure 168 représente un cristal de rutile formé par la combinaison des deux prismes m et h^1 ; de l'octaèdre de deuxième espèce $a^1 = \{101\}$. de l'octaèdre de première espèce $b^{\frac{1}{2}} = \{111\}$, du dioctaèdre $\{313\}$ qui se trouve dans la zone (111), (101) ou $[10\bar{1}]$, du dioctaèdre $\{231\}$, et enfin du prisme octogone $h^2 = \{120\}$, dont les faces forment zone avec les faces de $\{111\}$ et celles de $\{231\}$.

Formes mériédriques. — En conservant la symétrie quadratique de l'axe principal, on n'obtient que les cinq combinaisons suivantes, analogues à celles qui ont été trouvées dans le cas où la symétrie de l'axe principal est ternaire :

Holoédrie		A^4	$2L^2$	$2L'^2$	C	Π	2P	2P'
Mériédrie	1°	A^4	$2L^2$	$2L'^2$	0C	0Π	0P	0P'
	2°	A^4	$0L^2$	$2L'^2$	C	Π	0P	0P'
	3°	A^4	$0L^2$	$0L'^2$	0C	0Π	2P	2P'
	4°	A^4	$0L^2$	$0L'^2$	0C	0Π	0P	0P'

Il ne reste plus qu'à affaiblir le degré de symétrie de l'axe quadratique et à le supposer égal à 2. Il faudra en même temps supprimer deux des quatre axes binaires, et ce seront nécessairement deux axes binaires de même espèce, car deux axes binaires situés dans un même plan sont nécessairement perpendiculaires. Si l'on conservait en même temps le centre, il y aurait trois plans de symétrie, Π et 2P, et le mode de symétrie rentrerait dans celui du système ternaire, dont

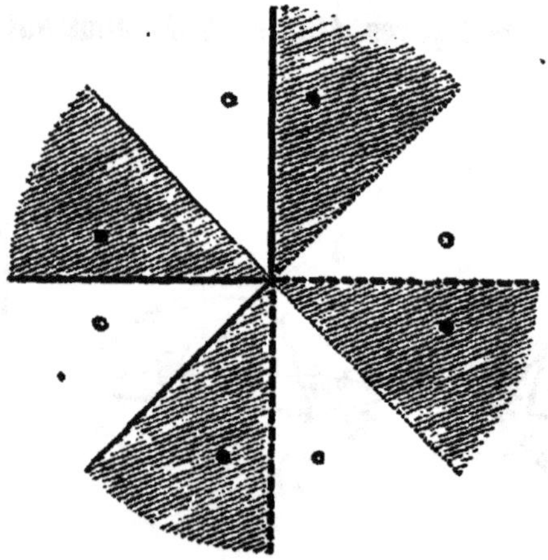

Fig. 169.

il ne serait qu'un cas particulier caractérisé par l'égalité des paramètres de deux des axes binaires. Le centre étant supprimé, Π et 2P le sont également, et par conséquent le seul élément de symétrie qui puisse être conservé est 2P'; il suffit donc d'ajouter aux cinq modes de symétrie précédents ceux qui sont caractérisés par l'un des deux symboles suivants :

5° A^2 $2L^2$ 0C 0Π 0P 2P'
6° A^2 $2L'^2$ 0C 0Π 2P 0P'

Les 1er 2e 3e 5e et 6e modes des mériédries donnent des formes hémiédriques; le 4e, des formes tétartoédriques.

Le *premier mode* étant holoaxe donne deux formes conjuguées non superposables. Les pôles supérieurs, au nombre de quatre sont situés dans les secteurs de 45°, pris de deux en deux. Les pôles inférieurs, aussi au nombre de quatre, se projettent dans les quatre autres secteurs de 45° (fig. 169). Les pôles supérieurs sont ceux de l'une des deux colonnes verticales du tableau de la page 151 ; les pôles inférieurs sont ceux de l'autre colonne changés de signe. La forme est *droite* lorsque en regardant en face un axe binaire de première espèce, le pôle supérieur conservé est situé à droite ; les pôles supérieurs conservés sont ceux de la première colonne du tableau lorsque $p > q$. La forme est *gauche* dans le cas contraire. La forme la plus générale est celle de deux pyramides à quatre faces à base carrée, mais dont la base n'est pas tournée de la même façon, et se raccordent suivant un octogone en zigzag

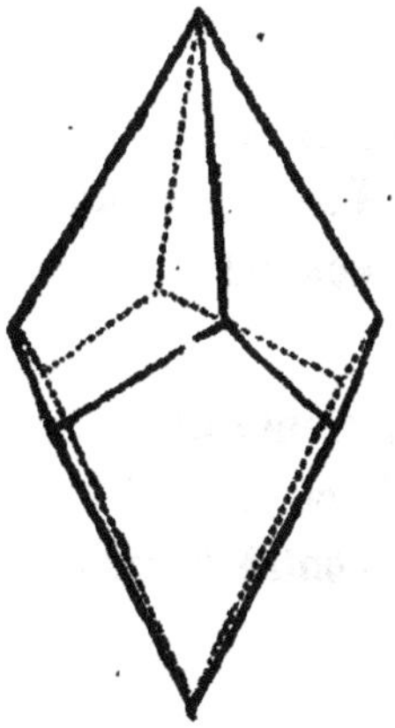

Fig. 170.

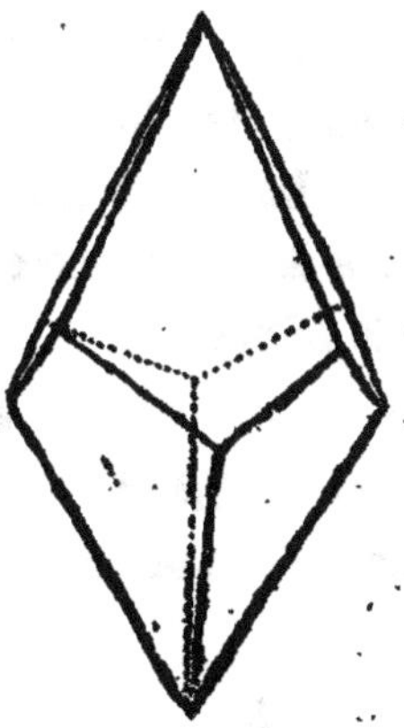

Fig. 171.

(fig. 170 et 171). Ce mode d'hémiédrie ne peut pas s'appliquer aux formes dont les pôles sont situés dans les plans de symétrie. Il ne convient donc qu'aux dioctaèdres.

Le *deuxième mode*

$$A^4 \ 0L^2 \ 0L'^2 \ C \ \Pi \ 0P \ 0P'.$$

est une *parahémiédrie ;* il donne deux formes conjugées superposables. Les pôles supérieurs sont les mêmes que dans le mode précédent, mais les pôles inférieurs sont projetés sur les pôles supérieurs L'hémiédrie est à faces parallèles ; on la note $\pi \{ghk\}$. Les dioctaèdres sont transformés en octaèdres à base carrée, dont ni les arêtes ni les diagonales de la base ne sont perpendiculaires aux axes de symétrie binaire. Les prismes octogones sont transformés en prismes carrés, dont la section droite présente la même dissymétrie. Les octaèdres et les prismes carrés ne sont pas soumis à cette hémiédrie.

La figure 172 représente un cristal de molybdate de plomb qui

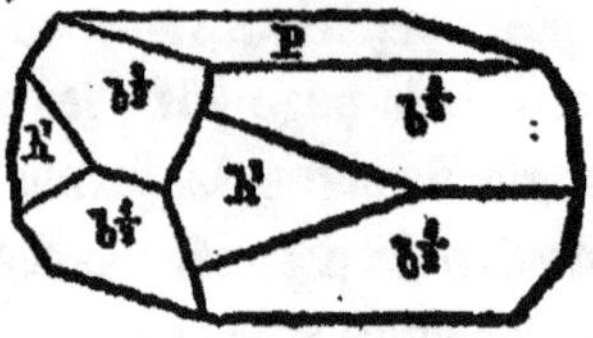

Fig. 172.

montre la coexistence de la base $p = \{001\}$ de l'octaèdre $a^1 = \{111\}$ et de l'hémiprisme octogone $i = \frac{1}{2}h^1 = \pi\{430\}$.

Le *troisième mode*

$$A^4\ 0L^2\ 0L'^2\ 0C\ 0\Pi\ 2P\ 2P'$$

conduit à prendre les huit pôles supérieurs en supprimant les huit pôles inférieurs. Le cristal est alors terminé d'une façon différente aux deux extrémités de l'axe quaternaire. On ne connaît aucune substance possédant cette hémiédrie.

Le *quatrième mode* est une *tétartoédrie* qui prendrait quatre des huit pôles supérieurs de l'hémiédrie précédente. Il conduirait à des formes non superposables, mais il ne s'est pas rencontré jusqu'ici dans les cristaux.

Le *cinquième mode*

$$A^2\ 2L^2\ 0C\ 0\Pi\ 0P\ 2P'$$

est une *antihémiédrie*. Les quatre pôles supérieurs conservés sont situés

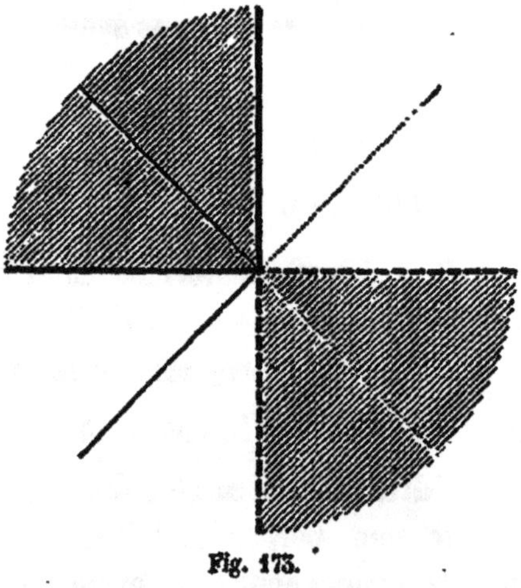

Fig. 173.

dans deux quadrants opposés formés par les axes binaires de première espèce x et y (fig. 173); ils se trouvent dans le tableau de la page 151 au-dessus de la ligne horizontale qui le partage en deux parties. Les quatre pôles inférieurs conservés se projettent dans les quadrants des pôles supprimés en haut ; ce sont ceux dont les symboles se trouvent dans le tableau au-dessous de la ligne horizontale, mais changés de signe.

La forme hémiédrique n'a pas de faces parallèles ; on la note $\varkappa \{ghk\}$. Les octaèdres de deuxième espèce a^m ne sont pas soumis à cette

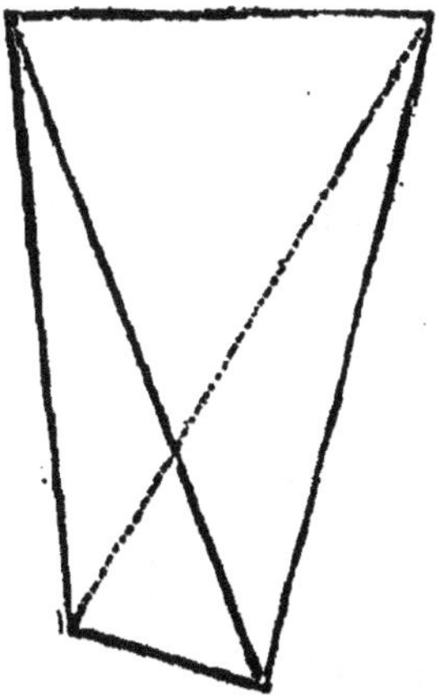

Fig. 174.

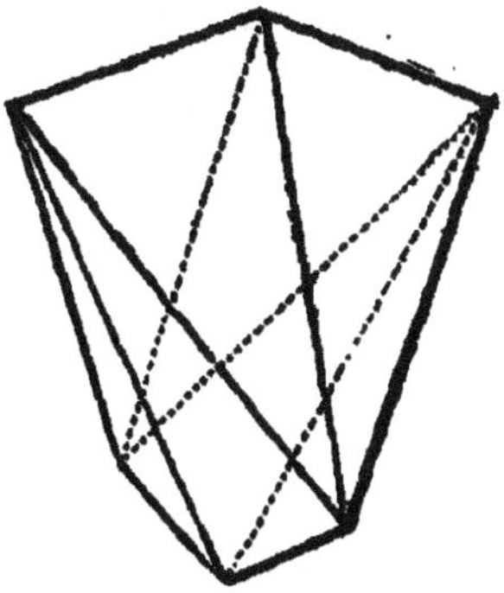

Fig. 175.

hémiédrie, mais les octaèdres de première espèce b^m sont transformés par elle en des tétraèdres non réguliers qu'on nomme des *sphénoèdres* (fig. 174). Les dioctaèdres sont transformés en des solides à huit faces

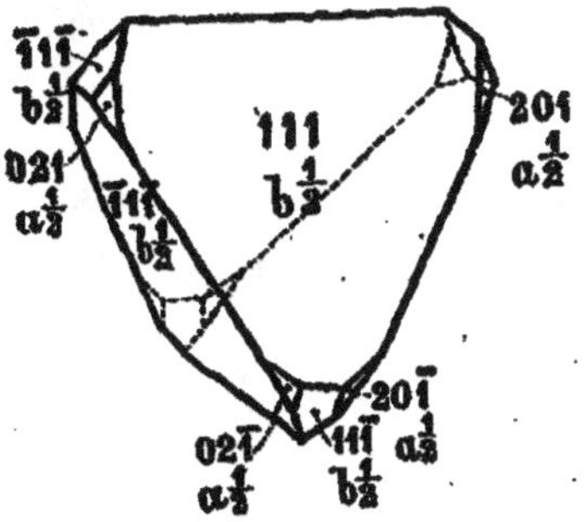

Fig. 176.

qui sont des espèces de tétraèdres dont les faces sont remplacées par des espèces de biseaux (fig. 175). Les prismes octogones ne sont pas soumis à cette hémiédrie.

Le *sixième mode* ne diffère du cinquième qu'en ce que les plans de symétrie de première espèce, et non plus ceux de seconde sont conservés. Les pôles supérieurs conservés sont situés dans deux quadrants opposés formés par les axes binaires de deuxième espèce x' et y' ; ils se trouvent ainsi, sur le tableau de la page 151, dans deux quadrants opposés formés par les lignes horizontale et verticale. L'hémiédrie s'applique aux octaèdres de deuxième espèce, et non plus aux octaèdres de première.

La fig. 176 représente un cristal de cuivre pyriteux, formé par la combinaison des deux tétraèdres conjugués $\frac{1}{2} b^{\frac{1}{2}} = \varkappa \left\{111\right\}$, et de l'octaèdre de deuxième espèce $a^{\frac{1}{2}} = \left\{210\right\}$.

La figure 177 représente un autre cristal de cuivre pyriteux formé par

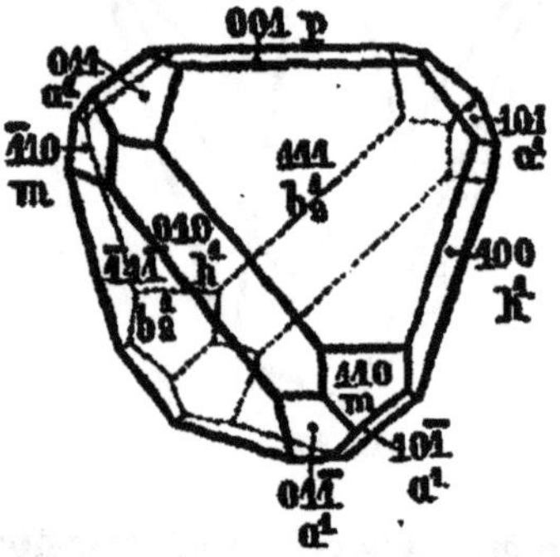

Fig. 777.

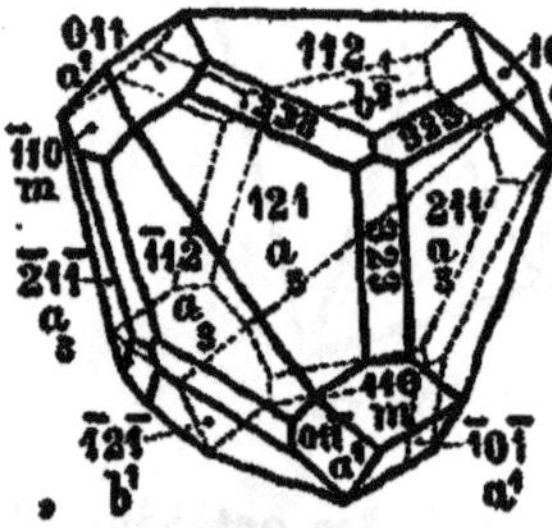

Fig. 778.

la combinaison de l'hémioctaèdre de première espèce $\frac{1}{2} b^{\frac{1}{2}} = \varkappa \left\{111\right\}$, des prismes de première et de seconde espèce $h^1 = \left\{100\right\}$ et $m = \left\{110\right\}$ et de l'octaèdre de deuxième espèce $a^1 = \left\{101\right\}$.

La figure 178 représente un troisième cristal de cuivre pyriteux formé par la combinaison de l'hémioctaèdre $\frac{1}{2} b^1 = \varkappa \left\{112\right\}$, des hémidioctaèdres $\frac{1}{2} a_3 = \varkappa \left\{211\right\}$ et $\frac{1}{2} i = \varkappa \left\{323\right\}$, du prisme de première espèce $m = \left\{110\right\}$, et de l'octaèdre de deuxième espèce $a^1 = \left\{101\right\}$.

CHAPITRE X

SYSTÈME TERBINAIRE OU ORTHORHOMBIQUE

S. rhombique. (Naumann). — S. orthoclinique. (Frankenheim). — Zweigliedriges system. (Rammelsberg). — S. orthogonal (Schrauf). — S. prismatique. (Miller). — S. du prisme droit rectangulaire ou 3ᵉ syst. (Dufrénoy).

Des modes possibles du réseau. — Le symbole de la symétrie du réseau est

$$L^2 L'^2 L''^2 C P P' P''.$$

La maille parallélogrammique d'un des plans de symétrie P étant symétrique par rapport à P′ et P″, est nécessairement ou un rectangle dont les côtés sont parallèles à L′ et à L″, ou un rhombe dont les diagonales sont parallèles aux mêmes directions.

Supposons d'abord que la maille du plan P est un rectangle.

Les nœuds du plan P peuvent coïncider avec les projections des nœuds du plan contigu, et la maille solide du réseau est un *prisme rectangulaire droit*. C'est le premier mode ou *mode hexaédral rectangulaire*.

Les projections des nœuds du plan contigu peuvent coïncider avec les centres des rectangles du plan P, et la maille solide du réseau est un *prisme rectangulaire droit centré*. Si on mène les plans diagonaux de ces prismes rectangulaires, on voit qu'on peut encore considérer la maille solide comme formée par un *prisme rhomboïdal droit ou orthorhombique, à faces centrées*. C'est le second mode ou mode *octaédral rectangulaire* (fig. 179).

Les projections des nœuds du plan contigu peuvent coïncider avec les milieux des côtés du rectangle (fig. 180). La maille du réseau peut alors être regardée comme formée par un *prisme rectangulaire droit dont deux des faces latérales sont centrées.* Si l'on considère le plan réticulaire vertical $A_0 A''_0$ mené par des faces centrées, le réseau plan y

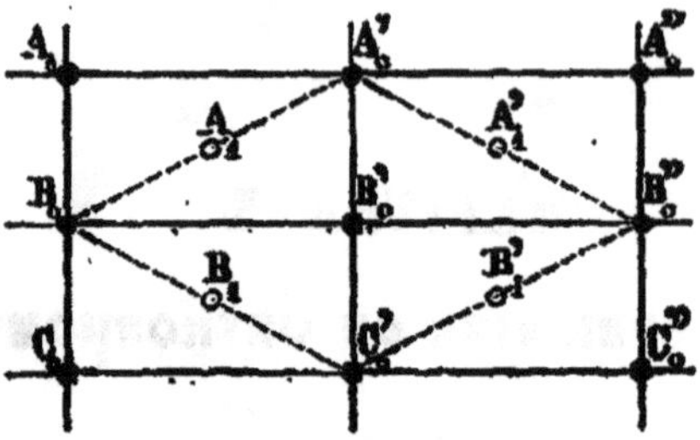

Fig. 179.

figure des rectangles centrés (fig. 181) ou des rhombes tels que $A_1 A_2 A_3 A'_2$. Dans deux plans réticulaires contigus, parallèles au plan

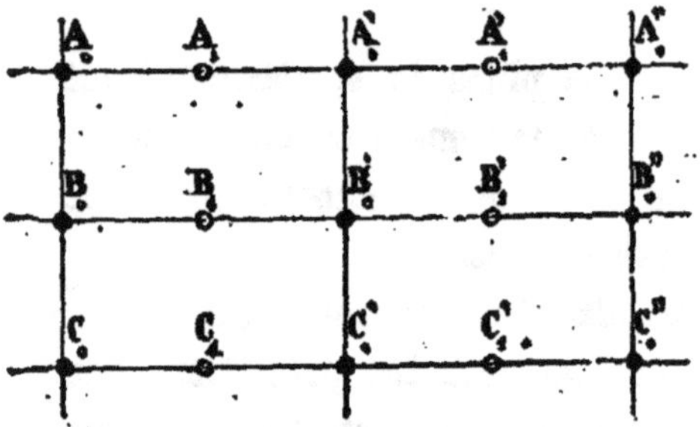

Fig. 180.

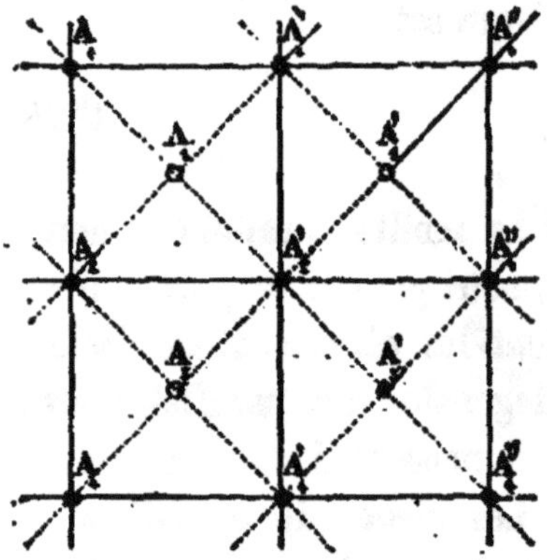

Fig. 181.

vertical $A_0 A'_0$, les nœuds se projettent sur les mêmes points. La maille solide du réseau peut donc encore être regardée comme formée par un *prisme rhomboïdal droit.* C'est le troisième mode ou mode *hexaédral rhombique.*

Supposons maintenant que la maille du plan P est un rhombe.

Si les nœuds du plan P coïncident avec les projections des nœuds du plan contigu, on retombe sur le mode *hexaédral rhombique.*

Si les projections des nœuds coïncident avec les centres des rhombes (fig. 182), la maille solide est un prisme *rhombique centré.* Si on mène les plans verticaux passant par les diagonales du rhombe de la base, il est aisé de voir que la maille peut encore être considérée comme formée par un *prisme rectangulaire à faces centrées*. C'est le quatrième mode ou mode *octaédral rhombique*.

Il ne resterait plus qu'une supposition à faire, c'est que les projections

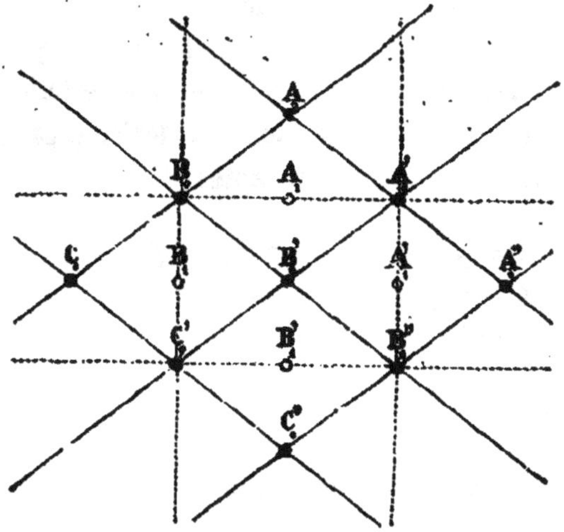

Fig. 182.

des nœuds du plan contigu coïncident avec les milieux des côtés du rhombe, mais il est aisé de voir que la supposition est inadmissible,

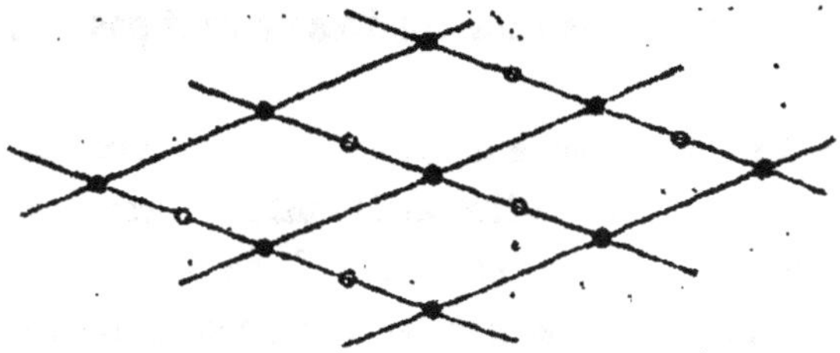

Fig. 183.

car les plans verticaux passant par les diagonales du rhombe ne seraient plus alors des plans de symétrie (fig. 183).

Il n'y a donc que quatre modes possibles pour l'arrangement des nœuds du réseau dans le système terbinaire, et ces quatre modes peuvent être regardés comme ayant pour forme primitive ou pour maille solide, soit un prisme rectangulaire droit, soit un prisme orthorhombique.

Systèmes d'axes coordonnés. — Il résulte de ce qui précède qu'on peut adopter pour système d'axes coordonnés, ou les trois arêtes du prisme rectangulaire, c'est-à-dire les trois axes binaires, ou les trois arêtes du prisme orthorhombique.

Appelons a, b, c, les trois paramètres des axes binaires x, y, z, a étant supposé plus grand que b; et soit a' le paramètre commun des axes des x' et des y' parallèles aux côtés de la base du prisme rhomboïdal droit. Si nous convenons que l'axe positif des x' est la diagonale du rectangle construit sur $+a$ et $+b$, et l'axe positif des y' celle du rectangle construit sur $-a$ et $+b$, les caractéristiques $(p'q'r')$ relatives aux axes $x'y'z'$ seront reliées aux caractéristiques (pqr) relatives aux axes xyz par les équations suivantes :

$$\begin{array}{ll} p'=p+q & p=p'-q' \\ q'=-p+q & q=p'+q' \\ r'=r & r=2r'. \end{array}$$

On a en même temps

$$a'=\sqrt{a^2+b^2} \quad c'=c.$$

Toutefois il est important de remarquer que, lorsque la maille solide est un prisme rectangle, les côtés du rhombe ne sont pas des rangées conjuguées, puisque le parallélogramme construit sur ces côtés contient un nœud au centre. Réciproquement, si la maille solide est un prisme orthorhombique, les axes binaires ne sont pas deux rangées conjuguées.

Calcul des angles, des arêtes et des faces. — *Avec les trois axes binaires pour axes coordonnés*, on tire aisément des formules générales, les expressions suivantes pour l'angle RR' de deux rangées $[ghk]$ $[g'h'k']$ et pour l'angle PP' formé par les normales à deux plans (pqr) $(p'q'r')$:

$$\cos RR'=\frac{gg'a^2+hh'b^2+kk'c^2}{\sqrt{(g^2a^2+h^2b^2+k^2c^2)\ (g'^2a^2+h'^2b^2+k'^2c^2)}}$$

$$\cos PP'=\frac{pp'A^2+qq'B^2+rr'C^2}{\sqrt{(p^2A^2+q^2B^2+r^2C^2)\ (p'^2A^2+q'^2B^2+r'^2C^2)}}$$

$$\operatorname{tg} PP'=\frac{D\sqrt{u^2B^2C^2+v^2A^2C^2+w^2A^2B^2}}{pp'A^2+qq'B^2+rr'C^2}.$$

Dans ces formules on a :

$$A=\frac{1}{a} \quad B=\frac{1}{b} \quad C=\frac{1}{c}.$$

Quant à D, u, v, w, ils ont la signification indiquée page 25.

En prenant *pour axes coordonnés les arêtes du prisme orthorhombique*, il vient :

$$RR' = \frac{(gg' + hh')\,a'^2 + kk'c'^2 - (gh' + g'h)\,a'^2 \cos x'y'}{\sqrt{\left\{(g^2 + h^2)a'^2 + k^2c'^2 - 2gha'^2 \cos x'y'\right\}\left\{(g'^2 + h'^2)a'^2 + k'^2c'^2 - 2g'h'a'^2 \cos x'y'\right\}}}$$

$x'y'$ étant l'angle obtus de la base du prisme rhomboïdal droit ; a' et c' les paramètres des axes.

$$PP' = \frac{(pp' + qq')\,A'^2 + rr'C'^2 + (pq' + p'q)\,A'^2 \cos x'y'}{\sqrt{\left\{(p^2 + q^2)\,A'^2 + r^2C'^2 + 2pq\,A'^2 \cos x'y'\right\}\left\{(p'^2 + q'^2)A'^2 + r'^2C'^2 + 2p'q'A'^2 \cos x'y'\right\}}}$$

formule dans laquelle il faut faire

$$A' = \frac{1}{a'} \quad C' = \frac{1}{c'} \sin x'y'$$

Formes simples. — Choisissons les trois axes binaires comme axes coordonnés, projetons gnomoniquement (fig. 184) les pôles sur un plan

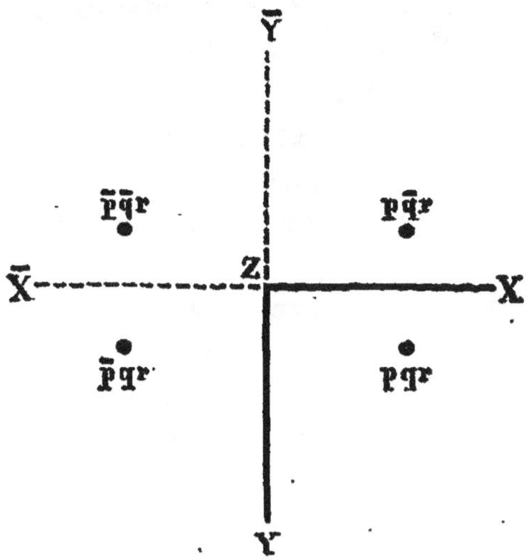

Fig. 184.

perpendiculaire à l'axe vertical des Z et cherchons les pôles d'une même forme simple situés au-dessus du plan des XY. Nous verrons qu'un pôle quelconque (pqr) entraîne l'existence du pôle $(\bar{p}\bar{q}r)$, à cause de la symétrie binaire de l'axe Z. Le plan ZX étant un plan de symétrie, l'existence de (pqr) entraîne celle de $(p\bar{q}r)$ qui nécessite à son tour celle de (*pqr*). On a ainsi, au-dessus du plan XY, quatre pôles qui auront leurs symétriques au-dessous, puisque le plan XY est un plan de symétrie.

En faisant appel à l'existence de l'axe binaire Z, et à celle des plans de symétrie XZ et XY, nous avons épuisé la symétrie du système, car il serait aisé de voir que tous les autres éléments de symétrie se déduisent de ceux-là. La forme simple holoédrique la plus générale du système terbinaire possède donc 8 faces et 8 faces seulement. Cette forme simple est évidemment un octaèdre dont les 6 sommets sont situés sur les axes binaires, et dont les arêtes, contenues dans les plans de symétrie, forment un rhombe dans chacun de ces plans. On donne à cette forme le nom d'*octaèdre droit à base rhombe* (fig. 185).

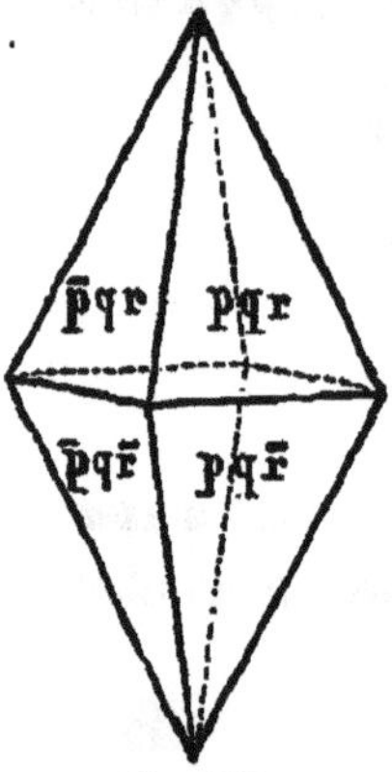

Fig. 185.

A chaque sommet d'une semblable figure, viennent se réunir 4 faces. Les faces opposées deux à deux, si elles étaient suffisamment prolongées, formeraient deux biseaux dont les arêtes seraient parallèles aux deux axes binaires qui coupent à angle droit celui sur lequel se trouve placé le sommet. Les angles dièdres de ces deux biseaux, qui viennent en coïncidence mutuelle par une rotation autour de ce dernier axe binaire, sont égaux entre eux. Nous désignerons par 2α, 2β, 2γ les angles dièdres des biseaux correspondant respectivement aux sommets tracés sur les axes *a*, *b*, *c*. Dans la projection gnomonique, la longueur de la droite, qui joint le centre Z de la projection au pôle (*pqr*), est égale à $c.\text{tang}.\gamma$

Les 4 plans de l'octaèdre, placés au-dessus du plan horizontal XY forment une pyramide quadrangulaire à base rhombe. Naumann appelle *brachypyramides* les formes octaédriques pour lesquelles, *p* étant plus grand que *q*, la base de la pyramide est plus allongée, dans le sens de l'axe minimum Y, que le rhombe du prisme primitif. Les formes octaédriques pour lesquelles $p < q$ sont les *macropyramides*. Lorsque $p = q$, la base de la pyramide est le rhombe du prisme primitif, Naumann désigne ces formes, notées { *ppr* } sous le nom de *protopyramides*. L'octaèdre { 111 } est la *protopyramide fondamentale;* elle a pour axes les 3 paramètres *a*, *b*, *c*.

Si $q = 0$, les deux pôles (*pqr*) et $(p\bar{q}r)$ se confondent et les 8 faces de l'octaèdre se réduisent à 4; ces 4 faces forment un *prisme droit*,

$\{p0r\}$, dont la section droite est un rhombe et dont les arêtes sont parallèles à l'axe des Y. Les formes simples $\{0qr\}$ sont des prismes analogues dont les arêtes sont parallèles à l'axe des X. Enfin, les formes simples $\{pq0\}$ sont des prismes dont les arêtes sont parallèles à l'axe des Z.

Les deux plans des formes $\{p0r\}$ qui sont situés au dessus de XY, forment une sorte de toit ou de dôme dont l'arête est parallèle à l'axe minimum; Naumann appelle ces formes des *brachydomes*. Les formes $\{0qr\}$ sont des *macrodomes*. Les formes $\{pq0\}$ sont pour Naumann des *brachyprismes* lorsque $p > q$, et des *macroprismes* lorsque $p < q$.

Si en même temps que $p = 0$, on a $q = r$, la forme $\{011\}$ est un prisme dont les faces sont parallèles à celles de l'un des trois prismes orthorhombiques que l'on peut considérer comme primitifs. Les formes $\{101\}$ et $\{110\}$ sont respectivement parallèles à celles des deux autres prismes. La forme $\{110\}$ est pour Naumann le *protoprisme*.

Si enfin $p = 0$ et $q = 0$, la forme $\{001\}$ se réduit à *deux plans* perpendiculaires à l'axe des Z; la forme $\{010\}$ se réduit à deux plans perpendiculaires à l'axe des Y, et la forme $\{100\}$ à deux plans perpendiculaires à l'axe des X. Ces trois systèmes de plans parallèles sont les faces du prisme rectangulaire droit primitif.

Naumann appelle *bases* les plans $\{001\}$; les plans $\{010\}$ et $\{100\}$ sont des *pinacoïdes*. Les plans $\{100\}$ parallèles à l'axe le plus court sont des *brachypinacoïdes*, et les plans $\{010\}$ parallèles à l'axe le plus long sont des *macropinacoïdes*.

Formes composées. — Plaçons d'abord les formes simples sur le prisme rhomboïdal droit, qui est très-fréquemment la forme dominante des cristaux de ce système, et que l'on prend ordinairement pour la forme primitive du réseau. On convient de placer ce prisme de façon que les arêtes latérales soient verticales, et que l'angle obtus du rhombe soit tourné vers l'observateur (fig. 186). Les angles solides correspondant aux angles obtus du rhombe de la base sont notés *a*; ils sont au nombre de 4, identiques entre eux. Les angles solides correspondant aux angles aigus du rhombe sont notés e; ils sont aussi au nombre de 4, identiques entre eux. Les arêtes horizontales du rhombe, toutes identiques entre elles, soit comme opposées par le centre, soit comme symétriques, sont appelées b; parmi les arêtes verticales, il y a à distinguer les arêtes latérales qui aboutissent aux angles e, et qu'on appelle g, et les arêtes verticales aboutissant aux angles a, que l'on appelle h.

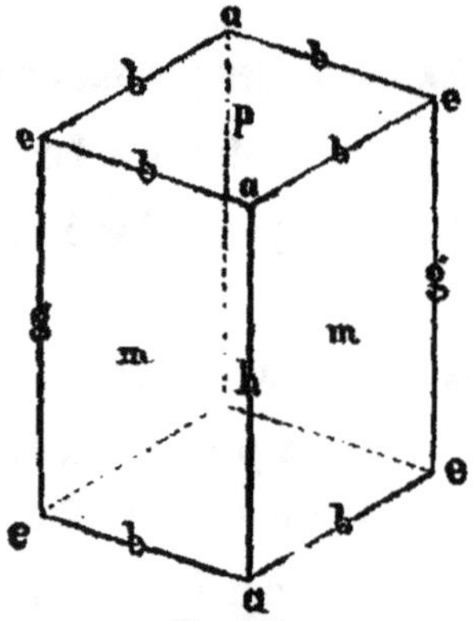

Fig. 186.

Pour suivre la discussion, il est bon d'avoir sous les yeux la projection gnomonique du réseau polaire sur le plan des XY (fig. 187 et fig. 187 *bis*, pl. II).

L'axe X ayant un paramètre $A = \frac{1}{a}$ et l'axe Y un paramètre $B = \frac{1}{b}$,

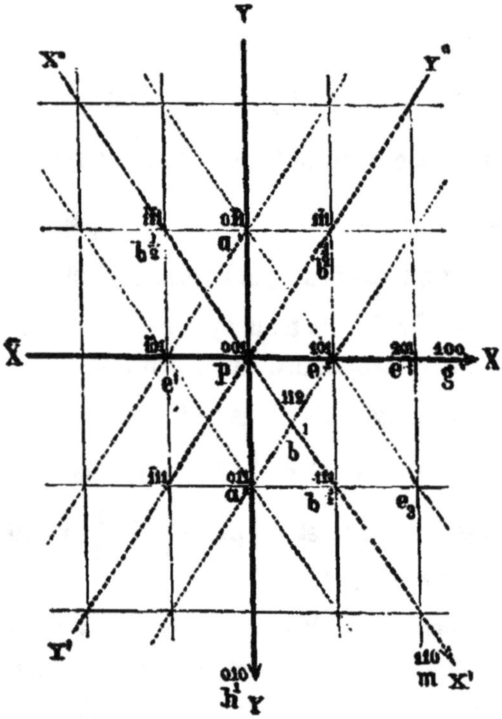

Fig. 187.

on a $A < B$ puisque, par convention, on suppose $a > b$ en prenant pour axe des x la grande diagonale de la base du rhombe.

Ces paramètres étant donnés, il est aisé de construire la projection.

Menons les droites qui passent par les extrémités des paramètres des axes X, Y; elles formeront par leurs intersections mutuelles un rhombe semblable au rhombe de la base du prisme primitif. Menons, par le centre, des parallèles $X'X''$, $Y'Y''$ aux côtés de ce rhombe, elles représenteront des plans de zone normaux aux faces du prisme primitif.

Il est clair que tous les pôles qui tomberont dans les angles obtus $X'OY''$ et $Y'OX''$, c'est-à-dire pour lesquels on aura $p > q$ correspondront

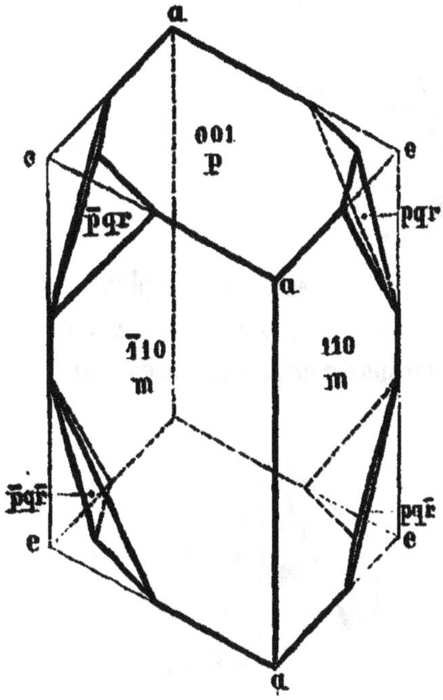

Fig. 188.

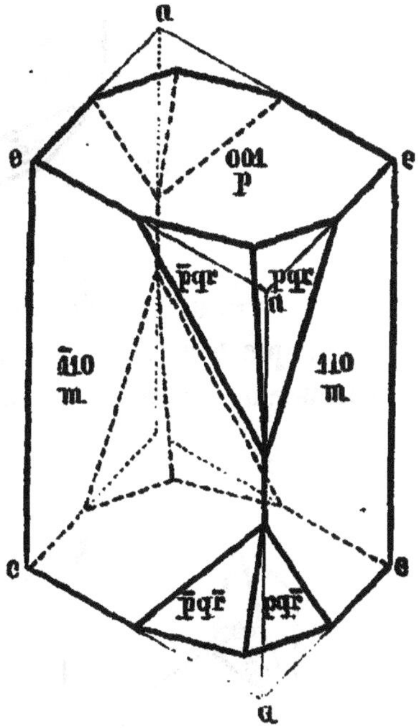

Fig. 189.

à des faces qui viendront rencontrer les arêtes issues d'un angle e, ou qui, en d'autres termes, modifieront les angles e; tous les pôles qui tomberont dans les angles aigus $X'OY'$, $X''OY''$, c'est-à-dire pour lesquels $p < q$, correspondront à des faces qui modifieront les angles a; tous les pôles situés sur les droites $X'X''$, $Y'Y''$, c'est-à-dire pour lesquels $p = q$ correspondront à des faces parallèles à l'intersection de la base p du prisme et d'une face latérale m, c'est-à-dire placées sur les arêtes b.

La forme $\{pqr\}$ donnera donc des biseaux inclinés placés sur les angles e quand $p > q$ (fig. 188) et sur les angles a quand $p < q$ (fig. 189). Lorsque $p = q$, les faces sont placées sur les arêtes b, qu'elles remplacent par des plans, tous également inclinés sur la base (fig. 190).

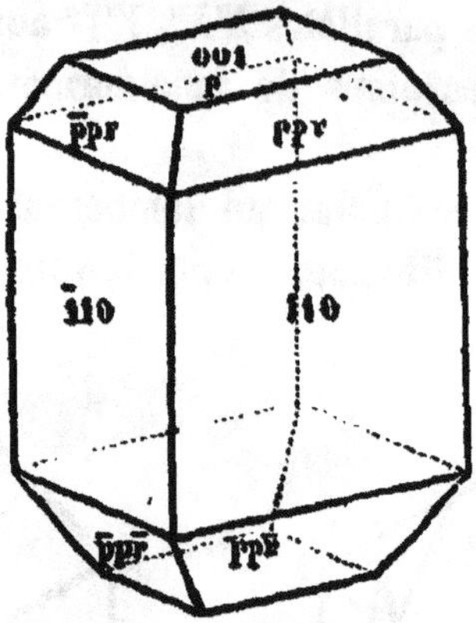

Fig. 190.

Lorsque $q=0$, les pôles se trouvent placés sur X et les plans de la forme simple tronquent les angles *e* suivant des plans qui, prolongés suffisamment, viendraient former au-dessus du cristal un biseau ou *dôme*

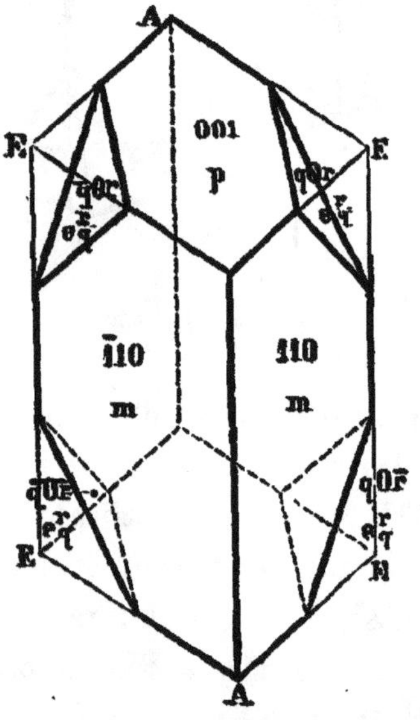

Fig. 192.

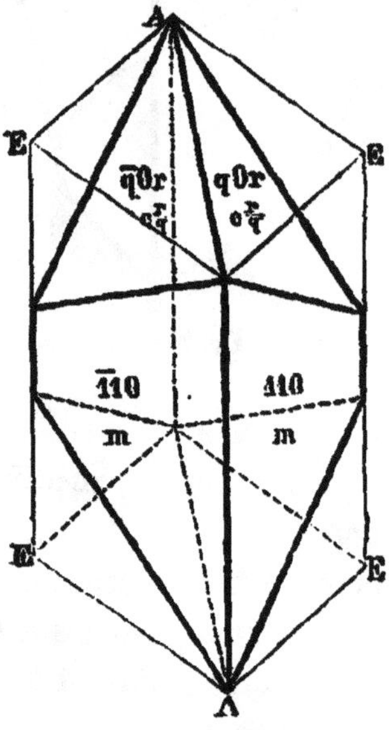

Fig. 192.

dont l'arête serait parallèle à la petite diagonale du rhombe de la base (fig. 191 et 192).

Lorsque $p=0$, les pôles de la forme $\{0qr\}$ sont placés sur l'axe Y, et les faces viennent tronquer les angles *e* en produisant des dômes dont les arêtes sont parallèles à la grande diagonale de la base (fig. 193 et 194).

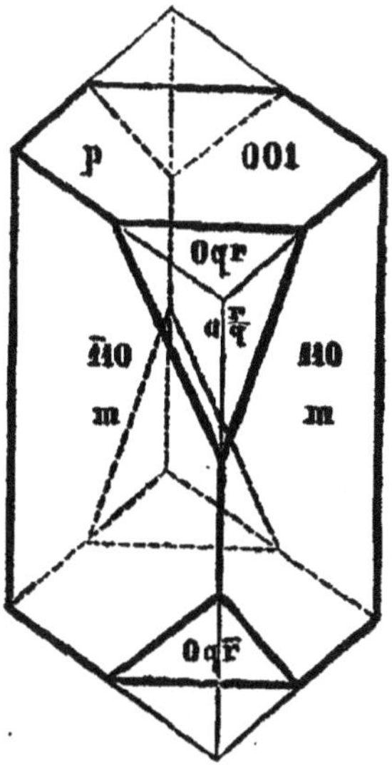

Fig. 193.

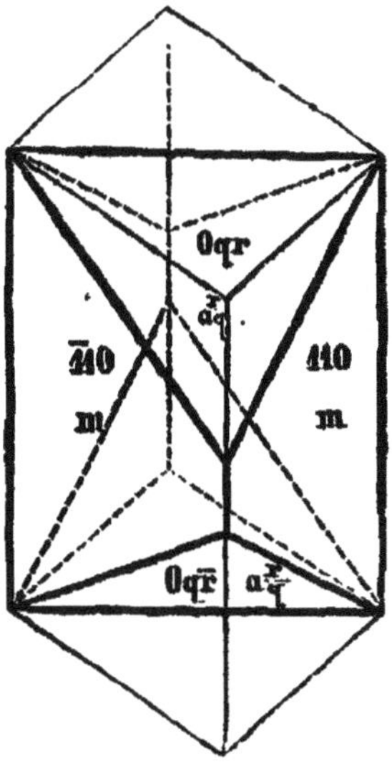

Fig. 194.

Lorsque $r = 0$ on a des plans placés sur les arêtes verticales qui viennent former un biseau sur les arêtes g quand $p > q$ (fig. 195) et sur les arêtes h quand $p < q$ (fig. 196).

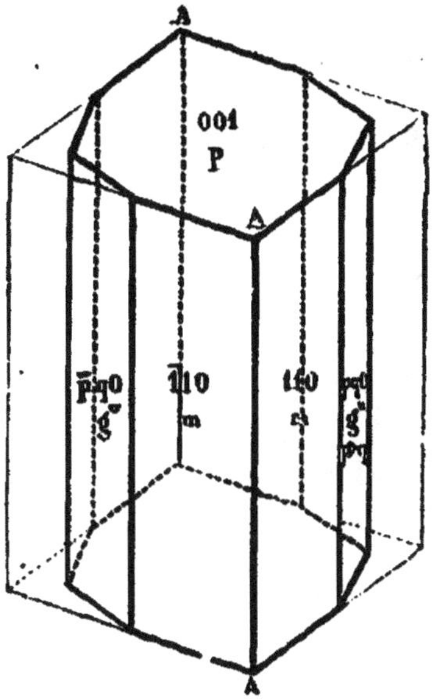

Fig. 195.

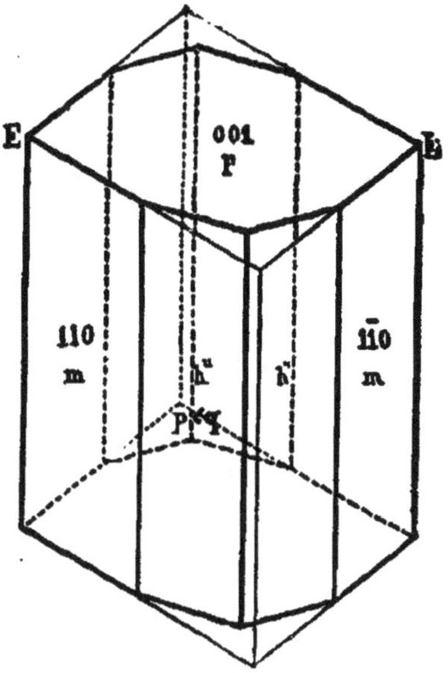

Fig. 196.

Lorsque $r = 0$ et $q = 0$, la forme $\{100\}$ donne deux plans tangents sur les arêtes *g*, ou perpendiculaires à la plus longue diagonale (fig. 197).

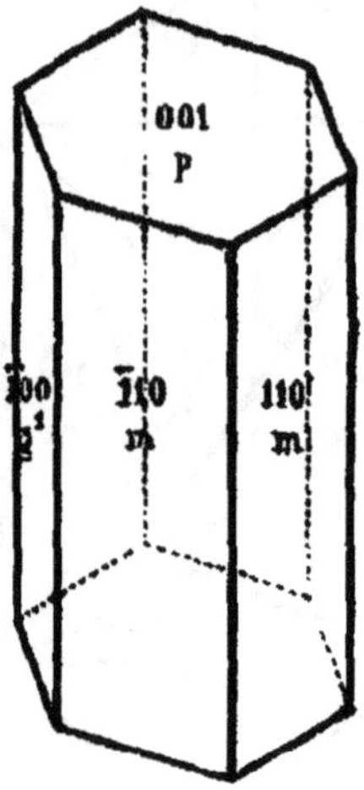

Fig. 197.

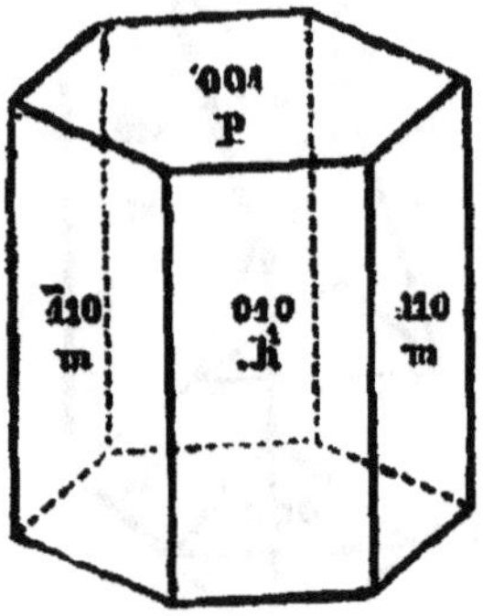

Fig. 198.

Lorsque $r = 0$ et $p = 0$ les deux plans de la forme {010} sont tangents sur les arêtes *h* (fig. 198).

Il est intéressant de remarquer que lorsque l'angle obtus du rhombe est de 120°, la combinaison des plans {100} et du prisme primitif {110} donne un prisme hexagonal régulier.

La figure 199 représente un cristal de stilbite montrant la combinaison des formes {100}, {010}, {111}.

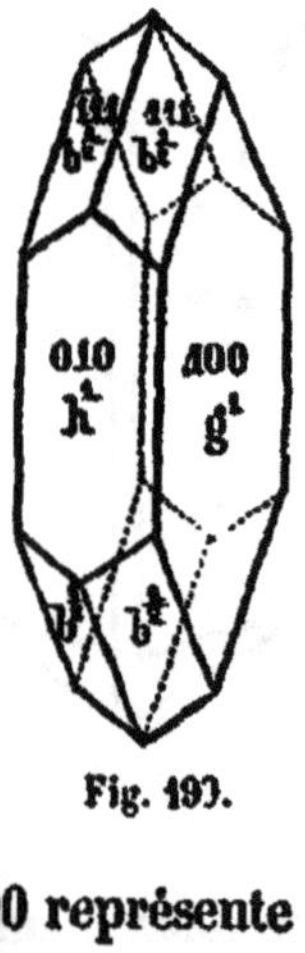

Fig. 199.

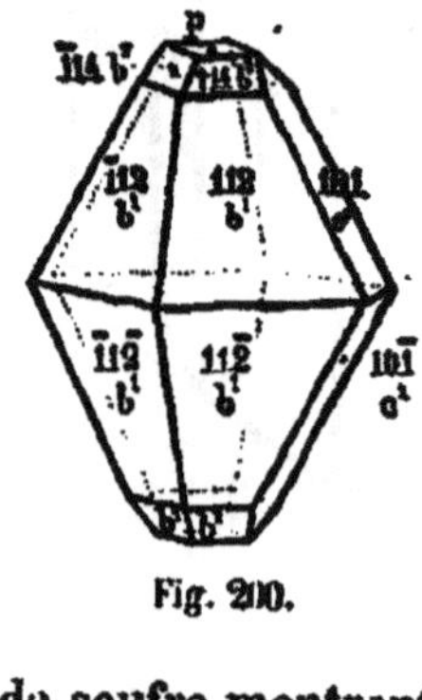

Fig. 200.

La figure 200 représente un cristal de soufre montrant les octaèdres {112} et {114}, le dôme {011} et la base {001}.

La figure 201 représente un cristal de barytine formé par le prisme primitif $\{110\}$, le dôme $\{012\}$ et la base $\{001\}$.

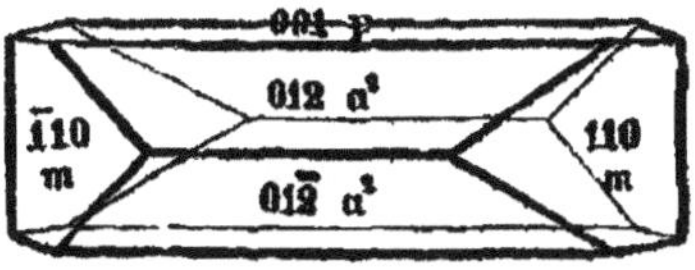

Fig. 201.

Notation Lévy. — Il nous faut, dans ce système de notation, changer d'axes coordonnés au moyen des formules connues

$$p' = p + q \qquad q' = -p + q \qquad r' = r.$$

Les formes situées sur les angles *e* ou les brachypyramides seront notées

$$b^{\frac{1}{p+q}}\, b^{\frac{1}{p-q}}\, g^{\frac{1}{r}} = \{pqr\} \text{ avec } p > q.$$

Les formes situées sur les angles *a*, ou les macropyramides seront notées

$$b^{\frac{1}{p+q}}\, b^{\frac{1}{q-p}}\, h^{\frac{1}{r}} = \{pqr\}, \text{ avec } p < q.$$

Lorsque $q = 0$, on a $q' = p' = p$; la forme qui est un brachydome est placée sur l'angle *e* et notée

$$e^{\frac{r}{p}} = \{p0r\}$$

Lorsque $p = 0$, la forme qui est un macrodome est placée sur l'angle *a* et notée

$$a^{\frac{r}{q}} = \{0qr\}$$

Lorsque $p = q$, on a $q' = 0$; la forme qui est une protopyramide est placée sur l'arête *b*, et notée

$$b^{\frac{r}{2p}} = \{ppr$$

Lorsque $r = 0$, les formes qui sont des prismes parallèles aux arêtes verticales sont notées

$$g^{\frac{p}{q}} = \{pq0\}$$

$$h^{\frac{q}{p}} = \{pq0\}$$

suivant qu'elles sont placées sur les arêtes g ou sur les arêtes h, c'est-à-dire suivant que $p > q$ ou $p < q$.

On a

$$g^1 = \{100\}$$

$$h^1 = \{010\}.$$

$$p = \{001\}.$$

Le prisme primitif est noté

$$m = \{110\}.$$

On simplifie la notation quand $p' = p + q = r$ ou, ce qui revient au même, puisque dans les différentes faces d'une même forme simple p' et q' s'échangent entre eux, $q' = -p + q = r$.

Les faces de la forme sont alors, comme il est aisé de le voir, comprises dans l'une des zones $[11\bar{1}]$, $[\bar{1}1\bar{1}]$, $[\bar{1}\bar{1}\bar{1}]$, $[\bar{1}1\bar{1}]$; ou, en d'autres termes, les pôles de ces faces sont situés, dans la projection gnomonique, sur les droites qui joignent deux à deux les extrémités des paramètres des axes X et Y.

Supposons, pour fixer les idées, $p' = r$, les formes sont notées :

$$e_{\frac{\frac{1}{p'}}{\frac{1}{q'}}} = e_{\frac{q}{p}} = e_{\frac{p-q}{p+q}}$$

lorsque les faces sont placées sur l'angle e, c'est-à-dire lorsque $p > q$; et :

$$a_{\frac{\frac{1}{p'}}{\frac{1}{q'}}} = a_{\frac{q'}{p'}} = a_{\frac{q-p}{p+q}}$$

lorsqu'elles sont placées sur les angles a, c'est-à-dire lorsque $p < q$.

Formes mériédriques. — En affaiblissant graduellement la symétrie du réseau, on peut d'abord conserver les trois axes binaires, ce qui entraînera la suppression de tous les autres éléments de symétrie, car la présence d'un seul d'entre eux les rétablirait tous. Ce sera la mériédrie *holoaxe*

$$L^2\ L'^2\ L''^2\ 0C\ 0P.$$

Si l'on supprime un des axes de symétrie, il faudra en supprimer deux, puisque l'existence de deux axes entraîne celle d'un troisième ; avec cet axe de symétrie L^2, on ne peut pas conserver le centre, car on retomberait alors sur le mode de symétrie holoédrique du système binaire. On ne peut pas supprimer tous les plans de symétrie, car on retomberait sur un des modes hémiédriques du système binaire ; on ne peut pas non plus conserver un seul des plans de symétrie, car ce plan, pour rester unique, serait nécessairement perpendiculaire à l'axe conservé et l'existence du centre s'en déduirait. Il faut donc supposer l'existence de deux plans de symétrie P', P'' et le symbole de la symétrie est :

$$L^2\ 0L'^2\ 0L''^2\ 0C\ P'\ P''.$$

Il est clair qu'au lieu de conserver l'axe L, on pourrait conserver l'un des deux autres L' et L''.

Si l'on supposait les trois axes binaires supprimés à la fois, on ne pourrait que conserver ou le centre, ou un plan de symétrie, ce qui ramènerait à un mode d'hémiédrie du système binaire ou du système asymétrique.

Il n'y a donc en définitive que deux modes possibles de mériédrie.

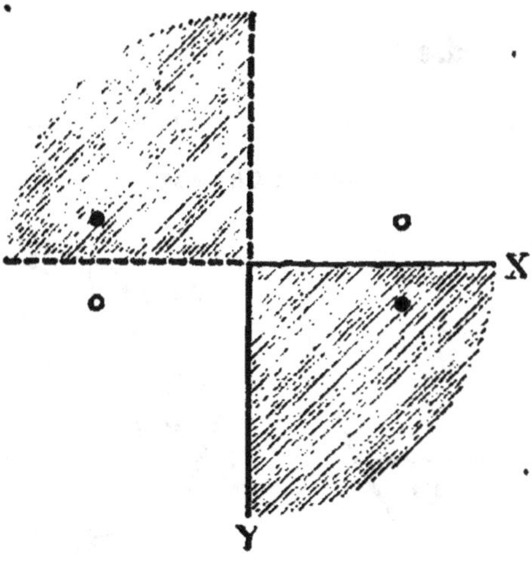

Fig. 205

Le premier mode est une *hémiédrie holoaxe* et donne deux formes conjuguées non superposables. La forme holoédrique a un pôle dans chacun des 8 quadrants limités par les trois plans de symétrie ; dans la forme hémiédrique holoaxe, des quatre quadrants supérieurs à l'un des plans de symétrie, le plan horizontal par exemple, deux seulement, opposés par le sommet, contiennent des pôles ; les deux seuls quadrants inférieurs qui en contiennent aussi sont, par rapport au plan horizontal, les symétriques des deux quadrants supérieurs privés de pôles (fig. 203). Des deux formes conjuguées celle qui conserve le pôle supérieur situé à droite de l'axe des X lorsqu'on regarde en face la partie positive de cet axe, est la forme conjuguée *droite*. L'autre est la forme conjuguée *gauche*.

La forme la plus générale est un tétraèdre ou *sphénoèdre ;* de là le nom de sphénoïdique donné par les Allemands à ce mode d'hémiédrie.

Ce mode ne s'applique pas aux formes dont les pôles sont situés dans les plans de symétrie, telles que les plans p, g^1, h^1, et les prismes e^m, a^m, g^m, h^m.

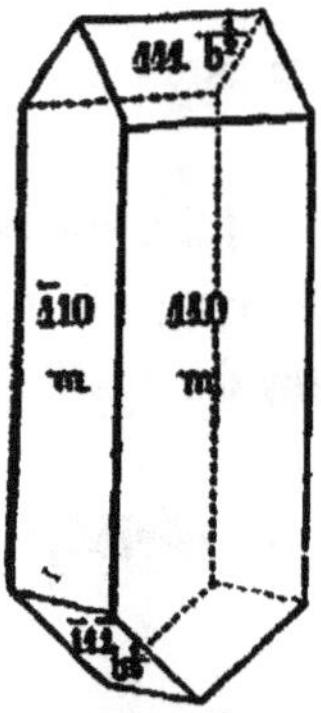

Fig. 204.

Assez rare dans les cristaux des substances inorganiques, cette hémiédrie est au contraire fréquente dans les cristaux d'origine organique.

La figure 204 représente un cristal de sulfate de magnésie hydraté ($MgSO^4 + 7H^2O$) montrant la combinaison du prisme $m = \{110\}$ et de l'hémioctaèdre $\lambda \{111\}$.

La figure 205 représente un cristal de tartrate double d'antimoine et de potasse, montrant la combinaison de la base $p = \{001\}$, du prisme

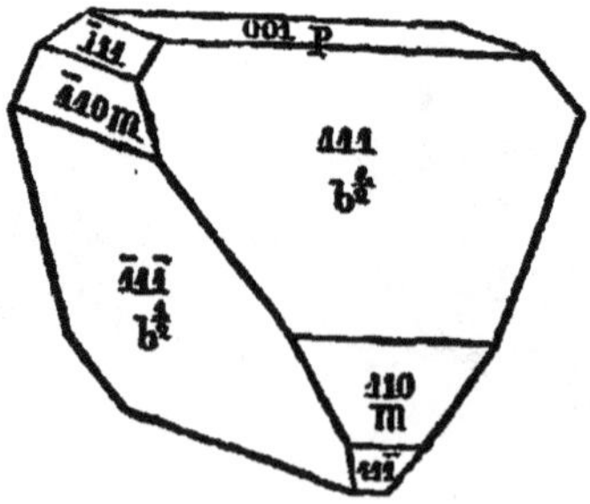

Fig. 205.

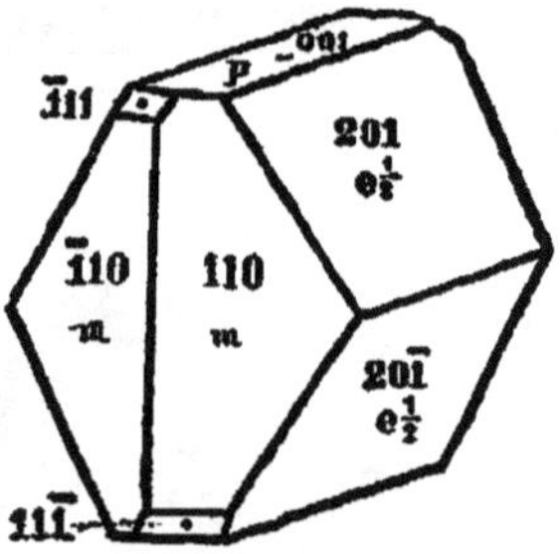

Fig. 206.

$m = \{110\}$ et de l'hémioctaèdre $\lambda \{111\}$. Le cristal est droit mais, outre les faces bien développées de la forme droite $\lambda_d \{111\}$, il montre les faces très-peu développées de l'hémioctaèdre gauche $\lambda_g \{111\}$; cet inégal développement de deux hémioctaèdres conjugués suffit pour marquer l'hémiédrie; nous avons déjà signalé des faits analogues.

La figure 206 réprésente un cristal d'asparagine montrant la base $p = \{001\}$, le prisme $m = \{110\}$, le brachydome $\{201\}$ et l'hémioctaèdre gauche $\lambda_g \{115\}$.

Le second mode d'hémiédrie ou *antihémiédrie*

$$L^2\ 0L'^2\ 0L''^2\ 0C\ 0P\ P'\ P''$$

conserve tous les pôles supérieurs au plan P et supprime tous les pôles inférieurs, ou réciproquement. Le cristal est donc terminé d'une manière différente aux deux extrémités de l'axe binaire conservé.

Il est clair que les prismes dont les arêtes sont parallèles à l'axe conservé ne sont point atteints par cette hémiédrie.

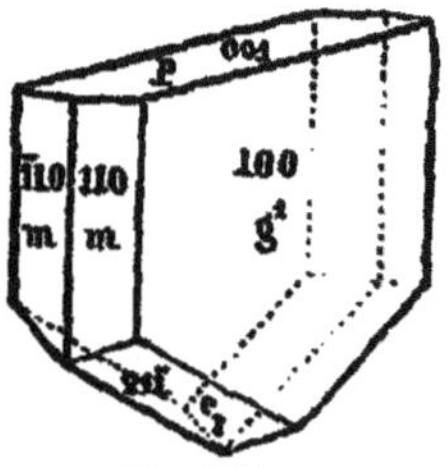

Fig. 207.

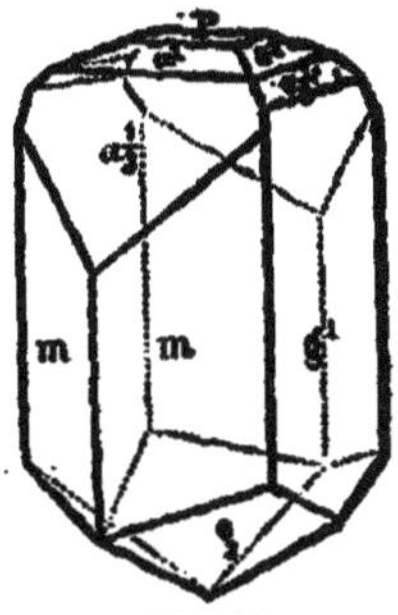

Fig. 208.

Les figures 207 et 208 représentent des cristaux de calamine (silicate de zinc hydraté) qui présentent ce genre d'hémiédrie.

Dans la figure 207 le cristal terminé en haut par la base $p = \{001\}$ est terminé en bas par l'octaèdre $e_3 = \{123\}$.

Dans la figure 208 le cristal terminé en haut par un pointement complexe comprenant les macrodomes $a^{\frac{1}{3}} = \{130\}$, $a^1 = \{101\}$, les brachydomes $e^{\frac{1}{3}} = \{130\}$, $e^1 = \{011\}$, et la base $p\ \{001\}$, est terminé en bas par l'octaèdre $e_3 = \{123\}$.

Les deux extrémités, différemment modifiées, du même axe de symétrie, ne possèdent pas, en général, exactement les mêmes propriétés physiques. C'est ce qui a lieu notamment pour la calamine.

Naumann appelle *hémimorphie* l'antihémiédrie du système terbinaire. Il considère, sans raison valable, cette mériédrie comme fondamentalement distincte de toutes les autres[1].

[1] M. Groth (*Physikalische Krystallographie*, p. 373) admet dans le système terbinaire un autre mode d'hémiédrie qu'il appelle *monosymétrique*, et qui aurait en effet le même genre de symétrie que le système binaire ou *monosymétrique*. Le seul cristal qu'il cite comme possédant cette hémiédrie spéciale doit être considéré comme un cristal appartenant au système binaire, mais pour lequel la base du prisme primitif fait avec la hauteur un angle ayant la valeur particulière de 90°.

CHAPITRE XI

SYSTÈME BINAIRE OU CLINORHOMBIQUE

Monoklinoedrisches S. (Naumann). — Monoklinometrisches S. (Kopp). — Monoklinische. S. (Schrauf). — Zwei und eingliedriges S. (Weiss). — S. prismatique oblique. (Miller), — S. monosymétrique (Groth). — Cinquième système cristallin. ou S. du prisme rhomboïdal oblique. (Dufrénoy). — S. du prisme oblique-symétrique (Haüy).

Des modes possibles du réseau. — Le symbole de la symétrie holoédrique est

$$L^2 C \Pi.$$

Le réseau normal à l'axe binaire a pour maille plane un certain parallélogramme $A'_0A'B_0B'_0$ (fig. 209).

Si les nœuds d'un plan perpendiculaire à l'axe de symétrie coïncident

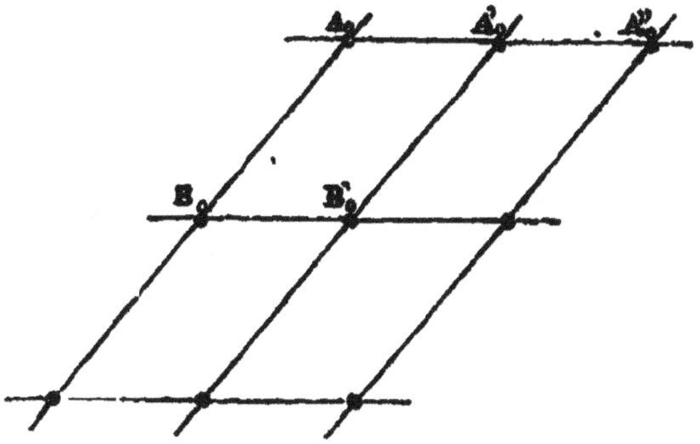

Fig. 209.

avec la projection des nœuds du plan contigu, la maille solide est un prisme oblique à base rectangle, ayant un plan de symétrie normal à la base. Représentons le réseau du plan de la base de ces prismes (fig. 210).

A la maille rectangulaire $A_0A'_1$, nous pouvons substituer la maille rhombique $A_1A'_2, A''_1A'_0$, portant au centre un nœud A'_1. Nous pouvons donc

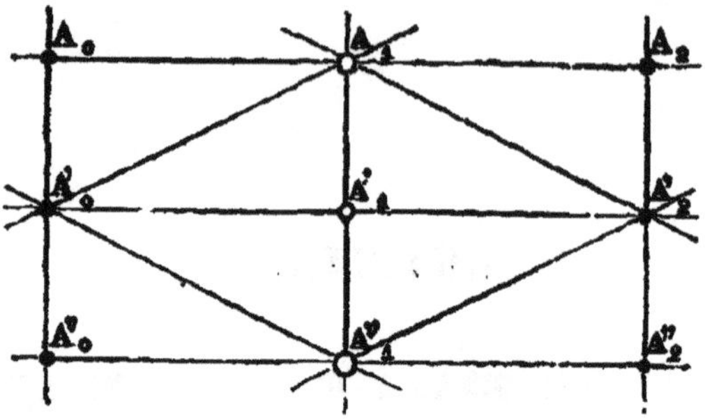

Fig. 210.

substituer à la maille solide précédente un prisme oblique à base rhombe centrée. Ce prisme rhomboïdal oblique a un plan de symétrie perpendiculaire à la base; ou, en d'autres termes, l'arête A_0B_0 est normale sur la diagonale $A'A'_2$ du rhombe qui est parallèle à l'axe binaire et inclinée sur l'autre diagonale.

On place ordinairement verticale l'arête latérale A_0B_0 du prisme; la diagonale du rhombe située dans le plan de symétrie est alors la diagonale inclinée et on la suppose toujours inclinée en haut d'arrière en avant. La diagonale parallèle à l'axe binaire est la diagonale horizontale.

Si les nœuds du plan contigu se projettent sur les milieux des côtés de la maille du plan perpendiculaire à l'axe, il est aisé de voir que la maille solide est un prisme rhomboïdal oblique ou un prisme oblique à base rectangle centrée (fig. 211).

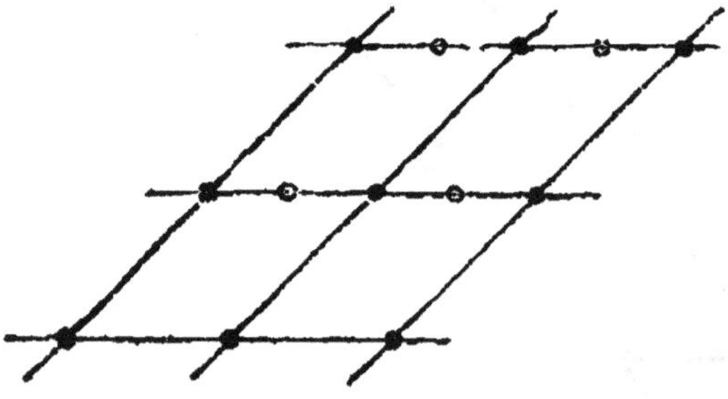

Fig. 211.

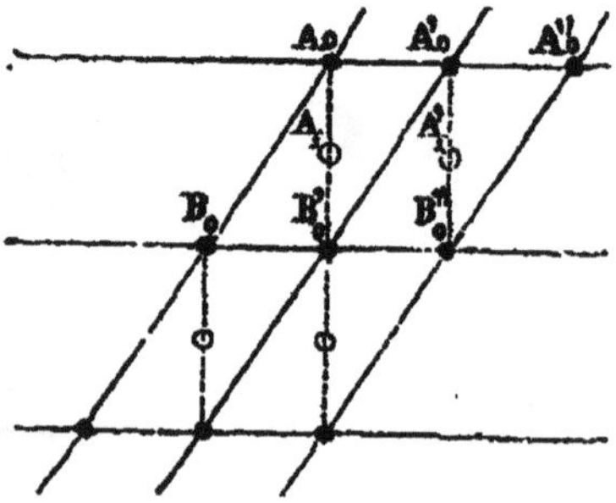

Fig. 212.

Il ne reste plus à examiner que les cas où les nœuds du plan contigu se projettent au centre de la maille du plan perpendiculaire à l'axe. Mais comme on peut substituer à la première maille plane $A_0B'_0$ (fig. 212) un parallélogramme $A_0B'_0B''_0A'_0$ formé par un côté et une diagonale de celle-ci, ce cas rentre dans le précédent.

Il n'y a donc que deux modes d'arrangement du Réseau dans le système binaire :

1° La maille solide est un *prisme oblique à base rectangle* ou un *prisme oblique à base rhombe centrée;* — mode *hexaédral rectangle* ou *octaédral rhombique;*

2° La maille solide est un *prisme oblique à base rhombe* ou un *prisme oblique à base rectangle centrée;* — mode *hexaédral rhombique* ou *octaédral rectangle*.

Système d'axes coordonnés. — Le plus commode des systèmes d'axes coordonnés usités pour le système clinorhombique consiste à prendre pour axes les deux diagonales du rhombe de la base et l'arête verticale. On prend alors pour axe des x la diagonale inclinée (fig. 213 et 214),

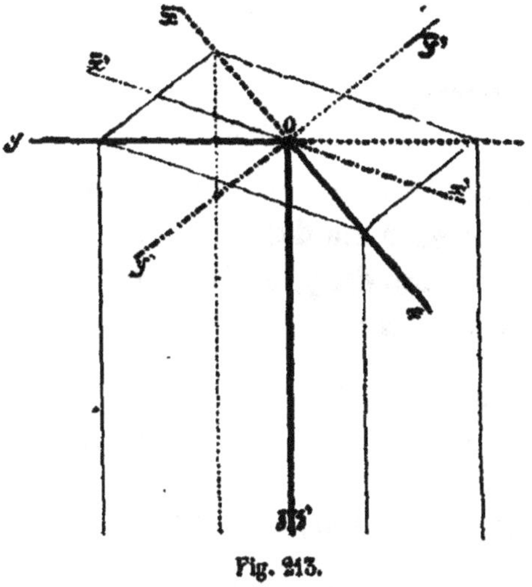

Fig. 213.

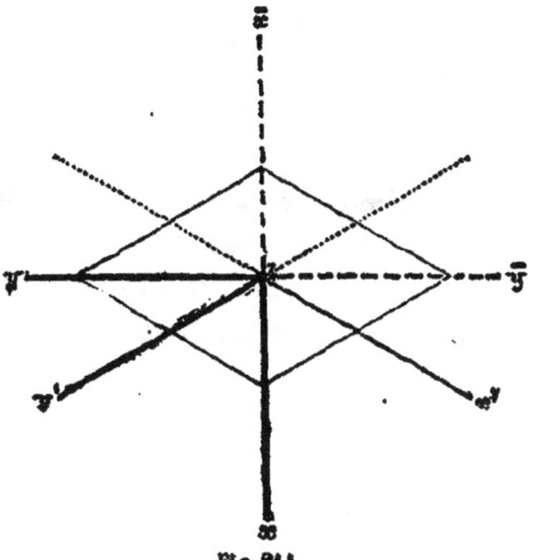

Fig. 214.

pour axe des y la diagonale horizontale parallèle à l'axe binaire, pour axe des z l'arête verticale du prisme ; le plan des zx est ainsi le plan de symétrie et dans ce plan de symétrie, l'angle des axes positifs des x et des z est l'angle obtus. On a alors $xy = 90°$, $zy = 90°$, $\xi = 90°$, $\zeta = 90°$ et $zx = \eta$.

On emploie aussi comme axes coordonnés l'arête verticale et les deux arêtes de la base du prisme clinorhombique. C'est ce qui a lieu dans le mode de notation de Lévy. On prend des parallèles aux deux arêtes de la base pour axes des x' et des y' et l'arête verticale pour axe des z'.

La position relative des deux systèmes d'axes étant la même que celle des deux systèmes usités dans le système orthorhombique, à la différence seule des inclinaisons des axes qui sont sans influence sur les coordonnées numériques, les formules de transformation seront les mêmes que pour le système terbinaire. Si p, q, r sont les caractéristiques dans le premier système, et p', q', r' les caractéristiques dans le système de Lévy, on a :

$$p' = p + q \qquad q' = -p + q \qquad r' = r$$

$$p = p' - q' \qquad q = p' + q' \qquad r = 2r'.$$

Quant aux paramètres des axes, si a, b, c sont ceux du premier système et a', c' ceux du système Levy, on a :

$$a' = \sqrt{a^2 + b^2} \qquad c' = c.$$

On a de plus :

$$\cos x'y' = \cos [110]\,[\bar{1}10] = \frac{-a^2 + b^2}{a^2 + b^2} \text{ ou } \cos \frac{1}{2} x'y' = \frac{a}{\sqrt{a^2 + b^2}}$$

$$-\cos y'z' = \cos x'z' = \cos [110]\,[001] = \frac{a}{\sqrt{a^2 + b^2}}.$$

Calculs des angles des arêtes et des faces. — En prenant la diagonale inclinée de la base rhombe pour axe des x, la diagonale horizontale parallèle à l'axe binaire pour axe des y, et l'arête verticale pour axe des z, on tire des formules générales :

$$\cos RR' = \frac{gg'a^2 + hh'b^2 + kk'c^2 + (gk' + kg')\,ac \cos xz}{\sqrt{(g^2a^2 + h^2b^2 + k^2c^2 + 2gkac \cos xz)\,(g'^2a^2 + h'^2b^2 + k'^2c^2 + 2g'k'ac \cos xz)}}$$

et pour l'angle PP' des normales à deux faces $(p\,q\,r)$ et $(p'q'r')$,

$$\cos PP' = \frac{pp'A^2 + qq'B^2 + rr'C^2 + (pr' + p'r)AC \cos XZ}{\sqrt{(p^2A^2 + q^2B^2 + r^2C^2 + 2pr\,AC \cos XZ)\,(p'^2A^2 + q'^2B^2 + r'^2C^2 + 2p'r'AC \cos XZ)}}$$

formule dans laquelle il faut se rappeller que A, B, C sont les paramètres et XZ l'angle des axes du réseau polaire, c'est-à dire que

$$A = \frac{M}{a} \qquad B = \frac{M}{b} \sin xz \qquad C = \frac{M}{c}$$

M étant une constante que l'on peut considérer comme arbitraire et prendre égale à l'unité.

$$XZ = 180° - \eta = 180° - xz$$

En ajoutant aux trois caractéristiques p, q, r, une quatrième s telle que $s = -(p+q)$, on peut se servir des formules de la page 35, et les calculs deviennent parfois plus symétriques et plus rapides.

Formes simples.—Représentons la projection gnomonique des pôles sur le plan de symétrie perpendiculaire à l'axe des Y (fig. 215).

Un pôle (pqr), situé au-dessus du plan de symétrie entraîne, à cause de l'axe binaire, l'existence d'un autre pôle $(\bar{p}q\bar{r})$, situé également au-dessus du plan de symétrie et dont on trouvera la position en prenant le point symétrique du premier [par rapport au centre de projection. A ces deux pôles s'ajoutent leurs symétriques $(\bar{p}qr)$ et $(\overline{pqr})$ par

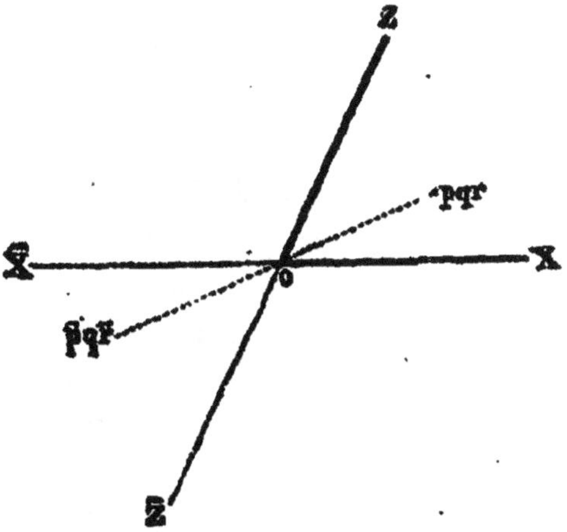

Fig. 215.

rapport au plan de symétrie. La coexistence de ce plan et de l'axe entraînant l'existence du centre, nous avons épuisé la symétrie du système dont la forme holoédrique ne se compose que de quatre plans parallèles entre eux deux à deux et symétriques par rapport au plan de symétrie. Ces quatre plans donnent une forme ouverte qui est un prisme dont la section droite est un rhombe.

Lorsque $q = 0$, les pôles sont situés dans le plan de symétrie et se réduisent à deux ; la forme simple ne consiste plus qu'en deux plans parallèles entre eux et à l'axe binaire.

Lorsque $p = 0$, et $r = 0$, la forme simple $\{010\}$ se réduit à deux plans perpendiculaires à l'axe binaire.

On convient de représenter toujours une forme simple $\{pqr\}$ par le symbole de la face pour laquelle q et r sont positifs.

Formes composées.—On imagine un prisme orthorhombique (fig. 216) semblable à celui qui forme la maille solide du réseau, et qui serait donné par la forme simple $\{110\}$, combinée avec la forme simple $\{001\}$. On convient de placer ce prisme de manière que les arêtes latérales soient verticales, la diagonale horizontale de la base faisant face à l'observateur, et la diagonale inclinée de la base supérieure allant en s'abaissant d'arrière en avant. Il y a en haut et en arrière un angle culminant qui peut venir coïncider avec l'angle situé en bas et en avant; on désigne par *a* ces angles culminants qui pointent, et qu'on peut appeler angles culminants aigus. On désigne par la lettre *o* les deux angles situés aux autres extrémités de la diagonale inclinée; ces angles, écrasés en quelque sorte, sont les angles culminants obtus. Les quatre angles latéraux

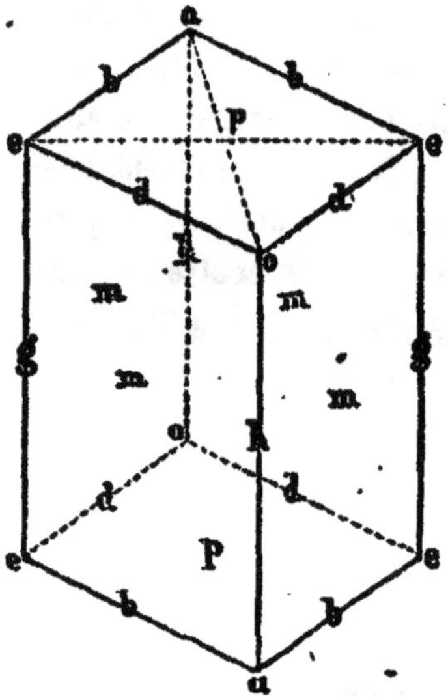

Fig. 216.

peuvent être amenés en coïncidence les uns avec les autres ou sont

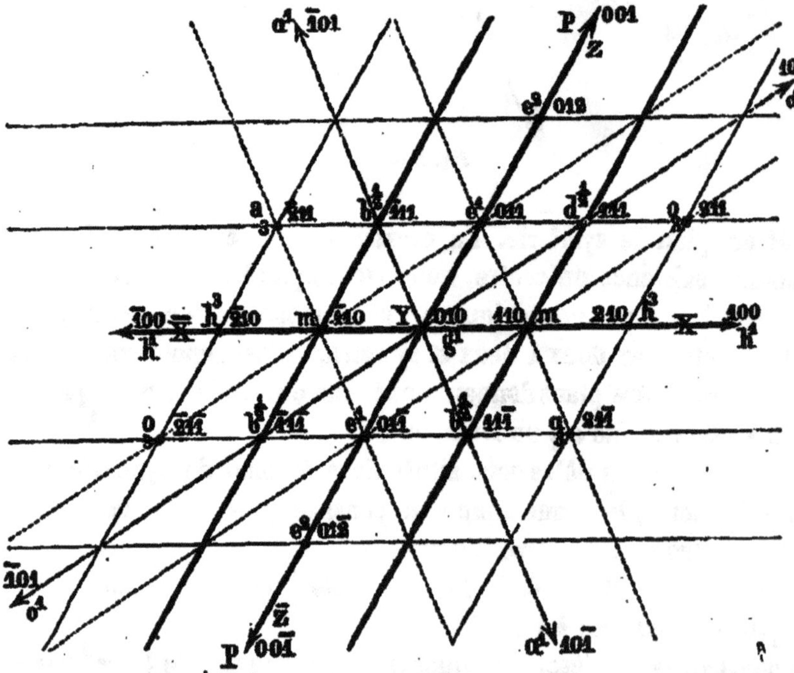

Fig. 217.

opposés par le centre; on les désigne par la lettre *e*. Des quatre arêtes verticales, les deux latérales sont nommées g; les deux arêtes situées dans le plan de symétrie sont appelées h. Les quatre arêtes des bases aboutissant aux angles a sont appelées b; elles sont identiques entre elles comme opposées par le centre ou comme pouvant être amenées en superposition; les quatre arêtes des bases aboutissant aux angles o sont appelées d. Les quatre faces latérales de la forme $\{110\}$ sont appelées m; les deux bases, p.

Afin de suivre plus aisément la position des divers plans cristallins sur le prisme primitif, nous tracerons la projection gnomonique des pôles sur le plan de symétrie (fig. 217 et 217 *bis*).

Pour dessiner cette projection, on mène deux droites, $X\bar{X}$, $Z\bar{Z}$, faisant entre elles un angle égal à XZ et qui représentent les axes X et Z du réseau polaire. Les parties positives des axes font entre elles un angle aigu. On prend pour unité le paramètre $B = \frac{M}{b} \sin xz$; la longueur du paramètre de l'axe des X est alors égale à $\frac{A}{B} = \frac{b}{a \sin xz}$ et celle du paramètre de l'axe des Z, $\frac{C}{B} = \frac{b}{c \sin xz}$.

Les pôles (110) et $(1\bar{1}0)$ sont ceux des faces m; les pôles (001) et $(00\bar{1})$, situés à l'infini sur l'axe des Z sont ceux des bases p.

Le pôle (010) représente un plan perpendiculaire à l'axe de symétrie placé tangentiellement sur l'arête g (fig. 218); les pôles (100) et $(\bar{1}00)$ placés à l'infini sur l'axe des X représentent des plans perpendiculaires au plan de symétrie, et placés tangentiellement sur les arêtes h (fig. 219).

Tous les pôles situés à l'infini sur les rangées partant du centre et notés $(p0r)$, représentent des plans perpendiculaires au plan de symétrie. Lorsque les deux caractéristiques p et r sont de même signe, la rangée sur laquelle sont situés les pôles tombe dans l'angle aigu des axes, et les plans correspondants viennent se placer sur les angles o (fig. 220). Lorsque les deux caractéristiques p et r sont de signe contraire, la rangée tombe dans l'angle obtus des axes, et les plans correspondants se placent sur les angles a (fig. 221).

Les faces, dont les pôles sont placés sur l'axe des X, sont parallèles aux arêtes verticales du prisme. Celles dont les pôles sont compris entre (110) et $(\bar{1}10)$ se placent sur les arêtes g, qu'elles remplacent par un biseau (fig. 222), elles sont notées $\{pq0\}$ avec $p < q$; celles dont les pôles tombent en dehors sont placées sur les arêtes h (fig. 223), elles sont notées $\{pq0\}$ avec $p > q$.

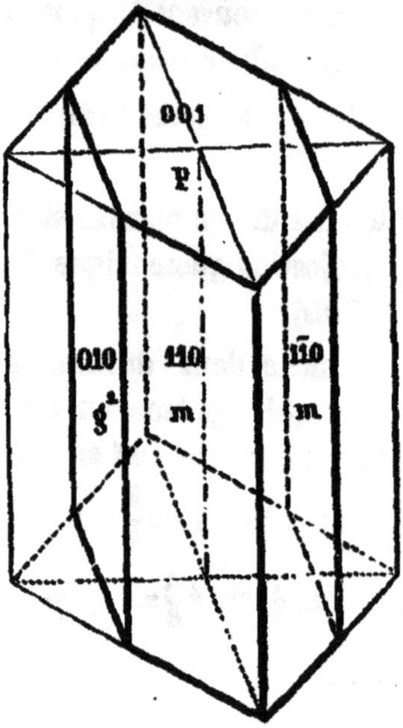

Fig. 218.

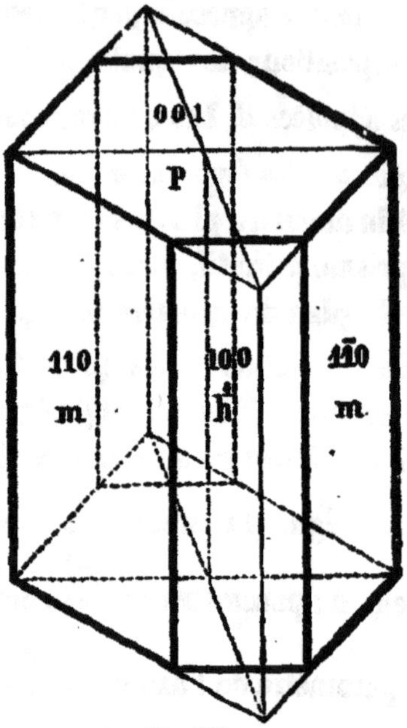

Fig. 219.

Si, par les pôles (110) et (1̄10), on mène des parallèles à l'axe des Z,

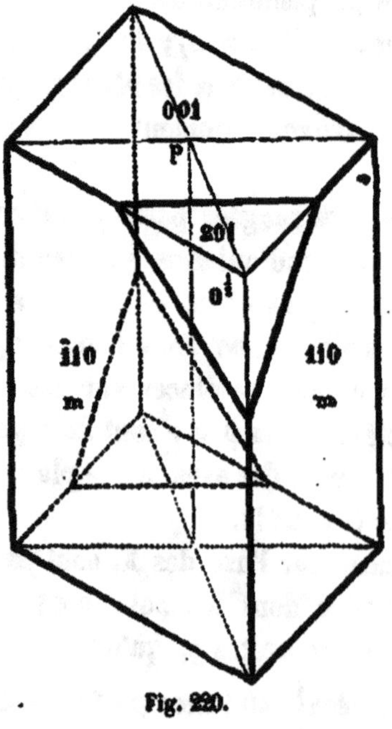

Fig. 220.

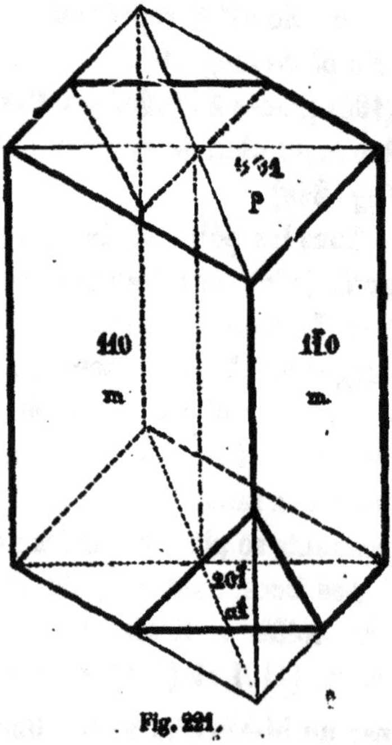

Fig. 221.

celles-ci représentent les zones dont les arêtes de la base sont les axes. Les formes dont les pôles viennent se placer sur ces parallèles sont toutes parallèles aux arêtes de la base. Celles de ces formes dont les pôles sont situés dans l'angle aigu des axes X et Z, ont les trois caractéristiques positives : elles sont placées sur des arêtes abou-

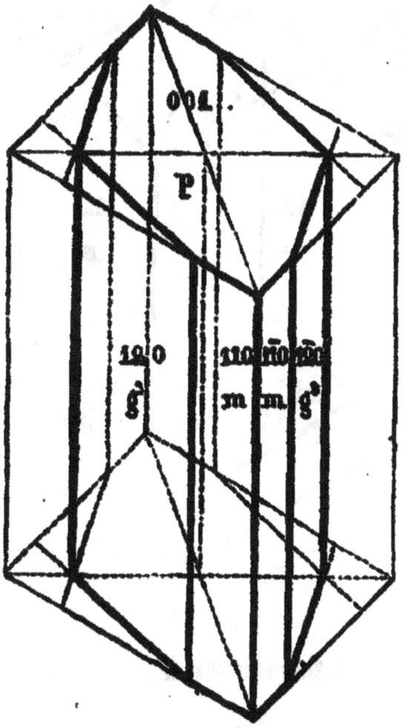

Fig. 222.

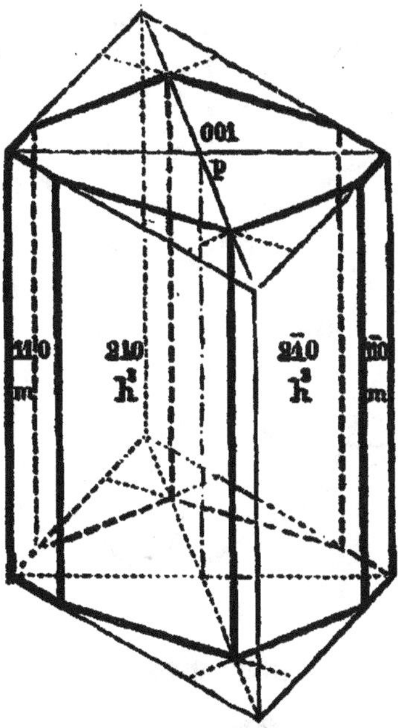

Fig. 223.

tissant aux angles *o*, c'est-à-dire sur des arêtes *d* (fig. 224). Celles dont les pôles sont situés dans l'angle obtus des axes, sont placées sur les arêtes *b* (fig. 225), elles sont notées $\{\bar{p}pr\}$. Sur chaque droite, les pôles de la forme *m* séparent, comme cela se voit aisément, les pôles des formes placées sur *b* de ceux des formes placées sur *d*.

Les formes dont les pôles sont situés dans l'intérieur des deux parallèles à Z, menées par (110) et $(\bar{1}10)$, sont placées sur les angles *e*. Si $\{pqr\}$ est le symbole de la forme, on a en valeur absolue $p < q$. Celles dont les pôles sont situés dans les angles aigus des axes ont des faces qui inclinent vers les angles *o* c'est-à-dire dont les traces sur le plan de la base du prisme vont rencontrer la diagonale inclinée du côté de l'angle *o* (fig. 226), la caractéristique *p* est positive; celles dont les pôles sont situés dans les angles obtus des axes ont des faces qui inclinent vers les angles *a* (fig. 227), la caractéristique *p* est négative; celles dont les pôles sont situés sur l'axe des Z n'inclinent ni vers *o*, ni vers *a*, et coupent la base suivant une parallèle à la diagonale inclinée (fig. 228), la caractéristique *p* est égale à 0.

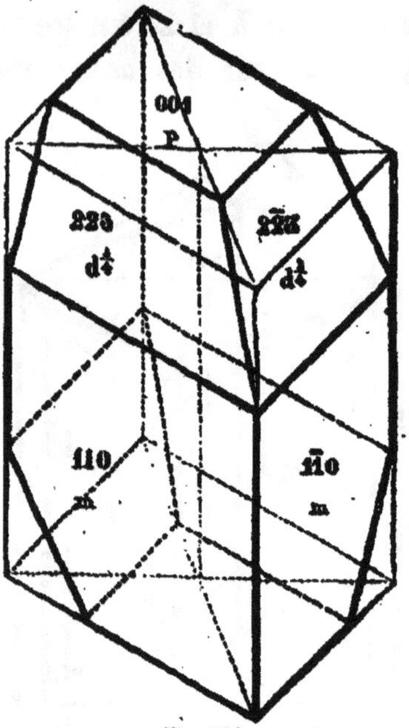

Fig. 224.

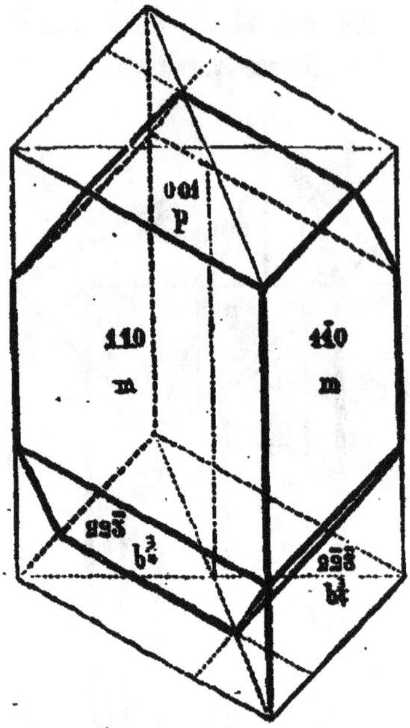

Fig. 225.

Enfin les pôles placés en dehors des deux parallèles à Z, menées par

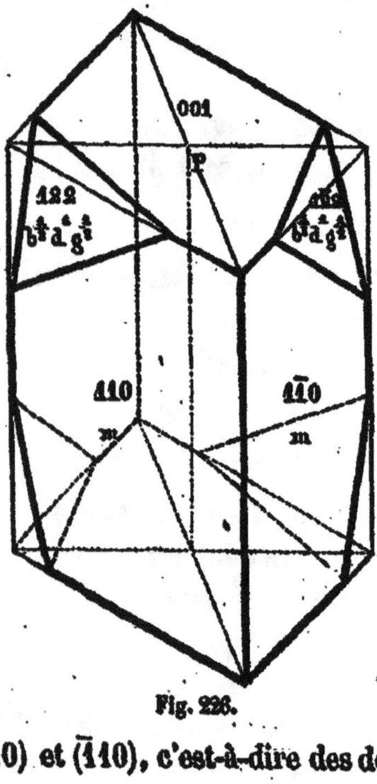

Fig. 226.

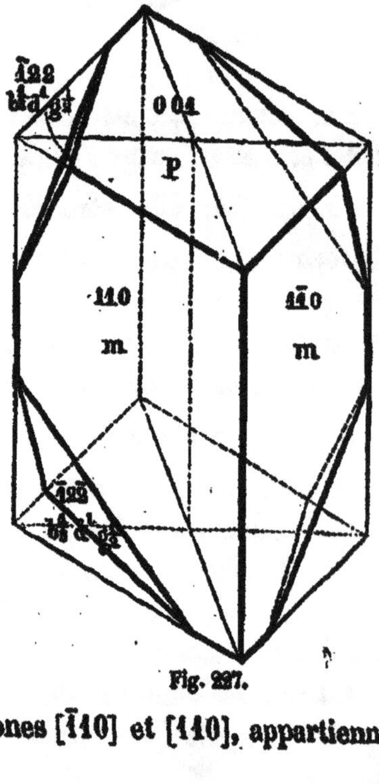

Fig. 227.

(110) et ($\bar{1}$10), c'est-à-dire des deux zones [$\bar{1}$10] et [110], appartiennent

à des formes dont le symbole est $\{pqr\}$ avec $p > q$ en valeur absolue. Lorsque p est positif (q et r l'étant toujours par convention), les pôles

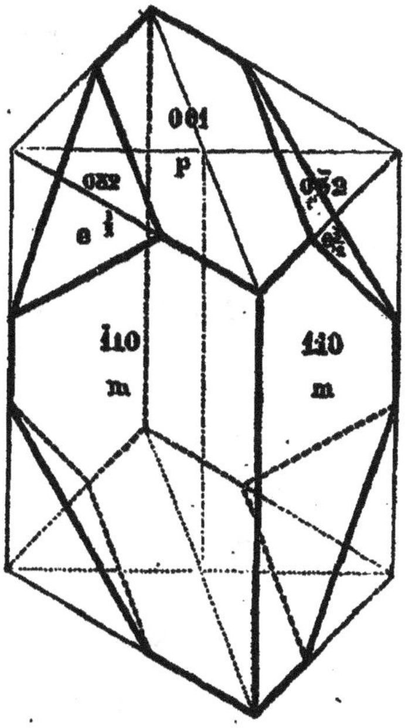

Fig. 228.

sont situés dans l'angle *aigu* des axes et la forme se compose de deux

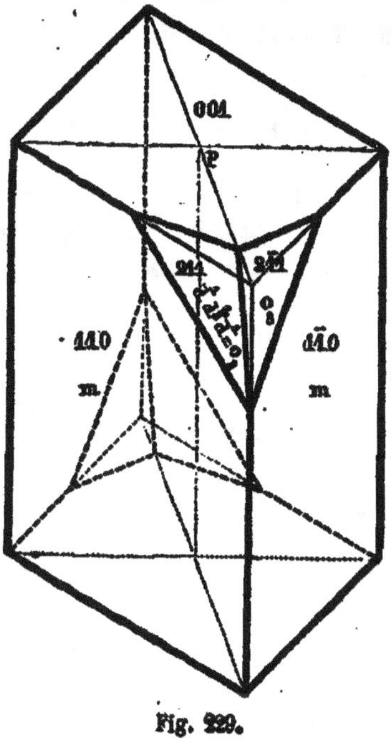

Fig. 229.

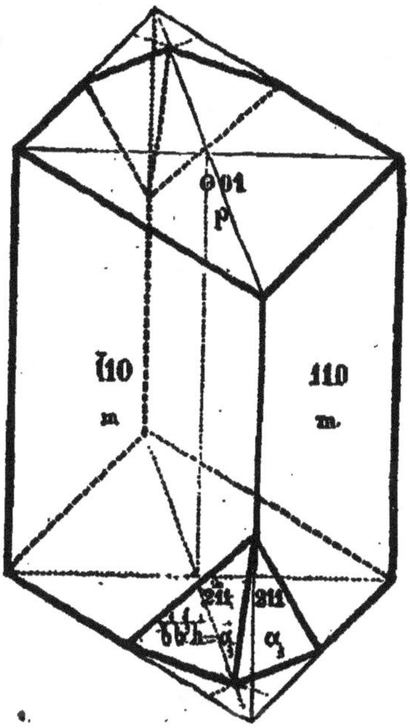

Fig. 230.

biseaux inclinés placés sur les angles *obtus* o (fig. 229). Lorsque p est négatif, les pôles sont situés dans l'angle *obtus* des axes, et la forme se compose de deux biseaux inclinés respectivement placés sur les angles *aigus* a (fig. 250).

La figure 231 représente un cristal d'orthose et la figure 232 un cristal de pyroxène, qui montrent des combinaisons variées des formes simples du système clinorhombique.

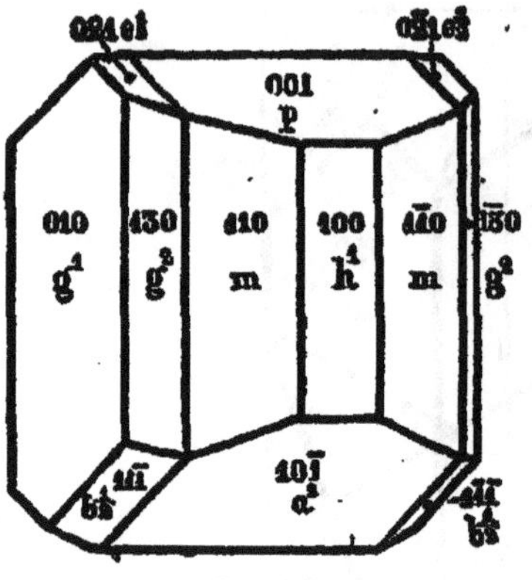

Fig. 231.

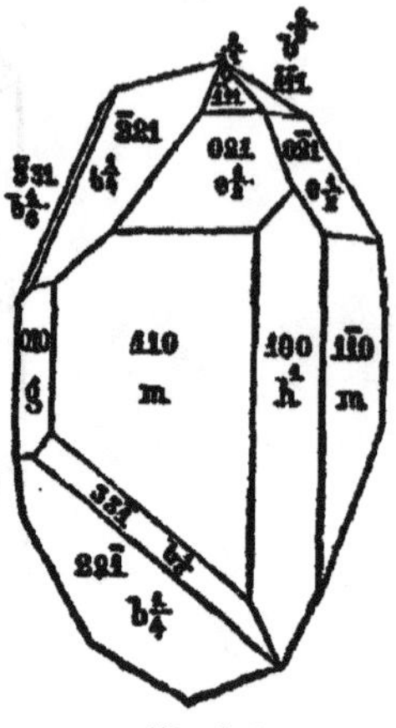

Fig. 232.

Système de notation Lévy. — Comme dans les systèmes précédents, Lévy désigne la forme en indiquant comment elle est placée sur le prisme primitif.

Si une forme est notée $\{pqr\}$ dans le sytème Miller, un plan de cette forme, placé sur le prisme primitif, tronque un des angles ou est parallèle à une arête. S'il tronque, par exemple, un des angles e, il intercepte sur les 3 arêtes b, d, g aboutissant à l'angle e des longueurs numériques représentées par $\frac{1}{p'}$, $\frac{1}{q'}$, $\frac{1}{r'}$ et on aura :

$$p' = p + q \quad q' = -p + q \quad r' = r;$$

la forme sera représentée par le symbole

$$b^{\frac{1}{p+q}}\, d^{\frac{1}{-p+q}}\, g^{\frac{1}{r}}.$$

Le tableau suivant en récapitulant ce qui a été dit plus haut, montre comment s'appliquent les symboles de Lévy dans tous les cas.

NOTATION MILLER (les signes étant explicites).	NOTATION LÉVY.	NOM DONNÉ A LA FORME PAR NAUMANN.
I. — Formes placées sur les angles latéraux e. $p < q$.		
Pôles situés dans la bande comprise entre les deux parallèles à $Z\bar{Z}$ menées par $(\bar{1}10)$ et (110).		
1° PLANS INCLINANT VERS L'ANGLE o. $p > 0$.		
Pôles situés dans les angles aigus XZ et $\bar{X}\bar{Z}$.		
$\{pqr\}$	$d^{\frac{1}{q-p}}\ b^{\frac{1}{p+q}}\ g^{\frac{1}{r}}$	Hémiclinopyramide antérieure.
2° PLANS INCLINANT VERS L'ANGLE a. $p < 0$.		
Pôles situés dans les angles obtus $\bar{X}Z$ et $X\bar{Z}$.		
$\{\bar{p}qr\}$	$b^{\frac{1}{q-p}}\ d^{\frac{1}{p+q}}\ g^{\frac{1}{r}}$	Hémiclinopyramide postérieure.
3° PLANS PARALLÈLES A LA DIAGONALE INCLINÉE $p = 0$.		
Pôles situés sur la ligne $Z\bar{Z}$.		
$\{0qr\}$	$e^{\frac{r}{q}}$	Hémiclinodome.
II. — Formes placées sur les angles a ou o. $p > q$.		
A. — SUR LES ANGLES o. $p > 0$.		
Pôles situés dans les angles aigus XZ et $\bar{X}\bar{Z}$.		
1° FORME LA PLUS GÉNÉRALE.		
$\{pqr\}$	$d^{\frac{1}{p-q}}\ d^{\frac{1}{p+q}}\ h^{\frac{1}{r}}$	Hémiorthopyramide antérieure.
2° $p + q = r$.		
Pôles situés dans l'angle XZ, sur la droite menée par $(\bar{1}10)$ et (011) c'est-à-dire sur la zone $[\bar{1}\bar{1}1]$.		
$\{p, q, p+q\}$	$d^{\frac{1}{p-q}}\ d^{\frac{1}{p+q}}\ h^{\frac{1}{p+q}} = o^{\frac{p-q}{p+q}}$	
3° $p - q = r$.		
Pôles situés dans l'angle XZ, sur la droite menée par (110) et $(01\bar{1})$, c'est-à-dire sur la zone $[1\bar{1}\bar{1}]$.		
$\{p, q, p-q\}$	$d^{\frac{1}{p-q}}\ d^{\frac{1}{p+q}}\ h^{\frac{1}{p-q}} = o^{\frac{p+q}{p-q}}$	

NOTATION MILLER (les signes étant explicites).	NOTATION LÉVY.	NOM DONNÉ A LA FORME PAR NAUMANN.
4° FORMES PARALLÈLES A LA DIAGONALE HORIZONTALE DE LA BASE $q = 0$, Pôles situés à l'infini.		
$\{p0r\}$	$o^{\frac{r}{p}}$	Hémiorthodome antérieur.
B. — SUR LES ANGLES $a.p < 0$. Pôles situés dans les angles obtus $\bar{X}Z$ et $X\bar{Z}$.		
1° FORME LA PLUS GÉNÉRALE.		
$\{\bar{p}qr\}$	$b^{\frac{1}{p-q}}\, b^{\frac{1}{p+q}}\, h^{\frac{1}{r}}$	Hémiorthopyramide postérieure.
2° $p+q=r$. Pôles situés dans l'angle $Z\bar{X}$, sur la droite menée par (011) et (110), c'est-à-dire sur la zone $[1\bar{1}1]$.		
$\{\bar{p},q,p+q\}$	$b^{\frac{1}{p-q}}\, b^{\frac{1}{p+q}}\, h^{\frac{1}{p+q}} = a_{\frac{p-q}{p+q}}$	
3° $p-q=r$. Pôles situés sur la droite menée par $(01\bar{1})$ et $(\bar{1}10)$, c'est-à-dire sur la zone [111].		
$\{\bar{p},q,p-q\}$	$b^{\frac{1}{p-q}}\, b^{\frac{1}{p+q}}\, h^{\frac{1}{p-q}} = a_{\frac{p+q}{p-q}}$	
4° FORMES PARALLÈLES A LA DIAGONALE HORIZONTALE $q = 0$. Pôles situés à l'infini.		
$\{\bar{p}0r\}$	$a^{\frac{r}{p}}$	Hémiorthodome postérieur.
III. — Formes placées sur les arêtes de la base $p = q$. Pôles situés sur les parallèles à $Z\bar{Z}$ menées par (110) et $(\bar{1}10)$.		
1° FORMES PLACÉES SUR LES ARÊTES d. Pôles situés dans les angles aigus XZ et $\bar{X}\bar{Z}$.		
$\{ppr\}$	$d^{\frac{r}{2p}}$	Protohémipyramide antérieure.
$\{111\}$	$d^{\frac{1}{2}}$	Hémipyramide fondamentale antérieure.

NOTATION MILLER (les signes étant explicites).	NOTATION LÉVY.	NOM DONNÉ A LA FORME PAR NAUMANN.
	2° FORMES PLACÉES SUR LES ARÊTES b.	
	Pôles situés dans les angles obtus $\bar{X}Z$ et $X\bar{Z}$.	
$\{\bar{p}pr\}$	$b^{\frac{r}{2p}}$	Protohémipyramide postérieure.
$\{\bar{1}11\}$	$b^{\frac{1}{2}}$	Hémipyramide fondamentale postérieure.
	IV. — Formes placées sur les arêtes verticales g ou h. $r = 0$.	
	Pôles situés sur XY.	
	1° FORMES PLACÉES SUR LES ARÊTES g. $p < q$.	
	Pôles situés sur YX, entre (010) et (110).	
$\{pq0\}$	$g^{\frac{p+q}{q-p}}$	Clinoprisme.
$\{010\}$	g^1	Clinopinacoïde.
$\{110\}$	m	Protoprisme.
	2° FORMES PLACÉES SUR LES ARÊTES h. $p > q$.	
	Pôles situés sur YX, entre (110) et (100).	
$\{pq0\}$	$h^{\frac{p+q}{p-q}}$	Orthoprisme.
$\{100\}$	h^1	Orthopinacoïde.

Formes hémiédriques. — La symétrie des formes holoédriques étant représentée par le symbole

$$A^2 \quad C \quad \Pi,$$

si l'on supprime le centre, la suppression du plan de symétrie s'ensuivra, et le symbole de la symétrie de la forme hémiédrique sera

$$A^2 \quad 0C \quad 0\Pi.$$

Les deux pôles supérieurs au plan de symétrie seront conservés, tandis que les deux pôles inférieurs sont supprimés. Cette hémiédrie holoaxe donne deux formes conjuguées non superposables ; on appelle forme droite celle dans laquelle les faces conservées à la partie supérieure du cristal sont à droite de l'observateur regardant le cristal dans la position qui lui est ordinairement assignée.

Les figures 233 et 234 représentent des cristaux de sucre gauches.

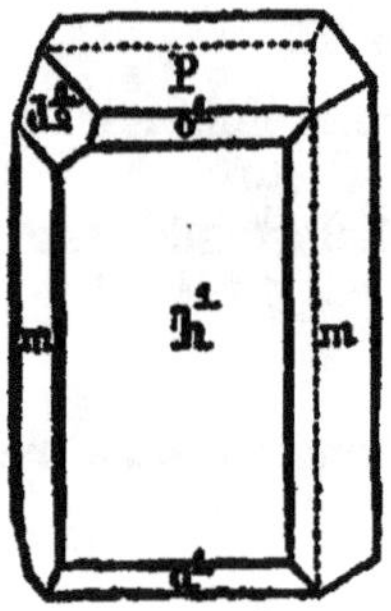

Fig. 233.

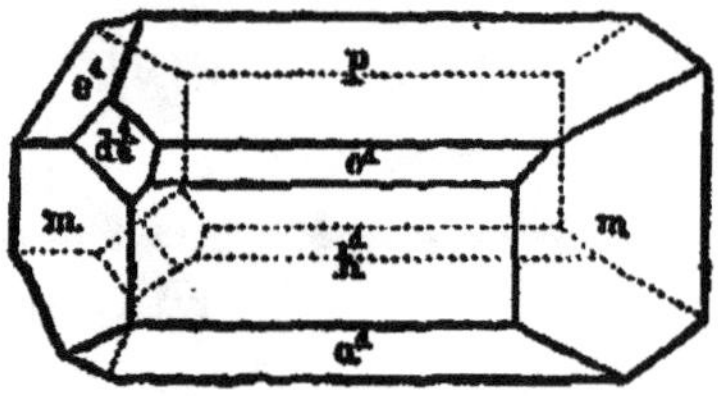

Fig. 234.

Le second et dernier mode d'hémiédrie s'obtient en supprimant l'axe binaire, et conservant le plan de symétrie, ce qui supprime le centre. Le symbole de la symétrie devient

$$0A^2 \quad 0C \quad \Pi.$$

Des quatre pôles de la forme holoédrique on ne conserve que les deux pôles symétriques par rapport au plan de symétrie. Les deux formes conjuguées sont superposables. On ne connaît jusqu'ici aucun exemple de ce mode d'antihémiédrie.

CHAPITRE XII

SYSTÈME ASYMÉTRIQUE OU TRICLINIQUE

S. diclinoédrique et triclinoédrique[1] (Naumann). — Eingliedriges System (Weiss). — S. prismatique oblique non symétrique (Miller). — Système du prisme oblique dissymétrique ou sixième système cristallin (Dufrénoy).

La maille du réseau de ce système est un parallélipipède quelconque. Il n'y a évidemment lieu de distinguer dans la constitution de ce réseau aucun mode particulier.

Système d'axes coordonnés. — Il n'y a rien dans la symétrie du réseau qui permette de faire un choix parmi toutes les formes primitives possibles. Ce choix n'est dirigé que par des considérations particulières sur lesquelles nous reviendrons plus tard.

Lorsqu'on emploie le mode de notation Miller, on prend ordinairement pour axes coordonnés l'arête verticale et les deux diagonales de la base du parallélipipède pris comme forme primitive. Dans toutes les figures, on place les cristaux de manière que la hauteur du prisme primitif soit verticale, que l'angle obtus du prisme soit en avant et que la courte diagonale de la base supérieure incline vers l'observateur. Dans cette position du prisme, les parties positives des axes limitent l'angle dièdre antérieur supérieur gauche. La projection gnomonique est ordinairement faite sur un plan parallèle au plan XZ, la partie po-

1. Un grand nombre d'auteurs allemands divisent, avec Naumann, ce système en deux autres, qu'ils appellent diclinoédrique et triclinoédrique. Le premier serait caractérisé par la condition que l'un des angles des axes, celui des xy, par exemple, serait seul égal à 90°, les deux autres étant quelconques. Cette condition ne donnant au réseau aucun élément de symétrie, et les systèmes cristallins ne [illegible]ent être caractérisés que par des modes de symétrie différents, il est évide[illegible]ème diclinoédrique de Naumann doit être rejeté. Les cristaux, très-rar[illegible]emplissant la condition énoncée, ne sont que des cristaux asymétriqu[illegible]s réseaux possèdent une propriété géométrique intéressante.

sitive des Y étant au-dessus du plan de projection. Il résulte alors des conventions précédentes que sur cette projection l'angle aigu XZ est à gauche et en haut.

Dans le système Lévy, on prend pour axes coordonnés les arêtes du prisme primitif; si l'axe des x' positif est la diagonale du parallélogramme construit sur $+a$ et $+b$, et l'axe des y' positif celle du parallélogramme construit sur $-a$ et $+b$, les formules de transformation sont comme dans les systèmes précédents

$$p'=p+q \quad q'=-p+q \quad r'=r$$

$$p=p'-q' \quad q=p'+q' \quad r'=2r$$

$$a'=\sqrt{a^2+b^2+2ab\cos xy}$$

$$b'=\sqrt{a^2+b^2-2ab\cos xy}$$

$$c'=c$$

$$\cos H'=\cos x'z'=\cos[110][001]=\frac{a\cos xz+b\cos yz}{\sqrt{a^2+b^2+2ab\cos xy}}$$

$$\cos Z'=\cos x'y'=\cos[110][\bar{1}10]=\frac{-a^2+b^2}{\sqrt{a^2+b^2+2ab\cos xy}\sqrt{a^2+b^2-2ab\cos xy}}$$

$$\cos \Xi'=\cos y'z'=\cos[\bar{1}10][001]=\frac{-a\cos xz+b\cos xy}{\sqrt{a^2+b^2-2ab\cos xy}}$$

Calculs des angles des arêtes et des faces. — Les formules qui servent à ces calculs sont les formules générales que nous avons données et qui ne sont, dans ce cas, susceptibles d'aucune simplification.

Formes simples holoédriques et hémiédriques. — La forme simple holoédrique la plus générale ne se compose plus que de deux plans parallèles opposés par le centre. Si l'un est noté (pqr), l'autre est noté $(\overline{pqr})$.

Nous conviendrons de désigner une forme simple par les caractéristiques de celui des deux plans qui la composent pour lequel q est positif[1].

1. Cette convention n'est pas universellement adoptée. Nous l'adoptons ici parce qu'elle permet de suivre plus commodément la discussion des formes sur la projection gnomonique. Il est d'ailleurs très-aisé de passer de la convention que nous adoptons à l'autre, puisqu'il suffit de changer les signes des trois caractéristiques.

Il ne pourrait se produire une hémiédrie que par la suppression du centre, qui entraînerait celle de l'un des deux plans de la forme holoédrique. Les deux formes conjuguées hémiédriques ne seraient pas superposables. On ne connait aucun cristal présentant ce mode d'hémiédrie.

Projection gnomonique. — Pour construire la projection gnomonique (fig. 235), on mène deux lignes YZ et YX faisant entre elles l'angle

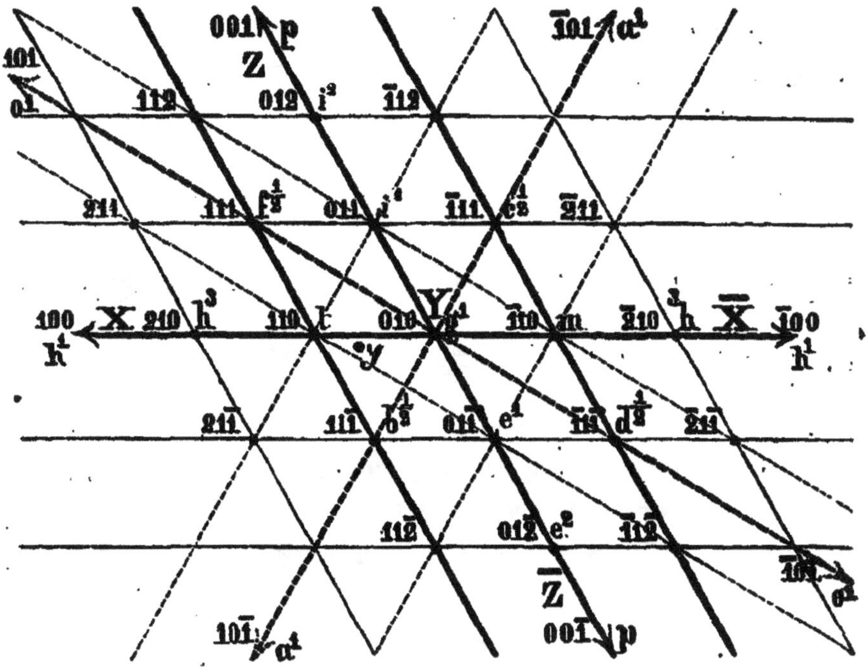

Fig. 235.

$XZ = \pi - \eta$; elles représentent les parties positives des axes X et Z. Si l'on prend pour unité le paramètre $B = \frac{M}{b} \sin xz$, la longueur du paramètre des X sera $\frac{A}{B} = \frac{b}{a} \cdot \frac{\sin yz}{\sin xz}$, et celle du paramètre des Z, $\frac{C}{B} = \frac{b}{c} \cdot \frac{\sin xy}{\sin xz}$. Le paramètre $B = 1$, porté sur l'axe des Y, au-dessous du plan de projection, détermine le point de vue dont la projection y sur le plan de la figure est le centre de projection[1]. Le point y se place

1. Ce point y est le pôle du grand cercle ZX ou, dans le triangle sphérique xyz, le sommet opposé à yx.

aisément en calculant ses projections orthogonales sur YX et YZ. La distance à Y de la projection orthogonale de y sur YX est en effet égale à la projection de B sur YX, c'est-à-dire à — cos YX = cos ζ. La distance à Y de la projection orthogonale de y sur Z est de même égale à — cos YZ = cos ξ.

Pour rapporter les angles sur la projection, il est plus commode de prendre pour unité la distance orthogonale Oy du point de vue au plan de projection, laquelle est égale à

$$\mathrm{B} \sin \mathrm{ZY} \sin \mathrm{Z} = \mathrm{B} \sin \xi \sin xy = \frac{\mathrm{M}}{b} \sin xz \sin xy \sin \xi = \frac{\mathrm{M}}{b} \sin xy \sin yz \sin \eta.$$

Il faut alors prendre

$$\text{Paramètre des X} = \frac{b}{a} \; \frac{1}{\sin xy \sin \eta}$$

$$\text{Paramètre des Z} = \frac{b}{c} \; \frac{1}{\sin xy \sin \xi}$$

La projection de Yy sur YX devient égale à $\dfrac{\cos \zeta}{\sin \xi \sin xy} = \operatorname{cotg} \zeta \operatorname{cos\acute{e}c} xy$,

et celle de Yy sur YZ, à $\dfrac{\cos \xi}{\sin \xi \sin xy} = \operatorname{cotg} \xi \operatorname{cos\acute{e}c} xy$.

Formes composées et système de notations de Lévy. — Plaçons toutes les formes simples, sur le prisme primitif. Pour rendre plus clair notre exposé, remarquons avec Lévy que, dans le prisme primitif, il n'y a d'éléments identiques que ceux qui sont opposés par le centre.

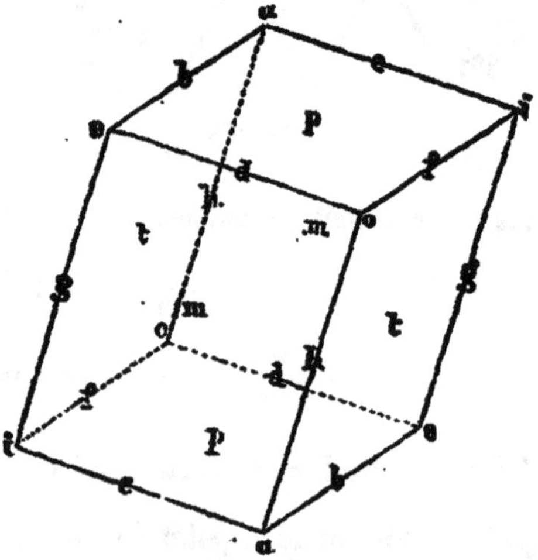

Fig. 236.

Il y a donc, à la partie supérieure du prisme, quatre angles différents (fig. 236). On appelle e l'angle latéral placé à gauche dans la position habituelle du prisme, *i* l'angle latéral de droite, *a* l'angle postérieur et *o* l'angle antérieur.

Les arêtes de la base supérieure sont aussi de quatre espèces différentes ; on appelle *b* l'arête postérieure gauche, *c* l'arête postérieure droite, *d* l'arête antérieure gauche, *f* l'arête postérieure droite.

Les arêtes verticales sont de deux espèces seulement ; on appelle *g* les arêtes latérales, *h* les deux autres.

On appelle enfin *p* la base du prisme, *m* la face verticale antérieure gauche, *t* la face verticale antérieure droite.

Ceci posé, le tableau suivant fera comprendre comment les diverses formes simples viennent se placer sur la forme primitive, et par quelles notations ces formes simples sont représentées dans le système Lévy.

NOTATIONS MILLER (les signes sont explicites).	NOTATIONS LÉVY (p, q, r sont considérés comme des quantités positives).	POSITION DE LA FORME SUR LE PRISME PRIMITIF.	SITUATION SUR LA PROJECTION GNOMONIQUE DES POLES DE LA FORME.
I. — Formes placées sur les angles latéraux e ou i. $p < q$			
Les pôles sont situés entre les parallèles à $Z\bar{Z}$ menées par (110) et ($\bar{1}$10).			
1° FORMES PLACÉES SUR LES ANGLES i. $r > 0$.			
Pôles situés *au-dessous* de la ligne $X\bar{X}$.			
$\{p\,q\,r\}$	$f^{\frac{1}{-p+q}}\, c^{\frac{1}{p+q}}\, g^{\frac{1}{r}}$	Inclinant vers o.	Entre YZ et la parallèle menée par (110).
$\{\bar{p}\,q\,r\}$	$c^{\frac{1}{-p+q}}\, f^{\frac{1}{p+q}}\, g^{\frac{1}{r}}$	Inclinant vers a.	Entre YZ et la parallèle menée par ($\bar{1}$10).
$\{0\,q\,r\}$	$i^{\frac{r}{q}}$	Parallèle à la diagonale ao	Sur YZ.
2° FORMES PLACÉES SUR L'ANGLE e. $r < 0$.			
Pôles situés *au-dessus* de la ligne $X\bar{X}$.			
$\{\bar{p}\,q\,\bar{r}\}$	$d^{\frac{1}{-p+q}}\, b^{\frac{1}{p+q}}\, g^{\frac{1}{r}}$	Inclinant vers l'angle o.	Entre $Y\bar{Z}$ et la parallèle menée par ($\bar{1}$10).
$\{p\,q\,\bar{r}\}$	$b^{\frac{1}{-p+q}}\, d^{\frac{1}{p+q}}\, g^{\frac{1}{r}}$	Inclinant vers a.	Entre $Y\bar{Z}$ et la parallèle menée par (110).
$\{0\,q\,\bar{r}\}$	$e^{\frac{r}{q}}$	Parallèle à la diagonale ao.	Sur $Y\bar{Z}$.
II. — Formes placées sur les angles o ou a. $p > q$.			
Pôles situés en dehors de la bande limitée par les parallèles à $\bar{Z}Z$ menées par (110) et ($\bar{1}$10)			
1° FORMES PLACÉES SUR LES ANGLES o. — p ET r DE MÊME SIGNE.			
Pôles situés dans les angles aigus XZ ou $\bar{X}\bar{Z}$.			
$\{p\,q\,r\}$	$f^{\frac{1}{p-q}}\, d^{\frac{1}{p+q}}\, h^{\frac{1}{r}}$	Inclinant vers i.	Dans l'angle aigu XZ.
$\{\bar{p}\,q\,\bar{r}\}$	$d^{\frac{1}{p-q}}\, f^{\frac{1}{p+q}}\, h^{\frac{1}{r}}$	Inclinant vers e.	Dans l'angle aigu $\bar{X}\bar{Z}$.
$\{p\,0\,r\}$	$o^{\frac{r}{p}}$	Parallèle à la diagonale ei.	A l'infini, dans l'un des angles aigus XZ ou $\bar{X}\bar{Z}$.

NOTATIONS MILLER (les signes sont explicites).	NOTATIONS LÉVY (p, q, r sont considérés comme des quantités positives).	POSITION DE LA FORME SUR LE PRISME PRIMITIF.	SITUATION SUR LA PROJECTION GNOMONIQUE DES PÔLES DE LA FORME.
2° FORMES PLACÉES SUR LES ANGLES *a*, *p* ET *r* DE SIGNE CONTRAIRE. Pôles situés dans les angles obtus $\bar{X}Z$ ou $X\bar{Z}$.			
$\{pq\bar{r}\}$	$b^{\frac{1}{p-q}}\ c^{\frac{1}{p+q}}\ h^{\frac{1}{r}}$	Inclinant vers *e*.	Dans l'angle obtus $X\bar{Z}$.
$\{\bar{p}qr\}$	$c^{\frac{1}{p-q}}\ b^{\frac{1}{p+q}}\ h^{\frac{1}{r}}$	Inclinant vers *i*.	Dans l'angle obtus $\bar{X}Z$.
$\{\bar{p}0r\}$	$a^{\frac{r}{p}}$	Parallèle à la diagonale *ei*.	A l'infini dans les angles obtus $\bar{X}Z$ ou $X\bar{Z}$.
III. — Formes placées sur les arêtes de la base $p = q$. Pôles situés sur les parallèles à $Z\bar{Z}$ menées par (110) et $(\bar{1}10)$.			
$\{\bar{p}p\bar{r}\}$	$d^{\frac{r}{2p}}$	Sur les arêtes *d*.	Sur la parallèle à $Y\bar{Z}$ menée par $(\bar{1}10)$.
$\{pp\bar{r}\}$	$b^{\frac{r}{2p}}$	Sur les arêtes *b*.	Sur la parallèle à $Y\bar{Z}$ menée par (110).
$\{\bar{p}pr\}$	$c^{\frac{r}{2p}}$	Sur les arêtes *c*.	Sur la parallèle à YZ menée par $(\bar{1}10)$.
$\{ppr\}$	$f^{\frac{r}{2p}}$	Sur les arêtes *f*.	Sur la parallèle à YZ menée par (110).
IV. — Formes placées sur les arêtes verticales. $r = 0$. Pôles situés sur $X\bar{X}$.			
1° FORMES PLACÉES SUR LES ARÊTES *g*. $p < q$. Pôles situés entre (110) et $(\bar{1}10)$.			
$\{pq0\}$	${}^{\frac{p+q}{-p+q}}g$	Le plan qui rencontre en avant la diagonale *ao* est à *gauche* de l'observateur qui regarde l'arête *h* antérieure (fig. 237).	Entre (010) et $(\bar{1}10)$.
$\{pq0\}$	$g^{\frac{p+q}{-p+q}}$	Le plan qui rencontre en avant la diagonale *ao* est à *droite* de l'observateur (fig. 238).	Entre (010) et (110).
2° FORMES PLACÉES SUR LES ARÊTES *h*. $p > q$. Pôles situés en dehors de l'espace compris entre $(\bar{1}10)$ et (110).			
$\{\bar{p}q0\}$	${}^{\frac{p+q}{p-q}}h$	Le plan antérieur rencontre la diagonale *ei* à *gauche* de l'observateur (fig. 239).	Entre $(\bar{1}10)$ et $(\bar{1}00)$.
$\{pq0\}$	$h^{\frac{p+q}{p-q}}$	Le plan antérieur rencontre la diagonale *ei* à *droite* de l'observateur (fig. 240).	Entre (110) et (100).

Il eut été fastidieux et peu utile de montrer par des figures comment les plans des différentes formes simples viennent se placer sur le prisme primitif. On a seulement indiqué, dans les figures ci-contre, quelle est la position relative des formes notées par Lévy g^m et ^mg, h^m et ^mh.

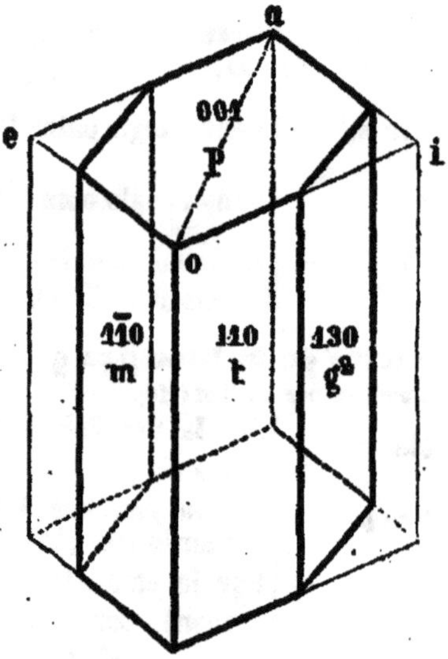

Fig. 237.

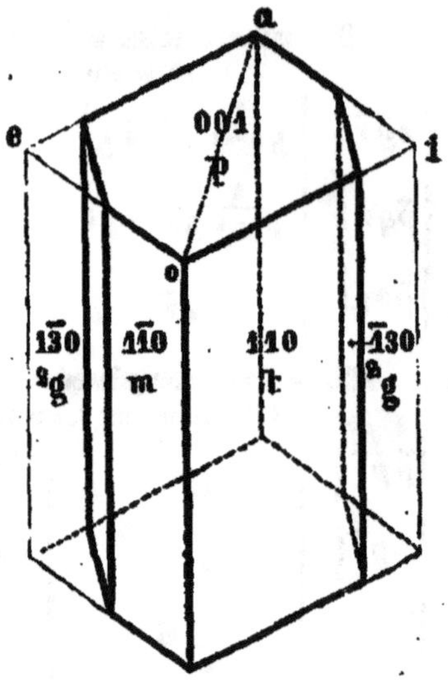

Fig. 238

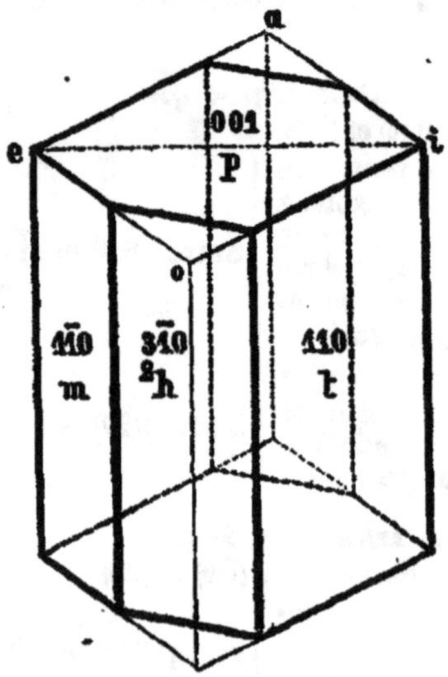

Fig. 239.

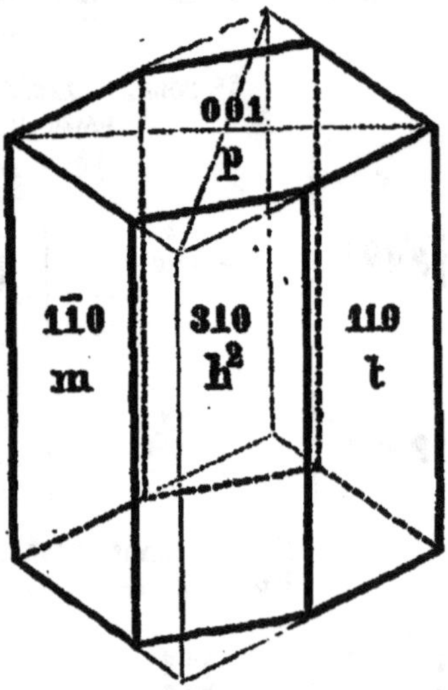

Fig. 240.

CHAPITRE XIII

DES DIVERS MODES DE NOTATIONS SYMBOLIQUES

En décrivant les formes propres à chacun des systèmes cristallins, on a fait connaître deux systèmes de notations symboliques : l'un, dû à Grassmann et Miller, donne, par rapport aux axes du réseau polaire, les coordonnées numériques du pôle de chaque face; le second, dû à Haüy, perfectionné successivement par Lévy et par M. Des Cloizeaux, se propose surtout d'indiquer quelle est la position de la forme simple sur la forme primitive.

Ces deux systèmes de symboles ont chacun leurs avantages et leurs inconvénients. Le système de Miller, plus géométrique, est nécessaire pour distinguer, par un symbole spécial, chacune des faces dont se compose la forme simple. Les caractéristiques usitées dans ces symboles se prêtent d'ailleurs d'une façon très-commode à tous les calculs. Aussi, quel que soit le système employé, il est commode de transformer les symboles en symboles de Miller lorsqu'on veut calculer les incidences mutuelles des faces. En revanche, ce système de notation a l'inconvénient grave de désigner bien plutôt une face que la forme simple. On convient, il est vrai, de prendre le symbole d'une face déterminée pour en faire celui de la forme; mais d'une part les divers cristallographes ne s'astreignent pas toujours à cette règle, ce qui produit la confusion; de l'autre il arrive, pour certains systèmes cristallins comme les systèmes ternaire, binaire et asymétrique, que les caractéristiques qui entrent dans le symbole de la forme sont compliquées de signes algébriques. Or ces signes ont le grave défaut de ne pas présenter à l'esprit une image précise, et d'exiger, pour être bien compris, un certain effort d'attention qui n'éloigne pas toujours l'erreur.

Les symboles d'Haüy et de Lévy ont au contraire ce grand avantage de désigner nettement et sans ambiguïté, au moyen de conventions faciles à retenir et faisant en quelque sorte image, non pas une face isolée, mais l'ensemble des faces qui, en vertu de la symétrie du système, composent la forme simple[1].

Les symboles de Miller ont donc leur utilité propre, et aucun mode de notation n'en dispense absolument. Les symboles d'Haüy et de Lévy les complètent heureusement soit au point de vue de l'image fournie à l'esprit, soit au point de vue de la commodité du langage et de la désignation des faces sur les figures cristallographiques. Ces deux systèmes de symboles suffisent à toutes les exigences de la science.

Malheureusement ils ne sont pas les seuls qu'ait inventés l'imagination trop fertile des cristallographes. En attendant le moment, sans doute fort éloigné, où l'amour-propre national, l'habitude, etc., permettront à la science un langage uniforme, il est nécessaire de connaître les principaux modes de notations usités par les divers auteurs. Nous nous bornerons à exposer le mode imaginé par Weiss, plus ou moins modifié par G. Rose, Rammelsberg, etc., et celui de Naumann.

MODE DE NOTATION DE WEISS, ROSE, ETC.

Dans ce mode, le plus ancien après celui d'Haüy, on se propose d'indiquer les longueurs interceptées par un plan de la forme non plus sur les arêtes du prisme primitif, mais sur les axes coordonnés menés par le centre du prisme.

Si x, y, z, sont les axes coordonnés dont a, b, c, sont les paramètres respectifs, une forme simple dont une face intercepte sur les axes des longueurs numériques g, h, k (qui sont les inverses des caractéristiques de Miller), est représentée par le symbole $ga : hb : kc$.

1. Il est regrettable que l'habitude se soit introduite d'employer, comme formes primitives dans les systèmes terbinaire et binaire, les prismes rhomboïdaux, choisissant ainsi, comme axes coordonnés, d'autres droites que les axes de symétrie. Les formules qui servent à passer du système Miller au système de Lévy en sont devenues plus compliquées, et sans qu'on ait aucun avantage sérieux. Dans le système terbinaire, par exemple, on pourrait prendre pour forme primitive le prisme rectangulaire dont les arêtes sont parallèles aux axes de symétrie; g^1 et h^1 seraient notés m et t; m serait noté h^1, etc. Haüy a d'ailleurs employé le prisme rectangulaire comme forme primitive presque aussi souvent que le prisme rhomboïdal.

Lorsqu'il est nécessaire de distinguer les formes dont les faces viennent couper soit la direction positive, soit la direction négative d'un axe, on accentue le paramètre de l'axe qui est rencontré dans sa partie négative. C'est ainsi que dans le système binaire la forme $a^{\frac{3}{4}} = \{\bar{4}03\}$ est désignée par le symbole $3\,a' : \infty\, b : 4\,c$, tandis que la forme $o^{\frac{3}{4}} = \{403\}$ est désignée par le symbole $3\,a : \infty\, b : 4\,c$.

Dans les systèmes terbinaire, binaire et asymétrique, on appelle *a* l'axe horizontal qui est dirigé vers l'observateur dans la position qu'on donne d'ordinaire aux cristaux dans les figures, et que nous avons définie; *b* est l'autre axe horizontal, *c* l'axe vertical. C'est là convention que nous avons faite nous-même pour le système binaire. Pour le système terbinaire, nous nous sommes conformé, quoique avec regret, à un usage fâcheux contre lequel on commence avec raison à réagir, en appelant au contraire *a* le plus grand paramètre et *b* le plus petit.

Dans les systèmes ternaire et hexagonal Weiss emploie les trois axes binaires horizontaux et l'axe sénaire vertical. Les quatre longueurs numériques interceptées sur les axes sont divisées par la plus grande des longueurs horizontales; celle-ci devient alors égale à 1, et les autres plus petites que 1. C'est ainsi que le didodécaèdre $\{32\bar{5}\bar{5}\}$ est noté par Weiss $a : \frac{2}{5}\,a : \frac{3}{5}\,a : \frac{1}{2}\,c$.

Dans le système ternaire, il faut distinguer les deux formes birhomboédriques, directe et inverse, qui, dans ce mode de notations, auraient le même symbole. On y arrive en mettant le symbole de la forme inverse entre deux parenthèses, et ajoutant un accent au-dessus de celle de droite. C'est ainsi que le scalénoèdre direct $\{43\bar{7}2\}$ est noté $a : \frac{3}{7}\,a : \frac{3}{4}\,a : \frac{3}{2}\,c$, tandis que le scalénoèdre inverse $\{34\bar{7}2\}$ est noté $\left(a : \frac{3}{7}\,a : \frac{3}{4}\,a : \frac{3}{2}\,c\right)'$.

Ces symboles étant très-longs à écrire, on les remplace autant qu'on le peut, soit dans le langage, soit dans les figures cristallographiques, par des signes plus simples[1].

On désigne par *a*, *b*, *c*, les trois plans coordonnés le plan *a*, étant

1. Tous les cristallographes de l'école de Weiss ne suivent pas les mêmes conventions en ce qui regarde ces signes abrégés. Nous exposons le système adopté par G. Rose (*Elem. der Kryst.*, 3e Aufl.)

celui qui passe par les axes *b* et *c*, etc. Ainsi, dans le système binaire, le plan h^1 est désigné par *a*, le plan g^1 par *b*, le plan *p* par *c*.

Les formes parallèles aux axes sont désignées par les lettres *d*, *f*, *g*. La lettre *d* et, lorsqu'elle est nécessaire, la lettre *f*, se rapportent aux formes parallèles aux axes horizontaux ; la lettre *g* se rapporte aux formes parallèles à l'axe vertical. On met à côté de la lettre *d*, *f* ou *b*, et sous forme de fraction, le rapport des longueurs numériques interceptées sur les deux axes auxquels la face n'est pas parallèle.

Ainsi, dans le système cubique, l'hexatétraèdre $b^{\frac{3}{2}} = \{320\} = a : \frac{3}{2} a : \infty a$ est noté $\frac{3}{2} d$. Dans le système terbinaire, on a :

$$a^{\frac{3}{2}} = \{023\} = a : \infty b : \frac{2}{3} c = \frac{2}{3} d$$

$$e^{\frac{3}{2}} = \{203\} = \infty a : b : \frac{2}{3} c = \frac{2}{3} f$$

$$g^3 = \{320\} = a : \frac{2}{3} b : \infty c = \frac{2}{3} g$$

$$h^3 = \{230\} = a : \frac{3}{2} b : \infty c = \frac{3}{2} g.$$

Dans le système binaire, on distingue, lorsque cela est nécessaire, les formes qui rencontrent la direction négative de l'axe *x* en accentuant la lettre. Ainsi :

$$o^{\frac{3}{2}} = \{203\} = a : \infty b : \frac{2}{3} c = \frac{2}{3} d$$

$$a^{\frac{3}{2}} = \{\bar{2}03\} = a' : \infty b : \frac{2}{3} c = \frac{2}{3} d'.$$

On désigne par la lettre *o* les formes symétriques non parallèles aux axes coordonnés ; on met à côté le rapport des longueurs numériques interceptées sur les axes, en plaçant au dénominateur celle qui se répète deux fois. C'est ainsi que, dans le système cubique, on a

$$a^{\frac{2}{3}} = \{332\} = a : a : \frac{3}{2} a = \frac{3}{2} o ;$$

dans le système terbinaire

$$b^{\frac{1}{3}} = \{332\} = a : b : \frac{3}{2} c = \frac{3}{2} o ;$$

dans le système binaire, on désigne par un accent la forme qui, à la partie supérieure, rencontre la direction négative des x :

$$d^{\frac{1}{3}} = \{332\} = a : b : \frac{3}{2}c = \frac{3}{2}o$$

$$b^{\frac{1}{3}} = \{\bar{3}32\} = a' : b : \frac{3}{2}c = \frac{3}{2}o' ;$$

dans le système asymétrique, il faut encore distinguer les plans qui, à la partie supérieure, rencontrent la direction positive des y de ceux qui rencontrent la direction négative. Pour ces derniers, on ajoute au symbole un accent situé à gauche (et non plus à droite) de o :

$$f^{\frac{1}{3}} = \{332\} = a : b : \frac{3}{2}c = \frac{3}{2}o$$

$$d^{\frac{1}{3}} = \{\bar{3}3\bar{2}\} = a : b' : \frac{3}{2}c = \frac{3}{2}{}'o$$

$$c^{\frac{1}{3}} = \{\bar{3}32\} = a' : b : \frac{3}{2}c = \frac{3}{2}o'$$

$$b^{\frac{1}{3}} = \{33\bar{2}\} = a' : b' : \frac{3}{2}c = \frac{3}{2}{}'o'.$$

Dans le système rhomboédrique, les formes parallèles à un axe binaire sont notés r, en mettant devant r le rapport des longueurs numériques interceptées sur les axes, la longueur se rapportant à l'axe vertical étant placée au numérateur :

$$\{20\bar{2}3\} = a : a : \infty a : \frac{2}{3}c = \frac{2}{3}r.$$

On distingue naturellement les deux formes birhomboédriques en accentuant la lettre qui se rapporte à la forme inverse :

$$\{20\bar{2}3\} = a : a : \infty a : \frac{2}{3}c = \frac{2}{3}r$$

$$\{02\bar{2}3\} = \left(a : a : \infty a : \frac{2}{3}c\right)' = \frac{2}{3}r'.$$

Les formes dont les pôles sont placés sur les axes binaires, c'est-à-dire les isoscéloèdres, sont désignées par un symbole spécial ; on divise les longueurs numériques, non plus par la plus grande, mais par la plus petite des longueurs horizontales; le symbole devient :

$$2a : a : 2a : \frac{4}{3}c = \frac{4}{3}d.$$

Enfin, on convient d'une manière générale que, si k est le symbole d'une forme holoédrique, k et k' seront les symboles des deux formes conjuguées dans le cas de l'hémiédrie.

SYMBOLES DE NAUMANN.

Comme Weiss, Naumann désigne les formes simples par les longueurs numériques interceptées sur les axes, et ces axes sont à peu de chose près les mêmes que ceux de Weiss. La différence entre les deux modes de notation ne se trouve que dans les simplifications plus ou moins réelles apportées dans les signes. Nous allons passer successivement en revue les divers systèmes cristallins en indiquant pour les formes simples de chacun d'eux les signes imaginés par Naumann.

Système cubique. Les longueurs numériques étant rangées par ordre de grandeur croissante, on les divise par la plus petite, et elles deviennent alors

$$m \; n \; 1,$$

m et n étant généralement des nombres fractionnaires, et toujours $m > n$. La forme simple est écrite

$$m \, O \, n;$$

on n'écrit jamais un coefficient égal à l'unité, de sorte que O désigne l'octaèdre $a^1 = \{ 111 \}$; le symbole ∞O, le dodécaèdre rhomboïdal $b^1 = \{ 100 \}$; le symbole $2O$, le trioctaèdre $a^{\frac{1}{2}} = \{ 221 \}$, etc.

Système quadratique. On divise les trois longueurs numériques par la plus petite de celles qui se rapportent aux axes horizontaux; on met à gauche de la lettre P la fraction qui se rapporte à l'axe vertical, à droite, le nombre fractionnaire plus grand que 1 qui se rapporte à l'axe horizontal. On a ainsi :

$$a_3 = \{ 321 \} = 3P\frac{3}{2}$$

$$h^2 = \{ 310 \} = \infty P 3$$

$$a^{\frac{3}{2}} = \{ 203 \} = \frac{2}{3} P \infty$$

$$h^1 = \{100\} = \infty P \infty$$

$$b^{\frac{3}{1}} = \{223\} = \frac{2}{3} P$$

$$p = \{001\} = 0P.$$

Système terbinaire. On divise toujours les trois longueurs numériques par la plus petite des longueurs horizontales, et l'on écrit à gauche de la lettre P la fraction qui se rapporte à l'axe vertical, à droite le nombre fractionnaire plus grand que 1 qui se rapporte à un axe horizontal. Mais, comme ici les deux axes horizontaux ne sont pas équivalents, il faut que nous indiquions par un signe spécial auquel des deux axes s'applique la longueur numérique écrite. On convient de mettre au-dessus de P le signe d'une brève ◡ quand la longueur s'applique au plus petit axe, et le signe d'une longue — quand elle s'applique au plus grand. On a ainsi :

$$e_2 = \{312\} = \frac{3}{2} \breve{P} 3$$

$$a_2 = \{132\} = \frac{3}{2} \bar{P} 3$$

$$g^1 = \{100\} = \infty \breve{P} \infty$$

$$h^1 = \{010\} = \infty \bar{P} \infty, \text{ etc.}$$

Système binaire. On suit encore la même règle ; mais, lorsque la longueur numérique horizontale conservée s'applique à la diagonale horizontale, on barre la lettre P d'une barre horizontale Ᵽ ; et lorsque cette longueur s'applique à la diagonale inclinée, on barre P d'une barre inclinée ℞. Il faut encore, dans certains cas, distinguer les formes qui, à la partie supérieure du cristal, coupent la partie postérieure de la diagonale inclinée, de celles qui coupent la partie antérieure. On fait précéder le symbole des premières du signe +, celui des secondes du signe —.

C'est ainsi qu'on a :

$$b^1 d^{\frac{1}{3}} g^1 = \{\bar{1}32\} = + \frac{3}{2} P 3$$

$$d^1 b^{\frac{1}{2}} g^1 = \{ 132 \} = -\frac{3}{2} P\,3$$

$$b^1 b^{\frac{1}{2}} h^1 = \{ \bar{3}12 \} = +\frac{3}{2} P\,3$$

$$d^1 d^{\frac{1}{2}} h^1 = \} 312 \{ = -\frac{3}{2} P\,3$$

$$e^{\frac{3}{2}} = \{ 023 \} = \frac{2}{3} P\infty$$

$$a^{\frac{3}{2}} = \{ \bar{2}03 \} = +\frac{2}{3} P\infty$$

$$o^{\frac{3}{2}} = \} 203 \{ = -\frac{2}{3} P\infty, \text{ etc.}$$

Système asymétrique. Il faut distinguer d'abord les formes pour lesquelles la longueur numérique horizontale conservée, plus grande que 1, s'applique à la plus courte diagonale, de celles pour lesquelles elle s'applique à la plus longue ; c'est ce qu'on fait, comme dans le système terbinaire, en mettant au-dessus de P soit le signe —, soit le signe $\smile$. Mais le signe ainsi écrit s'applique aux quatre faces antérieures d'un octaèdre (fig. 241), et de ces quatre faces il nous faut désigner celle qui convient à la forme.

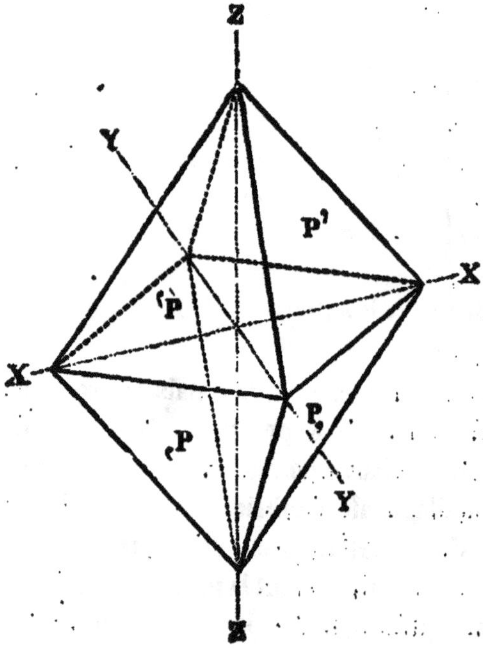

Fig. 241.

Pour y arriver, on met à la lettre P un accent qui est situé à droite ou à gauche de la lettre suivant que le plan, dans la partie antérieure de l'octaèdre, est situé à droite ou à gauche de l'observateur, et qui est situé en haut ou en bas de la lettre suivant que le plan est situé au-dessus ou au-dessous de la base de l'octaèdre.

On a ainsi :

$$\left\{312\right\} = f^1 d^{\frac{1}{2}} h^1 = \frac{3}{2}\bar{P}'3$$

$$\left\{\bar{3}1\bar{2}\right\} = d^1 f^{\frac{1}{2}} h^1 = \frac{3}{2}{}'\bar{P}3$$

$$\left\{31\bar{2}\right\} = b^1 c^{\frac{1}{2}} h^1 = \frac{3}{2}\bar{P}_{,}3$$

$$\left\{\bar{3}12\right\} = c^1 b^{\frac{1}{2}} h^1 = \frac{3}{2}{}_{,}\bar{P}3$$

$$\left\{132\right\} = f^1 c^{\frac{1}{2}} g^1 = \frac{3}{2}\ddot{P}'3$$

$$\left\{\bar{1}3\bar{2}\right\} = d^1 b^{\frac{1}{2}} g^1 = \frac{3}{2}{}'\ddot{P}3$$

$$\left\{13\bar{2}\right\} = b^1 d^{\frac{1}{2}} g^1 = \frac{3}{2}\ddot{P}_{,}3$$

$$\left\{\bar{1}32\right\} = c^1 f^{\frac{1}{2}} g^1 = \frac{3}{2}{}_{,}\ddot{P}3.$$

Systèmes hexagonal et rhomboédrique. Naumann considère le système rhomboédrique comme hémiédrique du système hexagonal. Les axes sont encore les axes binaires horizontaux et l'axe vertical.

Si par un point A pris sur un axe binaire à l'unité de distance numérique de O on fait pivoter une droite dans le plan horizontal, il est clair que, lorsque cette droite est perpendiculaire sur OA, elle intercepte sur les deux autres axes binaires de même espèce des longueurs numériques égales à 2 ; et, dans toute autre position, elle intercepte sur un des axes une longueur numérique plus grande que 2. On en conclut que, si l'une des trois longueurs numériques horizontales qui entrent dans le symbole d'un plan quelconque est prise comme unité, des deux autres l'une sera plus petite et l'autre plus grande que 2.

Pour trouver le symbole d'une forme dans le mode de notation de Naumann, on écrit les quatre longueurs numériques qu'un de ses plans intercepte sur les quatre axes, on les divise par la plus petite des longueurs horizontales, puis on écrit à gauche de la lettre P la fraction qui se rapporte à l'axe vertical, à droite de cette lettre, celle des deux se rapportant à l'axe horizontal qui est plus petite que 2. Soit, par exemple, une forme notée $\left\{ pq\bar{r}s \right\}$, p, q, r, étant rangés, en valeur absolue, dans l'ordre de grandeur croissante; les longueurs numériques correspondantes sont :

$$\frac{1}{p}, \frac{1}{q}, \frac{1}{r}, \frac{1}{s}$$

et les trois premières étant rangées par ordre de grandeur décroissante, $\frac{1}{r}$ est la plus petite. Nous divisons par $\frac{1}{r}$; les longueurs numériques deviennent

$$\frac{r}{p}, \frac{r}{q}, 1, \frac{r}{s};$$

$\frac{r}{p}$ étant plus grand que $\frac{r}{q}$, c'est $\frac{r}{q}$ qui est plus petit que 2, et le symbole Naumann sera le suivant :

$$\frac{r}{s}\mathrm{P}\frac{r}{q}.$$

Lorsqu'il s'agit du système ternaire, il faut distinguer les formes directes des formes inverses. On y arrive en faisant précéder le symbole du signe + dans le premier cas, du signe — dans le second.

Pour montrer qu'il s'agit d'une hémiédrie on peut mettre devant le symbole la fraction $\frac{1}{2}$, ou plus commodément on remplace la lettre P par la lettre R.

Tels sont les symboles imaginés par Naumann et employés maintenant d'une manière très-générale par les minéralogistes étrangers. Il est difficile de voir ce qui leur a valu cette fortune. En effet, ils ne sont point aussi commodes au point de vue mathématique que ceux de Miller qu'ils ne sauraient remplacer; ils ne présentent à l'esprit aucune image plus nette et plus précise que ceux de Weiss ni à bien plus forte raison que ceux d'Haüy; ils sont à peu près impossibles à employer dans le langage, car la plupart des signes sont figuratifs et ne sauraient être parlés; ils sont bien plus compliqués que ceux de Miller, et que la plus grande partie de ceux de Weiss et d'Haüy; enfin ils obligent à employer des signes typographiques très-incommodes, qui ne sont pas ordinairement usités et qu'on ne trouve pas dans toutes les imprimeries.

Dana, qui s'est servi, dans son Manuel de minéralogie, des symboles de Naumann, les a heureusement modifiés en supprimant la grande lettre qui ne sert qu'à séparer les deux nombres fractionnaires. C'est le second nombre qui reçoit les signes de prosodie ou autres nécessaires dans les systèmes terbinaire, binaire et asymétrique. Lorsque le nombre 1 doit être écrit de part et d'autre de la lettre, et est supprimé en vertu de la convention adoptée, Dana écrit un grande chiffre 1. Enfin Dana substitue au signe ∞, qui est fort incommode, la lettre *i*; lorsque *i* doit être écrit seul, on met une grande lettre I.

On voit en résumé que le langage des cristallographes est loin de posséder l'unité désirable. Il semble qu'une bonne partie de l'imagination des savants qui se sont occupés de cette partie de la science s'est employée à produire cette confusion des langues dont la tour de Babel fut jadis le théâtre. Il faut souhaiter, sinon que l'unité se fasse (il est inutile de former des souhaits irréalisables), au moins que la création de nouveaux symboles ne nous soit plus infligée. L'étude de la nature est déjà assez délicate pour que nous ne la compliquions pas à plaisir par de puériles inventions.

Actuellement la lecture des divers ouvrages cristallographiques ne peut se faire sans une traduction préalable des symboles employés. On trouvera à la fin de la première partie de cet ouvrage des tables assez étendues qui permettent de faire aisément cette transformation.

CHAPITRE XIV

MESURE DES ANGLES DES CRISTAUX

Goniomètre d'application. — La définition rigoureuse d'un cristal exige la mesure des angles dièdres formés par les plans qui le limitent. Le premier appareil qui ait été imaginé, pour satisfaire à cette condition indispensable de la science, est dû à un artiste du siècle dernier, nommé Carangeot. Cet instrument, tout imparfait qu'il est, a été exclusivement employé par le créateur de la cristallographie, l'illustre Haüy. Il se compose d'un demi-cercle divisé; deux lames métalliques, formant alidades (fig. 243), et mobiles autour d'un axe perpendiculaire au plan des lames, s'appliquent sur le cristal de manière que l'axe de rotation soit parallèle à l'arête du dièdre que l'on veut mesurer; on fait mouvoir les alidades jusqu'à ce que leurs tranches viennent s'appliquer exactement

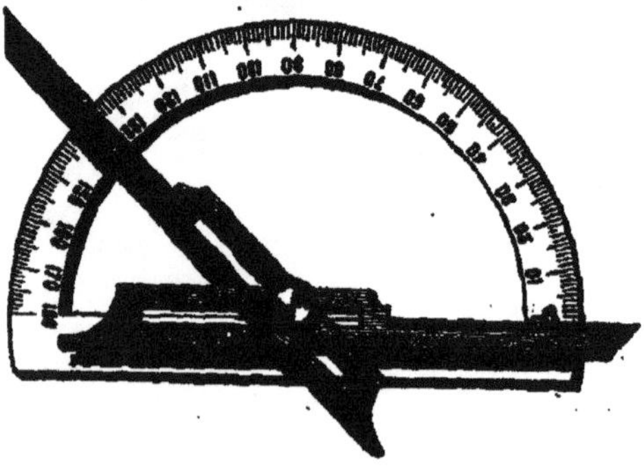

Fig. 242.

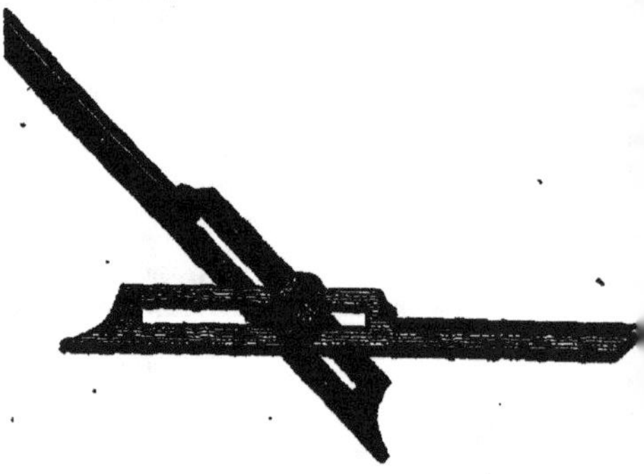

Fig. 243.

sur les deux faces. L'angle des alidades est alors égal à celui du dièdre, et, pour en obtenir la mesure, il suffit de les poser sur le rapporteur, de manière que l'une d'elles coïncide avec le zéro de la division; l'autre marque, sur la graduation, l'angle cherché (fig. 242 et 243).

Le bouton qui porte l'axe des deux alidades peut d'ailleurs se mouvoir dans deux rainures que portent celles-ci, et que représente la figure. Cette disposition est nécessaire pour les observations à faire sur les cristaux engagés dans la gangue.

Les conditions à remplir pour l'exactitude de l'observation, c'est-à-dire le parallélisme de l'axe de rotation à l'arête, et l'application exacte des règles sur les faces, sont assez difficiles à remplir, surtout pour les petites faces, et il a fallu à Haüy son habileté et sa longue expérience pour obtenir avec un semblable instrument les admirables résultats qui ont fait une partie de sa gloire.

Le goniomètre de Carangeot, qu'on appelle encore goniomètre d'Haüy ou goniomètre d'application, n'est plus employé que pour les cristaux dont les faces sont dépourvues de pouvoir réfléchissant.

Goniomètre à réflexion. — Pour tous les autres cristaux, qui sont heureusement de beaucoup les plus nombreux, on a recours à un procédé ingénieux, imaginé par Malus et rendu tout à fait pratique par Wollaston. Ce procédé est fondé sur les lois de la réflexion de la lumière, et le principe en est très-simple.

Soit un cristal, portant deux faces réfléchissantes PQ, PQ' (fig. 244), dont

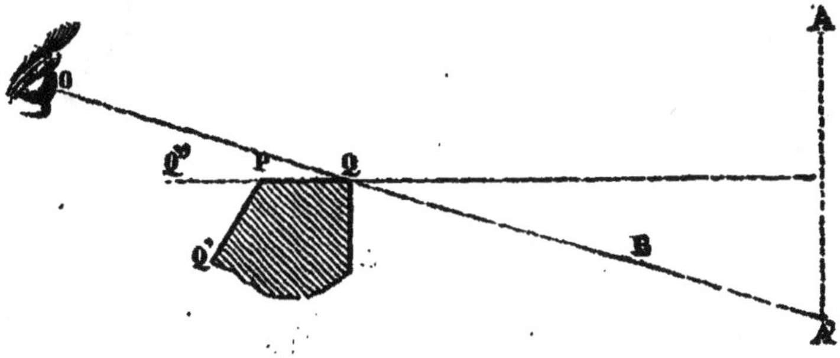

Fig. 244.

l'arête commune est perpendiculaire au plan de la figure. Dans ce plan se trouvent : un point lumineux A qui sert de signal, un autre point lumineux B qui sert de point de repère, et l'œil O de l'observateur. On suppose ces trois points tellement placés que sur la ligne qui joint O et B se trouve l'image virtuelle de A par rapport au miroir PQ. Si de plus l'œil est placé de telle sorte qu'il puisse recevoir en même temps des rayons émanés du point B et les rayons réfléchis par le miroir, il verra la superposition se produire entre B et l'image de A. L'œil étant supposé rester immobile, on fait tourner le cristal autour de l'arête commune aux deux faces PQ, PQ'; l'œil, pendant ce mouvement, cesse de voir la coïncidence entre B et l'image de A, mais cette coïncidence est rétablie lorsque PQ′ est parvenu en PQ″, sur le prolongement de PQ, c'est-à-dire lorsque le cristal a tourné d'un angle Q″PQ′ égal au supplément de l'angle dièdre des deux plans.

Pour faire l'observation, on fixe le cristal C (fig. 245) au moyen d'un peu de cire sur une tige Tt enfilée à frottement doux à l'extrémité d'un

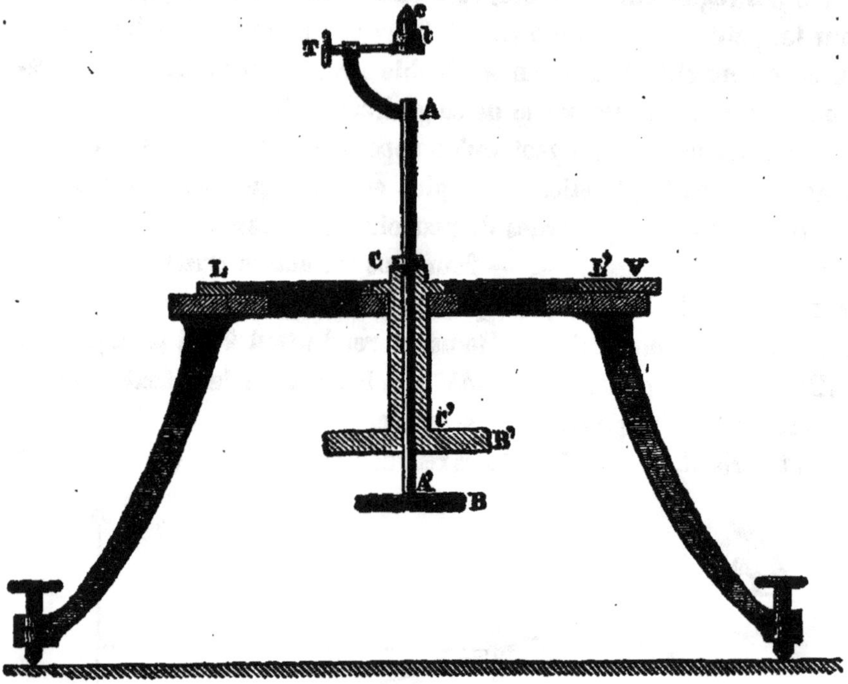

Fig. 245.

quart de cercle mobile autour d'un axe A perpendiculaire à son plan ; l'axe est fixé à l'extrémité d'une tige AA′ terminée par le bouton B. Cette tige, posée à frottement doux dans un tube CC′ portant à son extrémité inférieure le bouton B′, est reliée en haut à un limbe horizontal circulaire LL′ divisé en degrés et mobile en regard du vernier fixe V. L'appareil tout entier est porté sur trois pieds à vis calantes. Une vis de pression munie d'une vis de rappel permet de rendre à volonté solidaires ou indépendants le vernier V et le limbe LL′.

Au moyen de niveaux à bulle d'air, on rend d'abord horizontal le limbe LL′, ce qui, grâce à la construction spéciale de l'appareil, amène la tige AA′ à être verticale. On place ensuite le cristal C de manière que l'arête du dièdre soit à peu près verticale et à peu près sur le prolongement de l'axe de la tige AA′. Il faut d'abord amener la verticalité de l'arête du dièdre à être rigoureuse, car c'est une condition indispensable de l'exactitude de l'observation. Pour y arriver, on commence par relier le limbe et le vernier, de manière qu'ils soient au zéro; la tige AA′ reste libre dans son mouvement de rotation autour de l'axe. Sur une table éloignée de celle sur laquelle est posé l'appareil, et autant que possible dans une chambre obscure, on dispose deux bougies, ou, mieux encore, deux lampes recouvertes chacune d'un écran noirci et muni d'une fente verticale. On s'arrange pour que les flammes des bougies ou les fentes des écrans soient à la même hauteur que le cristal C.

On tourne alors, au moyen du bouton B, l'axe AA′ de manière à voir par réflexion sur une des faces du dièdre l'image de la première fente, et l'on cherche en agissant soit sur l'axe, soit sur le cristal, soit sur le support de ce cristal, à mettre en coïncidence cette image avec la seconde fente vue directement. Cette coïncidence obtenue, on est assuré que la première face du dièdre est parallèle à l'axe de rotation. On tourne alors l'axe AA′ jusqu'à ce qu'on voie l'image de la première fente par réflexion sur la seconde face du dièdre et l'on cherche, en tournant l'axe AA′, à mettre cette image en coïncidence avec la deuxième fente.

Ce résultat étant obtenu, on revient à la première face pour s'assurer qu'elle permet encore d'obtenir la coïncidence. S'il n'en est pas ainsi, on y remédie en modifiant de nouveau la position du cristal, puis on s'assure que, malgré cette modification, la deuxième face donne encore la coïncidence. Au bout d'un certain nombre de rectifications convenablement faites, on doit arriver à obtenir successivement, avec les deux faces du dièdre, la coïncidence entre la fente qui sert de point de repère et l'image de la fente qui sert de signal, c'est-à-dire à placer l'arête du dièdre parallèle à l'axe de rotation. Le support du cristal et l'axe de rotation de l'appareil permettant, en effet, de faire tourner le cristal autour de trois axes perpendiculaires entre eux, à savoir *Tb*, l'axe A perpendiculaire au plan de la figure, et AA′, on sait qu'on peut toujours amener une droite de ce cristal à être parallèle à une direction donnée.

Lorsque le cristal est convenablement disposé, le limbe et le vernier étant toujours reliés entre eux et toujours au zéro, on établit la coïncidence au moyen de la première face, puis on rend libres le limbe et le vernier. En agissant alors, non plus sur le bouton B, mais sur le bouton B′, on entraîne à la fois le limbe et l'axe AA′, et on établit la coïncidence au moyen de la seconde face. On lit sur le limbe l'angle dont celui-ci a tourné et qui est la mesure de l'angle des normales aux faces du dièdre.

Pour diminuer les tâtonnements, il importe de placer d'abord le cristal dans une position aussi voisine que possible de celle qu'il doit occuper. Il est bon, à cet effet, lorsque les deux faces du dièdre se rencontrent suivant une arête réelle, de placer cette arête, en la regardant avec une loupe, aussi verticale que possible. On arrive ensuite à une exactitude plus grande, en plaçant, à peu de distance du cristal, une bougie ou une lampe située à la même hauteur que celui-ci. En regardant le cristal à la loupe, ou à l'œil nu si, les faces sont assez grandes, on fait tourner l'axe AA' jusqu'à ce que l'œil, placé dans le même plan horizontal que le cristal et la lampe, voie l'une des faces du dièdre vivement éclairée. On tourne ensuite le bouton B jusqu'à ce que l'autre face du dièdre se substitue à peu près à la première ; si on la voit aussi vivement éclairée que celle-ci, le cristal est à peu près bien placé et l'on achève de régulariser la position comme il a été dit plus haut. Dans le cas contraire, on déplace le cristal, soit à la main, soit au moyen des deux mouvements perpendiculaires autour de A et de *Tb*, jusqu'à ce que la condition puisse être remplie. Ce mode de rectification est au fond le même que celui que nous avons déjà décrit, et qui est toujours employé à la rectification finale ; mais, s'il ne comporte pas la même exactitude, il est d'un emploi très-commode parce qu'il permet de placer le cristal dans une position très-voisine de celle qu'il doit garder, sans le perdre de vue. Non-seulement on peut ainsi diriger les tâtonnements d'une façon plus commode, mais encore on peut être assuré de ne pas confondre une face avec une autre. Cette confusion est à craindre lorsque les deux faces du dièdre sont très-petites, et que plusieurs faces, faisant partie d'une même zone, présentent des inclinaisons mutuelles peu différentes les unes des autres.

Lorsqu'on veut, au moyen du double mouvement du support du cristal, rendre l'arête réelle ou virtuelle du dièdre parallèle à l'axe de rotation, il faut, comme on l'a vu, amener la coïncidence exacte entre le point de repère et l'image du signal vue par réflexion sur une des faces, puis essayer, en tournant l'axe AA', d'amener la coïncidence par réflexion sur la seconde face. Si cela n'est pas possible, il faut modifier la position du cristal au moyen de l'un des deux mouvements de rotation rectangulaires qu'on peut lui donner. Il est évident que, si l'on amenait alors la coïncidence en se servant d'un seul de ces deux mouvements, elle cesserait en général de pouvoir être produite avec la première face. Si l'on agissait de même sur celle-ci, la coïncidence n'aurait plus lieu avec la seconde, et il n'est pas certain *à priori* que les rectifications successives opérées de la sorte convergent vers le résultat désiré, dont elles peuvent au contraire éloigner de plus en plus.

Pour éviter cet inconvénient, il faudrait amener la coïncidence par réflexion sur la seconde face en agissant sur les deux mouvements rectangulaires de manière à ne pas changer la position de la première face par rapport à l'axe AA', ou, en d'autres termes, en combinant les deux mouvements de rotation de manière que leur résultante soit une rotation autour d'une normale à la première face.

Cette règle est sans doute plus aisée à énoncer qu'à expliquer, sauf dans un cas particulier qu'on peut toujours réaliser et qu'il est très-commode de réaliser. Supposons que l'une des faces du dièdre ait été placée à peu près perpendiculaire à l'un des deux axes de rotation du support. Après avoir établi la coïncidence au moyen de cette face en agissant sur l'axe de rotation non perpendiculaire, on l'établit au moyen de l'autre face en agissant exclusivement sur l'axe de rotation du support perpendiculaire à la première. On dérange ainsi très-peu la première coïncidence obtenue, et l'on obtient rapidement les deux coïncidences successives.

Lorsque tout est disposé pour la mesure de l'angle dièdre formé par deux faces cristallines, l'axe de rotation est parallèle à l'arête de ce dièdre, c'est-à-dire à l'axe de la zone définie par ces deux faces. En faisant décrire au cristal un tour complet, toutes les faces de cette zone viendront donc successivement se placer de manière qu'il y ait coïncidence entre le point de repère et l'image du signal vue par réflexion sur la face. On pourra donc ainsi connaître toutes les faces qui appartiennent à la zone, et, sans changer la position du cristal, mesurer les inclinaisons mutuelles de toutes ces faces.

Discussion des erreurs à craindre dans l'emploi du goniomètre à réflexion. — Le procédé de mesure étant connu, il est nécessaire de se rendre compte des causes d'erreur qu'il comporte et du degré d'exactitude auquel il permet d'atteindre.

Supposons le signal en A (fig. 246); la face observée du cristal, supposée très-petite, est en *rs*; l'axe autour duquel tourne le cristal est supposé perpendiculaire au plan de la figure sur lequel sa trace est en O. Quelle que soit la position de la face *rs* qui sert de miroir, l'image de A se fera sur une circonférence décrite de O comme centre avec OA pour rayon. Soit A′ l'image de A. L'œil, pour recevoir des rayons réfléchis, doit se placer quelque part dans l'intérieur du cône ayant pour sommet A′ et la surface *rs* du cristal comme base. Soit B le repère ; l'œil verra à la fois B et A′ en se plaçant de telle sorte que, une portion de la prunelle étant dans l'intérieur du cône, une autre portion soit en dehors.

La coïncidence étant établie entre B et A′, c'est-à-dire B et A′ étant sur

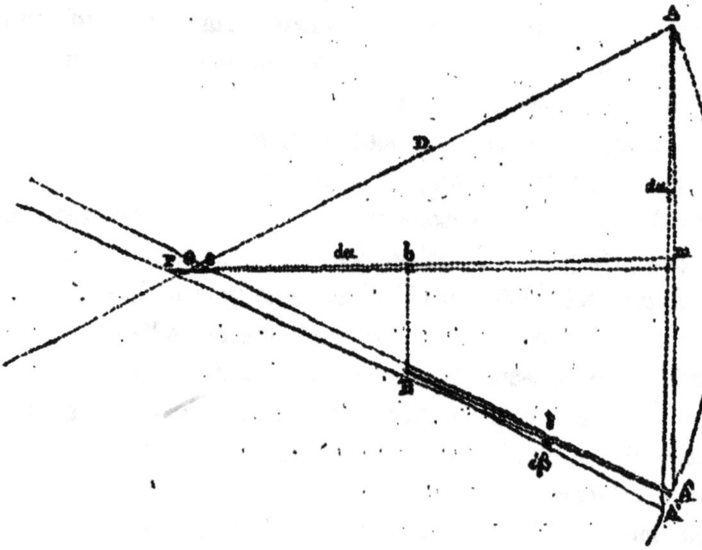

Fig. 246.

une même droite avec le centre optique de l'œil, on tourne le cristal de manière à regarder l'image réfléchie par la seconde face de l'angle dièdre que l'on se propose de mesurer. Il faut que, pendant ce mouvement, l'œil ne se déplace pas ; s'il en était autrement, si l'œil se déplaçait de manière que la ligne menée par le centre optique et B fît un angle $d\beta$ avec BA′ et vînt rencontrer le cercle AA′ en A″, après avoir amené la seconde face à occuper la position de la première, il faudrait, pour rétablir la coïncidence entre l'image et le point de repère, tourner encore la face d'un angle $d\alpha = A'AA''$.

Si de O nous menons l'angle au centre ayant pour mesure A′A″, cet angle sera égal à $2d\alpha$, puisque $d\alpha$ a pour mesure $\frac{A'A''}{2}$. Nous avons donc, en appelant D la distance OA, et δ la distance BA′ :

$$\frac{2d\alpha}{d\beta} = \frac{\delta}{D} \text{ ou } d\alpha = d\beta \frac{\delta}{2D}$$

Si l'on appelle $d0$ le déplacement du centre optique de l'œil, normalement à la division BA', on a à peu près

$$d\beta = \frac{\frac{d0}{D-\delta}}{\cos A0m};$$

$d\beta$ est donc, même en supposant à l'œil un déplacement notable, un très-petit angle. Si donc δ est petit par rapport à D, $d\alpha$ sera une quantité du deuxième ordre de petitesse et complétement négligeable.

Pour atténuer et même annuler à peu près entièrement l'erreur provenant du déplacement de l'œil, il suffit donc de s'arranger pour que le signal, le point de repère et le goniomètre, forment à peu près les trois sommets d'un triangle isocèle dont le signal et le point de repère marquent la base.

Une autre cause d'erreur, bien plus grave, se rencontre dans la position excentrique que peut prendre l'axe de rotation par rapport aux deux faces du dièdre. Pour l'exactitude de la mesure, il est, en effet, nécessaire, non-seulement que l'axe de rotation soit parallèle à l'arête du dièdre, mais encore que cet axe soit contenu dans le plan bissecteur du dièdre. Ce n'est, en effet, qu'à cette condition que, par une rotation convenable autour de l'axe, une des faces peut venir occuper précisément la position qu'occupait précédemment l'autre.

S'il n'en est pas ainsi, après une rotation autour de l'axe égale au sup-

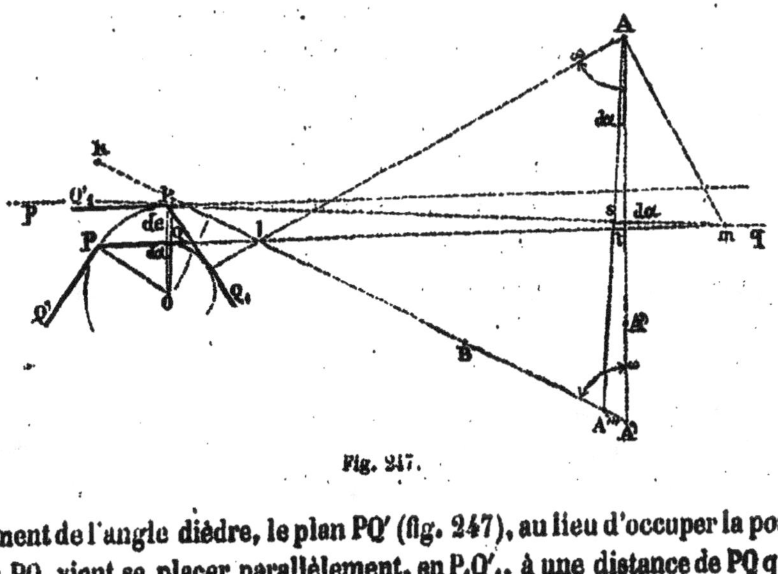

Fig. 247.

plément de l'angle dièdre, le plan PQ' (fig. 247), au lieu d'occuper la position PQ, vient se placer parallèlement, en $P_1Q'_1$, à une distance de PQ que l'on appelera *de*. L'image de A ne reviendra plus alors au même point A′ et se placera en A″. Le centre optique de l'œil de l'observateur restant en R, pour amener la coïncidence entre l'image et le point de repère B, il faudra, après avoir amené PQ′ en $P_1Q'_1$, continuer à faire tourner le cristal autour de O d'un angle très-petit égal à $d\alpha$. Le plan $P_1Q'_1$ viendra prendre la direction *pq* qui rencontre en *m* le plan PQ prolongé. L'image de A se trouvera alors en A‴ sur la droite RBA′. Appelons ω l'angle RA′A, qui est égal à l'angle *l*AA′, son symétrique par rapport à PQ; soit *s* le point où *pq* rencontre sa perpendiculaire AA‴, et *t* le point où *lm* rencontre sa perpendiculaire AA′; *s* et *t* sont les milieux de AA‴ et AA′, et par conséquent *st*, parallèle à A‴A′, fait avec AA′ un angle égal à ω. Les deux points *s* et *t* sont situés sur une circonférence décrite avec A*m* pour diamètre; dans cette circonférence l'angle *sm*A a la même mesure que l'angle *st*A, qui est égal à ω : donc $sAm = \frac{\pi}{2} - \omega$ et $lAm = \frac{\pi}{2} - d\alpha$, ou sensiblement $= \frac{\pi}{2}$. Si donc on pose $lA = D$, on aura :

$$lm = \frac{D}{\sin\omega}.$$

En appelant D′ la longueur Q*m*, on a d'ailleurs sensiblement

$$d\alpha = \frac{de}{D'}.$$

A cause de la distance relativement considérable qui sépare le signal de l'appareil, on peut confondre D′ et *lm*, ce qui donnera

$$d\alpha = \frac{de \sin\omega}{D}.$$

Telle est l'expression de l'erreur qui se produit lorsque les distances des deux faces du dièdre à l'axe de rotation diffèrent d'une quantité égale à *de*.

Cette erreur devient d'autant plus petite que D est plus grand : il faut donc placer le signal le plus loin possible du goniomètre. Elle est aussi proportionnelle à $\sin\omega$, il faudra donc faire ω aussi petit que possible, c'est-à-dire écarter le plus possible le signal de son image.

Supposons A et A′ très-rapprochés, de telle sorte que $\sin\omega$ puisse être supposé égal à 1. Si alors on pose $L = 4^m$ et $de = 0^m,005$, il vient :

$$d\alpha = \frac{4}{0,005} = 4' \text{ environ.}$$

Si avec les données précédentes on a $At = 4^m$ ou $AA' = 8^m$, ce qu'il sera assez difficile de dépasser dans la pratique, $\sin\omega$ étant égal à $\frac{1}{2}$, on aura

$$d\alpha = 2' \text{ environ.}$$

Il y a d'ailleurs à la diminution de ω un inconvénient quelquefois assez grave, c'est que, lorsque ω est très-petit, les rayons qui arrivent à l'œil sont réfléchis presque normalement, et que leur intensité est par conséquent assez faible. On ne peut donc admettre de très-petites valeurs de ω que pour les cristaux qui possèdent un très-fort pouvoir réfléchissant normal.

L'exactitude de l'observation exige donc un grand éloignement relatif du signal et de l'appareil en même temps qu'une grande valeur pour l'angle sous lequel l'observateur voit la ligne qui joint le signal et le point de repère. Lorsqu'on observe dans une salle obscure, ces deux conditions sont contradictoires, car, si l'on place le goniomètre au fond de la salle, et au milieu de sa largeur, on satisfait à la première condition en plaçant le signal et le point de repère aux deux angles opposés de la salle, mais l'angle sous lequel est vue leur distance mutuelle est alors petit, et ne peut être augmenté qu'en diminuant D.

On peut employer, pour tout concilier, un artifice qui consiste à placer à la hauteur du cristal un petit miroir en verre noir, vertical et mobile autour d'un axe parallèle à l'axe de rotation de l'appareil. On

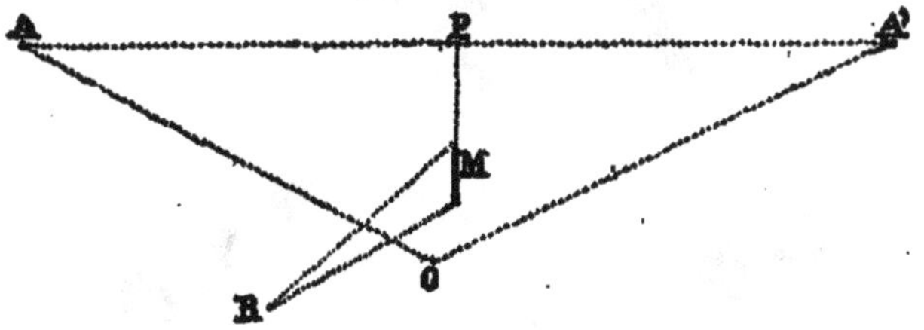

Fig. 248.

prend pour point de repère l'image du signal dans ce miroir. Le plan du miroir M (fig. 248) ne peut pas passer par l'axe O, mais, s'il n'en passe pas très-loin, la condition que AOA' soit un triangle isocèle est à peu près et très-suffisamment remplie.

Si l'on place alors dans la salle O et A de telle sorte que OA soit la plus grande longueur dont on dispose, on pourra, en faisant varier l'angle du miroir M avec OA, diminuer ω autant qu'on le voudra. Il faut remarquer que, l'œil étant placé en R, les seuls rayons réfléchis par le miroir qui entreront dans l'œil seront situés dans l'intérieur d'un cône ayant R pour sommet et le miroir pour base. Il faudra donc que le cristal soit placé de manière à n'intercepter qu'une partie de ce cône. Comme d'ailleurs le cristal est nécessairement placé très-près de O, on voit qu'il est nécessaire, lorsqu'on modifie l'angle que fait le plan du miroir avec OA, de faire varier la position de M par rapport à O : il faut donc que le miroir soit mobile autour d'un axe vertical, et que le support qui porte l'axe soit lui-même mobile dans une rainure horizontale. La figure 249 montre un goniomètre qui porte un miroir mobile comme il vient d'être dit.

On peut encore assurer l'exactitude de l'opération en faisant D très-

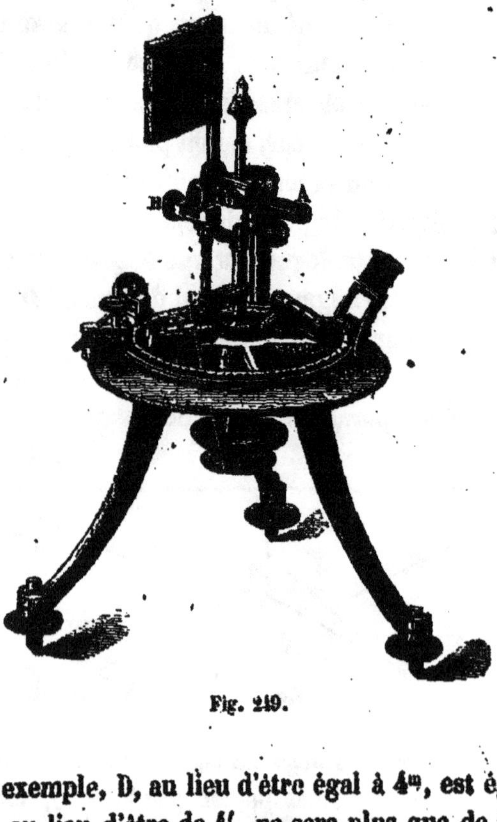

Fig. 249.

grand. Si, par exemple, D, au lieu d'être égal à 4^m, est égal à 40^m, l'erreur commise, au lieu d'être de $4'$, ne sera plus que de $0', 4 = 15''$, ce qui est une exactitude plus que suffisante dans la plupart des cas. Il est nécessaire alors de prendre pour signal et pour point de repère deux objets placés dans la campagne, et, ces objets étant toujours peu éclairés, le procédé ne peut être appliqué que pour des cristaux très-réfléchissants et pour des faces un peu larges.

Goniomètre de Babinet ou à lunettes. — Un autre procédé d'observation qui annule les causes d'erreur que nous venons d'analyser consiste à placer rigoureusement à l'infini le signal et le point de repère. Il suffit pour cela de prendre pour signal une fente vivement éclairée, placée au foyer d'une lentille. Les rayons émergeant de cette lentille et réfléchis par le cristal sont recueillis par une lunette astronomique disposée pour voir les objets placés à l'infini, et dont le réticule sert de point de repère.

La figure 250 représente un goniomètre Babinet avec les mo-

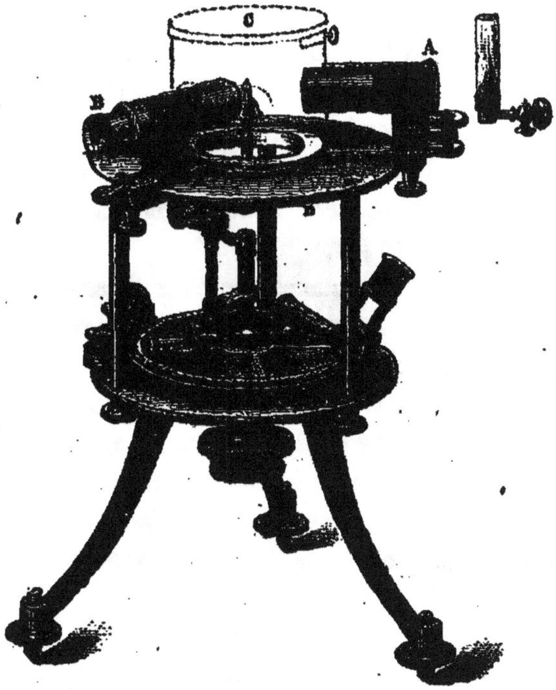

Fig. 250.

difications convenables pour faciliter la mesure des angles des cristaux. Le cristal est placé sur un support qui peut recevoir non-seulement deux mouvements de rotation autour d'axes perpendiculaires, mais encore deux mouvements de translation suivant deux droites rectangulaires. Ces mouvements sont indispensables pour la manœuvre facile de l'appareil; car, le faisceau lumineux étant très-limité, il faut que le cristal soit placé dans une position presque rigoureusement déterminée pour que les deux faces du dièdre reçoivent successivement de la lumière et puissent en réfléchir. Une sorte de couvercle percée de fenêtres latérales pour le passage des lunettes permet de soustraire le cristal aux rayons de lumière diffuse.

On commence toujours par placer le cristal à peu près dans la position convenable pour l'observation. On y arrive aisément en modifiant le tirage de la lunette ou en ajoutant une lentille devant l'oculaire, de manière à s'en servir comme microscope et à voir le cristal éclairé par la fente lumineuse. On dispose ensuite celui-ci de manière que les deux faces du dièdre paraissent successivement éclairées d'une manière très-vive.

Ceci fait, on dispose la lunette de manière qu'elle voie distinctement les objets situés à l'infini. A cet effet on enlève la lunette de l'appareil et on la dirige sur un objet très-éloigné; on la replace ensuite sans modifier le tirage et on la pointe sur la fente du collimateur. On règle le tirage de la lunette collimateur de manière à voir la fente très-nettement. Le tirage de la lunette collimateur restant ensuite constant, celui de la lunette oculaire sera convenablement réglé lorsqu'elle verra nettement l'image de la fente.

Lorsque les faces sont bien planes, on peut obtenir avec le goniomètre à lunettes une précision remarquable, même avec de très-petites faces, pourvu que celles-ci fournissent une quantité suffisante de lumière réfléchie. Toutefois M. Cornu a signalé, lorsque les faces sont très-petites, une cause d'erreur dont il faut tenir compte. La diffraction des rayons réfléchis sur ces faces épanouit le faisceau réfléchi qui ne converge plus à l'infini. On retrouve donc alors toutes les causes d'erreur auxquelles l'emploi du collimateur et de la lunette devait remédier.

A cette cause d'erreur qui ne se manifeste que pour les faces d'étendue trop restreinte il faut en ajouter une autre bien plus habituelle, c'est l'imperfection très-fréquente des faces cristallines. Il arrive très-souvent que des faces, en apparence bien planes, sont formées en réalité de plusieurs plans qui ne se confondent pas rigoureusement ou bien portent de nombreuses stries, soit parallèles, soit croisées. L'image réfléchie n'est plus unique, et il peut même y en avoir un très-grand nombre. Quand la face se compose de deux ou trois surfaces planes dont les contours sont bien visibles, on vise successivement chacune des images correspondantes en recouvrant d'encre successivement toutes les faces moins une. Si cela est impossible, on convient assez arbitrairement de pointer l'image la plus intense. Il est d'ailleurs évident que ces incertitudes sont dues non pas à une imperfection de l'appareil de mesure, mais à un manque de précision dans la définition de la chose à mesurer. Ce manque de précision tient à la nature même du problème cristallographique, et nous reviendrons plus tard sur ce sujet avec toute l'attention qu'il mérite.

Goniomètre à axe horizontal. — On a supposé jusqu'à présent que l'axe du goniomètre était vertical; c'est la disposition du goniomètre de Mohs et du goniomètre de Babinet; c'est celle qui paraît la meilleure. Ce n'est pas cependant la disposition la plus usitée. Le premier appareil imaginé par Wollaston et ceux que la plupart des constructeurs mettent en vente actuellement ont l'axe horizontal. Le goniomètre ainsi disposé est représenté figure 251. La théorie de l'instrument et la ma-

Fig. 251.

nière de faire l'observation restent les mêmes; seulement le plan, passant par le signal, le point de repère et le cristal, devient vertical au lieu d'être horizontal.

Il est difficile de voir pourquoi l'horizontalité de l'axe de rotation du goniomètre est généralement préférée par les observateurs. Non-seulement avec cette disposition il est plus malaisé de choisir le signal et le point de repère, car les lignes horizontales sont toujours plus rares que les lignes verticales, mais encore la position du cristal est beaucoup moins commode pour l'observateur, dont la tête se trouve gênée par le limbe vertical.

Lorsqu'on observe avec une lunette, l'horizontalité de l'axe entraîne, pour l'agencement des lunettes, à des complications tout à fait inutiles. Telle était cependant la disposition du goniomètre au moyen duquel Mitscherlich constata les variations que subissent les angles de la calcite lorsqu'on l'échauffe, et démontra l'inégale dilatabilité de cette substance suivant les diverses directions cristallines.

Mesures des angles dièdres des cristaux microscopiques. — Il est souvent d'un très-grand intérêt de pouvoir mesurer avec précision des cristaux microscopiques. Cet important problème a été résolu récemment d'une façon très-ingénieuse par M. Émile Bertrand.

Supposons un petit cube parfaitement bien dressé, dont on désignera les directions des arêtes par les lettres X, Y, Z. Un petit cristal C (fig. 252) est fixé avec de la cire sur une face normale à Z, et deux petites faces cristallines *a* et *b* placées en dessus réfléchissent la lumière.

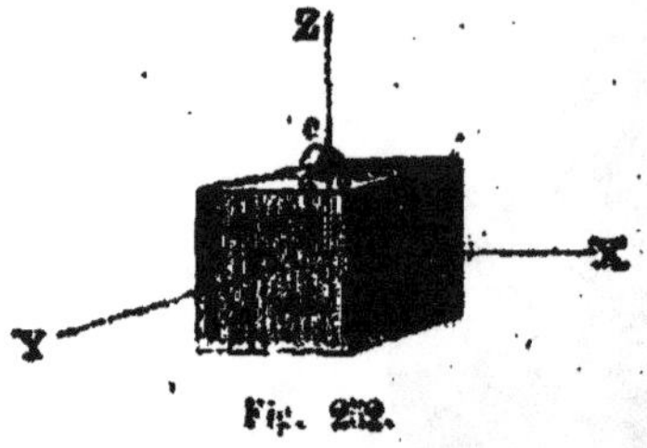

Fig. 252.

On mène des normales à ces deux plans *a* et *b*, et pour représenter d'une manière simple la position relative de ces normales avec les directions des arêtes du cube, on suppose toutes ces directions transportées au centre d'une sphère dont elles viennent couper la surface. Les directions des arêtes du cube coupent la sphère en X, Y, Z, et celles des normales aux faces *a* et *b* en P et P′ (fig. 253).

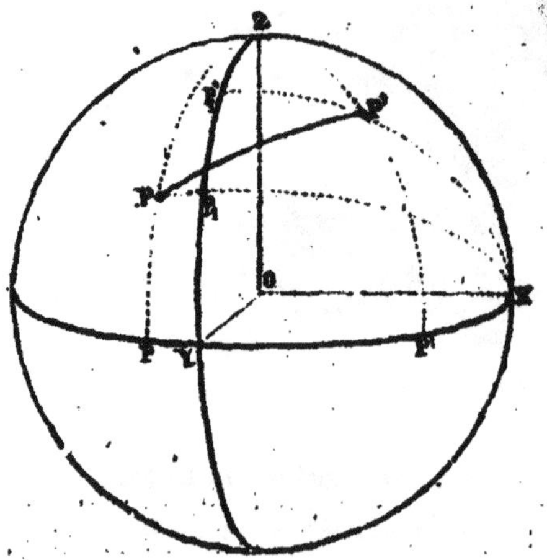

Fig. 253.

Projetons P et P′ en *p* et *p′* sur le grand cercle XY, O*p* et O*p′* représentent les directions, sur la face du cube perpendiculaire à Z, des traces des plans menés par Z et par les normales aux faces cristallines *a* et *b*. Nous supposons qu'on puisse mesurer les angles pY et $p'Y$ que font ces deux traces avec l'une des arêtes du cube normales à Z.

Nous projetons de même P et P′ sur le grand cercle ZY en p_1 et p'_1; Op_1 et Op'_1 sont, sur la surface du cube perpendiculaire à X, les directions des traces des plans menés par X et par les normales aux faces cristallines *a* et *b*. Nous supposons encore qu'on puisse mesurer les angles p_1Y et p'_1Y que font ces deux traces avec l'arête du cube parallèle à Y.

On aura alors dans le triangle rectangle ZPp_1

$$\text{tg PZ} = \frac{\text{cotg}\, p_1 Y}{\cos p_1 Y}$$

et dans le triangle rectangle $ZP'p'_1$

$$\text{tg P'Z} = \frac{\text{cotg}\, p_1' Y}{\cos p' Y};$$

il suffira de résoudre le triangle PZP′ dans lequel on connaît PZ, P′Z et l'angle $PZP' = pY + p'Y$, pour connaître l'angle PP′ que font les normales aux deux faces cristallines *a* et *b*.

Le problème est donc ramené à mesurer l'angle que fait avec l'une des arêtes du cube la trace du plan mené par une autre arête du cube et par la normale à une face du cristal.

On place le cube portant le cristal sur le porte-objet d'un microscope qui peut tourner autour de l'axe optique de l'appareil. On dispose en avant du porte-objet un écran percé d'une fente verticale aussi haute que possible donnant passage à des rayons situés dans un plan vertical passant par l'axe optique du microscope et par la ligne 0 — 180° de la division circulaire sur laquelle on mesure les rotations du porte-objet.

Si l'on fait tourner le porte-objet, on verra dans le microscope la face cristalline *a*, brillamment illuminée lorsque le plan mené par la direction Z (parallèle à l'axe optique du microscope) et la normale à la face *a* sera parallèle au plan lumineux, c'est-à-dire lorsque la trace du plan mené par Z et la normale à *a* sera parallèle à la ligne de foi du limbe. Si on place l'arête Y du cube parallèle à la ligne 0 — 180° du limbe mobile, et si, après avoir mis cette ligne 0 — 180° en coïncidence avec le zéro du vernier fixe, on tourne le limbe de manière à voir illuminées successivement les faces *a* et *b*, les angles dont le limbe aura tourné dans l'un et l'autre cas seront ceux qu'on a appelés précédemment *p* Y et *p'* Y.

Si, sans rien changer, on retourne le cube de manière à le faire reposer sur le porte-objet par une face normale à X, en mettant l'arête Y parallèle à la ligne 0 — 180°, on mesurera de la même façon p_1 Y et p_1' Y. Le problème est donc résolu.

Mais il ne serait pas possible de faire une observation précise en se réglant seulement sur le maximum d'illumination des faces cristallines. Il faut donc chercher un procédé plus parfait pour saisir le moment où la face cristalline est normale au plan lumineux déterminé par la fente. On y arrive en plaçant dans l'oculaire du microscope un long cylindre en flint-glass dont l'indice de réfraction est supérieur à celui du baume de Canada. Ce cylindre, dont les deux bases sont bien parallèles, est divisé en deux moitiés par un plan perpendiculaire aux bases; les deux faces rectangulaires sont polies et recollées au baume de Canada. Le cylindre est placé dans l'oculaire de façon que la base supérieure soit au foyer de la lentille supérieure de l'oculaire, et normale à l'axe optique. On tourne l'oculaire de manière que le plan médian occupé par le baume passe par le 0° du vernier fixe.

Dans ces conditions, lorsque la lumière reçue par le microscope est composée tout entière de rayons parallèles au plan médian du cylindre, tout le champ du microscope est également éclairé et traversé par une ligne noire qui est la trace du plan médian. Mais, si le microscope reçoit de la lumière oblique au plan médian, on voit que les deux portions du champ séparées par la fissure du cylindre seront éclairées différemment, car l'une *ab* (fig. 254) est éclairée par les rayons qui traversent directement le cylindre et par ceux qui subissent la réflexion totale sur le baume de Canada, tandis que la partie *ac* ne reçoit que les rayons qui ont traversé directement le cylindre; il y a de plus une plage bordant la fente *a* qui ne reçoit aucun rayon et paraîtra obscure.

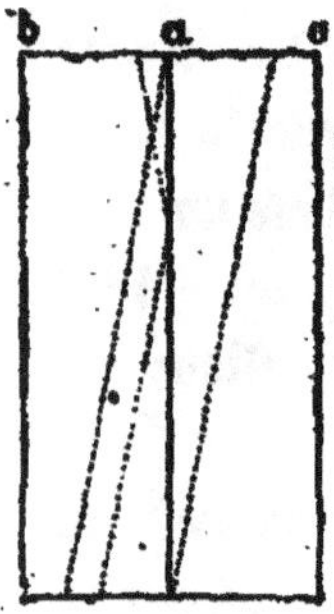

Fig. 254.

En faisant tourner la platine du porte-objet, il arrivera un moment où les rayons réfléchis par la face cristalline (face qu'on continuera d'ailleurs à voir directement) entreront en partie dans l'appareil; le champ sera éclairé, mais il ne le sera également que lorsque le plan mené par l'axe optique et la normale à la face sera exactement parallèle au plan médian du cylindre, c'est-à-dire au plan lumineux vertical qui passe par la fente; on pourra donc faire avec une grande exactitude les observations desquelles dépend le calcul de l'angle dièdre. Il est clair que l'exactitude est d'autant plus grande que le cylindre de verre introduit dans l'oculaire a une longueur plus considérable.

On augmente encore la sensibilité de l'appareil en interposant entre les deux demi-cylindres de flint une très-mince lame de crown dont l'indice de réfraction est supérieur à celui du baume. La bande de crown placée au foyer sera éclairée, avec tout le reste du champ, lorsque les rayons arriveront parallèles à la direction 0 — 180. Pour peu que l'on tourne le cristal à droite ou à gauche, la bande de crown deviendra obscure, tandis que la partie extérieure du champ sera plus fortement éclairée, soit à droite, soit à gauche. On peut ainsi mesurer à 6′ ou 7′ près les angles des cristaux ayant environ $\frac{1}{100}$ de millimètre. Pour de plus faibles dimensions, le procédé cesse d'être applicable, parce qu'il faudrait alors employer un fort grossissement, et que l'objectif qui deviendrait nécessaire serait assez près du cristal pour l'empêcher de recevoir la lumière de la fente.

CHAPITRE XV

CALCULS CRISTALLOGRAPHIQUES

Nous pouvons maintenant exposer comment on peut résoudre, pour un cristal donné, le problème fondamental de la cristallographie, qui peut s'énoncer ainsi : Déterminer la forme primitive, c'est-à-dire calculer les dimensions du parallélipipède qui sert de maille au réseau cristallin et les caractéristiques des formes simples dont la combinaison constitue le cristal proposé.

Étude préalable du cristal. Détermination du mode de symétrie. — Une étude préalable du cristal ou des différents individus cristallins de la même espèce dont on dispose permet d'abord, dans la plupart des cas, de déterminer le mode de symétrie, et par conséquent le système cristallin. On peut reconnaître en effet, à la simple vue, si, en faisant tourner le cristal autour d'une certaine droite, les faces se présentent dans le même ordre et avec la même disposition après $\frac{1}{2}$, $\frac{1}{3}$, $\frac{1}{4}$, $\frac{1}{6}$ de tour, et si, par conséquent, cette droite est un axe binaire, ternaire, quaternaire ou sénaire.

Si cette étude préalable est rendue plus difficile par les développements anormaux que quelques-unes des faces peuvent accidentellement présenter, et qui modifient la symétrie apparente, on est, au contraire, aidé par l'examen de certaines particularités physiques. C'est ainsi que les faces qui appartiennent à des lois de dérivation différentes ont très-souvent un aspect différent. Les unes sont, par exemple, rugueuses, quand les autres sont polies ; les unes sont chargées de petites stries fines quand les autres sont parfaitement pures ; les unes sont très réfléchissantes quand les autres sont ternes, etc. Les clivages sont aussi très-dignes d'intérêt. Lorsqu'il y a un clivage, il se répète nécessairement autant de fois que l'exige la symétrie, et toujours avec les mêmes particularités physiques, telles que le même degré de facilité, le même genre d'éclat, etc. S'il y a des clivages parallèles aux faces de plusieurs formes simples, ils présentent au contraire toujours entre eux des différences plus ou moins saillantes.

Il peut arriver, il est vrai, que certains cristaux présentent une symétrie apparente presque parfaite qui peut induire en erreur. Si, par exemple, un cristal qui appartient en réalité au système orthorhombique a cependant le rhombe de la base presque carré, la symétrie du réseau est presque quadratique, et cette quasi-symétrie peut se manifester dans toutes les formes composées. On dit alors que la forme primitive est une *forme limite*. Dans les cas analogues, qui se sont considérablement multipliés dans ces dernières années, il arrive souvent que la symétrie réelle ne se dévoile que par des mesures goniométriques précises. Il peut même arriver, comme nous le verrons plus tard, que les mesures goniométriques elles-mêmes soient insuffisantes, et que pour connaître la véritable symétrie du réseau cristallin on soit obligé d'avoir recours à des moyens d'investigation d'une extrême délicatesse, tels que les phénomènes de la biréfraction.

Quoi qu'il en soit, l'examen préalable du cristal fait toujours connaître la symétrie au moins apparente et approximative et permet de fixer, jusqu'à vérification ultérieure plus précise, non-seulement le système cristallin auquel la substance appartient, mais encore le genre d'hémiédrie qu'elle peut présenter.

Mesures goniométriques. — C'est alors qu'on procède, sur les échantillons dont les faces paraissent les plus nettes (et ce sont en général les plus petits) aux mesures goniométriques. On mesure les angles que font entre elles les différentes faces du cristal, et l'on multiplie les observations jusqu'à ce que la position relative des faces soit complétement déterminée. Il est commode, pour se guider dans ce travail, de tracer une perspective grossière du cristal, et de désigner par une lettre ou par un chiffre chacune des faces qui le composent. On a soin de noter les divers accidents que peuvent présenter quelques-unes de ces faces, qui servent ensuite de repères pour retrouver le nom de chacune d'elles. Il est bon de désigner par une même lettre toutes les faces d'une même forme simple; on les distingue entre elles par des indices différents. La perspective ne montre que les faces tournées d'un même côté du centre; pour donner un nom aux autres, on peut convenir de désigner par le même signe les deux faces opposées par le centre en accentuant le signe de la face qui se trouve derrière le centre par rapport à l'observateur.

Lorsque toutes les faces ont reçu un nom, et qu'on est sûr de pouvoir retrouver sur le cristal une face d'un nom donné, on effectue les mesures d'angles et on les inscrit au fur et à mesure sur le carnet d'observations. On peut noter soit les angles formés par les faces, soit les angles formés par les normales aux faces, c'est-à-dire les angles des pôles des faces. Comme c'est toujours l'angle des pôles qui entre dans tous les calculs et sert à toutes les constructions graphiques, c'est aussi celui que maintenant on indique le plus habituellement. Nous nous conformerons à cet usage. On ne manque pas, lorsqu'on a disposé le goniomètre pour la mesure de l'angle de deux faces, de faire faire un tour complet à l'axe de l'appareil en notant toutes les faces qui ramènent, pendant cette rotation, la coïncidence entre le signal et le point de repère, c'est-à-dire toutes celles qui font partie de la même zone que les deux premières.

En même temps que se font ces mesures, on trace une projection stéréographique grossière des pôles du cristal, en plaçant sur le même grand cercle les pôles des faces qui font partie de la même zone. Au moyen de cette projection, on s'aperçoit très-aisément du moment où les observations sont assez nombreuses pour fixer la position relative de tous les pôles ; et, lorsqu'il n'en est pas ainsi, on voit les angles qu'il convient de mesurer encore pour y arriver. Il est d'ailleurs toujours indispensable de multiplier, plus qu'il ne le faudrait en toute rigueur, les mesures goniométriques, afin de se ménager des vérifications.

Il faut ajouter que, dans le choix des angles que l'on mesure, on est guidé par deux conditions. La première, c'est que toutes les faces soient, autant que possible, rattachées directement à des faces auxquelles on doit attribuer des notations simples, comme le sont, par exemple, les faces du prisme que l'on choisit comme prisme primitif ; on simplifie ainsi considérablement les calculs. La seconde condition, qui est quelquefois contradictoire avec la première, c'est de prendre autant que possible, pour l'une au moins des faces du dièdre, des faces bien nettes et donnant par réflexion de bonnes images.

Solution générale du problème cristallographique. — Supposons donc que les observations sont arrivées à leur terme, et que les pôles de la projection stéréographique sont liés les uns aux autres par un réseau de triangles sphériques résolubles. Il faut voir maintenant quel parti on peut tirer de ces observations pour la solution du problème cristallographique.

On commence par choisir un nombre suffisant de faces auxquelles on assigne des symboles arbitraires, compatibles, bien entendu, entre eux et avec la symétrie du cristal. Nous verrons plus tard par quelles considérations ce choix initial peut être guidé ; nous nous contenterons de dire ici qu'on prend ordinairement, pour leur donner les symboles les plus simples, les faces du cristal les plus remarquables soit par le développement qu'elles présentent, soit par la constance avec laquelle elles se montrent dans tous les échantillons, soit par les particularités physiques qu'elles possèdent.

Cette opération préliminaire achevée, on calcule la forme primitive qui se déduit des inclinaisons mutuelles des faces dont les symboles ont été fixés arbitrairement. On se sert, pour ces calculs, des formules connues liant les inclinaisons mutuelles et les symboles de ces faces avec les données de la forme primitive qui sont les 3 angles des axes coordonnés, et les rapports de deux des paramètres de ces axes au troisième. Au lieu du réseau primitif dont les paramètres sont a, b, c, on peut calculer ceux du réseau polaire A, B, C. Nous conviendrons de faire $B=1$, et de poser

$$\frac{A}{B}=\alpha \qquad \frac{C}{B}=\gamma.$$

Lorsque la forme primitive est connue, on calcule les symboles de toutes les faces qui n'ont point reçu des symboles arbitraires, en les considérant, lorsque cela est possible, comme déterminées par les intersections de deux zones de symboles connus.

Lorsque pour un certain pôle P ce procédé simple de calcul n'est pas possible, on se procure, par une suite convenable de résolutions de triangles, les angles PX et PY ; le triangle PXY dans lequel on connait les 3 côtés donne les angles PXY et PYX ; les formules

$$\frac{\sin PXY}{\sin PXZ}=\frac{r}{q}\cdot\frac{b}{c}=\frac{r}{q}\gamma\,\frac{\sin XZ}{\sin XY}$$

$$\frac{\sin PYX}{\sin PYZ}=\frac{r}{p}\cdot\frac{a}{c}=\frac{r}{p}\cdot\frac{\gamma}{\alpha}\cdot\frac{\sin YZ}{\sin XY}$$

déterminent p, q et r.

Si le pôle P est compris dans une zone pour laquelle les angles de trois pôles de symboles connus sont donnés, on calcule les caractéristiques de P par les formules connues (page 35) :

$$C' = \frac{\text{I. II}}{\text{I. III}} \cdot \frac{\sin \text{I. III} \times \sin \text{II. IV}}{\sin \text{I. II} \times \sin \text{III. IV}}$$

$$p_{IV} = p_{II} - C' p_{III}$$

$$q_{IV} = q_{II} - C' q_{III}$$

$$r_{IV} = r_{II} - C' r_{III},$$

dans lesquelles I, II, III, désignent les pôles dont les symboles sont connus, et IV le pôle P. Le signe I. II désigne le plus grand commun diviseur des binômes formés avec les caractéristiques de I et celles de II. On sait que le rapport $\frac{\text{I. II}}{\text{I. III}}$ représente le rapport des longueurs numériques interceptées, sur la projection gnomonique, entre I et II d'une part et entre I et III de l'autre, multiplié par $\frac{q_{II}}{q_{III}}$.

Si les observations goniométriques étaient rigoureusement exactes, les calculs faits par le procédé qu'on vient d'indiquer conduiraient à des caractéristiques entières et généralement très-simples. Mais à cause de l'inexactitude inévitable des mesures les calculs donnent soit des nombres très-peu différents d'entiers simples, soit des rapports fractionnaires très-peu différents de fractions simples, et il faut substituer aux résultats immédiats du calcul ces entiers ou ces nombres fractionnaires simples qui s'en rapprochent le plus. C'est ainsi que, si le calcul de C', dans les formules précédentes, donne une valeur égale à 2,004, il faut prendre 2 pour la vraie valeur. Si, pour le rapport $\frac{p}{q}$ de deux caractéristiques d'un pôle, on trouve une valeur égale à $0,6674 = \frac{2}{3} + 0,005$, il faut prendre $\frac{2}{3}$ pour la vraie valeur de $\frac{p}{q}$.

Lorsque $\frac{p}{q}$ n'est pas aussi simple que $\frac{2}{3}$, il peut y avoir quelque incertitude sur la valeur qu'il faut substituer au résultat direct du calcul. Pour élucider cette question, on peut réduire le nombre fractionnaire trouvé en fraction continue, $\cfrac{1}{m + \cfrac{1}{n + \text{etc.}}}$

les réduites que l'on forme en s'arrêtant successivement aux divers dénominateurs sont des nombres fractionnaires irréductibles, qui s'approchent de plus en plus de la vraie valeur, et sont tels qu'aucun autre nombre fractionnaire plus simple n'en approche davantage. Si le calcul donne, par exemple, 1,4617, les réduites successives seront 1, $\frac{3}{2}$, $\frac{19}{13}$, $\frac{22}{15}$, $\frac{53}{43}$, etc. Si le nombre $\frac{3}{2}$ ne paraît pas assez approché pour satisfaire au degré d'exactitude des observations, on adoptera le nombre $\frac{19}{13}$.

La recherche des symboles des faces est d'ailleurs éclaircie et simplifiée par l'usage de la projection gnomonique du réseau polaire. Cette projection peut être construite dès qu'on a calculé la forme primitive. La construction peut même être faite directement au moyen des données du problème, en suivant un procédé purement graphique qui a l'avantage de contrôler les résultats du calcul et d'éviter les grosses erreurs.

Dès que la projection gnomonique est construite, les intersections des lignes droites qui représentent les zones donnent immédiatement les symboles des pôles qui sont compris à la fois dans ces diverses zones. On peut aussi placer graphiquement le pôle de chaque face sur la projection en se servant des angles qu'il fait avec les pôles déjà placés; les coordonnées numériques du pôle sont alors facilement mesurées et en donnent les caractéristiques. Bien que ces constructions graphiques ne comportent pas une grande précision, la détermination des symboles des pôles faite de cette manière est le plus souvent suffisante, parce que les caractéristiques sont toujours des nombres entiers simples.

Aussi est-il utile de connaître le procédé général au moyen duquel on peut placer sur la projection gnomonique un pôle Q dont les distances angulaires à deux pôles P et P' (fig. 235) sont connus. Le plan de la figure est supposé être celui de la projection gnomonique; y est, sur ce plan, la projection du point de vue O, lequel en est distant d'une longueur égale à $O'y$; $O'e$ est la longueur interceptée par le plan de la figure sur la droite menée par le point de vue perpendiculairement au plan PP'O. On fait tourner, autour de son arête PP', le dièdre formé par les deux plans POP' et PQP' jusqu'à ce que le point O vienne se rabattre en O_1 sur le plan de la figure.

Dans le trièdre qui a pour sommet O_1 et dont les trois arêtes passent par P, P' et Q, on connaît les trois angles plans qui sont les angles des trois pôles. En rabattant respectivement autour de O_1P et de O_1P' les deux angles plans du trièdre ayant O_1Q pour arête commune, O_1Q vient se coucher d'une part suivant O_1q et de l'autre suivant O_1q'. Par une construction bien connue, on trace Oa, projection de O_1Q sur le plan PO_1P'. En rabattant le plan O_1aQ autour de O_1a, O_1Q vient en O_1b. On mène en O_1 à O_1a une perpendiculaire sur laquelle on prend $O_1d = O'e$;

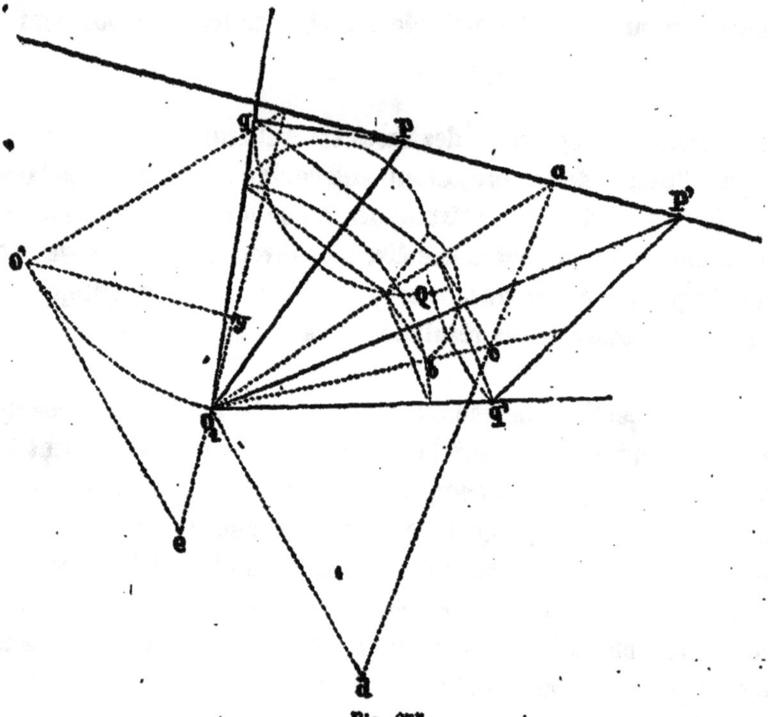

Fig. 253.

ad est le rabattement, autour de O_1a, de l'intersection des plans O_1aQ et $PP'Q$; l'intersection c de ad et de O_1b est le rabattement de Q autour de O_1a. On obtient aisément les points q et q' qui sont les rabattements respectifs de Q autour de O_1P et O_1P'. Les longueurs Pq et $P'q'$ sont, dans le plan $PP'Q$, les distances respectives de Q à P et P'. La position du point Q sur le plan de projection sera donc déterminée par l'intersection des deux cercles décrits de P et P' comme centres avec Pq et $P'q'$ comme rayons.

Lorsque le pôle Q est contenu dans une zone où les distances angulaires de 3 pôles P, P', P'', sont connues, on le place aisément sur la projection en rabattant le plan de la zone, et en menant par le rabattement O_1 du point de vue une droite O_1Q faisant avec les lignes O_1P, O_1P', O_1P'', les angles donnés PQ, $P'Q$, $P''Q$.

Calculs inverses donnant les angles des pôles dont les symboles sont connus. — Lorsqu'on a calculé la forme primitive et le symbole de chacune des faces, le problème cristallographique est complétement résolu, mais il ne peut pas être considéré comme rigoureusement résolu, car il faudrait supposer que les observations goniométriques ont été faites avec une exactitude absolue, ce qui est physiquement impossible. La forme primitive calculée est donc erronée, et l'on s'en est déjà aperçu dans le calcul des symboles des faces, puisqu'on a été obligé de substituer aux nombres trouvés directement d'autres nombres plus simples s'en rapprochant le plus possible. Il est donc utile, lorsque tous les calculs sont terminés, de voir avec quelle précision la forme primitive et les symboles adoptés représentent les observations. Tel est le but d'une nouvelle série de calculs dans laquelle on prend pour données la forme primitive et les symboles des faces, et pour inconnues les inclinaisons mutuelles des faces. Les écarts entre les angles ainsi calculés et ceux qui ont été observés directement sont la mesure du degré d'exactitude qui a été obtenu.

Dans ces calculs, on pourrait se servir des formules qui donnent directement le cosinus ou la tangente de l'angle de deux pôles dont les symboles sont donnés, lorsque la forme primitive est connue. On préfère le plus souvent suivre une marche qui est l'inverse de celle qui a été indiquée plus haut pour la recherche des symboles des pôles donnés par leurs relations angulaires.

Soit un pôle P dont le symbole est (pqr). Si l'on joint P à Y et à Z, on aura l'équation :

$$\frac{\sin \mathrm{PZY}}{\sin (\mathrm{Z}-\mathrm{PZY})} = \frac{q}{p}\cdot\frac{a}{b} = \frac{q}{p}\cdot\frac{1}{a}\frac{\sin \mathrm{YZ}}{\sin \mathrm{XZ}}$$

que l'on peut mettre sous la forme :

$$\operatorname{tg} \mathrm{PZY} = \frac{m \sin \mathrm{Z}}{1 + m \sin \mathrm{PZY}},$$

en posant $m = \frac{q}{p}\cdot\frac{a}{b}$; ou encore sous la forme :

$$\operatorname{tg}\left(\frac{\mathrm{Z}}{2} - \mathrm{PZY}\right) = \operatorname{tg}\frac{\mathrm{Z}}{2}\operatorname{tg}(45^\circ - \varphi),$$

en posant $tg\varphi = \frac{q}{p} \cdot \frac{a}{b}$[1]. On pourra donc calculer PZY. On calculerait de même PYZ. En résolvant le triangle PYZ, où l'on connait un côté YZ et les deux angles adjacents, on calculera PY. Pour un autre pôle P', on calculera de la même façon P'Y et P'YZ. Dans le triangle PP'Y, on connaitra donc 2 côtés PY, P'Y, et l'angle compris PYP' = P'YZ — PYZ. La formule

$$\cos PP' = \cos PY \cos P'Y + \sin PY \sin P'Y \cos PYP'$$

fera connaître PP'.

On peut encore employer un autre mode de calcul qui est avantageux quand on a plusieurs pôles dans la même zone et que le symbole de cette zone est simple.

Supposons d'abord qu'il s'agisse d'une des zones coordonnées, XY, par

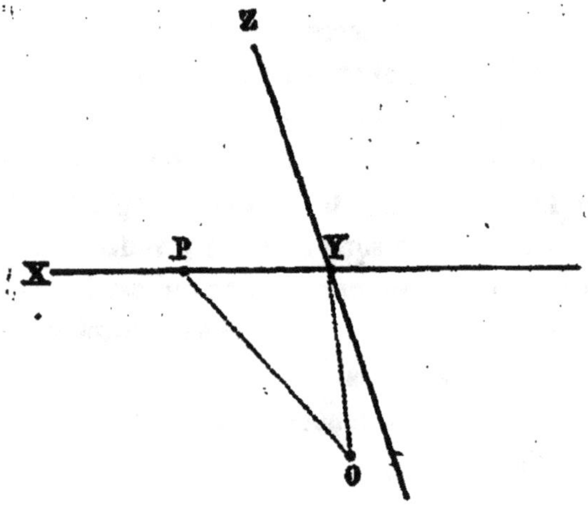

Fig. 256.

exemple. Si l'on rabat, autour de XY, sur le plan de la projection gnomonique (fig. 256), le plan passant par XY et le point de vue O, dans le triangle OPY, ayant pour un de ses sommets le pôle P ($pq0$), il est aisé, en se rappelant que B = 1 et A = a, de voir qu'on a :

$$\frac{\frac{p}{q}a}{\sin PY} = \frac{1}{\sin PX} = \frac{1}{\sin(XY - PY)}.$$

[1] La transformation des formules pour les rendre calculables par logarithmes est inutile lorsqu'on se sert des tables d'addition et de soustraction de Gauss qui, grâce aux tables de logarithmes de M. Hoüel, sont maintenant entre les mains de tout le monde.

d'où l'on tire aisément

$$\operatorname{tg} PY = \frac{\frac{p}{q}\alpha \sin XY}{1 + \frac{p}{q}\alpha \cos XY}.$$

Si la zone passe par l'un des pôles coordonnés, Z, par exemple, et un

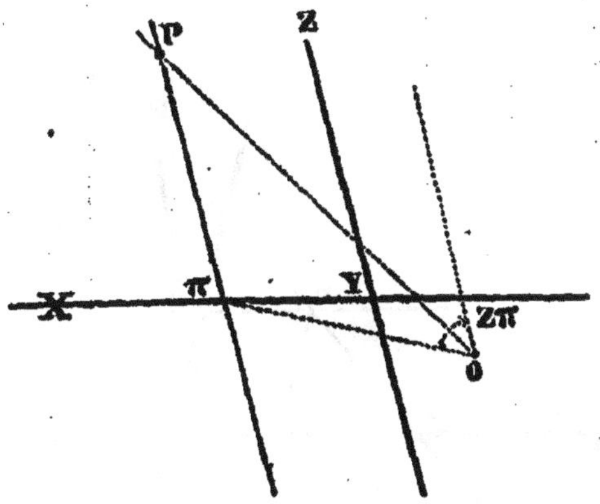

Fig. 257.

pôle π $(pq0)$ situé dans la zone coordonnée XY opposée à Z (fig. 257), on calcule d'abord l'angle $Z\pi$ par la formule :

$$\cos Z\pi = \cos YZ \cos \pi Y + \sin YZ \sin \pi Y \cos H,$$

et la longueur $O\pi$ par la relation

$$O\pi^2 = 1 + \frac{p^2}{q^2}\alpha^2 + 2\frac{p}{q}\alpha \cos XY.$$

Pour un pôle quelconque de la zone, $P\left(\frac{p}{q}\,1\,\frac{r}{q}\right)$, on a ensuite :

$$\frac{\frac{r}{q}\gamma}{\sin P\pi} = \frac{O\pi}{\sin (Z\pi - P\pi)},$$

équation qu'on établit facilement en considérant le triangle $OP\pi$, et de laquelle on tire

$$\operatorname{tg} P\pi = \frac{\frac{r}{q} \cdot \frac{1}{O\pi} \sin Z\pi}{1 + \frac{r}{q} \frac{1}{O\pi} \cos Z\pi}.$$

Pour une zone quelconque qui rencontre en π la zone XY, et en Π la zone ZX (fig. 258), on calcule les caractéristiques de Π et de π, et l'on en

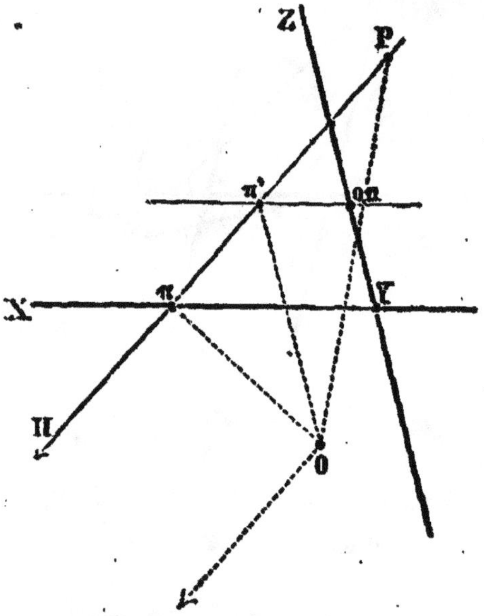

Fig. 258.

tire, dans les zones XY et ZX, les angles ΠX et πX; on calcule ensuite $\Pi\pi$ par la formule

$$\cos \Pi\pi = \cos \Pi X \cos \pi X + \sin \Pi X \sin \pi X \cos \Xi.$$

On calcule la longueur $O\pi$ par la formule précédente.

La longueur $\pi\pi'$ qui sépare, sur la projection gnomonique, le pôle π du pôle π' déterminé par l'intersection de la zone considérée avec la parallèle à XY menée par (011), est donnée par une formule analogue aisée à calculer quand on connaît les caractéristiques de π et de π'.

On a enfin

$$\frac{\frac{r}{q}\pi\pi'}{\sin P\pi} = \frac{O\pi}{\sin(\Pi\pi - P\pi)}$$

ou

$$\operatorname{tg} P\pi = \frac{\frac{r}{q} \cdot \frac{\pi\pi'}{O\pi} \sin \Pi\pi}{1 + \frac{r}{q} \cdot \frac{\pi\pi'}{O\pi} \cos \Pi\pi}.$$

Cette formule donne les angles de tous les pôles de la zone avec le pôle π.

Discussion de la forme primitive calculée. — Supposons que l'on soit parvenu, en suivant la marche indiquée, à trouver une forme primitive et des symboles qui représentent les observations d'une manière suffisante. On peut en conclure que le réseau défini par la forme primitive admet les faces du cristal au nombre de ses plans réticulaires; c'est une propriété que ce réseau partage non-seulement avec le vrai réseau moléculaire du cristal, mais aussi avec une infinité d'autres. Tous ces réseaux, parmi lesquels le vrai est compris, peuvent être dérivés aisément de celui qui a été calculé en partant des symboles arbitraires d'un certain nombre de pôles. Il suffit, en effet, si l'on conserve un nœud du réseau calculé, de le prendre pour origine d'un parallélipipède dont les autres nœuds aient, par rapport à ce réseau, des coordonnées numériques rationnelles.

Cela revient à dire que, si la projection gnomonique du réseau calculé a été construite, celle du vrai réseau se trouvera parmi celles que l'on obtient en substituant à la maille du plan de projection une autre maille dont les nœuds aient, par rapport aux axes du premier réseau, des coordonnées numériques rationnelles.

Rien n'est donc plus facile, en se servant de la projection gnomonique, que d'étudier les réseaux que l'on pourrait utilement substituer à celui qui a été déduit du choix initial arbitraire des symboles, et d'arriver, par tâtonnement, à trouver un réseau qui satisfasse à toutes les conditions multiples auxquelles le vrai réseau moléculaire doit satisfaire, ainsi que nous le verrons dans la suite. Lorsque ce réseau est déterminé, on en calcule aisément la forme primitive au moyen des formules de changements d'axes coordonnés, et l'on trouve aussi, par des formules connues, les nouveaux symboles des faces.

On voit en définitive que le choix arbitraire des symboles pris comme point de départ des calculs importe assez peu, puisqu'on peut toujours, du réseau calculé au moyen de ces données, déduire un autre réseau qu'il soit aussi vraisemblable que possible de considérer comme identique ou plus exactement comme semblable au vrai réseau moléculaire. Il faut donc toujours faire ce choix arbitraire de manière à rendre les calculs aussi faciles que possible.

Ce qu'on vient de dire deviendra plus clair après l'examen qui va être fait de la solution du problème cristallographique pour chacun des systèmes cristallins. On ira, dans cet examen, du système le moins symétrique au système le plus symétrique.

SYSTÈME ASYMÉTRIQUE

Lorsque l'examen minutieux du cristal proposé ne révèle aucun élément de symétrie, celui-ci appartient au système asymétrique et la forme primitive n'est déterminée que lorsqu'on connaît les 3 inclinaisons mutuelles des axes coordonnés et les 2 rapports des 3 paramètres de ces axes. Il y a donc 5 inconnues qui pourront être calculées au moyen de 5 données indépendantes les unes des autres, comme sont, par exemple, les angles mutuels de 4 faces, dont les symboles sont considérés comme connus. Ces symboles représentent les hypothèses arbitraires que l'on est obligé de faire pour résoudre le problème.

Soit, sur la surface de la sphère de projection (fig. 259), 4 pôles P_1, P_2, P_3, P_4, dont on se donne arbitrairement les symboles, et qui forment un quadrilatère sphérique déterminé par les 5 angles P_1P_3, P_3P_4, P_4P_2, P_2P_1, P_1P_4. Supposons tracé sur la surface de la sphère le triangle sphérique XYZ, formé par les pôles des 3 axes coordonnés du réseau polaire ; prolongeons les grands cercles diagonaux du quadrilatère $P_1P_2P_3P_4$ jusqu'à ce que chacun d'eux vienne rencontrer les 3 côtés du triangle.

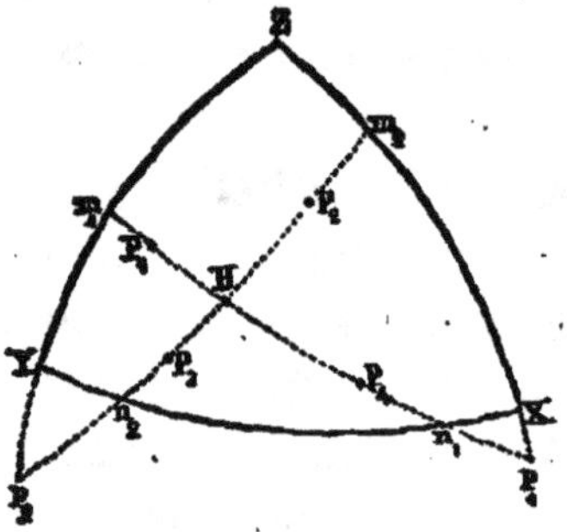

Fig. 259.

Les caractéristiques de chacun de ces points d'intersection m_1, m_2, n_1, n_2, p_1, p_2, sont connues, ainsi que celles du point d'intersection H des grands cercles diagonaux. On peut en outre trouver par des résolutions de triangle les angles que fait H avec chacun des 4 pôles donnés.

Soit maintenant un des grands cercles diagonaux P_1P_4 qui coupe les 3 côtés du triangle respectivement en m_1, n_1, p_1. On connaît les symboles des 4 pôles m_1, P_1, H, P_4, situés sur ce grand cercle ; on connaît de plus les angles P_1P_4, P_1H, HP_4 : on peut donc calculer l'angle m_1P_1 au moyen des formules de la page 33. On calculera de même n_1P_1 et p_1P_1. En prenant l'autre grand cercle diagonal P_2P_3, on calculera, par le même procédé, les arcs m_2P_2, n_2P_2, p_1P_2. On connait donc ainsi sur la sphère la position de deux points de chacun des grands cercles du triangle XYZ, et ce triangle se trouve déterminé.

La direction des axes étant connue, on calcule les angles PXY, PXZ, etc., et, au moyen des formules de la page 31, on trouve les paramètres *a*, *b*, *c* du réseau primitif ou plutôt les rapports de deux de ces paramètres au troisième, car il est évidemment impossible d'en connaître, au moins par des observations goniométriques, la grandeur absolue. On peut aussi calculer les rapports des paramètres de deux des axes du réseau polaire au troisième ; des formules très-simples permettent ensuite de passer des paramètres du réseau polaire à ceux du réseau primitif.

La solution générale qui vient d'être exposée n'a guère qu'un intérêt théorique, car on n'est jamais obligé d'y avoir recours. Les pôles pris comme points de départ sont toujours tellement choisis qu'on peut leur donner des notations très-simples, et les calculs deviennent alors beaucoup moins compliqués.

Cas particuliers. — Parmi les cas particuliers qui peuvent être rencontrés, nous examinerons les principaux :

1° *Données arbitraires :* $p, g^1, h^1, f^{\frac{1}{2}}$.

On peut toujours prendre trois formes simples quelconques, et leur assigner les symboles suivants :

$$g^1\{010\} \qquad h^1\{100\} \qquad p\{001\}.$$

Les incidences mutuelles de ces 3 faces donnent les angles des axes X, Y, Z, du réseau polaire :

$$XY = (100)(010) \qquad YZ = (010)(001) \qquad XZ = (001)(100).$$

Il ne reste donc plus, pour connaître la forme primitive, qu'à trouver les paramètres des axes. On peut, à cet effet, prendre une quatrième forme dont les pôles ne sont pas compris dans les plans coordonnés XY, YZ, ZX, et lui donner l'un des 4 symboles

$$f^{\frac{1}{2}}=\{111\} \qquad d^{\frac{1}{2}}=\{1\bar{1}1\} \qquad c^{\frac{1}{2}}=\{\bar{1}11\} \qquad b^{\frac{1}{2}}=\{\bar{1}\bar{1}1\},$$

suivant celui des 4 octants supérieurs formés par les axes coordonnés dans lequel se trouvera compris le pôle considéré.

Supposons, pour fixer les idées, que la forme soit appelée $f^{\frac{1}{2}}$ (fig. 260). On s'arrangera pour connaître les triangles $f^{\frac{1}{2}}$ Y, $f^{\frac{1}{2}}$ Z, c'est-à-dire $f^{\frac{1}{2}} g^1$ et $f^{\frac{1}{2}} p$; dans le triangle $f^{\frac{1}{2}}$ YZ, où les 3 côtés seront connus, on

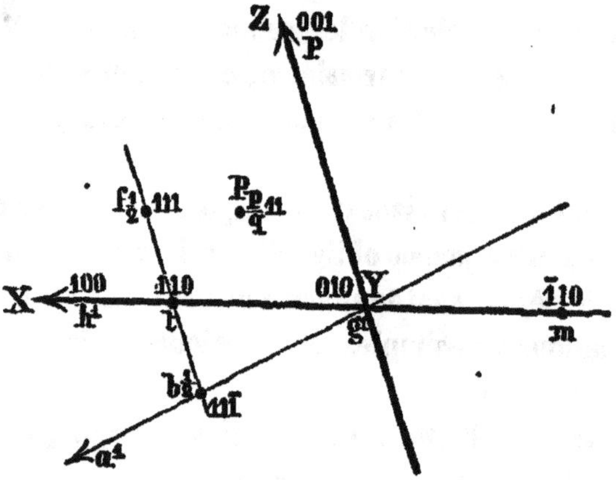

Fig. 260.

calculera les angles $f^{\frac{1}{2}}$ ZY et $f^{\frac{1}{2}}$ YZ, on tirera ensuite les paramètres du réseau primitif des formules :

$$\frac{\sin f^{\frac{1}{2}}\mathrm{YZ}}{\sin f^{\frac{1}{2}}\mathrm{YX}}=\frac{\sin f^{\frac{1}{2}}\mathrm{YZ}}{\left(\sin \mathrm{H}-f^{\frac{1}{2}}\mathrm{YZ}\right)}=\frac{a}{c}=\frac{\gamma}{\alpha}\cdot\frac{\sin \mathrm{ZY}}{\sin \mathrm{YX}}$$

$$\frac{\sin f^{\frac{1}{2}}\mathrm{ZY}}{\sin\left(\mathrm{Z}-f^{\frac{1}{2}}\mathrm{ZY}\right)}=\frac{a}{b}=\frac{1}{\alpha}\cdot\frac{\sin \mathrm{YZ}}{\sin \mathrm{XZ}}$$

2° *Données arbitraires :* p, g^1, h^1, t, a^1.

Mais il est rare qu'on n'ait pas, dans l'une des zones des plans coordonnés, des faces plus importantes que celles qui se trouvent au dehors. Supposons, par exemple, *qu'un certain nombre de formes se trouvent dans la zone* XY, on choisira la plus remarquable pour lui donner, suivant les cas, le symbole $m\,\{\bar{1}10\}$ ou $t\,\{110\}$. On choisira de même la plus importante des formes qui se trouvent dans une autre zone, XZ, par exemple, pour lui donner, suivant les cas, le symbole $a^1\,\{10\bar{1}\}$ ou $o^1\,\{101\}$.

Si les formes importantes se trouvaient dans la zone YZ, on donnerait à la plus importante d'entre elles l'un des symboles $e^1\,\{0\bar{1}1\}$ ou $i^1\,\{011\}$.

Supposons, pour fixer les idées, qu'on se donne arbitrairement t et a^1 (fig. 260), on écrira les équations :

$$\alpha = \frac{\sin tg^1}{\sin th^1} = \frac{\sin tg^1}{\sin(g^1h^1 - tg^1)}$$

$$\gamma = \alpha\frac{\sin a^1h^1}{\sin a^1p} = \frac{\sin a^1h^1}{\sin(ph^1 - a^1h^1)},$$

équations faciles à établir directement sur la projection gnomonique.

La construction graphique des paramètres α et γ du réseau polaire ne présente d'ailleurs aucune difficulté. Pour avoir α, il suffit de prendre $O_1g^1 = 1$ (fig. 261), et de construire un triangle O_1g^1t, dans

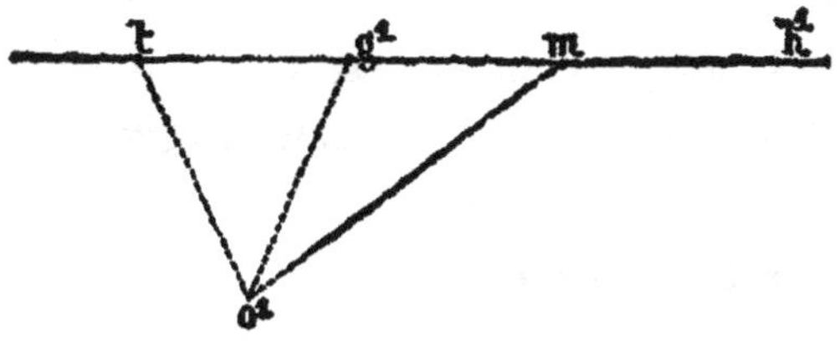

Fig. 261.

lequel l'angle $tg^1O_1 = 180° - g^1h^1 = 180 - XY$, et l'angle $tO_1g^1 = tg^1$; le côté tg^1 du triangle est le paramètre α; il est en effet aisé de voir que le triangle est le rabattement sur le plan de perspective du triangle formé par le point de vue O et les deux pôles t et g^1. On vérifierait directement sur ce triangle l'équation précédente qui donne α.

Quant à γ, on l'obtiendrait en construisant un triangle $tg^1b^{\frac{1}{2}}$ dans lequel $tg^1 = \alpha$, $b^{\frac{1}{2}}g^1t = h^1a^1$ et $tb^{\frac{1}{2}}$ parallèle à ZY. On vérifierait directement sur ce triangle, dont les sommets sont les projections des pôles g^1, $b^{\frac{1}{2}}$, t, la relation précédente qui donne γ en fonction de α.

3° *Données arbitraires :* $p, g^1, h^1, t, \left(\frac{p}{q}11\right)$.

Si l'on n'avait qu'une seule forme contenue dans une des zones des plans coordonnés, on attribuerait à cette forme, suivant les cas, l'un des symboles m, t, e^1, i^1, a^1 ou o^1. On déterminerait ainsi un des deux paramètres α ou γ, ou le rapport de α à γ. Il faudrait alors, pour achever de résoudre la question, attribuer à une autre forme un symbole qui ne pourrait plus être complètement arbitraire. Supposons, pour fixer les idées, qu'on se soit donné la forme $t\ \{110\}$ dans la zone g^1h^1. On se propose, pour achever la détermination des paramètres, de donner à un certain pôle P un symbole arbitraire (pqr).

Or on a :

$$\frac{\sin PZX}{\sin PZY} = \frac{q}{p} \cdot \frac{1}{\alpha} \cdot \frac{\sin ZY}{\sin ZX},$$

$$\frac{\sin PYX}{\sin PYZ} = \frac{r}{p} \cdot \frac{\gamma}{\alpha} \cdot \frac{\sin ZY}{\sin XY}.$$

Les angles PZX, PZY, PYX, PYZ, sont connus ou peuvent être déduits des données. La première équation détermine $\frac{q}{p}$, ou p, si l'on fait $q = 1$. La troisième caractéristique r du pôle est donc seule indéterminée ; on la fait arbitrairement égale à 1, et la deuxième équation donne γ.

4° Données arbitraires : m, t, p, i^1.

Les trois cas que l'on vient d'examiner comprennent tous les cas possibles, et il semble inutile d'en examiner d'autres. Il arrive cependant que, par des raisons particulières, on est conduit à prendre comme points de départ, non plus les formes g^1, h^1 et p, mais les formes m, t et p. Si l'on substituait aux coordonnées de Miller celles de Lévy, ces trois dernières formes seraient parallèles aux plans coordonnés, et l'on serait ramené aux mêmes calculs que précédemment. Si l'on avait d'autres formes situées dans les zones des plans cordonnés $[pm]$ $[pt]$ ou $[mt]$, on les noterait, suivant les cas, $d^{\frac{1}{2}}$, $f^{\frac{1}{2}}$, $c^{\frac{1}{2}}$ ou $b^{\frac{1}{2}}$. Si l'on ne disposait que de formes situées en dehors des zones précédentes, on leur attribuerait, suivant les cas, l'un des quatre symboles i^1, e^1, o^1 ou a^1. Après avoir calculé le cristal en se servant des coordonnées de Lévy, on reviendrait à celles de Miller par les formules de transformation connues.

On peut aussi calculer directement la forme primitive et les symboles de Miller. Supposons, pour fixer les idées, qu'on se donne p, m, t et i^1.

On commence par calculer les angles du triangle ptm dont on connaît les 3 côtés. Ces angles sont les inclinaisons mutuelles des faces du parallélipipède qui est la forme primitive de Lévy. Les côtés du triangle sont les angles des arêtes de ce parallélipipède.

Dans le triangle pi^1t, on calcule l'angle $tpi^1 = tpg^1$. Dans le triangle tpg^1, où on connaît un côté tp et les deux angles adjacents, on calcule $pg^1 = ZY$, $pg^1t = H$, et tg^1.

On connaît dans la zone $[mt]$ les angles de 3 pôles $m(\bar{1}10)$, $g^1(110)$, $t(110)$; on calcule th^1 au moyen de la formule :

$$\operatorname{tg} th^1 = \frac{\sin mt \sin tg^1}{2 \sin mg^1 - \sin mt \cos tg^1}$$

facile à déduire de la formule générale.

Dans le triangle pg^1h^1, on connaît les côtés pg^1, $g^1h^1 = g^1t + th^1 = XY$, et l'angle compris : on peut donc calculer $ph^1 = ZX$.

Enfin, on a :

$$\frac{\alpha}{\sin tg^1} = \frac{1}{\sin th^1}$$

$$\frac{\gamma}{\sin i^1g^1} = \frac{1}{\sin i^1p}.$$

La construction graphique suivrait aisément le calcul ; on remplacerait la résolution d'un triangle sphérique par la construction connue d'un trièdre dont 3 éléments sont connus.

On pourrait encore, en se donnant p, m, t, se donner g^1, puis un autre pôle $(pq1)$, dont les caractéristiques p et q ne seraient point arbitraires.

PREMIER EXEMPLE

BICHROMATE DE POTASSE

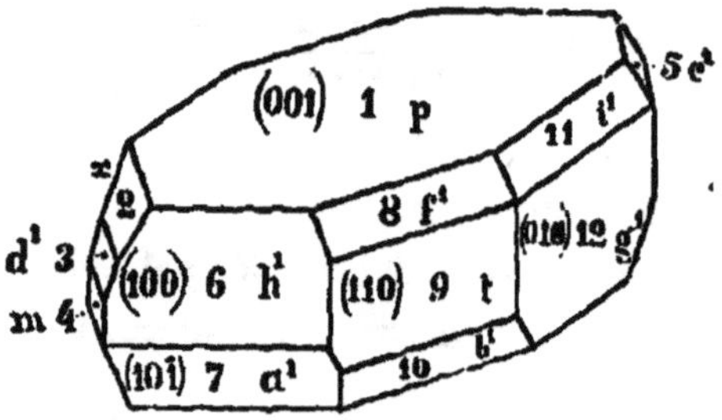

Fig. 262.

OBSERVATIONS GONIOMÉTRIQUES [1]

[1.2 — 38°15′
1.3 — 54°30′
1.4 — 81°58′
1.5 67°26′

[1.11 — 69°30′
*1.12 — 91°28′

[*1.6 — 80°4′
*1.7 102°38

[4.6 — 43°51′
4.9 — 88°18′
*6.12 — 91°17′

Zones observées.

[1.8 — 56°8′ ?
1.9 83°35′
1.10 114°50′

[4.8.11] [3.6.10] [4.10 7]

[6.8.5] [6.10.3]

[1] Dans ce tableau et les tableaux analogues qui suivent, les observations réunies sous le même signe [se rapportent aux angles des pôles d'une même zone. Les observations marquées d'un astérisque sont celles qui ont été choisies pour calculer la forme primitive.

DONNÉES ARBITRAIRES

$$1 = 001 = p \qquad 6 = (100) = h^1 \qquad 12 = (010) = g^1$$

$$9 = (110) = t \qquad 7 = (10\bar{1}) = a^1$$

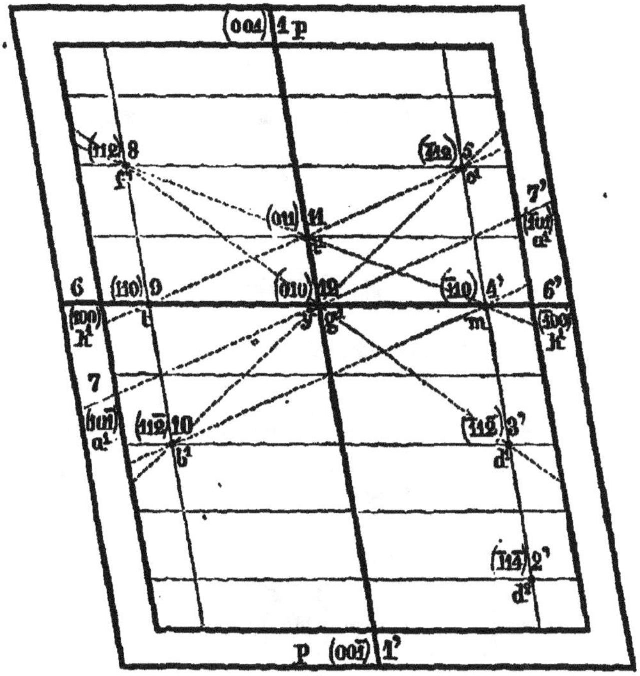

Fig. 263.

1. FORME PRIMITIVE

Angles des axes du réseau polaire.

$$XY = 6.12 = 91°17' \qquad YZ = 1.12 = 91°28' \qquad ZX = 1.6 = 80°4$$

Triangle XYZ.

$$\mathrm{Tg}^2 \frac{1}{2} X = \frac{\sin(p - XY)\sin(p - XZ)}{\sin p \sin(p - YZ)}$$

$$X = 180 - yz = 91°16' \quad H = 180 - xz = 80°6' \quad Z = 180° - xy = 91°2',7$$

Paramètres du réseau polaire.

$$\frac{a}{\sin tX} = \frac{1}{\sin tX} \qquad \frac{\gamma}{\sin a^1 X} = \frac{a}{\sin a^1 Z}$$

$$a = 1,0269 \qquad \gamma = 0,40385$$

Paramètres du réseau primitif.

$$\frac{a}{b}=\frac{1}{\alpha}\sin YZ\,\text{coséc}\,ZX \qquad \frac{c}{b}=\frac{1}{\gamma}\sin XY\,\text{coséc}\,ZX$$

$$\frac{a}{b}=0{,}98830 \qquad \frac{c}{b}=0{,}25124$$

II. CALCUL DES SYMBOLES DES FACES

Zone XY.

$$\frac{\frac{p}{q}\alpha}{\sin PY}=\frac{1}{\sin PX}$$

$$P=4' \qquad PX=4'.12=45°22' \quad PX=4'6'=45°31'$$

Pôles déterminés par des intersections de zones.

$$\frac{p}{q}=1{,}007 \qquad 4'=(\bar{1}10).$$

$$\left.\begin{array}{l}\text{zone}\,[1.11.12]=[100]\\ \text{zone}\,[7.\ 9.11]=[1\bar{1}1]\end{array}\right\}\ 11=(011)=i^1$$

$$\left.\begin{array}{l}\text{zone}\,[8.9.10]=[1\bar{1}0]\\ \text{zone}\,[4'.11.8]=[\bar{1}\bar{1}1]\end{array}\right\}=8\,(112)=f^1$$

$$\left.\begin{array}{l}\text{zone}\,[6.8.5]=[0\bar{1}1]\\ \text{zone}\,[9.11.5]=[1\bar{1}1]\end{array}\right\}\ 5=(\bar{1}12)=c^1$$

$$\left.\begin{array}{l}\text{zone}\,[5.4'.3']=[\bar{1}10]\\ \text{zone}\,[8.12.3']=[1\bar{1}\bar{1}]\end{array}\right\}\ 3'=(\bar{1}1\bar{2})=d^1$$

$$\left.\begin{array}{l}\text{zone}\,[6.10.3']=[011]\\ \text{zone}\,[8.9.10]=[\bar{1}\bar{1}\bar{0}]\end{array}\right\}\ 10=(11\bar{2})=b^1$$

Tout ceci peut se voir immédiatement et sans calculs sur la projection gno-monique (fig. 263).

$$\text{Zone } [1.4] = [pm] = [110]$$

$$C' = \frac{\text{I.II}}{\text{I.III}} \cdot \frac{\sin(\text{I.III}) \sin(\text{II.IV})}{\sin(\text{I.II}) \sin(\text{III.IV})}$$

$$p_{IV} = p_{II} - C' p_{III} \qquad q_{IV} = q_{II} - C' q_{III} \qquad r_{IV} = r_{II} - C' r_{III}.$$

$$\text{I} = \mathbf{5} = (\bar{1}12) \quad \text{II} = \mathbf{4}' = (\bar{1}10) \quad \text{III} = \mathbf{3}' = (\bar{1}1\bar{2})$$

$$\text{IV} = \mathbf{2}' = (\bar{1}1\bar{4}) = d^{2}$$

La projection gnomonique montre immédiatement que le Réseau choisi n'est pas celui qui donnerait aux faces les symboles les plus simples et qu'il vaudrait mieux, sous ce rapport, doubler le paramètre γ de l'axe vertical du Réseau polaire. Les pôles **5**, **8**, **10**, **3'**, auraient alors respectivement pour symboles $(\bar{1}11)$, (111), $(11\bar{1})$, $(\bar{1}1\bar{1})$. Le symbole de **2'** serait $(\bar{1}1\bar{2})$, celui de **7** $(20\bar{1})$, et celui de **11** (021).

III. CALCULS INVERSES.

Zone XY.

$$\operatorname{tg} PY = \frac{\frac{-}{q}\alpha \sin XY}{1 + \frac{p}{q}\alpha \cos XY}$$

$$\frac{p}{q} = \bar{1} \qquad mg^{1} = 45°5',1$$

Zone YZ.

$$\operatorname{tg} PY = \frac{\frac{r}{q}\gamma \sin YZ}{1 + \frac{r}{q}\gamma \cos YZ}$$

$$\frac{r}{q} = 1 \qquad i^{1}g^{1} = 22°11',5$$

Pôles quelconques.

$$\operatorname{tg} PYX = \frac{\frac{r}{p} \cdot \frac{a}{c} \sin H}{1 + \frac{r}{p}\frac{a}{c} \cos H}.$$

$\frac{r}{p} =$	$\bar{1}$	2	$\bar{2}$	4
PYX $=$	22°33′	54°18′,8	41°51′	50°39′
	a^1YX	f^1YX	b^1YX	d^2YX

$$\cot g\, Z\pi Y = \cot g\, ZY \sin \pi Y\, \mathrm{cos\acute{e}c}\, H - \cos \pi Y \cot g\, H$$

$\pi Y =$	tY	mY
$Z\pi Y =$	180° — 82°4′,16	84°1′

$$\cot g\, PY = \cot g\, Z\pi Y \sin PYX\, \mathrm{cos\acute{e}c}\, \pi Y + \cot g\, \pi Y \cos PYX$$

P $=$	$f^1(112)$	$b^1(11\bar{2})$	$c^1(\bar{1}12)$	$d^1(\bar{1}1\bar{2})$	$d^2(\bar{1}1\bar{4})$	$a^1(10\bar{1})$
PY $=$	55°57′,45	49°59′,26	49°55′,3	53°29′,6	62°37′,65	91°40′,1

$$\cos PP' = \cos PY \cos P'Y + \sin PY \sin P'Y \cos PYP'$$

	$pt(001)(110)$	$f^1t(112)(110)$	$b^1t(11\bar{2})(110)$	$pm(001)(\bar{1}10)$
PP′ $=$	83°53′	28°4′	31°15′	98°22′

	$c^1m(\bar{1}12)(\bar{1}10$	$d^1m(\bar{1}1\bar{2})(\bar{1}10)$	$d^2m(\bar{1}1\bar{4})(\bar{1}10)$
PP′ $=$	30°53′	27°6′	43°40′

	$f^1h^1(112)(100)$	$b^1h^1(11\bar{2})(100)$	$c^1h^1(\bar{1}12)(\bar{1}00)$	$d^1h^1(\bar{1}1\bar{2})(\bar{1}00)$
PP′ $=$	57°9′	56°12′	54°15′	44°47′

	$i^1m(011)(\bar{1}10)$	$i^1f^1(011)(112)$	$c^1i^1(\bar{1}12)(011)$	$i^1t(011)(110)$
PP′ $=$	52°34′	42°25′	41°29′	46°40′

	$ta^1(110)(10\bar{1})$	$mb^1(\bar{1}10)(11\bar{2})$	$b^1a^1(11\bar{2})(10\bar{1})$
PP′ $=$	49°38′	87′8°	45°17′

RÉCAPITULATION GÉNÉRALE

Forme primitive.

$$xy = 88°57',3 \qquad yz = 88°44' \qquad xz = 90°54'$$
$$a : b : c = 0,98830 : 1 : 0,25124$$

ZONES.	ANGLES	MESURÉS.	CALCULÉS.
$[h^1g^1]$ [001]	$^*tg^1$	40°20'	»
	mg^1	45°22'	45°5'
	$^*g^1h^1$ à droite	91°17'	»
$[pg^1]$ [100]	$^*pg^1$ à droite	91°28'	»
	i^1g^1	21°58'	22°11'
$[ph^1]$ [010]	$^*ph^1$ en avant	80°4	»
	$^*h^1a^1$	22°34'	»
$[pt]$ $[1\bar{1}0]$	pt en avant	83°55'	83°52'
	pf^1	56°8' ?	55°48'
	pb^1	65°10'	64°53'
$[pm]$ [110]	pm en avant	81°38'	81°38'
	pc^1 adj^1	67°26'	67°29'
	pd^2 adj^1	38°15'	38°18'
	pd^1 sur d^2	54°30'	54°52'
$[g^1a^1]$ [101]	a^1g^1 à droite	»	91°40'
$[f^1d^1]$ $[20\bar{1}]$	f^1g^1	»	55°47'
	g^1d^1	»	53°30'
$[b^1c^1]$ [201]	c^1g^1	»	49°55'
	b^1g^1	»	49°59'
$[f^1c^1]$ $[0\bar{2}1]$	f^1h^1	»	57°9'
	c^1h^1	»	54°15'
$[b^1d^1]$ [021]	b^1h^1	»	56°12'
	d^1h^1	»	44°47'
$[mf^1]$ $[11\bar{1}]$	mi^1	»	52°34'
	i^1f^1	»	42°25'
$[a^1i^1]$ $[1\bar{1}1]$	c^1i^1	»	44°29'
	i^1t	»	46°40'
	a^1t	»	49°38'
$[mb^1]$ [111]	mb^1	»	87°8'
	b^1a^1	»	45°17'

DEUXIÈME EXEMPLE

PÉRICLINE

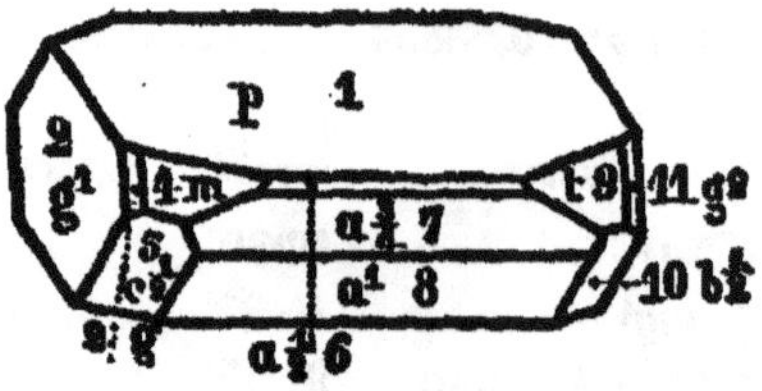

Fig. 264.

OBSERVATIONS GONIOMÉTRIQUES

*1.2	93°29′	*1.9 —	65°4′	2.5 —	59°58
1.4	69°12′	1.10 —	121°57′	2.8 —	85°59′
1.5	124° 4′	2.3 —	30°21′	2.10 —	113°25′
1.6	98° 8′	*2.4	60°30′	Zones observées.	
1.7	115° à 118°	2.9	119°14′	[5.6. 9]	[4.6.10]
*1.8	127°42′	2.11	149°35′	[5.7.11]	[3.7.10]

DONNÉES ARBITRAIRES

$$1 = p\left(001\right) \qquad 2 = g^1\left(0\bar{1}0\right) \qquad 4 = m\left(1\bar{1}0\right)$$

$$9 = t\left(110\right) \qquad 8 = \left(\frac{p}{q}1\bar{1}\right)$$

I. RECHERCHE DE LA FORME PRIMITIVE

$$ZY = 1.2' = 86°31'.$$

Zone XY

$$tg\,XY = \frac{\sin tY}{\cos tY - \frac{1}{2}\frac{\sin mt}{\sin mY}} \qquad \frac{a}{\sin mY} = \frac{1}{\sin mX}$$

$$tY = 2'.9 = 180 - (2.9) \qquad mt = 4'.9 = 180 - 4.9 \qquad mY = 2'.4' = 2.4$$

$$XY = 90°10',5 \qquad a = 1,7769$$

Triangle ZYt

$$\sin^2\frac{1}{2}H = \frac{\sin(p - ZY)\sin(p - tY)}{\sin ZY \sin tY}$$

$$tY = 180° - 2.9 \qquad ZY = 1.2' \qquad tZ = 1.9$$
$$H = 65° \, 15',7$$

Triangle ZYX

$$\cos ZX = \cos ZY \cos XY + \sin ZY \sin XY \cos H$$
$$\cos s = \cos ZY \,\text{coséc}\, XY \,\text{coséc}\, ZX - \text{cotg}\, XY \,\text{cotg}\, ZX$$
$$\cos Z = \cos XY \,\text{coséc}\, XY \,\text{coséc}\, ZX - \text{cotg}\, XY \,\text{cotg}\, ZX$$
$$ZX = 63°19',8 \qquad s = 86°0',9 \qquad Z = 91°55',4$$

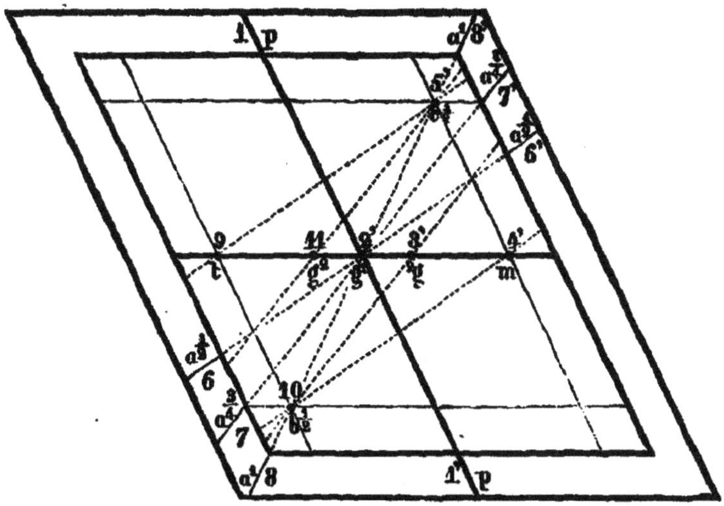

Fig. 265.

Triangle sZY

$$\sin^2 \frac{1}{2} s\,ZY = \frac{\sin(p - ZY)\sin(p - s.Z)}{\sin ZY \sin sZ}.$$

$$sY = s.2' \qquad sZ = s.1,$$
$$sZY = 92°23',6$$

Or, on a vu que $XZY = Z$ est égal à 91° 55',4, c'est-à-dire égal à sZY à une différence très-petite près, attribuable aux erreurs d'observation. Le pôle s peut donc être considéré comme étant dans la zone ZX, et il faut faire, dans le symbole de s, $q = 0$. Ce symbole devient donc $a^1 = (10\bar{1})$.

Zone ZX

$$\frac{\gamma}{\alpha} = \frac{\sin a^1X}{\sin ZX},$$
$$a^1X = a^1Z - YZ = 1.8 - YZ,$$
$$\gamma = 2.0247.$$

FORME PRIMITIVE

$$XY = 90°10',5 \qquad Z = 91°55',4 \qquad \alpha = 1,7769 \qquad \frac{a}{b} = 0,62864$$

$$ZY = 86°31' \qquad \Xi = 86°0'9 \qquad \gamma = 2,0247 \qquad \frac{c}{b} = 0,55271$$

$$ZX = 63°19',8 \qquad H = 63°15',7$$

II. SYMBOLES DES FACES

$$\left.\begin{array}{l} \text{zone}\left[1.4.5\right] = \left[110\right] \\ \text{zone}\left[2.8.5\right] = \left[101\right] \end{array}\right\} \; 5 = (1\bar{1}\bar{1}) = c^{\frac{1}{2}},$$

$$\left.\begin{array}{l} \text{zone}\left[1.9.10\right] = \left[1\bar{1}0\right] \\ \text{zone}\left[2.8.10\right] = \left[101\right] \end{array}\right\} \; 10 = (11\bar{1}) = b^{\frac{1}{2}},$$

$$\left.\begin{array}{l} \text{zone}\left[6.5.9\right] = \left[1\bar{1}2\right] \\ \text{zone}\left[6.4.10\right] = \left[112\right] \end{array}\right\} \; 6 = (20\bar{1}) = a^{\frac{1}{2}}.$$

Tout ceci se voit très-aisément sur la projection gnomonique, figure 265.

Zone XY

$$\frac{p}{q} = \alpha.\,\frac{\sin PY}{\sin (XY - PY)}.$$

$$P = 11 \qquad\qquad 3'$$

$$PY = 2'.11 = 180 - 2.11 \qquad\qquad 2'.3' = 2.3$$

$$\frac{p}{q} = 0,3312\left(\text{environ } \frac{1}{3}\right) \qquad\qquad -0,3315\left(\text{environ } \frac{1}{3}\right),$$

$$P = (130)g^{3} \qquad\qquad (\bar{1}30)^{3}g$$

$$\left.\begin{array}{l} \text{zone}\left[7.5.11\right] = \left[3\bar{1}4\right] \\ \text{zone}\left[7.3.10\right] = \left[314\right] \end{array}\right\} \; 7 = (\bar{4}03)\,a^{\frac{3}{4}},$$

III. CALCULS INVERSES

Zone XY

$$\operatorname{tg} PY = \frac{\frac{p}{q}\alpha \sin XY}{1 + \frac{p}{q}\alpha \cos XY}$$

$\frac{p}{q} =$ $\frac{1}{3}$ $-\frac{1}{3}$.

$PY =$ $30°35'$ $30°41'$.

Zone ZX

$$\operatorname{tg} PX = \frac{\frac{r}{p}\cdot\frac{\gamma}{\alpha} \sin ZX}{1 + \frac{r}{p}\frac{\gamma}{\alpha} \cos ZX},$$

$\frac{r}{p} =$ $-\frac{1}{2}$ $-\frac{3}{4}$,

$PX =$ $34°32'$ $51°5'$.

Zone tZ

$$\overline{Ot}^2 = 1 + \alpha^2 + 2\alpha \cos XY \qquad \operatorname{tg} Pt = \frac{\frac{r}{q}\frac{\gamma}{Ot} \sin tZ}{1 + \frac{r}{q}\frac{\gamma}{Ot} \cos tZ},$$

$$\operatorname{Log} Ot = 0{,}30886.$$

$$\frac{r}{q} = -1 \qquad b^{\frac{1}{2}}\, t = 57°12',$$

Zone mZ

$$\cos mZ = \cos ZY \cos mY - \sin ZY \sin mY \cos H,$$

$$mZ = 110°9'.$$

$$\overline{Om}^2 = 1 + \alpha^2 - 2\alpha \cos XY \qquad \operatorname{tg} Pm = \frac{\frac{r}{q}\frac{\gamma}{Om} \sin mZ}{1 + \frac{r}{q}\frac{\gamma}{Om} \cos mZ},$$

$$\frac{r}{q} = 1 \qquad c^{\frac{1}{2}}\, m = 55°13',$$

Zone a^1Y

$$\cos a^1Y = \cos XY \cos a^1X - \sin XY \sin a^1Y \cos \Xi,$$

$$a^1Y = 93°31'.$$

$$l^2 = \alpha^2 + \gamma^2 - 2\alpha\gamma \cos ZX \qquad \operatorname{tg} PY = \frac{\frac{p}{q} l \sin \alpha^1 Y}{1 + \frac{p}{q} l \cos \alpha^1 Y},$$

$\frac{p}{q} =$	-1	1
PY =	60°43′	66°21′.

RÉCAPITULATION GÉNÉRALE

FORME PRIMITIVE

$$xz = 116°44',3 \qquad yz = 93°50',1 \qquad xy = 88°4',6$$

$$a : b : c = 0,62864 : \quad 1 \quad : 0,55271$$

ZONES.	ANGLES	MESURÉS.	CALCULÉS.
$[mg^1]$ [001]	$^*tg^1$ à droite	60°46′	60°46′
	$^*mg^1$ à gauche	60°30′	60°30′
	$g^{12}g$ adj^t	30°21′	30°41′
	g^1g^2 id.	30°25′	30°35′
$[pg^1]$ [100]	$^*pg^1$ à gauche	93°29′	93°29′
$[ph^1]$	$pa^{\frac{1}{2}}$ sur h^1	98°8′	97°42′
[010]	$pa^{\frac{3}{4}}$ id.	115° à 118°	114°25′
	$^*pa^1$ id.	127°42′	127°42′
$[pt]$	$^*pt$ en avant	65°4′	65°4′
$[1\bar{1}0]$	$pb^{\frac{1}{2}}$ sur t	121°57′	122°16′
$[pm]$	pm en avant	69°12′	68°51′
[110]	$pc^{\frac{1}{2}}$ sur m	124°4′	124°4′
$[g^1a^1]$	$g^1c^{\frac{1}{2}}$ adj.	59°58′	60°43′
[101]	g^1a^1 sur $c^{\frac{1}{2}}$	85°59′	86°29′
	$g^1b^{\frac{1}{2}}$ adj	66°35′	66°21′.

SYSTÈME BINAIRE

Lorsqu'on reconnait un plan de symétrie et un seul, le cristal appartient au système binaire, et il est holoédrique : car l'antihémiédrie non holoaxe ne paraît pas être réalisée par la nature. S'il y a un axe binaire et un seul, et si cet axe binaire n'est accompagné ni d'un centre ni d'un plan de symétrie, le cristal appartient au mode hémiédrique holoaxe, à deux formes conjuguées non superposables, du système binaire. La forme conjuguée est droite quand, en regardant le cristal dans la position qui lui est ordinairement assignée, la face supérieure conservée est à droite de l'observateur. En général toutes les formes conjuguées d'un même cristal hémiédrique sont à la fois ou toutes gauches ou toutes droites ; suivant le cas qui se présente, le cristal est appelé gauche ou droit.

Pour déterminer la forme primitive, dans ce système, il faut calculer 3 quantités qui sont : 1° les 2 rapports de deux paramètres a et c au troisième b ; 2° l'inclinaison de l'axe des Z sur l'axe des X.

Cas particuliers remarquables. — I. *Supposons connus les angles*

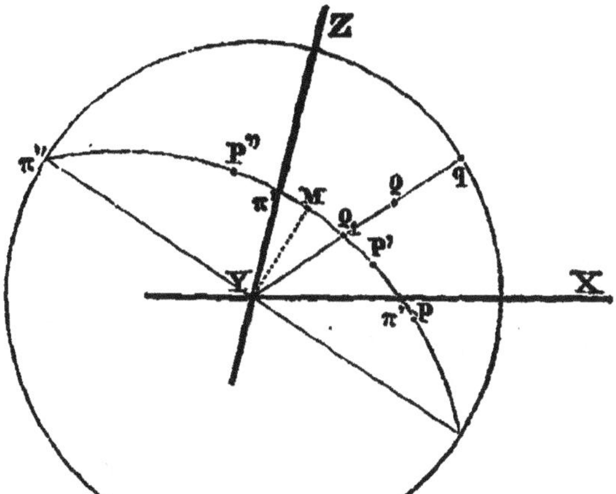

Fig. 266.

mutuels de 3 *pôles* P, P', P'' (fig. 266) *situés sur la même zone, et l'angle d'un quatrième pôle* Q *avec* Y, ou ce qui revient au même, puisque QQ' = 2PY, l'angle de Q avec son symétrique Q' par rapport à l'axe binaire.

Dans la zone YQ qui rencontre XZ en q, et PP'' en Q_1, on connaît YQ et Yq 90, on peut donc, au moyen des formules de la page 33 calculer YQ_1. Dans la zone PP'', qui rencontre XY, ZY, XZ en π, π', π'', on peut de même calculer $P\pi$, $P\pi'$ $P\pi''$ et $Q_1\pi''$. Le triangle rectilatère $YQ_1\pi''$ où l'on connait YQ_1 et $Q_1\pi''$ donne l'angle $\pi''YQ_1$. On peut donc placer sur la sphère π'' et Q_1, ce qui détermine la position du grand cercle PP''. Les angles $\pi''\pi'$, $\pi''\pi$ fixent la position respective des axes YX et YZ, et les paramètres des axes se déduiraient aisément de la position des pôles π, π', π''.

Il serait aisé de substituer aux calculs une construction graphique sur laquelle nous n'insisterons pas.

II. *On donne la distance d'un pôle* P *aux* 3 *pôles* X, Y, Z (fig. 267).

Les triangles rectilatères PYZ et PYX donnent les relations :

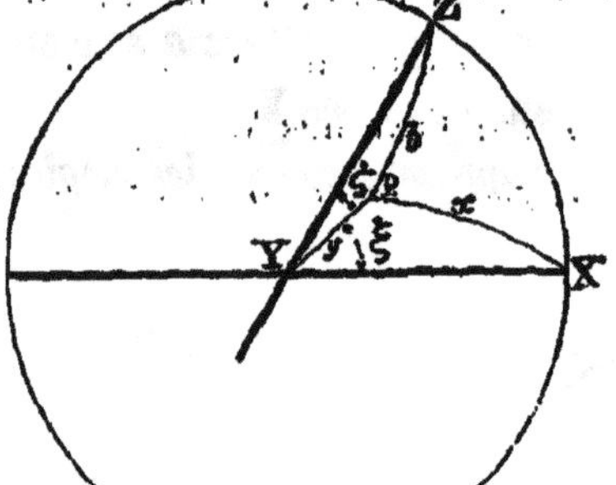

Fig. 267.

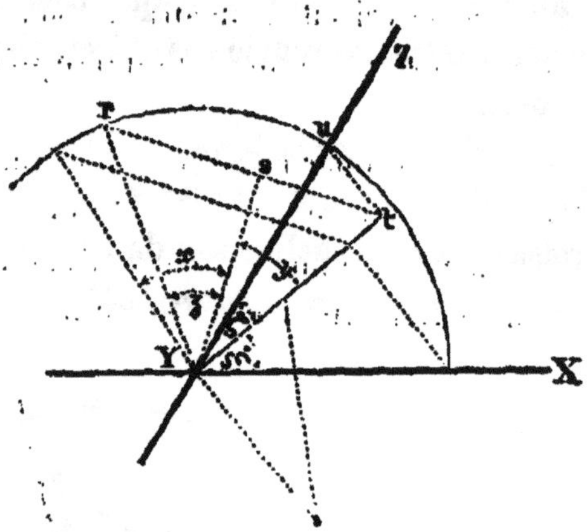

Fig. 268.

$$\cos PYZ = \cos PZ \operatorname{cosec} PY \qquad \cos PYX = \cos PX \operatorname{cosec} PY,$$

qui font connaître PYZ et PYX et par conséquent $H = ZX = PYZ + PYX$. Pour déterminer les paramètres on se sert des équations :

$$\frac{\operatorname{tg} PY}{\sin ZX} = \frac{\frac{r}{q}\gamma}{\sin PYX} = \frac{\frac{p}{q}\alpha}{\sin PYZ}.$$

On pourrait substituer une construction graphique au calcul. On commencerait par construire PYZ en prenant (fig. 268) $rYs = PZ$, $sYt = PY$, menant par un point quelconque r de Yz une perpendiculaire rs à Yz et la prolongeant jusqu'à la rencontre avec Yt ; le point d'intersection u du cercle ayant Y pour centre et Yr pour rayon avec la perpendiculaire menée en t à Yt, détermine un angle $uYt = PYZ$. On construirait de même PYZ. Les directions des axes YX et Yr ainsi que celle de YP étant connues, on déterminerait la position de P en prenant $YP = tg PY$. Les coordonnées de P égales à $\frac{p}{r}\alpha$ et $\frac{q}{r}\gamma$ donneraient les paramètres α et γ.

III. *On donne les symboles de deux pôles* P *et* Q, *ainsi que les angles de ces pôles entre eux et avec* Y (fig. 269).

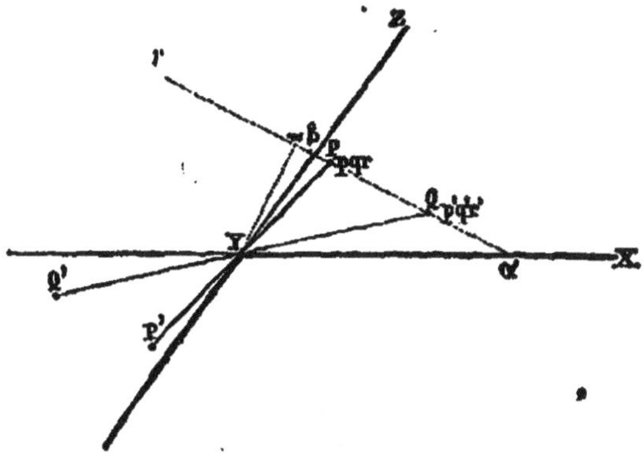

Fig. 269.

Soit r (fig. 269) l'intersection de la zone PQ avec ZX; π et π' les intersections de ZX avec YP et YQ.

Dans le triangle PQY de la projection gnomonique les longueurs PY et QY sont égales à $tg PY$ et $tg QY$, $YPQ = 180 - \pi r$ et $PQY = \pi' r$; on en déduit sans peine la relation :

$$\frac{\text{tg PY}}{\text{tg QY}} = \frac{\sin \pi' r}{\sin \pi r},$$

d'où l'on déduit π et π' après avoir, dans le triangle PQY, dont on connait les 3 côtés, calculé l'angle $PYQ = \pi\pi' = \pi r - \pi' r$. Dans la zone ZX, où l'on connait les distances angulaires des 3 pôles π, π', r, de symboles connus, on calcule πX et πZ, d'où l'on déduit XZ. Les paramètres α et β s'obtiennent ensuite facilement, puisque les positions de P et Q par rapport aux axes sont connues.

Cas particuliers qui se rencontrent le plus habituellement dans la pratique. — Pour examiner le problème tel qu'il se présente habituellement dans la pratique, on supposera donné un cristal quelconque, dont on se propose de chercher la forme primitive et les symboles des faces. Il peut se présenter plusieurs cas.

I. *Le cristal ne possède aucune forme dont les pôles se trouvent dans la zone du plan de symétrie.*

On peut toujours prendre deux formes dont les pôles ne se trouvent pas dans une même zone passant par Y; on appelle (fig. 270) l'une m $\{110\}$, l'autre e^1 $\{011\}$. Si l'on se donne ensuite les angles :

$$e^1e^1 \text{ par dessus } Y = 2e^1Y,$$

$$mm \quad \text{id.} \quad = 2mY,$$

$$me^1 \text{ par dessus } d^{\frac{1}{2}},$$

on aura :

$$\alpha = \operatorname{tg} mY \qquad \gamma = \operatorname{tg} e^1Y,$$

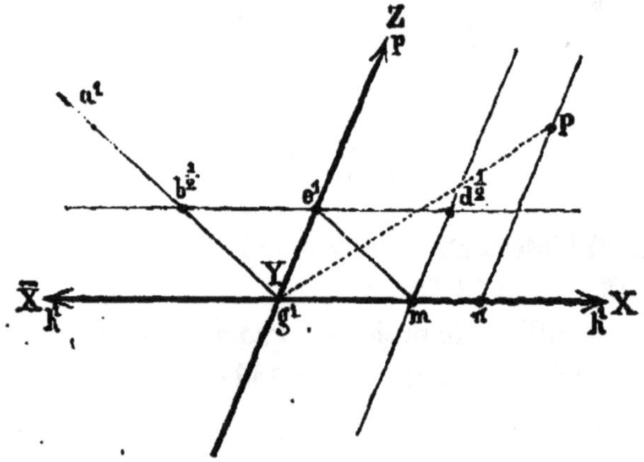

Fig. 270.

et la résolution du triangle e^1mY, dont les 3 côtés sont connus, donnera l'angle $e^1Ym = ZX$.

Après avoir choisi arbitrairement la forme m, on pourrait donner à la seconde forme le symbole $d^{\frac{1}{2}}$ $\{111\}$ ou $b^{\frac{1}{2}}$ $\{\bar{1}11\}$. Le triangle $d^{\frac{1}{2}}Ym$ où les 3 côtés devraient être connus, donnerait les angles $d^{\frac{1}{2}}Ym$ et $md^{\frac{1}{2}}Y$. Dans le triangle rectilatère $d^{\frac{1}{2}}YZ$, on connaitrait $Yd^{\frac{1}{2}}Z = 180 - md^{\frac{1}{2}}Y$ et $d^{\frac{1}{2}}Y$; on pourrait donc calculer $ZYd^{\frac{1}{2}}$, ce qui permettrait de connaître $ZX = ZYd^{\frac{1}{2}} + d^{\frac{1}{2}}Ym$. On aurait enfin

$$\frac{\gamma}{\sin d^{\frac{1}{2}}Ym} = \frac{\alpha}{\sin\left(ZX - d^{\frac{1}{2}}Ym\right)} = \frac{\operatorname{tg} d^{\frac{1}{2}}Y}{\sin ZX}$$

II. *Une forme existe dans la zone du plan de symétrie.*

On appelle cette forme p ou h^1. Il faut ensuite faire appel à une autre forme simple, dont la zone ne se confonde pas avec celle de la première. Cette nouvelle forme est appelée m ou e^1 suivant que la première forme a été appelée p ou h^1. Supposons, pour fixer les idées, que la première forme ayant été nommée p, la seconde soit nommée m; on aura dans le triangle rectilatère pYm :

$$\cos mZ = \sin mY \cos ZX,$$

ce qui déterminera ZX étant connus mZ et mY. Dans la zone XY on aura d'ailleurs

$$\alpha = \operatorname{tg} mY.$$

Il ne reste donc plus à trouver que γ, et pour y arriver, il faut s'adresser à une troisième forme, dont la zone ne se confond pas avec celle de la seconde.

1° Si la zone de la troisième forme se confond avec ZY, on l'appelle e^1, et l'on a :

$$\gamma = \operatorname{tg} e^1Y.$$

2° Si la zone de la troisième forme se confond avec l'une des zones mZ, on la note $d^{\frac{1}{2}}$ ou $b^{\frac{1}{2}}$, suivant que le pôle vient tomber dans l'angle aigu ZX ou dans l'angle obtus $\overline{ZX}$. Supposons le premier cas, on aura :

$$\frac{\alpha}{\sin d^{\frac{1}{2}} YZ} = \frac{\operatorname{tg} d^{\frac{1}{2}} Y}{\sin ZX},$$

ce qui détermine $d^{\frac{1}{2}}YZ$; et :

$$\frac{\gamma}{\sin\left(ZX - d^{\frac{1}{2}} YZ\right)} = \frac{\operatorname{tg} d^{\frac{1}{2}} Y}{\sin ZX},$$

ce qui détermine γ.

3° Si la zone de la troisième forme ne se confond avec aucune des deux premières, cette forme ne peut plus recevoir un symbole complètement arbitraire. Soit P (pqr) un des pôles de cette forme, on mène le grand cercle ZP et on le prolonge jusqu'au grand cercle XY en π (fig. 270). Dans le triangle rectilatère ZPY, on a :

$$\cos PZ = \sin PY \cos PYZ,$$

ce qui détermine PYZ, si l'on se donne PZ et PY.

La projection gnomonique donne ensuite aisément :

$$\frac{\operatorname{tg} PY}{\sin ZX} = \frac{\frac{p}{q}\alpha}{\sin PYZ} = \frac{\frac{r}{q}\gamma}{\sin (ZX - PYZ)},$$

ce qui fait connaitre $\frac{p}{q}$, et permet de déterminer γ lorsqu'on se donne arbitrairement $\frac{r}{q} = 1$.

III. *Deux formes existent dans la zone du plan de symétrie.*

On appelle ces formes p et h^1, ce qui donne immédiatement $ph^1 = ZX$.

1° Si on a ensuite deux formes dont les zones comprennent, l'une les pôles p, l'autre les pôles h^1, on note l'une e^1, et l'autre m, et on a :

$$\alpha = \operatorname{tg} mY = \operatorname{tg} \frac{1}{2} mm \qquad \gamma = \operatorname{tg} e^1Y = \operatorname{tg} \frac{1}{2} e^1e^1.$$

2° Si la zone d'une forme contenait les pôles h^1 par exemple, et que la zone d'aucune forme ne contînt les pôles p, on noterait la première m, ce qui donnerait :

$$\alpha = \operatorname{tg} mY.$$

On prendrait ensuite une troisième forme dont le symbole ne serait plus complètement arbitraire et l'on terminerait comme dans le cas II, 3°.

3° Si la zone d'aucune forme ne contient p ou h^1, on se donne une forme quelconque qu'on note $d^{\frac{1}{2}}$ ou $b^{\frac{1}{2}}$ suivant le cas. Supposons que les pôles de cette troisième forme tombent dans les angles aigus ZX, et qu'on doive, par conséquent, la noter $d^{\frac{1}{2}}$, on se donne $d^{\frac{1}{2}}Z$ et $d^{\frac{1}{2}}Y$; le triangle rectilatère $d^{\frac{1}{2}}YZ$, donne

$$\cos d^{\frac{1}{2}} Z = \sin d^{\frac{1}{2}} Y \cos d^{\frac{1}{2}} YZ,$$

ce qui donne $d^{\frac{1}{2}}YZ$. Les relations

$$\frac{\operatorname{tg} d^{\frac{1}{2}}Y}{\sin ZX} = \frac{\alpha}{\sin d^{\frac{1}{2}}YZ} = \frac{\gamma}{\sin\left(ZX - d^{\frac{1}{2}}YZ\right)},$$

font ensuite connaître α et γ.

IV. *Trois formes existent dans la zone du plan de symétrie.*

On appelle ces trois formes p, h^1, a^1 ou p, h^1, o^1 suivant que les pôles de la troisième forme tombent dans les angles obtus ou les angles aigus formés par les pôles des deux premières. On a alors :

$$ph^1 = ZX,$$

$$\frac{\gamma}{\sin a^1X} = \frac{\alpha}{\sin a^1Z} \quad \text{ou} \quad \frac{\gamma}{\sin o^1X} = \frac{\alpha}{\sin o^1Z}$$

Il faut se donner une quatrième forme. Si la zone de cette forme comprend les pôles p ou h^1, on la note e^1 ou m, et il vient :

$$\alpha = \operatorname{tg} \frac{1}{2} mm \quad \text{ou} \quad \gamma = \operatorname{tg} \frac{1}{2} e^1e^1.$$

Si la zône de la quatrième forme comprend o^1 ou a^1, on la note $d^{\frac{1}{2}}$ ou $b^{\frac{1}{2}}$, et on a :

$$\frac{\operatorname{tg} d^{\frac{1}{2}}Y}{\sin ZX} = \frac{\alpha}{\sin o^1Z} \quad \text{ou} \quad \frac{\operatorname{tg} b^{\frac{1}{2}}Y}{\sin ZY} = \frac{\alpha}{\sin a^1Z},$$

Si, enfin, la zone d'aucune des formes ne comprend les pôles p, h^1, a^1 ou o^1, on prend une forme quelconque dont le symbole ne peut plus être complètement arbitraire. On achèvera comme dans le cas II, 3e.

EXEMPLE

EUCLASE

Soit un cristal d'Euclase. La figure 271 qui le représente, est théorique, car il arrive le plus souvent que le cristal ne possède qu'une seule de ses deux extrémités. L'autre est supprimée, soit parce que le cristal a été brisé, soit parce qu'il adhérait par une de ses extrémités sur la gangue d'où il a été détaché.

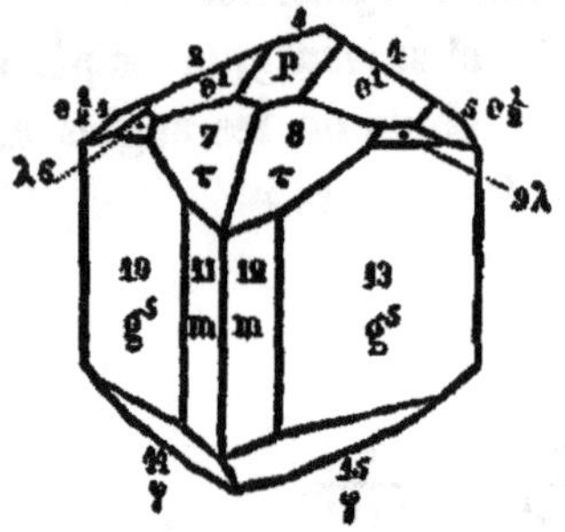

Fig. 271.

On constate que, de part et d'autre d'un plan médian qui serait perpendiculaire à la face **3**, et passerait par les arêtes [**7.8**], [**11.12**], [**14.15**], le cristal se répète symétriquement, **2** ayant son symétrique en **4**, **1** en **5**, **6** en **9**, **7** en **8**, **10** en **13**, **11** en **12**, **14** en **15**, et les faces symétriques l'une de l'autre, si elles n'ont pas toujours le même développement, ont les mêmes propriétés physiques. Il est donc probable que le plan médian perpendiculaire à **3** est un plan de symétrie, et l'on s'en assure d'une manière indubitable par les mesures goniométriques qui montrent que l'angle **4.8** est égal à l'angle **2.7**, **8.13** à **7.10**, etc. Le plan de symétrie est évidemment parallèle à un plan tangent sur l'arête latérale [**13.10'**]. On constate d'ailleurs qu'un clivage facile peut être provoqué suivant cette direction, et tronque souvent l'arête précédente.

Il n'y a pas d'autre plan de symétrie que celui qui vient d'être défini : car les faces postérieures ne sont pas symétriques de celles qui sont en avant, et les faces inférieures ne sont pas symétriques non plus des faces supérieures. Le cristal ne peut donc appartenir qu'au mode holoédrique du système binaire.

On constate, d'ailleurs, que les faces **10**, **11**, **12**, **13** forment une zone suivant l'axe de laquelle le cristal est ordinairement allongé. On prend cet axe de zone pour l'axe Z, et l'on choisit la forme **10.12** pour lui donner le symbole *m* $\{110\}$.

A la partie supérieure du cristal se trouve une zone remarquable [**1.2.3.4.5**], composée de trois formes simples **1.5**, **2.4** et de la forme **3** perpendiculaire au plan de symétrie. On prend cette zone pour la zone $[pg^1]$; la face **3** sera la base *p*; la forme **2.4**, qui est la plus développée de celles de la zone, reçoit le symbole le plus simple possible $e^1 = \{011\}$.

Les observations goniométriques ont donné les résultats suivants :

*11.12	65°.0'	2. 7	39°39'
10.13	87°20'	4.12	71°55'
*2. 4	36°18'	14.15	74°11'
1. 5	66°28'	1.15'	41°34'
4. 9	80°12'	7.15'	84°18'
7. 8	23°48'	7. 1	42°46'
9.12	31°50'	2.12'	88°35',5
5.12	60°40'		

Zones constatées : |3.13.15| et |3.10.14|

Données arbitraires :

$$2 \text{ et } 4 = e^1 \qquad 11 \text{ et } 12 = m,$$

I. Recherche de la forme primitive

$$\alpha = \operatorname{tg} mY \qquad \gamma = \operatorname{tg} e^1Y,$$

$$mY = \frac{1}{2}\left(11.12'\right) \qquad e^1Y = \frac{1}{2}\left(2.4'\right),$$

$$\alpha = 1,56967 \qquad \gamma = 0,48437.$$

Triangle mYe^1

$$m = (\bar{1}10),$$

$$\sin^2 \frac{1}{2} ZY = \frac{\sin (p - e^1Y) \sin (p - mY)}{\sin e^1Y \sin mY},$$

$$me^1 = 2.12',$$

$$180 - ZX = 100°16' \qquad ZX = 79°44'.$$

II. Calculs des symboles des faces

Zone ZY

$$\frac{r}{q} = \frac{1}{\gamma} \operatorname{tg} PY,$$

$$P = 1 \qquad PY = \frac{1}{2}\left(180° - 1.5\right) \qquad \frac{r}{q} = 0,5003 = \frac{1}{2},$$

$$1 = \{021\} e^{\frac{1}{2}},$$

Zone XY

$$\frac{p}{q} = \frac{1}{\alpha} \operatorname{tg} PY,$$

$$P = 10 \quad PY = \frac{1}{2}\left(180 - 10.13\right) \quad \frac{p}{q} = 0.6674 = \frac{2}{3} \quad 10 = \{230\} g^3,$$

Triangle $e^1 7 Y$

$$\sin^2 \frac{1}{2} e^1 Y 7 = \frac{\sin(p - 7Y)\sin(p - e^1 Y)}{\sin 7Y \sin e^1 Y};$$

$$7Y = \frac{1}{2}\left(180 - 7.8\right) \qquad e^1 7 = 2.7,$$

$$e^1 Y 7 = 40°38',$$

$$\frac{p}{q} = \frac{1}{\alpha} \sin e^1 Y 7 \frac{\operatorname{tg} 7.Y}{\sin ZX} \qquad \frac{r}{q} = \frac{1}{\gamma} \sin\left(ZX - e^1 Y 7\right) \frac{\operatorname{tg} 7.Y}{\sin ZX},$$

$$\frac{p}{q} = 2.0005 \qquad \frac{r}{q} = 0.9971,$$

$$7 \text{ et } 8 = \{211\} = \tau.$$

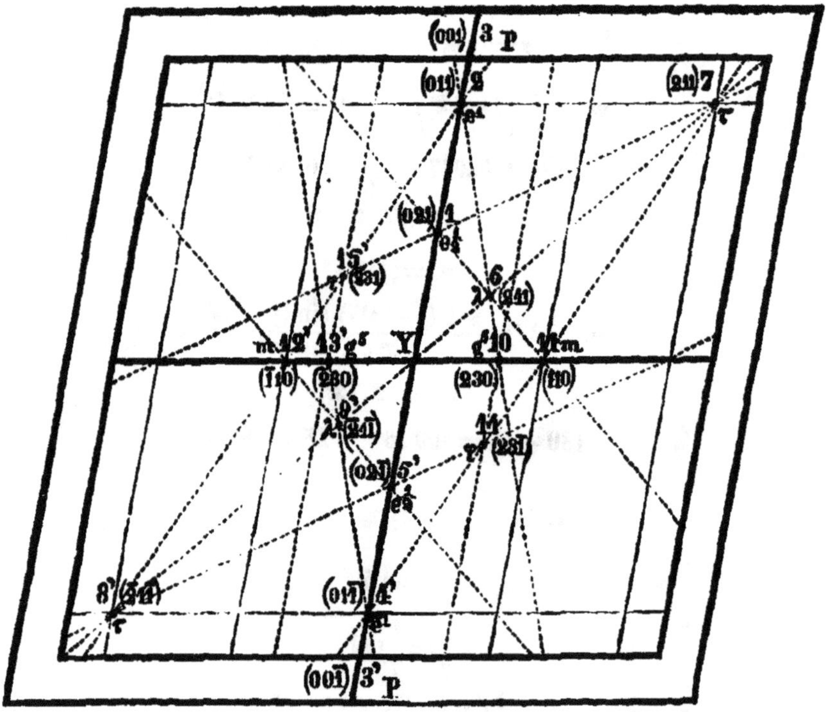

Fig. 272.

$$\left.\begin{array}{ll} \text{Zone } [\mathbf{2.6.10}] & = [3\bar{2}2] \\ \text{Zone } [\mathbf{7.6.Y}] & = [10\bar{2}] \end{array}\right\} \ \mathbf{6} \text{ et } \mathbf{9} = \{241\} = \lambda.$$

$$\left.\begin{array}{ll} \text{Zone } [\mathbf{1.7.15'}] & = [12\bar{4}] \\ \text{Zone } [\mathbf{3.13.15}] & = [320] \end{array}\right\} \ \mathbf{14} \text{ et } \mathbf{15} = \{\bar{2}31\} = \varphi.$$

A l'inspection de la projection gnomonique, on voit qu'il serait peut-être préférable de doubler le paramètre de l'axe des X; la forme $\{7.8\}$ deviendrait $d^{\frac{1}{2}}$, la forme $\{10.12\}$ deviendrait g^5, et la forme $\{11.13\}$ serait g^2.

On pourrait aussi substituer aux axes des X et des Z choisis, les diagonales du parallélogramme construit sur les paramètres 2α et γ. Les nouveaux axes seraient alors presque perpendiculaires, puisque $2\alpha = 2 \times 1{,}56967 = 3{,}13934$ est peu différent de $\gamma = 3{,}02050$.

III. Calculs inverses

$$\operatorname{tg} PYZ = \frac{\frac{p\alpha}{r\gamma}\sin ZX}{1 + \frac{p\alpha}{r\gamma}\cos ZX},$$

$$P = \tau(211) \qquad \varphi(\bar{2}31),$$

$$\frac{p}{r} = 2 \qquad -2,$$

$$PYZ = 40°33',2 \qquad 51°7'.$$

Calculs de PY.

1° Zone YZ

$$\operatorname{tg} PY = \frac{r}{q}\gamma,$$

$$1 = \quad \frac{r}{q} = \frac{1}{2} \qquad PY = 56°45',$$

2° Zone XY

$$\operatorname{tg} PY = \frac{p}{q}\alpha,$$

$$P = g^3 \frac{p}{q} = \frac{2}{3} \qquad PX = 46°18'.$$

3° Zones quelconques.

$$\operatorname{tg} PY = \sin ZX \frac{\frac{p}{q}\alpha}{\sin PYZ},$$

$$P = \tau(211) \qquad (241) \qquad (\bar{2}31),$$

$$\frac{p}{q} = 2 \qquad \frac{1}{2} \qquad -\frac{2}{3}$$

$$PY = 78°,6',8 \qquad 49°54' \qquad 52°54'.$$

Angles de 2 pôles quelconques PP'.

$$\cos PP' = \cos P'Y \cos P'Y + \sin PY \sin P'Y \cos PYP',$$

	$me^{\frac{1}{2}}$ (110) (021)	$\lambda e^{\frac{1}{2}}$ (241) (021)	$\varphi e^{\frac{1}{2}}$ ($\bar{2}$31) (021)
PP' =	65°10'	32°57'	41°18'
	τe^{2} (211) (021)	$g^{3}e^{1}$ (230) (011)	λe^{1} (241) (011),
PP' =	42°46'	70°16'	41°9'
	τe^{1} (211) (011)	me^{1} (011) ($\bar{1}$10)	me^{1} (011) (110).
PP' =	59°35'	88°38'	71°56'.

Angles des pôles avec Z (001).

$$\cos PZ = \sin PY \cos PYZ.$$

	τ (211)	m (110)	g^{3} (230)	φ ($\bar{2}$31)	λ (241),
PZ =	41°58'	81°21'	82°35'	59°57'	54°28'.

RÉCAPITULATION GÉNÉRALE

Forme primitive.

$xz = 100° 16'$ $a : b : c = 0,6474 : 1 : 0,3551.$

		Angles mesurés.	Angles calculés.
[XY]	*mm sur g^{1}	115°	115°
[001]	$g^{3}g^{3}$ id.	92°40'	92°36'.
[ZY]	*$e^{1}e^{1}$ sur g^{1}	143°32'	143°42',
[100]	$e^{\frac{1}{2}}$ $e^{\frac{1}{2}}$ id.	113°32'	113°30'.
[Zτ] [1$\bar{2}$0]	pτ adj^{t}.	»	41°58'.
[Zm] [110]	pm en av^{t}.	»	81°21'.

[Zλ] [2$\bar{1}$0]	$p\lambda$ en av^t.	»	54°28'.
[Zg^3] [3$\bar{2}$0]	pg^3 en av^t.	»	82°35',
	$p\varphi$ en arrière.	»	59°57'.
[e^1X] [01$\bar{2}$]	$e^1\tau$ adj^t.	39°39'	39°35'.
[τY] [10$\bar{2}$]	$\tau\tau$ sur g^1	156°12'	156°13',6,
	$\lambda\lambda$ sur g^1	99°48'	99°48'.
[me^1] [1$\bar{1}$1]	me^1 sur $d^{\frac{1}{2}}$	71°55'	71°56'.
[me^1] [11$\bar{1}$]	*me^1 sur φ	88°35',5	88°35',5.
[$me^{\frac{1}{2}}$] [1$\bar{1}$2]	$\lambda e^{\frac{1}{2}}$ adj^t.	32°50'	32°57,
	$me^{\frac{1}{2}}$ en av^t.	64°40'	65°10'.
[$\tau e^{\frac{1}{2}}$] [12$\bar{4}$]	$\tau e^{\frac{1}{2}}$ adj.	42°46'	42°46',
	$\varphi e^{\frac{1}{2}}$ id.	41°34'	41°18'.
[e^1g^3] [3$\bar{2}$2]	e^1g^3 en av^t.	»	70°16',
	λg^3 adj^t.	»	42°46'.

SYSTÈME TERBINAIRE.

Si le cristal possède au moins 2 axes binaires, ce qui en entraîne un troisième, et s'il possède en outre deux plans de symétrie seulement passant par l'un des axes binaires et non perpendiculaires aux deux autres, il appartient au mode antihémiédrique du système quadratique. Si, possédant 3 axes de symétrie binaire, il possède en outre 3 plans de symétrie respectivement perpendiculaires aux 3 axes, le cristal appartient au mode holoédrique du système terbinaire. Si aux 3 axes de symétrie ne viennent s'ajouter ni centre ni plans de symétrie, le cristal appartient au mode holoaxe, à 2 faces conjuguées non superposables, du système terbinaire. Une forme est droite si, en regardant en face le pôle d'un axe binaire, et plaçant l'un des 2 autres axes vertical et l'autre horizontal, le pôle de la face conservée se trouve en avant dans le quadrant supérieur antérieur droit. En général les cristaux ne possèdent pas en même temps de formes droites et de formes gauches. Il peut arriver cependant que deux formes conjuguées se présentent en même temps, mais alors l'une d'elles est beaucoup plus développée que la seconde. On appelle droits les cristaux dans lesquels les formes droites sont les plus développées, et gauches les autres.

Le sulfate de magnésie, celui de zinc, celui de nickel, etc., ainsi que l'oxalate neutre d'ammoniaque, les bitartrates d'ammoniaque, de soude, de potasse, l'asparagine, le glucosate de chlorure de sodium et le formiate de strontiane, etc., appartiennent à ce mode hémiédrique.

Si le cristal n'a qu'un axe binaire, mais 2 plans de symétrie passant par cet axe, le cristal appartient encore au système terbinaire, mais au mode antihémiédrique. Le cristal n'est pas terminé de la même manière aux deux extrémités de l'axe binaire conservé. La calamine, le phosphate ammoniaco-magnésien, le sucre de lait possèdent ce genre de symétrie.

On a, pour les cristaux de ce système, à déterminer deux quantités, qui sont les rapports de deux des paramètres au troisième. Si l'on suppose donnés les angles d'un pôle P avec deux autres P′ et P″, les équations qui donnent cos PP′ et cos PP″ sont deux équations du 2ᵉ degré par rapport aux deux inconnues qui sont ainsi déterminées.

Le calcul dans le cas général serait très-pénible; on le simplifie toujours en choisissant les pôles P, P′, P″ de manière que les symboles de quelques-uns d'entre eux soient simples.

Cas particuliers. — I. Supposons, par exemple, qu'on ait mesuré pour une même forme simple les angles 2α, 2β, formés respectivement autour des axes X et Y par les pôles des faces opposées. Les angles α et β sont ceux qui sont formés par un pôle P (pqr) de la forme avec les axes X et Y; l'angle γ formé par le même pôle avec Z est donné par la formule connue

$$\cos^2\alpha + \cos^2\beta + \cos^2\gamma = 1.$$

On a d'ailleurs (page 32)

$$\frac{\cos\alpha}{\frac{p}{a}} = \frac{\cos\beta}{\frac{q}{b}} = \frac{\cos\gamma}{\frac{r}{c}},$$

d'où l'on tire les deux rapports $\frac{a}{c}$ et $\frac{b}{c}$.

On pourrait encore remarquer que, dans le triangle PXY, on a

$$\cos PXY = \frac{\cos PY}{\sin PX} = \frac{\cos \beta}{\sin \alpha}.$$

On a ensuite

$$\frac{\sin PXY}{\sin PXZ} = \operatorname{tg} PXY = \frac{r}{c} : \frac{q}{b},$$

et

$$\frac{\cos \alpha}{\cos \beta} = \frac{p}{a} : \frac{q}{b}.$$

Une construction graphique très-simple permettrait aussi de résoudre la question.

Soit XY, et XZ (fig. 275) les axes de la projection gnomonique. On construit un triangle rectangle XOP dont lequel OX est égal au paramètre de l'axe X pris pour unité, et l'angle O est égal à α. Avec XP pour rayon, on décrit un cercle; on mène Xl faisant avec XY un angle $\frac{\pi}{2} - \alpha + \beta$, et par le point l, où cette droite rencontre le cercle, on mène une perpendiculaire à la ligne Xm faisant avec Xl un angle égal à β. Par le point m on mène mn perpendiculaire sur XY, et on la prolonge jusqu'à la rencontre avec le cercle en P; P est la projection du pôle donné. En effet, il est aisé de voir que PX $= tg$, et que cos PXY $=$

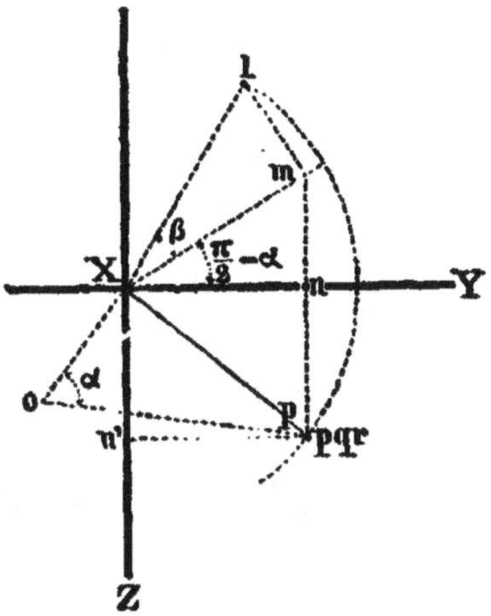

Fig. 275.

$$\frac{Xm}{XP \sin \alpha} = \frac{Xl \cos \beta}{XP \sin \alpha} = \frac{\cos \beta}{\sin \alpha}.$$

Le pôle P étant placé, il est aisé de trouver les paramètres au moyen des projections n et n' de P sur les deux axes. On a en effet :

$$Xn = \frac{q}{p} \cdot \frac{b}{a} \qquad \text{et} \qquad Xn' = \frac{r}{p} \cdot \frac{c}{a}.$$

II. On peut encore se donner les angles PX, P′X, qui correspondent à deux pôles P et P′ appartenant à deux formes simples différentes. On a dans ce cas :

$$\cos PX = \frac{pA}{\sqrt{p^2A^2 + q^2B^2 + r^2C^2}},$$

$$\cos P'X = \frac{p'A}{\sqrt{p'^2A^2 + q'^2B^2 + r'^2C^2}},$$

d'où l'on tire aisément :

$$\frac{B^2}{A^2} = \frac{p^2r'^2 \operatorname{tg}^2 PX - p'^2r^2 \operatorname{tg}^2 P'X}{q^2r'^2 - q'^2r^2} = \frac{a^2}{b^2};$$

$$\frac{C^2}{A^2} = \frac{-p^2q'^2 \operatorname{tg}^2 PX + p'^2q^2 \operatorname{tg}^2 P'X}{q^2r'^2 - q'^2r^2} = \frac{a^2}{c^2}.$$

III. On peut donner les angles de 3 prismes rhomboïdaux, m, e^1, a^1. On aura :

$$\cos mm = \cos(110)(\bar{1}10) = \frac{-A^2 + B^2}{A^2 + B^2},$$

d'où l'on tire :

$$\frac{A}{B} = \frac{a}{b} = \operatorname{cotg}\frac{1}{2}(110)(\bar{1}10) = \operatorname{cotg}\frac{1}{2}mm; \ (mm \text{ par dessus } h^1).$$

On trouverait de même :

$$\frac{C}{A} = \frac{a}{c} = \operatorname{cotg}\frac{1}{2}(101)(\bar{1}01) = \operatorname{cotg}\frac{1}{2}e^1e^1; \ (e^1e^1 \text{ par dessus } p).$$

$$\frac{C}{B} = \frac{b}{c} = \operatorname{cotg}\frac{1}{2}(011)(0\bar{1}1) \quad \operatorname{cotg}\frac{1}{2}a^1a^1; \ (a^1a^1 \text{ par dessus } p)$$

On a souvent l'occasion de prendre comme données les angles d'une face (pqr) avec celles du prisme primitif $\{110\}$. On a dans ce cas :

$$\operatorname{tg}(pqr)(110) = \frac{\sqrt{r^2(B^2C^2 + A^2C^2) + (p-q)^2A^2B^2}}{pA^2 + qB^2},$$

$$\text{ou } \cos(pqr)(110) = \frac{pA^2 + qB^2}{\sqrt{A^2 + B^2}\sqrt{p^2A^2 + q^2B^2 + r^2C^2}},$$

Si la forme simple était une protopyramide $b^{\frac{r}{2p}} = \left\{ppr\right\}$, on aura

$$\text{tg}\, mb^{\frac{r}{2p}} = \text{tg}\,(110)\,(ppr) = \frac{r}{p}\,\frac{C}{\sqrt{A^2 + B^2}}\,;\ mb^{\frac{r}{2p}} \text{adjacent.}$$

$$\text{tg}\, mb^{\frac{1}{2}} = \text{tg}\,(110)\,(111) = \frac{C}{\sqrt{A^2 + B^2}}.$$

IV. Supposons les trois pôles P, P′, P″ sur la même zone. Cette zone prolongée rencontre en α, β, γ les zones XY, ZX et ZY. Les symboles et les distances angulaires de α, β, γ peuvent être connus.

Dans les deux triangles rectangles $Z\beta\gamma$ et $X\beta\gamma$ on a :

$$\text{tg}\, z\beta = \text{tg}\, \beta\gamma \cos \beta \qquad \text{tg}\, X\beta = \text{tg}\, \beta\alpha \cos \beta,$$

et, à cause de $tg\, X\beta = -\text{cotg}\, Z\beta$,

$$\text{tg}^2\, Z\beta = -\frac{\text{tg}\, \beta\gamma}{\text{tg}\, \beta\alpha}.$$

On aura de même :

$$\text{tg}^2\, Z\gamma = \frac{\text{tg}\, \beta\gamma}{\text{tg}\, \alpha\gamma}.$$

On peut donc connaître $Z\beta$ et $Z\gamma$, ce qui donne la position des plans coordonnés par rapport à la zone. Les paramètres des axes se trouvent aisément, car si l'on appelle $\left(h0k\right)$ et $\left(0h'k'\right)$ les symboles de β et de γ, on a :

$$\frac{\cos \beta X}{\cos \beta Z} = -\text{tg}\, Z\beta = \frac{k}{c} \cdot \frac{a}{h},$$

et

$$\frac{\cos \gamma Y}{\cos \gamma Z} = \text{tg}\, Z\gamma = \frac{h'}{b} \cdot \frac{c}{k'}.$$

On peut substituer au calcul une construction graphique très-simple. Par un point O_1 (fig. 274) quelconque on mène un faisceau de 3 lignes O_1P, O_1P', O_1P'' faisant entre elles les angles PP′, P′P″. On prend sur l'une d'entre elles une longueur arbitraire O_1P, et par le point P on mène à travers le faisceau une transversale telle que les segments interceptés soient dans les rapports suivants :

$$\frac{PP'}{PP''}=\frac{\frac{p}{r}-\frac{p'}{r'}}{\frac{p}{r}-\frac{p''}{r''}}.$$

La ligne PP″ ainsi construite représente la projection gnomonique de la zone PP″ de l'espace sur un plan parallèle à XY. Il est facile de

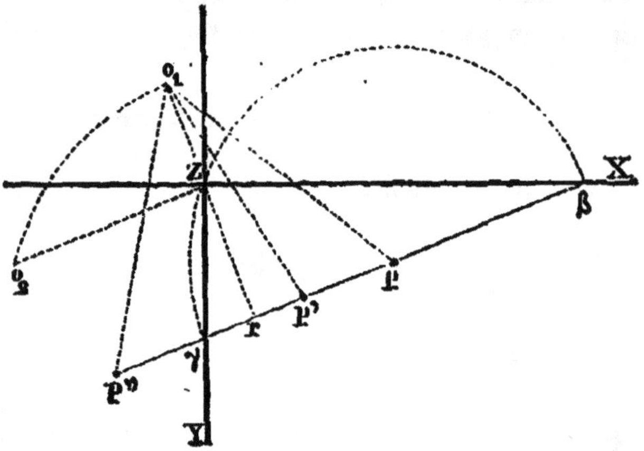

Fig. 274.

placer sur cette droite les points de rencontre γ et β avec ZY et ZX, puisque

$$\frac{P\gamma}{PP'}=\frac{\frac{p}{r}}{\frac{p}{r}-\frac{p'}{r'}}\quad \text{et}\quad \frac{P\beta}{PP'}=\frac{\frac{q}{r}}{\frac{q'}{r'}-\frac{q}{r}}.$$

La projection gnomonique du pôle Z doit se trouver sur la perpendiculaire menée de O_1 sur PP″ ; elle se trouve également sur la demi-circonférence décrite avec $\beta\gamma$ pour rayon. Le point Z déterminé, les droites $Z\beta$ et $Z\gamma$ donnent ZX et ZY, et les coordonnées numériques connues de P, P′, P″ donnent immédiatement les paramètres A et B. Quant au paramètre C, on l'obtient en menant en Z une perpendiculaire sur O_1Z, et prenant $rO_1=rO_2$.

Cas particuliers qui se rencontrent le plus habituellement dans la pratique. — Lorsqu'on a à calculer la forme primitive d'un cristal quelconque, il peut se présenter les cas principaux suivants :

I. *Il n'y a pas de pôles dans les plans de symétrie.* On assigne alors à une forme simple quelconque le symbole $b^{\frac{1}{2}}\{111\}$. On mesure les angles de $b^{\frac{1}{2}}$ avec deux des pôles d'axes binaires, X et Z, par exemple; on a :

$$\cos b^{\frac{1}{2}}X = \sin b^{\frac{1}{2}}Z \cos b^{\frac{1}{2}}ZX,$$

ce qui détermine $b^{\frac{1}{2}}ZX$ et, par conséquent, la position des axes coordonnés. Les équations

$$a \cos b^{\frac{1}{2}}X = b \cos b^{\frac{1}{2}}Y = c \cos b^{\frac{1}{2}}Z$$

donnent les paramètres.

Il peut arriver que, le cristal étant incomplet, il ne soit pas possible de mesurer les angles du pôle désigné sous le nom de $b^{\frac{1}{2}}$ avec deux pôles d'axes binaires. Supposons qu'on n'ait à sa disposition que le pointement formé par les 4 faces autour du pôle Z. On mesure alors l'angle $(111)(\bar{1}\bar{1}1) = 2b^{\frac{1}{2}}Z$ et l'un des angles $(111)(1\bar{1}1) = 2\left(\frac{\pi}{2} - b^{\frac{1}{2}}Y\right)$, $(111)(\bar{1}11) = 2\left(\frac{\pi}{2} - b^{\frac{1}{2}}X\right)$. Supposons que l'angle mesuré soit $(111)(1\bar{1}1)$, le triangle sphérique rectilatère $b^{\frac{1}{2}}ZY$ donne :

$$\cos b^{\frac{1}{2}}ZY = \cos b^{\frac{1}{2}}Y \operatorname{cosec} b^{\frac{1}{2}}Z.$$

La position des axes coordonnés étant ainsi fixée, on détermine les paramètres par les équations :

$$\frac{A}{C} = \operatorname{tg} b^{\frac{1}{2}}Z \cos b^{\frac{1}{2}}ZX \qquad \frac{B}{C} = \operatorname{tg} b^{\frac{1}{2}}Z \sin b^{\frac{1}{2}}ZX.$$

II. *Si l'on a une forme dont les pôles sont dans un plan de symétrie*, on la note m, a^1 ou e^1. On prend ensuite une autre forme quelconque à laquelle on ne peut plus donner un symbole complètement arbitraire.

Supposons que la forme du plan de symétrie soit notée m, et soit P un des pôles de la seconde forme; on a, dans le triangle rectilatère PZm,

$$\cos PZm = \cos Pm \operatorname{cosec} PZ;$$

PZm et par conséquent $PZX = PZm + mZX$ sont ainsi connus. On a d'ailleurs

$$\cot g\, PZX = \frac{p}{q};$$

$\frac{p}{q}$ ne peut donc pas être pris arbitrairement, mais on peut poser $\frac{r}{q} = 1$, et l'on a

$$\frac{A}{B} = \operatorname{tg} mY \qquad \frac{A}{C} = \operatorname{tg} PZ \cos PZX.$$

III. *Si les pôles de deux formes sont dans des plans de symétrie*, on les note m, e^1 ou a^1.

Supposons que l'une de ces formes étant notée m, l'autre soit notée e^1, on calculera la forme primitive par les relations

$$\operatorname{tg} mY = \operatorname{tg} \frac{1}{2} mm = \frac{A}{B} \qquad \operatorname{tg} e^1Z = \operatorname{tg} \frac{1}{2} e^1e^1 = \frac{A}{C}.$$

EXEMPLE

HYPERSTHÈNE DU MONT DORE

Le cristal représenté figure 275 est symétrique par rapport à trois plans médians, l'un horizontal et parallèle à **3**, les deux autres verticaux et parallèles respectivement à **15** et à **17**. Chacun de ces plans est perpendiculaire à un axe binaire. Le cristal appartient donc au système terbinaire. On donne arbitrairement à la forme **3** le symbole $p\ \{100\}$, à la forme **15** le symbole $h^1\ \{010\}$ et à la forme **17** le symbole $g^1\ \{100\}$.

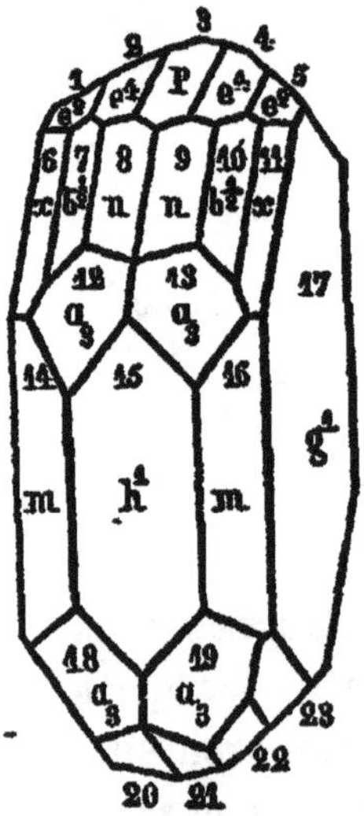

Fig. 275.

Dans la zone verticale, qui est la plus développée, on assigne à la forme **14.16** le symbole $m\ \{110\}$. La zone $[\mathbf{1.2.3.4.5}]$ est la zone pg^1, elle est moins développée que la zone inclinée $[\mathbf{6.8.11.17}]$, et les faces y sont moins nettes. On choisit dans la zone $[\mathbf{6.8.11.17}]$ une forme **7.10**, dont les faces se trouvant respectivement dans une même zone avec p et m doivent être notées $b^{\frac{r}{2p}}\left(ppr\right)$; on fait arbitrairement $p = r = 1$.

Les observations goniométriques sont les suivantes :

* 14.16	88°27',5	11.17	53°18'
9.4	82°34'	* 10.17	63°16',6
1.5	32°17'	9.17	76°18'
13.15	44°12'		
15.10	62°40'		
15.9	60°55'		
15.5	89°57'		

ZONES CONSTATÉES

[3.9.13] [3.10.16] [5.11.16]

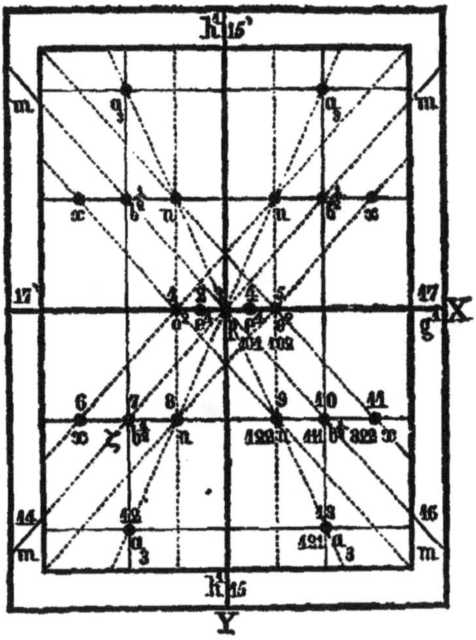

Fig. 276.

I. FORME PRIMITIVE

$$14.16 = m.m \text{ sur } h^1 = 88°27',5,$$

$$10.17 = b^{\frac{1}{2}} g^1 = 63°16',6.$$

$$\sin pb^{\frac{1}{2}} = \cos b^{\frac{1}{2}} g^1 \text{ séc } mg^1,$$

$$\text{tg } pb^{\frac{1}{2}} \cos mg^1 = \frac{\alpha}{\gamma}$$

$$\text{tg } pb^{\frac{1}{2}} \sin mg^1 = \frac{1}{\gamma}.$$

$$\frac{\alpha}{\gamma} = 0.588446 \qquad \log \frac{\alpha}{\gamma} = \bar{1}.76972.$$

$$\frac{1}{\gamma} = 0.60450 \qquad \log \frac{1}{\gamma} = \bar{1}.78140.$$

II. SYMBOLES DES FACES

Zone pg^1.

	4	5
PZ	16°,8',5	7°26',
$\frac{p}{r}$	2.03	4.51,
	e^2	$e^{\frac{9}{2}}$ ou e^4.

$$\left.\begin{array}{l}\text{Zone } [9.10.17] = [01\bar{1}] \\ \text{Zone } [5.8.15] = [20\bar{1}]\end{array}\right\} 9 = (122) = n.$$

$$\left.\begin{array}{l}\text{Zone } [3.8.13] = [2\bar{1}0] \\ \text{Zone } [10.13.15] = [10\bar{1}]\end{array}\right\} 16 = (121)\ a_3.$$

$$\left.\begin{array}{l}\text{Zone } [5.11.16] = [22\bar{1}] \\ \text{Zone } [9.11] = [01\bar{1}]\end{array}\right\} 11 = (322) = x.$$

III. CALCULS INVERSES

$$\text{tg PZX} = \frac{p}{q} \cdot \frac{1}{a},$$

P = x (322)	m (110)	a_3 (121),
PZX = 34°24',3	45°46',24	64°2',78,

$$\text{tg PZ} = \frac{1}{\gamma}\frac{q}{r} \text{ coséc PZX} = \frac{\gamma}{\alpha} \cdot \frac{p}{r} \text{ coséc PZX},$$

	x (322)	$b^{\frac{1}{2}}$ (111)	n (122)	a_3 (121)	e^2 (102)	e^4 (104),
Pr =	46° 56	40° 9',1	33° 54',8	53° 21',6	16° 23'	8° 28.

$$\cos PP' = \cos PZ \cos P'Z + \sin PZ \sin P'Z \cos PZP'.$$

nh^1 (122) (010)	$b^{\frac{1}{2}}h^1$ (111) (010)	a_3h^1 (121) (010)	xh^1 (332) (010)
60° 34'	62° 23'	43° 49'	73° 38'.

a_3g^1 (121) (100)	ng^1 (122) (100)	$b^{\frac{1}{2}}g^1$ (111) (100)	xg^1 (322) (100),
43° 49'	75° 53'	63° 16'	52° 56'

e^2m (102) (110)	xm (322) (110).
76° 33'	44° 15'.

RÉCAPITULATION

Forme primitive

$a : b : c = 0,97347 : 1 \quad : 1,65422.$

ZONES.	ANGLES.	MESURÉS.	CALCULÉS.
[XY] [001]	*mm sur h^1	88°37',5	88°27',5
[XZ] [010]	pe^4	7°26'	8°28',
	pe^2	16° 8',5	16°23'.
[mZ] [$10\bar{1}$]	$pb^{\frac{1}{2}}$	»	40° 9'
[a_3Z] [$2\bar{1}0$]	pn	»	33°54',8,
	pa_3	»	53°21',6,
[e_2Y] [$20\bar{1}$]	nh^1 en avᵗ.	60°53'	60°34'.
[$b^{\frac{1}{2}}$Y] [$10\bar{1}$]	$b^{\frac{1}{2}}h^1$ id.	62°40'	62°29',
	a_3h^1 id.	44°12'	43°49'.
[xY] [$20\bar{3}$]	xh^1 id.	»	73°38'.
[$b^{\frac{1}{2}}$X] [$01\bar{1}$]	xg^1 adjᵗ.	53°18'	52°56',
	*$b^{\frac{1}{2}}g^1$ id.	63°16'	63°16',
	ng^1	76°18'	75°53'.
[e^2m] [$2\bar{2}\bar{1}$]	xm adjᵗ.	»	44°15',
	e^2m — sur x	»	76°33',
	nm sur e^2	»	120°15'.

SYSTÈME QUADRATIQUE

Un cristal appartient à ce système lorsqu'il possède un axe quaternaire et un seul. Dans tous les cristaux connus, cet axe s'accompagne d'un centre et, par conséquent, d'un plan de symétrie principal. Lorsqu'il y a des plans de symétrie passant par l'axe quaternaire, le cristal est holoédrique; dans le cas contraire, il est parahémiédrique.

Le cristal appartient encore au système quadratique lorsque, ne possédant plus d'axe quaternaire, il possède 3 axes binaires et deux plans de symétrie rectangulaires passant par l'un de ces axes, mais non perpendiculaires aux deux autres. Il n'y a plus de centre; c'est l'antihémiédrie du cuivre pyriteux.

Si l'on se donne l'angle de deux pôles quelconques de symboles connus (pqr) et $(p'q'r')$, on a

$$\cos PP' = \frac{pp' + qq' + \frac{a^2}{c^2} rr'}{\sqrt{p^2 + q^2 + \frac{a^2}{c^2} r^2}\sqrt{p'^2 + q'^2 + \frac{a^2}{c^2} r'^2}},$$

ce qui fait dépendre le calcul de $\frac{a^2}{c^2}$ d'une équation de 2e degré.

On peut résoudre la question par une construction graphique. Il suffit de placer les deux pôles sur la projection gnomonique de la planche I qui convient à tous les cristaux quadratiques. On détermine la distance du point de vue au plan de projection par la condition que la longueur comprise entre les deux pôles corresponde à l'angle donné.

Les deux pôles P et P' peuvent appartenir à la même forme simple. Supposons, par exemple, les deux pôles situés d'un même côté de l'axe principal et adjacents, l'un ayant pour symbole $(pqr,)$ le symbole de l'autre sera (qpr) ou $(p\bar{q}r)$. Dans le premier cas, on :

$$\cos (pqr)(qpr) = \frac{2pq + \frac{a^2}{c^2} r^2}{p^2 + q^2 + \frac{a^2}{c^2} r^2},$$

d'où :

$$\frac{a^2}{c^2} = \frac{(p^2 + q^2)\cos PP' - 2pq}{r^2(1 - \cos PP')}.$$

Dans le second cas, il vient :

$$\cos(pqr)(p\bar{q}r) = \frac{p^2 - q^2 + \frac{a^2}{c^2} r^2}{p^2 + q^2 + \frac{a^2}{c^2} r^2},$$

d'où :

$$\frac{a^2}{c^2} = \frac{(p^2 + q^2)\cos PP' - (p^2 - q^2)}{r^2(1 - \cos PP')}.$$

Si les deux pôles sont, sur la projection gnomonique, opposés par le centre, ils ont pour symboles (pqr) et $(\bar{p}\bar{q}r)$. On a :

$$\cos(pqr)(\bar{p}\bar{q}r) = \frac{-(p^2 + q^2) + \frac{a^2}{c^2} r^2}{p^2 + q^2 + \frac{a^2}{c^2} r^2},$$

d'où l'on tire

$$\frac{a}{c} = \sqrt{\frac{p^2 + q^2}{r^2}} \operatorname{cotg} \frac{1}{2} PP'.$$

Si $(pqr) = (101)a^1$, on a simplement

$$\frac{a}{c} = \operatorname{tg} \frac{1}{2} PP'.$$

Si $(pqr) = (111)b^{\frac{1}{2}}$ on a simplement

$$\frac{a}{c} = \sqrt{2} \operatorname{cotg} \frac{1}{2} PP'.$$

Ces deux derniers cas sont presque toujours ceux que l'on rencontre dans la pratique.

Lorsque la forme primitive est connue, on calcule les caractéristiques d'un pôle P soit par la méthode des zones lorsqu'elle est possible, soit par la méthode suivante.

On se donne PZ et PX soit par des observations directes, soit par des résolutions de triangles.

On calcule PZX par la formule

$$\cos PZX = \cos PX \operatorname{coséc} PZ$$

facile à établir dans le triangle rectilatère PZX.

Si par le point P de la projection gnomonique, on mène une parallèle à ZY prolongée jusqu'à sa rencontre en π avec ZX, on établit facilement dans le triangle PZπ les relations

$$\frac{p}{r}=\frac{c}{a}\,tg\,PZ\cos PZX \qquad \frac{q}{r}=\frac{c}{a}\,tg\,PZ\sin PZX,$$

qui donnent p, q, r.

Pour effectuer les calculs inverses qui servent à trouver l'angle de deux pôles P et P′ dont les caractéristiques sont connues, on caclule PZ et PZX au moyen des équations précédentes qui se transforment en celles-ci :

$$tg\,PZX=\frac{q}{p} \qquad tg\,PZ=\frac{a}{c}\sqrt{\frac{p^2+q^2}{r^2}}.$$

On calcule de même P′Z et P′ZX, puis PZP′ = PZX — P′ZX, et on obtient enfin PP′ par la relation

$$\cos PP'=\cos PZ\cos P'Z+\sin PZ\sin P'Z\cos PZP'.$$

On pourrait aussi se servir des formules générales qui donnent cos PP′ et tgPP′ en fraction des paramètres et des caractéristiques des pôles.

SYSTÈME HEXAGONAL

L'existence d'un axe sénaire caractérise suffisamment le système hexagonal, puisqu'on n'y a encore constaté qu'un seul cas de mériédrie caractérisé par la persistance de l'axe sénaire, du centre et du plan de symétrie principal accompagnée de la suppression des axes binaires et des plans de symétrie passant par l'axe sénaire.

Toutefois il faut remarquer que tous les cristaux possédant un des modes de symétrie du système ternaire peuvent aussi bien être considérés comme étant des cristaux mériédriques du système hexagonal. C'est ainsi que le quartz qui est ordinairement considéré comme hémiédrique holoaxe du système ternaire, est regardé par Bravais comme tétartoédrique du système hexagonal. Cette indécision vient de ce que, au point de vue de la symétrie du polyèdre extérieur, il revient au même, lorsque la molécule est de symétrie ternaire, que le réseau soit sénaire ou simplement ternaire. Il est évident cependant qu'il y a là deux cas correspondant à des structures très-différentes, et ces différences, dans l'architecture interne doivent produire des différences correspondantes dans les phénomènes morphologiques, physiques, etc., que manifeste la substance. Mais dans l'état actuel de nos connaissances, nous savons peu de chose sur les phénomènes extérieurs au moyen desquels les deux structures internes peuvent être distinguées l'une de l'autre.

La symétrie sénaire étant reconnue, supposons qu'on ait mesuré l'angle de deux pôles quelconques P et P′ dont on choisit les symboles $(pq\bar{r}s)$ et $(p'q'\bar{r}'s')$ d'une manière compatible avec la symétrie du système. On aura :

$$\cos PP' = \frac{pp' + qq' + rr' + \frac{3}{2}\frac{a^2}{h^2}ss'}{\sqrt{\frac{3}{2}\frac{a^2}{h^2}s^2 + p^2 + q^2 + r^2}\sqrt{\frac{3}{2}\frac{a^2}{h^2}s'^2 + p'^2 + q'^2 + r'^2}},$$

ce qui fera dépendre l'inconnue $\frac{a^2}{h^2}$ de la résolution d'une équation du deuxième degré.

Le problème se résoudrait simplement par une construction graphique. Il suffirait de placer les deux pôles de symboles connus sur la projection gnomonique de la planche II. Cette projection convient en effet à tous les cristaux hexagonaux, à la condition de changer, pour chacun d'eux, la distance H du point de vue au plan de projection, distance calculée en prenant pour unité la longueur qui sépare sur la projection le pôle (0001) du pôle $(10\bar{1}1)$, c'est-à-dire le paramètre A de l'axe binaire de première espèce du réseau polaire.

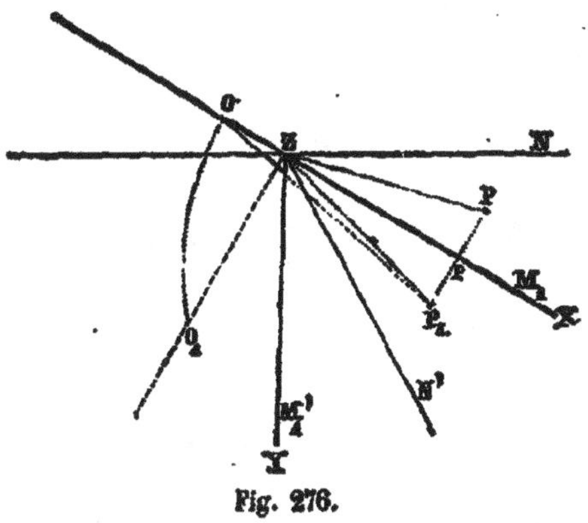

Fig. 276.

Lorsque les pôles P et P_1 (fig. 276) sont placés sur la projection, on imagine le rabattement autour de PP_1 du plan qui passe par P, P_1 et le point de vue O ; ce point de vue se rabat sur la perpendiculaire Zp menée de Z sur la droite PP_1, en un point O déterminé par l'intersection avec le segment capable de l'angle PP_1 décrit sur PP_1. Si du point p comme centre on décrit un cercle avec pO comme rayon, ce cercle vient rencontrer en O_1 la perpendiculaire menée de Z sur, Zp et ZO_1 est, à l'échelle du dessin, la longueur H, c'est-à-dire la hauteur du prisme hexagonal du réseau polaire.

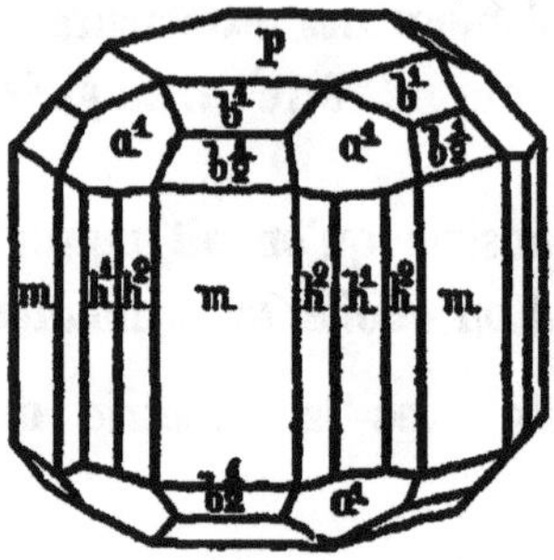

Fig. 277.

Prenons pour exemple un cristal d'émeraude (fig. 277). Nous nous donnons l'angle b^1b^1 ou $(10\bar{1}1)$ $(01\bar{1}1)$, égal à 28° 54'; il est aisé de voir qu'on aura

$$\frac{3}{2}\frac{a^2}{h^2} = \frac{2\cos PP_1 - 1}{1 - \cos PP_1},$$

ce qui donne aisément :

$$\frac{a}{h} = 2{,}004 \quad \text{ou} \quad \frac{h}{a} = 0{,}4988.$$

La construction graphique donnerait sensiblement

$$\frac{a}{h} = 2.$$

Les cristaux présentent presque toujours un ou deux prismes hexagonaux ; on donne au plus important le symbole $m\ \{10\bar{1}0\}$. Ils portent aussi toujours des formes $b^m\ \{p0\bar{p}s\}$ ou $a^m\ \{pp\overline{2p}s\}$. On donne à la plus remarquable des formes b^m le symbole $b^1\ \{10\bar{1}1\}$ ou à la plus remarquable des formes a^m le symbole $a^1\ \{11\bar{2}1\}$.

Pour déterminer le rapport $\frac{a}{h}$ des paramètres du réseau primitif, on prend une des deux équations

$$\frac{\sqrt{3}}{2}\,\frac{a}{h} = \operatorname{cotg} pb^1, \qquad \frac{a}{2h} = \operatorname{cotg} pa^1,$$

équations évidentes sur la projection gnomonique, si l'on se rappelle (page 100) que

$$\frac{H}{A} = \frac{\sqrt{3}}{2}\cdot\frac{a}{h} \quad \text{et} \quad \frac{H}{A'} = \frac{1}{2}\,\frac{a}{h},$$

A étant dans le réseau polaire le paramètre des axes X et Y, A' étant dans le même réseau le paramètre des axes binaires qui bissèquent les angles des premiers.

La forme primitive étant fixée, on calcule les symboles des diverses formes par la méthode des intersections de zones lorsque cela est possible. Lorsqu'il n'en est pas ainsi, on se procure soit par des observations directes, soit par des résolutions de triangles, les angles d'un pôle P ($pq\bar{r}s$) de la forme avec Z, ainsi qu'avec X, c'est-à-dire les angles Pp et Pm. On suppose le pôle compris dans l'angle des axes positifs XY.

Le triangle rectilatère PZX donne

$$\cos \mathrm{PZX} = \cos \mathrm{PX} \operatorname{cos\acute{e}c} \mathrm{PZ},$$

et l'on a

$$\mathrm{PZY} = 60^\circ - \mathrm{PZX}.$$

Si, par le point P de la projection gnomonique, on mène une parallèle à ZY jusqu'à sa rencontre en π avec ZX, le triangle PπZ dont les côtés ont respectivement pour longueurs $\frac{p}{s}\mathrm{A}$, $\frac{q}{s}\mathrm{A}$, donne aisément les relations

$$\frac{\mathrm{H} \operatorname{tg} \mathrm{PZ}}{\sin 120^\circ} = \frac{\frac{p}{s}\mathrm{A}}{\sin \mathrm{PZY}} = \frac{\frac{q}{s}\mathrm{A}}{\sin \mathrm{PZX}},$$

d'où l'on tire

$$\frac{p}{s} = \frac{a}{h} \operatorname{tg} \mathrm{PZ} \sin \mathrm{PZX} \qquad \frac{q}{s} = \frac{a}{h} \operatorname{tg} \mathrm{PZ} \sin \mathrm{PZY}.$$

Quant aux calculs inverses qui ont pour but de chercher l'angle de deux pôles P, P' dont les symboles sont connus, on les conduit de la façon suivante. Pour le pôle P, on calcule l'angle PZX au moyen de l'équation

$$\frac{\sin \mathrm{PZX}}{\sin(60^\circ - \mathrm{PZX})} = \frac{p}{q},$$

d'où

$$\operatorname{tg} \mathrm{PZX} = \frac{\frac{q}{p}\frac{\sqrt{3}}{2}}{1 - \frac{1}{2}\frac{q}{p}};$$

et l'angle PZ au moyen de l'équation

$$\operatorname{tg} \mathrm{PZ} = \frac{h}{a} \cdot \frac{p}{s} \cos \mathrm{PZX}.$$

On cherche de même, pour P', les angles P'ZX et P'Z.

On a ensuite

$$PZP' = PZX - P'ZX$$

et

$$\cos PP' = \cos PZ \cos P'Z + \sin PZ \sin P'Z \cos PZP'.$$

SYSTÈME RHOMBOÉDRIQUE.

Lorsqu'on constate l'existence d'un axe ternaire et d'un seul, le cristal appartient au système rhomboédrique. S'il y a en outre un centre et 3 plans de symétrie passant par l'axe ternaire, le cristal est holoédrique. S'il y a un centre, mais pas de plans de symétrie on a la parahémiédrie; s'il n'y a pas de centre, et 3 plans de symétrie, le cristal est terminé d'une façon différente aux deux extrémités de l'axe ternaire, comme dans la tourmaline, c'est l'antihémiédrie; si enfin il n'y a ni centres ni plans de symétrie, mais 3 axes binaires, on a l'antihémiédrie holoaxe du quartz.

Lorsqu'on emploie les symboles à 4 caractéristiques, on a à calculer le rapport $\frac{a}{h}$ du paramètre de l'axe binaire à celui de l'axe ternaire. Les calculs sont les mêmes que ceux que nous avons exposés à propos du système hexagonal. Toutefois les formes que l'on rencontre ordinairement ne sont plus les mêmes. C'est ainsi que le plan perpendiculaire à l'axe ternaire et les prismes hexagonaux ne sont plus prédominants. Il y a en revanche presque toujours une ou plusieurs formes rhomboédriques. On fait de la plus importante d'entre elles le rhomboèdre primitif. Si l'on se donne l'angle $180° - \xi$ que font entre eux deux des pôles supérieurs $(10\bar{1}1)$ et $(\bar{1}101)$ de ce rhomboèdre, on a

$$\frac{3}{2}\frac{a^2}{h^2} = \frac{1 - 2\cos\xi}{1 + \cos\xi}.$$

Pour résoudre graphiquement le problème, il suffirait de construire la distance au point de vue[1] au plan de projection de telle sorte que la

[1] Dans le système ternaire la distance D du point de vue au plan de projection est égale à $\frac{H}{3}$; mais si A est le paramètre de l'axe binaire du réseau polaire, on a $OX = \frac{A}{3}$. Il en résulte qu'on a, comme dans le système sénaire, $\frac{C}{OX} = \frac{H}{A} = \frac{\sqrt{3}}{2}\frac{a}{h}$ et $\frac{D}{XY} = \frac{1}{2}\frac{a}{h}$.

moitié de la longueur XY de la projection gnomonique représente l'angle $90° - \frac{\xi}{2}$.

Si l'on se sert des symboles à 3 caractéristiques, les pôles X, Y, Z des axes du réseau polaire sont ceux des faces du rhomboèdre primitif $p \{100\}$.

Les caractéristiques (gkk) d'un pôle P se calculent en utilisant les angles de P avec deux des pôles de ce rhomboèdre p, PX et PY par exemple.

Dans le triangle PXY, dont on connait les 3 côtés, on calcule les angles PXY et PYX ; on en déduit PXZ et PYZ au moyen des relations

$$\mathrm{PXZ} = xy - \mathrm{PXY} \qquad \mathrm{PYZ} = xy - \mathrm{PYX}.$$

On calcule ensuite g, h, k en se servant des équations

$$\frac{\sin \mathrm{PXY}}{\sin \mathrm{PXZ}} = \frac{k}{h} \qquad \frac{\sin \mathrm{PYX}}{\sin \mathrm{PYZ}} = \frac{k}{g}.$$

Il est important de remarquer qu'un angle tel que PXY doit être considéré comme positif, lorsqu'en tournant autour de X on va de P à Y en s'éloignant de Z, et comme négatif dans le cas contraire.

Quant aux calculs inverses, ils se font de la manière suivante. Soit un pôle P (ghk), on calcule PXY et PYX au moyen des équations précédentes qui peuvent se transformer en celles-ci :

$$\mathrm{tg\,PXY} = \frac{\frac{k}{h}\sin xy}{1 - \frac{k}{h}\cos xy} \qquad \mathrm{tg\,PYX} = \frac{\frac{k}{g}\sin xy}{1 - \frac{k}{g}\cos xy}.$$

Dans le triangle PXY où l'on connait le côté XY et les deux angles adjacents, on calcule PX au moyen de la formule

$$\mathrm{cotg\,PX} = \mathrm{cotg\,PYX}\sin \mathrm{PXY}\,\mathrm{cos\acute{e}c\,XY} + \cos \mathrm{XY}\cos \mathrm{PXY}.$$

On fait des calculs analogues pour le pôle P′ ($g'h'k'$) de manière à trouver P′X et P′XY ; on obtient enfin PP′ par l'équation

$$\cos \mathrm{PP'} = \cos \mathrm{PX}\cos \mathrm{P'X} + \sin \mathrm{PX}\sin \mathrm{P'X}\cos \mathrm{PXP'}.$$

On pourrait aussi se servir des formules générales qui donnent cos PP′ en fonction des caractéristiques des pôles et de l'angle ξ.

SYSTÈME CUBIQUE.

Dès que l'étude du cristal montre qu'il possède au moins deux axes du degré 3 ou du degré 4, on peut affirmer qu'il appartient au système cubique. En général, au reste, les cristaux appartenant à ce système, en vertu de leur symétrie autour des 4 axes ternaires égaux groupés symétriquement autour d'un point, présentent des polyèdres sphéroïdaux, tandis que les cristaux des autres systèmes, ayant toujours au moins une direction différente de toutes les autres, sont généralement allongés ou aplatis suivant cette direction et présentent un aspect prismatique, tabulaire ou pyramidal.

Lorsque la symétrie du système cubique est reconnue, on jugera que le cristal est holoédrique dès qu'on reconnaîtra l'existence d'un axe quaternaire, puisque l'hémiédrie holoaxe ne paraît pas être réalisée dans la nature. L'absence de tout axe quaternaire fera conclure à la mériédrie. Il y a parahémiédrie lorsque les plans de symétrie sont perpendiculaires aux trois axes binaires conservés, qui sont rectangulaires entre eux, ou encore lorsque les faces sont parallèles entre elles deux à deux ; il y a antihémiédrie dans le cas contraire. Il y a tétratoédrie lorsque les plans de symétrie sont complètement supprimés.

Lorsque la symétrie cubique du cristal est établie, il ne reste plus qu'à chercher les symboles des diverses formes simples.

Pour cette recherche, lorsque la méthode de l'intersection mutuelle des zones ne peut être employée pour un pôle P (pqr), on se procure PZ et PX ; on calcule PZX par la formule

$$\cos PZX = \cos PX \operatorname{cos\acute{e}c} PZ,$$

puis p, q, r, par les formules

$$\frac{p}{r} = tg\, PZ \cos PZX \qquad \frac{q}{r} = tg\, PZ \sin PZX,$$

faciles à établir sur la projection gnomonique en considérant le triangle PπZ formé en menant de P une parallèle πYZ jusqu'à sa rencontre en π avec ZX.

On peut aussi se servir d'un procédé graphique en plaçant P sur la projection gnomonique de la planche I, commune à tous les cristaux cubiques.

Lorsqu'on donne les angles des faces avec celles du cube, il est commode de se servir de la projection gnomonique sur un plan de symétrie perpendiculaire à un axe quaternaire. Mais lorsqu'on se donne les angles des faces avec celles de l'octaèdre, ou qu'on se propose d'étudier surtout la symétrie ternaire du cristal, il est préférable d'employer une projection gnomonique sur un plan perpendiculaire à un axe ternaire. La projection gnomonique qui peut servir à tous les cristaux rhomboédriques peut encore servir ici puisque l'on peut considérer le cube comme un rhomboèdre de 90 degrés. Il faut seulement déterminer la distance du point de vue au plan de projection. On peut employer la construction suivante. Sur l'un des côtés P_1P_2 (fig. 278) du triangle fondamental comme diamètre on décrit une demi-circonférence. On mène par le centre O du triangle une parallèle à P_1P_2 qu'on prolonge jusqu'à la circonférence en α. $O\alpha$ est la distance cherchée, car il est aisé de voir qu'avec cette distance du point de vue au plan de projection, on trouve pour les deux pôles P_1P_2 un angle droit. On verrait que

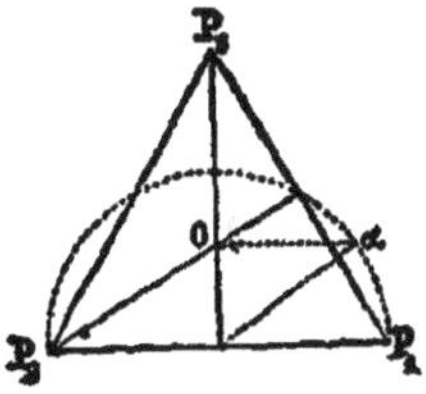

Fig. 278.

$$O\alpha = \frac{1}{\sqrt{6}} P_1P_2 = 0{,}408.P_1P_2.$$

Les calculs inverses se font aisément en calculant, pour chaque pôle P, PZ et PZX au moyen des formules

$$tg\ PZX = \frac{q}{p} \qquad tg\ PZ = \sqrt{\frac{p^2+q^2}{r^2}},$$

et calculant PP′ par la résolution du triangle PZP′.

DÉTERMINATION DE LA FORME PRIMITIVE LORSQU'ON EN CONNAIT UNE VALEUR APPROCHÉE.

Pour déterminer le réseau cristallin d'[illegible]ance donnée, la marche qui a été indiquée dans les pages [illegible] consiste à choisir parmi toutes les formes simples observées dans les cristaux, une ou plusieurs d'entre elles auxquelles on assigne des symboles arbitraires,

Les distances angulaires des faces de ces formes, telles qu'elles sont données par l'observation, définissent le réseau.

Mais le réseau ainsi défini ne peut pas être le véritable réseau de la substance, puisque les angles qui ont servi à le calculer sont nécessairement inexacts, à cause de l'imperfection inévitable des observations. Si, au lieu de prendre pour point de départ des calculs les angles choisis arbitrairement, on en prenait d'autres, on obtiendrait un réseau légèrement différent du premier, et l'on conçoit qu'on se rapprocherait le plus possible du réseau véritable si l'on prenait un réseau qui fût une moyenne entre tous ceux que l'on pourrait ainsi obtenir.

On déduit de cette remarque le procédé de calcul suivant.

Supposons qu'on ait écrit les formules qui donnent cos PP′ pour tous les angles PP′ directement observés,

$$\cos PP' = \frac{N}{D},$$

N et D sont des fonctions de A^2, B^2, C^2, $AB\cos XY$, $AC\cos XZ$, $BC\cos YZ$. Si l'on différentie les deux membres de cette équation, on aura

$$d\cos PP' = \frac{dN}{D} - \frac{N dD}{D^2} = -\sin PP' dPP'.$$

dN et dD ne contiennent que les différentielles dA^2, dB^2, dC^2, $dAB\cos XY$, etc.; N et D^2 peuvent être considérés comme étant les valeurs de N et D^2 lorsqu'on y substitue aux 6 paramètres les valeurs calculées; enfin le premier membre étant pris égal à la différence entre le cosinus de l'angle observé et le cosinus calculé au moyen du réseau obtenu, l'équation ci-dessus peut être regardée comme une équation de condition à laquelle doivent satisfaire les différentielles dA^2, dB^2, etc., pour annuler la différence entre le calcul et l'observation.

En appelant π et π' les paramètres des rangées qui vont respectivement de l'origine aux pôles P et P′, et se rappelant que $\cos PP' = \frac{N}{\pi\pi'}$, on pourra écrire l'équation sous la forme

$$\frac{dN}{\pi\pi' \sin PP'} - \frac{d\pi'}{\pi'} - \frac{d\pi}{\pi} + dPP' = 0.$$

équation dans laquelle π, π' et $\pi\pi' \sin PP'$ ou l'aire de la maille de plan PP′ peuvent être mesurés sur la projection gnomonique.

En posant :

$$\frac{A^2}{B^2} = \alpha^2 \quad \frac{C^2}{B^2} = \gamma^2 \qquad AB \cos XY = \lambda^2,$$
$$AC \cos XZ = \mu^2,$$
$$BC \cos YZ = \nu^2,$$

l'équation sera de la forme

$$md\alpha^2 + nd\gamma^2 + pd\lambda^2 + qd\mu^2 + rd\nu^2 + dPP' = 0.$$

Chaque observation donnera une équation de même forme,

$$m' d\alpha^2 + n' d\gamma^2 + \ldots\ldots\ldots\ldots\ldots\ldots\ldots = 0,$$
$$m'' d\alpha^2 + n'' d\gamma^2 + \ldots\ldots\ldots\ldots\ldots\ldots\ldots = 0.$$

.
.
.
.

En combinant entre elles toutes ces équations par la méthode des moindres carrés, on obtiendra cinq équations du premier degré qui détermineront les cinq inconnues $d\alpha^2$, $d\gamma^2$, dh^2, $d\mu^2$, $d\nu^2$. Ces équations seront de la forme

$$d\alpha^2\Sigma m^2 + d\gamma^2\Sigma mn + d\lambda^2\Sigma mp + d\mu^2\Sigma mq + d\nu^2\Sigma nq + dPP'\Sigma m = 0,$$
$$d\alpha^2\Sigma mn + d\gamma^2\Sigma n^2 + d\lambda^2\Sigma np + \ldots\ldots\ldots\ldots\ldots\ldots = 0,$$
$$d\alpha^2\Sigma mp + d\gamma^2\Sigma np + d\lambda^2\Sigma p^2 + \ldots\ldots\ldots\ldots\ldots\ldots = 0.$$

.
.
.
.

CHAPITRE XVI

DE L'IMPORTANCE PHYSIQUE RELATIVE DES DIVERSES FORMES SIMPLES

Nous avons suivi jusqu'ici une marche entièrement rationnelle, et nous nous sommes bornés, après avoir établi d'une manière irréfragable la constitution réticulaire des corps cristallins, à exposer les conséquences géométriques qui s'en déduisent. C'est ainsi que nous avons discuté d'une façon complète tous les cas théoriquement possibles que peut présenter la combinaison de la symétrie du réseau avec celle de la molécule, et que nous avons cherché, pour chacun d'eux, les formes cristallines qui le caractérisent. Nous avons pu, par cette discussion attentive, dresser un cadre dans lequel tous les faits morphologiques doivent nécessairement venir prendre place. Mais, après ce long travail, il reste encore, pour expliquer d'une manière complète la forme que revêt un cristal, à résoudre un problème important que nous n'avons même pas abordé.

La notion de la constitution réticulaire des corps suffit à montrer que la surface des cristaux ne peut être composée que par des plans réticulaires, c'est-à-dire par un certain nombre de formes simples. Mais ces formes sont-elles, sur un même cristal, en petit ou en grand nombre? Les formes qui se montrent sur un cristal se montrent-elles sur tous les autres cristaux de la même substance? Parmi toutes les formes théoriquement possibles, quelles sont celles que choisit la nature?

Sur toutes ces questions la théorie exposée ne peut nous donner aucune lumière, et nous devons nous adresser à l'observation directe. Nous reviendrons plus tard sur les faits constatés par cette observation; mais nous pouvons énoncer dès maintenant ceux qui se manifestent de la manière la plus évidente.

Limitation du nombre des formes simples réalisées par la nature. — Les cristaux sont limités en général par des faces planes; le nombre des formes simples qui les limitent n'est donc jamais très-grand. Il y a, il est vrai, des cristaux terminés par des surfaces qui paraissent courbes, mais ils constituent une exception que l'on peut d'abord négliger, sauf à essayer de l'expliquer plus tard.

Importance physique des diverses formes cristallines. — En général les cristaux artificiels d'une même substance formés dans la même eau mère, ou les cristaux naturels qui se rencontrent dans le même gîte minéral, c'est-à-dire en résumé tous les cristaux d'une même substance qui ont été formés dans des circonstances extérieures identiques, sont limités par les mêmes formes simples qui présentent à peu près le même développement relatif.

Au contraire, les cristaux d'une même substance formés dans des circonstances extérieures différentes, ne sont pas limités, en général, par les mêmes formes.

Cependant il existe souvent des formes qui persistent à se montrer dans les cristaux de toutes les provenances ; d'autres formes ne disparaissent que rarement, tandis que d'autres ne se montrent que dans de très-rares circonstances, et, le plus souvent, avec un très-faible développement.

Les clivages, les plans que nous appellerons les plans de glissement, ceux que nous appellerons les plans d'hémitropie[1], restent ordinairement les mêmes dans les cristaux de toutes les provenances.

Il résulte de tout cela que l'observation nous permet de classer suivant un ordre décroissant d'importance physique les différentes formes qui se rencontrent limitant les cristaux d'une substance donnée. Les formes parallèles aux plans de clivage, de glissement, d'hémitropie auront dans ce classement le premier rang, puisqu'elles ne dépendent guère que de la structure intérieure du corps et paraissent à peu près indépendantes des circonstances extérieures et accidentelles au milieu desquelles s'est constituée la surface qui limite le cristal. Parmi les autres formes, l'importance physique la plus grande appartiendra à celles qui prennent d'ordinaire le plus grand développement ou qui disparaissent le plus rarement. La classification des formes suivant leur importance physique décroissante sera donc le résultat d'un travail de statistique suivi d'un travail d'appréciation nécessairement un peu arbitraire puisque les caractères qui fixent le degré d'importance d'une forme pourront être contradictoires.

[1] Nous parlerons plus tard des plans de glissement et des plans d'hémitropie ; nous nous bornons à en indiquer ici l'existence.

Loi de la simplicité des symboles. — Si l'on fixe les données du réseau cristallin en attribuant des symboles simples à un nombre suffisant de formes choisies parmi les plus importantes de celles qui ont été observées, toutes les autres formes sont représentées par des symboles simples.

La loi reste encore ici assez vague, car il est impossible de dire à quelle limite s'arrête la simplicité d'un symbole. Toutefois, on peut fixer davantage les idées en ajoutant que l'observation montre que les caractéristiques des formes importantes sont presque toujours 0 ou 1 ; on va quelquefois jusqu'à 2, exceptionnellement jusqu'à 3. Les caractéristiques 4, 5, 6 ne se rencontrent que dans des formes d'importance secondaire, et encore assez rarement. Les caractéristiques supérieures à celles-là ne se montrent guère que dans des faces tout à fait subordonnées, et très-exceptionnellement.

Il faut ajouter que le plus souvent les formes dont l'importance physique, appréciée comme il a été dit ci-dessus, est la plus grande, sont aussi celles dont les symboles les plus simples.

Cette loi de la simplicité des symboles a été pour la première fois énoncée par Haüy. Elle paraît presque nécessaire et représente à peu près, en cristallographie, l'équivalent de ce qu'est en chimie la loi de Dalton si improprement appelée loi des proportions multiples. Mais en cristallographie, pas plus qu'en chimie d'ailleurs, cette loi ne présente un sens nettement défini. Lorsqu'on compare par exemple l'ordre d'importance physique des formes avec l'ordre de simplicité des symboles, on se trouve arrêté bientôt, dans cette comparaison, par la difficulté de préciser ce qu'on peut appeler le degré de simplicité. Pour ne citer qu'un exemple, on peut se demander quel est, dans le système ternaire, le plus simple d'entre les symboles $\{112\}$, $\{211\}$, $\{121\}$.

Loi de Bravais établissant un rapport entre l'aire élémentaire et l'importance physique d'une face. — Le seul moyen de donner à la loi une signification précise semble être de chercher à substituer à la notion vague de la simplicité des symboles, une notion physique susceptible d'une définition rigoureuse. Or, au point de vue cristallin, les différents plans réticulaires qui peuvent limiter le cristal ne diffèrent les uns des autres, si on laisse de côté la forme propre de la molécule, que par l'aire élémentaire du réseau plan. La seule inspection de la formule qui donne cette aire élémentaire montre d'ailleurs que cette aire est d'autant plus petite que le symbole du plan est plus simple, c'est-à-dire que les caractéristiques sont plus petites.

Il est donc permis de donner à la loi d'Haüy l'énoncé suivant : *La nature choisit les formes simples qui limitent le cristal parmi celles dont l'aire élémentaire est la plus petite.*

Ce nouvel énoncé a ce grand avantage que les formes simples y sont définies par un caractère précis, car l'aire élémentaire d'un plan réticulaire est connue lorsque le système réticulaire est connu. On peut donc, lorsqu'on a fixé le système réticulaire par des hypothèses arbitraires convenables, ranger toutes les formes simples suivant l'ordre croissant de leurs aires élémentaires, et comparer l'ordre ainsi obtenu avec celui qu'on obtient en rangeant les mêmes formes suivant leur importance physique décroissante. Il semble très-vraisemblable *à priori* que les deux classements doivent coïncider, puisque lorsque l'aire élémentaire prend une valeur trop forte, la forme prend une importance physique si faible qu'elle ne se produit plus. Si l'on admettait la nécessité de cette coïncidence, on y trouverait un moyen bien plus parfait que tous les autres, de déterminer avec précision le système réticulaire du cristal, le nombre des hypothèses arbitraires initiales qui donneraient la coïncidence entre les deux séries étant toujours très-petit.

On pourrait démontrer la loi expérimentalement ; il suffirait de chercher pour un grand nombre de cristaux, à déterminer un mode de réseau qui amènerait la coïncidence entre les deux séries. Si l'on parvenait, pour tous les cristaux, à obtenir un semblable résultat, la loi pourrait être considérée comme établie. Malheureusement, dans des recherches de ce genre, on se trouve très-vite arrêté. La première raison en est que s'il est toujours aisé, le système réticulaire étant supposé connu, de classer les formes suivant la grandeur croissante de l'aire élémentaire, il l'est beaucoup moins de les classer suivant l'ordre décroissant de l'importance physique à cause du vague avec lequel cette importance est définie.

En second lieu, il est très-évident que la loi qu'il s'agirait de démontrer ne peut être rigoureuse, puisqu'elle n'établit un lien qu'entre la forme cristalline et le réseau, tandis que la forme cristalline doit être nécessairement modifiée, en outre, par la nature du polyèdre cristallin ; car, s'il n'en était pas ainsi, l'importance physique des deux formes conjuguées d'une substance hémièdre serait la même, ce qui reviendrait à dire que la dissymétrie de la molécule ne se traduirait pas dans le polyèdre cristallin. L'observation dément absolument une semblable conclusion.

Nous devons donc nous attendre à trouver, en essayant de vérifier l'exactitude de la loi, non-seulement des difficultés tenant à l'imperfection de nos connaissances, mais encore de véritables contradictions qui tiendront à ce que la loi est, sinon inexacte, du moins très-certainement incomplète.

Démonstration théorique de la loi de Bravais. — Il vaut donc mieux suivre une marche différente, et essayer d'établir la loi non par l'observation, mais par des raisons théoriques. Si l'on y parvient, les faits d'observation contradictoires avec la loi ne feront pas douter de l'exactitude de celle-ci, mais pourront servir à apprécier l'influence de la forme du polyèdre moléculaire sur la forme cristalline et, par conséquent, à acquérir de nouvelles et précieuses données sur ce point si important et si mystérieux de la constitution des corps.

Nous avons déjà acquis sur la structure intérieure d'un corps cristallisé une donnée certaine ; nous savons qu'un semblable solide est formé par des agrégats matériels tous identiques entre eux, et qu'on peut appeler les molécules cristallines. Les centres de gravité de ces molécules, toutes orientées de la même façon, marquent les nœuds d'un réseau à maille parallélipipédique. Il est facile de voir que les centres géométriques de ces mailles forment à leur tour les nœuds d'un réseau identique au premier, orienté de la même façon, et dont les mailles ont chacune une molécule en leur centre. On peut donc dire encore que le cristal est constitué de telle sorte que les centres de gravité des molécules cristallines occupent les centres géométriques des mailles parallélipipédiques d'un certain réseau.

Le centre de gravité de chaque molécule cristalline est d'ailleurs immobile, car il ne pourrait avoir qu'un mouvement oscillatoire, qui serait identique pour tous les centres à cause de l'identité complète du milieu autour de chacun d'eux. Le mouvement moléculaire serait ainsi transformé en un déplacement vibratoire du centre de gravité du corps. Les vibrations calorifiques d'un cristal ne peuvent donc être que des vibrations autour du centre de gravité, lesquelles s'exécutent vraisemblablement, de telle sorte que les éléments de symétrie de la molécule sont conservés.

Faisons passer par le centre de gravité A d'une molécule un plan réticulaire quelconque P, qui divise le milieu cristallin en deux parties, l'une supérieure M, et l'autre inférieure N. Les actions moléculaires exercées sur la molécule considérée par toutes celles du plan se font nécessairement équilibre, puisque à toute molécule en correspond une autre opposée par le centre et agissant en sens contraire. Il faut donc que les actions exercées par les molécules de M fassent équilibre à celles qui sont exercées par les molécules de N. Appelons φ la résultante exercée sur A par les molécules de M, celles de N exerceront sur A une force $-\varphi$ égale et contraire. Toutes les molécules du plan P seront soumises de la part des molécules de M à des forces égales et parallèles à φ, et si l'on supposait appliquées toutes ces forces en leurs points d'application, on pourrait supprimer la partie M du cristal sans que l'équilibre des centres de gravité des molécules de P fût troublé.

Il est clair que l'équilibre subsistera encore si l'on substitue aux forces appliquées aux centres de gravité des molécules une pression uniforme appliquée sur le plan P, parallèle à φ, et telle que la valeur ϖ de cette pression par unité de surface, multipliée par l'aire ω de la maille du plan P, soit égale à φ. Nous appellerons *pression cohésive*, cette pression ϖ, idéalement appliquée sur l'unité de surface d'un plan réticulaire, et qu'on peut substituer aux forces réellement appliquées aux centres de gravité des molécules, sans modifier les conditions d'équilibre statique. Il faut d'ailleurs remarquer que l'équivalence statique des deux systèmes de forces ne s'étend pas nécessairement aux phénomènes dynamiques.

Il serait aisé de voir, en suivant un mode de raisonnement très-connu dans la physique mathématique, et que nous développerons lorsque nous nous occuperons, dans la seconde partie de cet ouvrage, des phénomènes élastiques des cristaux, que si l'on considère les plans réticulaires en nombre infini qui passent par un même point, et si l'on mène par ce point des droites représentant en grandeur et en direction les pressions cohésives exercées sur ces différents plans, les extrémités de ces droites sont sur un certain ellipsoïde. A des plans très-voisins correspondent donc des pressions cohésives très-peu différentes. Le phénomène de ces pressions est continu.

Mais, au lieu de considérer la pression cohésive exercée sur l'unité de surface d'un plan réticulaire dans un très-petit rayon autour du centre de gravité O d'une molécule, on peut considérer la force φ réellement appliquée en ce centre de gravité. Cette force φ varie lorsque le centre de gravité de la molécule restant le même, on fait varier le plan réticulaire, mais il n'y a plus continuité entre toutes les forces φ que l'on peut ainsi imaginer. Cela résulte, en effet, de l'équation

$$\varphi = \varpi\omega$$

dans laquelle ϖ variant d'une manière continue, comme il vient d'être dit, ω est, au contraire, essentiellement discontinu. Si l'on prend, par exemple, un plan réticulaire de symbole très-simple, ω aura une petite valeur; si l'on prend un plan réticulaire très-voisin de celui-là, ω aura une valeur extrêmement grande, et, comme dans les deux cas, ϖ restera sensiblement le même, la force φ sera considérablement plus grande dans le second cas que dans le premier.

En d'autres termes, pour tous les plans réticulaires très-peu différents l'un de l'autre, φ sera proportionnel à ω, et cette proportionnalité s'étendrait même à tous les plans réticulaires, si l'ellipsoïde de cohésion était une sphère, c'est-à-dire si ϖ était constant. Cette circonstance ne se trouve sans doute jamais réalisée rigoureusement; mais, dans un très-grand nombre de cristaux, elle se rapproche beaucoup de la réalité.

En laissant de côté les variations de ϖ, toujours maintenues dans d'assez étroites limites, on peut donc dire que φ est d'autant plus grand que l'aire de la maille du plan réticulaire correspondant est plus grande, et réciproquement.

Cette considération n'a pas d'importance dans le jeu des phénomènes purement statiques, ou dans celui des phénomènes dynamiques qui, tendant à séparer un cristal en deux parties limitées par un certain plan réticulaire, se produisent de telle sorte que les forces mises en jeu s'exercent sur une étendue assez grande de la surface de ce plan pour qu'elle contienne un nombre très-grand de molécules. Si, au contraire, les forces mises en jeu, par des chocs par exemple, se concentrent en quelque sorte sur une seule molécule ou sur un nombre relativement très-restreint de celles-ci, c'est incontestablement suivant le plan pour lequel φ est le plus petit que la séparation du cristal se produira. Il n'y aura d'ailleurs aucune tendance à ce que la rupture se produise suivant des plans peu différents de celui-là, puisque si peu que l'on s'écarte du plan pour lequel φ est minimum, φ devient extrêmement grand. On aura donc une cassure non pas approximativement plane comme cela a lieu quelquefois dans les corps non cristallins isotropes, mais une cassure mathématiquement plane, pourvue de la propriété réfléchissante des faces cristallines, c'est-à-dire un *clivage*.

Cette théorie très-simple nous montre à la fois que les corps cristallisés seuls peuvent présenter des clivages, et que ces clivages sont toujours parallèles à des plans pour lesquels ω est très-petit. En admettant la constance rigoureuse de π, nous pourrions même dire que le clivage est toujours parallèle au plan pour lequel ω est minimum, si le phénomène n'était pas influencé par la forme de la molécule, dont nous n'avons pas tenu compte.

Nous n'entrerons pas dans une discussion plus approfondie du phénomène du clivage, auquel il faudrait joindre celui des plans de glissement de Reusch; nous y reviendrons ailleurs. Mais nous ferons remarquer que des considérations analogues à celles qui expliquent le clivage peuvent expliquer aussi, jusqu'à un certain point, la manière dont la nature choisit, entre toutes les formes simples possibles, celles qui doivent limiter le cristal.

En effet, si nous considérons un cristal s'accroissant dans une dissolution saturée, à chaque instant le cristal est en équilibre sous l'action de forces moléculaires intérieures puissantes et de forces extérieures beaucoup moins énergiques provenant principalement des molécules diffusées dans le liquide. L'équilibre ne subsistera qu'à la condition que les faces intérieures qui s'exercent sur les molécules contenues dans les plans qui limitent le cristal, seront assez faibles pour pouvoir être équilibrées par les forces extérieures. Il faut donc que les plans limites correspondent, pour les molécules qu'ils contiennent, à des forces φ de faible valeur. L'équilibre sera d'autant plus facile que les forces φ seront plus petites, c'est-à-dire, toutes restrictions faites, que les aires ω correspondant aux plans limites seront plus petites. Les plans pour lesquels ω sera le plus petit seront donc, en général, ceux qui se produiront le plus aisément et qui acquerront le plus de développement. Il est vrai que cette loi peut être troublée par le changement du dissolvant, et par les forces différentes que peuvent exercer sur les molécules du cristal les molécules de ces différents dissolvants; mais les formes simples qui pourront ainsi disparaître ou apparaître seront celles pour lesquelles φ sera le plus voisin de la limite, c'est-à-dire pour lesquels ω sera relativement le plus grand. L'importance physique des formes, marquée par la fréquence ou le développement relatif de ces formes, doit donc être ordinairement en rapport avec l'ordre décroissant de grandeur de l'aire ω.

En résumé, les idées théoriques qui précèdent montrent la raison d'être de la loi énoncée par Haüy, que les symboles des plans cristallins sont toujours simples. Elles nous permettent de poser, quoique avec beaucoup de réserves, cette autre loi, que l'importance physique des formes cristallines, manifestée par les phénomènes morphologiques, est, en général, en raison inverse de l'aire élémentaire qui leur correspond. Elles nous permettent enfin de poser cette loi, moins sujette aux restrictions que la précédente, que les clivages ne peuvent se rencontrer que parallèlement aux formes pour lesquelles l'aire élémentaire est la plus petite possible. Nous verrons plus tard que la même conclusion doit s'appliquer aux formes parallèlement auxquelles se produit l'hémitropie[1].

Admettons donc, en écartant pour le moment toutes les restrictions sur lesquelles nous reviendrons ensuite, que l'ordre d'importance décroissante des faces du polyèdre cristallin est le même que l'ordre croissant des densités réticulaires des plans réticulaires correspondants, et nous allons tirer de cette remarque un moyen de pénétrer plus avant dans la structure intime du cristal.

Nous pouvons, en effet, avec Bravais, énoncer la règle suivante : *Il faut choisir le réseau cristallin de telle sorte que si l'on range les divers plans réticulaires de ce réseau suivant l'ordre croissant des densités réticulaires, cet ordre représente l'ordre croissant des facultés de production, soit matérielle (par la cristallisation), soit artificielle (par le clivage) des faces cristallines correspondantes.*

En appliquant cette règle, nous pourrons chercher à déterminer, non-seulement les paramètres du réseau, mais encore le mode auquel ce réseau appartient. Nous pourrons, par exemple, dans le système du prisme rhomboïdal droit, non-seulement déterminer le prisme rhomboïdal droit qui est la forme primitive, mais encore arriver à savoir si ce prisme est centré, à faces centrées, à bases centrées, etc.

Théorèmes sur les aires élémentaires des réseaux dont les parallélipipèdes sont centrés ou à faces centrées.

Mais, avant d'examiner attentivement cette question pour chacun des systèmes cristallins, il est nécessaire de démontrer quelques théorèmes dont nous aurons à nous servir.

I. *Si l'on centre tous les parallélipipèdes d'un réseau* A, *on aura le réseau polaire en centrant les* 6 *faces du parallélipipède du polaire de* A *et agrandissant ensuite dans le rapport de* $1 : \sqrt[3]{2}$.

En effet, pour construire le réseau polaire, il faut mener des normales aux plans réticulaires du réseau primitif et prendre sur chacune de ces

[1] L'étude des phénomènes d'hémitropie ne pouvant se séparer de celle des groupements cristallins, et cette dernière ne pouvant se faire sans le secours des phénomènes optiques, nous avons rejeté l'une et l'autre dans la seconde partie.

normales des paramètres égaux à l'aire de la maille du plan divisée par l'intervalle moyen des sommets. Si l'on mène les normales à xy et yz, les paramètres correspondants du réseau polaire seront C et A ; la normale au plan diagonal $(\bar{1}01)$ sera la diagonale du parallélogramme construit sur A et C. Or, lorsque le réseau primitif sera centré, l'aire de la maille du plan diagonal sera moitié moindre, le paramètre de la diagonale du polaire sera donc moitié moindre, et toutes les faces du parallélipipède du polaire devront être centrées. D'ailleurs le volume de la maille du réseau primitif a diminué de moitié, l'intervalle moyen a donc diminué dans le rapport de 1 à $\sqrt[3]{2}$, et comme $P\,[ghk] = \frac{s(ghk)}{E}$, il faut, puisque E a diminué dans le rapport de 1 à $\sqrt[3]{2}$, que P [ghk] augmente dans le même rapport.

II. *Si l'on centre les 6 faces du parallélipipède d'un réseau* A, *on obtient le polaire du nouveau réseau en centrant le polaire de* A *et diminuant toutes les dimensions dans le rapport de* 1 *à* $\sqrt[3]{2}$.

Ce théorème pourrait être démontré directement, mais il est une suite nécessaire de la réciprocité du réseau primitif et de son polaire.

III. *Si l'on centre les bases du parallélipipède d'un réseau* A, *on obtient le polaire du nouveau réseau en centrant les bases du polaire de* A *et multipliant les paramètres de* X *et* Y *par* $\sqrt[3]{2}$, *celui de* Z *par* $\frac{\sqrt[3]{2}}{2}$.

En effet, il faut diviser par 2 le paramètre perpendiculaire à la base du primitif, puisque l'aire de cette base est devenue moitié moindre; il faut diviser par 2 le paramètre des diagonales de la base du polaire, ce qui revient à centrer ces bases; enfin il faut agrandir tous les paramètres dans le rapport de 1 à $\sqrt[3]{2}$, puisque le volume de la maille du primitif a diminué de moitié.

Ces théorèmes permettent de conclure du mode que présente le réseau polaire à celui que doit présenter le réseau primitif. On peut donc se borner à la considération du réseau polaire.

IV. *Si l'on centre tous les parallélipipèdes générateurs du réseau, l'aire de la maille du plan* (ghk) *restera le même si* $g+h+k$ *est impair et deviendra moitié moindre si* $g+h+k$ *est pair.*

En effet, considérons tous les plans parallèles à (111) dans le réseau polaire dont toutes les faces sont centrées, et appelons-les 0, 1, 2, 3 à partir de celui qui passe par l'origine ; tous les plans impairs ont leur maille diminuée de moitié; les mailles de tous les plans pairs n'éprouvent pas de changement. Le pôle (ghk) se trouve dans le plan de rang $(g+h+k)$. Or, si le pôle se trouve dans un plan pair, 6 par exemple, les rayons vecteurs passent par des pôles ajoutés dans le plan 5 ; donc la longueur du paramètre du rayon est diminuée de moitié.

Si, au contraire, $g+h+k$ est impair, le rayon recteur ne passe par aucun nœud ajouté.

V. *Si l'on centre, dans les plans* $z=0$ $z=1$, *les bases du parallélipipède générateur d'un réseau, la face* (ghk) *conservera l'aire de son parallélogramme générateur si* g + h *est impair, et celle-ci deviendra moitié moindre si* g + h *est pair.*

En effet, dans le réseau polaire, les faces sont centrées ; la démonstration s'achèverait comme précédemment.

VI. *Si l'on centre les 6 faces du parallélipipède générateur d'un réseau, l'aire du parallélogramme générateur de la face* (ghk) *deviendra moitié moindre si toutes les caractéristiques ne sont pas impaires, et 4 fois moindre si cette condition est remplie.*

En effet les parallélipipèdes du réseau polaire sont centrés. Une rangée partant de l'origine et rencontrant d'abord un de ces centres rencontre un sommet symétrique de l'origine par rapport au centre ; le nombre des parallélipipèdes traversés par la rangée entre l'origine et ce sommet est impair, puisque ce nombre est le même de part et d'autre de celui qui comprend le centre. Les caractéristiques du sommet sont donc l'unité augmentée de trois nombres pairs ; elles sont donc toutes impaires.

Il en résulte que lorsque les caractéristiques de la rangée sont toutes impaires, le paramètre est diminué de moitié par le centrage des parallélipipèdes ; ce paramètre n'est pas modifié dans le cas contraire. Toutes les dimensions du réseau polaire ayant dû être diminuées dans le rapport de 1 à $\sqrt[3]{2}$ (théorème II), l'intervalle moyen des nœuds du polaire est de ce fait diminué dans le rapport de 1 à $\sqrt[3]{2}$; il est encore diminué dans le rapport de 1 à $\sqrt[3]{2}$ par le centrage, il est donc diminué dans le rapport de 1 à $\sqrt[3]{4}$. On aura donc

$$s(ghk)=\frac{1}{\sqrt[3]{4}}\cdot\frac{P[ghk]}{\sqrt[3]{2}}=\frac{P[ghk]}{2},$$

en appelant $P[ghk]$ le paramètre du polaire du réseau primitif à faces non centrées.

Grâce à ces théorèmes, il sera facile, lorsque la projection gnomonique du cristal sera construite, de connaître graphiquement l'aire de la maille plane correspondant à chaque pôle, quel que soit le mode suivant lequel le réseau est édifié. Supposons, en effet, qu'il s'agisse d'un cristal du système orthorhombique et d'une face (135). Dans la projection gnomonique sur le plan XY, cette face est représentée par le point dont les coordonnées numériques sont $\frac{1}{5}$ et $\frac{3}{5}$. En prenant la distance de ce point au point de vue, on aura donc le cinquième de la distance P, qui joint le point de vue au nœud (135) du réseau polaire. Si le cristal appartient au mode hexaédral rectangle, c'est-à-dire si le réseau a pour maille un prisme rectangulaire droit, P est égal à *s* (135) à un facteur constant près. Si le cristal a pour maille un prisme rectangulaire centré, le réseau polaire a pour maille un prisme rectangulaire à faces centrées, et la somme $1+3+5$ étant impaire, P est encore égal à *s* (135); si la somme des caractéristiques était paire, il faudrait prendre non plus P, mais $\frac{P}{2}$. Si la maille du réseau était un prisme rectangulaire droit à faces centrées, on prendrait $\frac{P}{4}$ pour l'aire de la maille plane, puisque les 3 caractéristiques sont impaires. Enfin, si le prisme rectangulaire droit était à bases centrées, et si les bases centrées étaient dans le plan des *xy*, la somme $1+3$ étant paire, il faudra prendre $\frac{P}{2}$ pour l'aire cherchée ; si la base centrée était dans le plan *zx*, ce serait la somme des caractéristiques relatives à *z* et à *x* qu'il faudrait prendre en considération, etc.

Il est d'ailleurs bon d'ajouter que l'ordre de grandeur des aires correspondantes aux diverses faces étant seul important, il est inutile de connaître ces aires avec une grande approximation et que la construction graphique est toujours suffisante.

Examen des divers systèmes cristallins. — Nous pouvons maintenant passer en revue, au point de vue qui nous occupe en ce moment, les divers systèmes cristallins.

SYSTÈME CUBIQUE

Trois modes :

1° Mode hexaédral ou réseau cubique.

2° Mode octaédral ou cube à faces centrées.

3° Mode dodécaédral ou cube centré.

Comme il n'y a point ici de paramètres à considérer, on peut former le tableau suivant donnant, pour chacun des modes et pour les formes les plus simples, la grandeur du carré de l'aire de la maille plane.

MODE HEXAÉDRAL.		MODE OCTAÉDRAL.		MODE DODÉCAÉDRAL.	
Forme	s^2	Forme	s^2	Forme	s^2
p 100	1	a^1 111	3	b^1 110	2
b^1 110	2	p 100	4	p 100	4
a^1 111	3	b^1 110	8	a^2 211	6
b^2 210	5	a^3 311	11	b^3 310	10
a^2 211	6	$a^{\frac{1}{3}}$ 331	19	a^1 111	12
$a^{\frac{1}{2}}$ 221	9	b^2 210	20	321	14
b^3 310	10	a^2 211	24	a^3 411	18
a^3 311	11	a^5 511	27	b^2 210	20
$b^{\frac{3}{2}}$ 320	13	531	35	$a^{\frac{2}{3}}$ 532	22
321	14	$a^{\frac{1}{2}}$ 221	36	431	26

On voit que, dans le mode hexaédral, c'est le cube qui doit être théoriquement la forme dominante; dans le mode octaédral, cette forme dominante est l'octaèdre; c'est le dodécaèdre rhomboïdal dans le mode dodécaédral.

EXEMPLES. — MODE HEXAÉDRAL.

Sel gemme. Ordre d'importance physique décroissante : p, b^1, a^1 (rare). Clivages faciles parallèles à p. Plans de glissement parallèles à b^1 qui ne se présentent jamais dans les cristaux.

Galène. Ordre d'importance physique décroissante : p, b^1, a^1.

Argent sulfuré. Ordre d'importance physique décroissante : p, b^1, a^1, a^2.

MODE OCTAÉDRAL.

Spinelle. Ordre d'importance physique décroissante : a^1, b^1, a^3, p (rare).

Clivage a^1 imparfait. La théorie place p immédiatement après a^1, ce qui est en contradiction avec l'observation.

Spath fluor. Ordre d'importance physique décroissante : a^1, p, b^1, a^3.

Les cristaux ne présentent que rarement la forme a^1 dominante, mais le clivage facile parallèle à cette forme lui donne une importance physique supérieure à celle de p.

MODE DODÉCAÉDRAL.

Grenat. Ordre d'importance physique décroissante : b^1, a^2, $\{321\}$.

L'observation ne présente jamais la forme p que la théorie placerait immédiatement après b^1.

Sodalite. Ordre d'importance physique décroissante : b^1, p, a^2, a^1.

Cet ordre est conforme à la théorie, sauf en ce qui concerne l'absence de b^3 dans les cristaux observés.

SYSTÈME HEXAGONAL

On a

$$s^2(pqrs) = (p^2 + q^2 + r^2 + \lambda s^2)\,\frac{4}{3}s^2\,(10\bar{1}0).$$

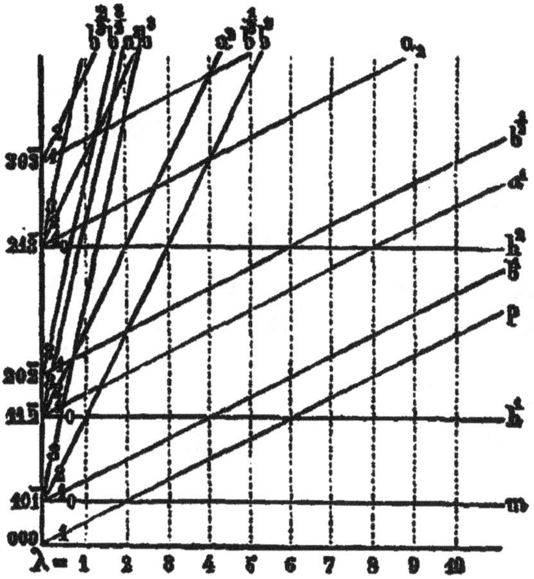

Fig. 279.

Pour chaque forme, $s^2(pqrs)$ peut donc être représenté par l'ordonnée d'une droite dont $\lambda = \frac{3}{2}\frac{a^2}{h^2}$ est l'abscisse. En traçant (fig. 279) les droites correspondant aux diverses formes, il n'y aura plus, pour obtenir le s^2 correspondant à un λ quelconque, qu'à mener une droite parallèle à l'axe des ordonnées et ayant pour abscisse le λ donné. L'ordonnée du point d'intersection de cette droite avec la droite correspondant à la forme $\{pqrs\}$ représentera $s^2\,(pqrs)$.

Les formes dominantes seront toujours m, p, h^1, b^1, etc. Lorsque $\lambda < 2$, p l'emporte théoriquement sur m; le contraire a lieu lorsque $\lambda > 2$. Dans le premier cas, le clivage tend à se produire parallèlement à la base, et dans le second cas, parallèlement aux faces du prisme de première espèce.

EXEMPLES. — *Apatite.* $\frac{h}{a} = 0.735 \quad \lambda = 2.78.$

Formes dominantes rangées à peu près suivant l'ordre décroissant de leur importance : m (clivage principal), p (clivage secondaire), b^1, h^1, a^1, $b^{\frac{1}{2}}$, b^2, h^2, a_2 (hémiédrique), a^2 (rare), etc.

Ordre théorique : m, p, b^1, h^1, a^1, $b^{\frac{1}{2}}$, b^2, h^2, a^2, a_2, $b^{\frac{1}{3}}$, etc.

La coïncidence entre les deux classements est presque parfaite.

Néphéline. $\frac{h}{a} = 0.835 \quad \lambda = 2.13.$

Formes principales rangées à peu près suivant l'ordre décroissant de leur importance physique : m, p, b^1, h^1, $b^{\frac{1}{2}}$, b^2, a^1, etc.

Clivages imparfaits, et dont il est difficile d'apprécier la facilité relative, suivant m et p.

Ordre théorique : m, p, b^1, h^1, a^1, $b^{\frac{1}{2}}$, b^2, etc.

Contrairement à la théorie, l'observation semble donner à $b^{\frac{1}{2}}$ plus d'importance qu'à a^1. A part cette légère discordance, l'accord entre les deux classements est très-satisfaisant.

Émeraude. $\frac{h}{a} = 0.996 \quad \lambda = 1.50.$

Ordre d'importance physique décroissante : p, m, a^1, h^1, h^2, b^1, $b^{\frac{1}{2}}$, a^2, a_2, etc.

Clivage p distinct.

Ordre théorique : p, m, b^1, h^1, a^1, b^2, $b^{\frac{1}{2}}$, a^2, h^2, a_2, b^3, etc.

L'accord est encore assez satisfaisant, sauf quelques anomalies telles que la prédominance donnée par la nature à a^1 sur b^1, etc.

Greenockite (cadmium sulfuré). $\frac{h}{a} = 0.8247 \quad \lambda = 2.20.$

Ordre d'importance physique décroissante : m, p, b^1, $b^{\frac{1}{2}}$, etc.

Clivage : m distinct, p imparfait.

Ordre théorique : m, p, b^1, h^1, a^1, $b^{\frac{1}{2}}$, etc.

Les formes h^1 et a^1 que la théorie place avant $b^{\frac{1}{2}}$ n'ont jamais été rencontrées.

SYSTÈME TERNAIRE

$$s^2(ghk) = \left[g^2 + h^2 + k^2 - 2(gh + hk + gk)\cos\xi\right] s^2(100),$$

ou, en remplaçant $\cos\xi$ par sa valeur $\dfrac{1-\lambda}{\lambda+2}$:

$$\frac{s^2(ghk)}{s^2(100)} = (g-h)^2 + (h-k)^2 + (k-g)^2 + (g+h+k)^2\lambda.$$

La figure 280 représente un abaque construit de la même façon que

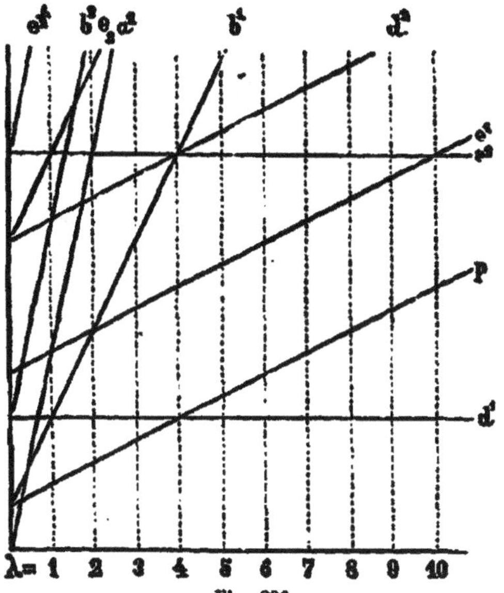

Fig. 280.

celui qui est relatif au système hexagonal. On voit que pour tous les cristaux ayant λ compris entre 1 et 4, p sera la forme dominante. Le rhomboèdre dominant devra donc presque toujours être appelé p, ce qui suffira à définir le réseau. Le prisme de seconde espèce d^1 l'emporte toujours théoriquement sur le prisme e^2.

Il est intéressant de remarquer que la forme $e^{\frac{1}{2}}$ (birhomboédrique de p) n'a qu'une importance théorique très-faible. Or, dans le quartz, on trouve toujours associées les formes p et $e^{\frac{1}{2}}$, dont l'importance physique est presque égale, avec une légère supériorité de p. En outre, le prisme e^2 est tout à fait prédominant. On doit conclure de ces faits que le réseau du quartz n'est point ternaire, mais sénaire, avec une tétartoédrie rhomboédrique. Ainsi se trouve levée, dans ce cas particulier, l'indétermination que nous avons signalée dans le système réticulaire de tous les cristaux qui présentent un des modes de symétrie propres au système ternaire.

SYSTÈME QUATERNAIRE

Le réseau peut être construit suivant deux modes différents :

1° Mode hexaédral. — La face primitive est un prisme droit à base carrée. Si l'on pose $\lambda = \frac{a^2}{c^2}$, on a :

$$\frac{s^2(ghk)}{s^2(100)} = p^2 + q^2 + r^2\lambda.$$

On peut construire un abaque (fig. 281) dont la construction et l'emploi sont les mêmes que pour les systèmes précédents.

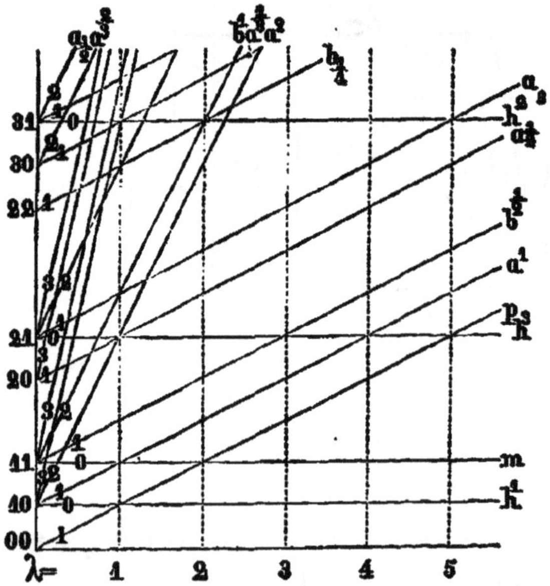

Fig. 281.

Le prisme h^1 l'emporte toujours sur le prisme m ; il faut donc prendre les axes de première espèce parallèles aux côtés de la base du prisme le plus important. Lorsque $\lambda < 1$, c'est p qui l'emporte, les cristaux ont une tendance à être tabulaires et à avoir le clivage basique. Le contraire a lieu lorsque $\lambda > 1$.

EXEMPLES. — *Uranite.* — $\frac{c}{a} = 2.915 \quad \lambda = 0.1176.$

Ordre d'importance physique décroissante : p, h^1, a^1, m, b^1, a^3.

Clivage très-facile, parallèle à p. — Aspect tabulaire.

Ordre théorique : $p, h^1, a^1, a^2, a^3, m, b^{\frac{1}{2}}, b^1$, etc.

L'accord est très-satisfaisant, car l'importance physique relative des formes très-rares, m, b^1, a^3 est difficile à fixer avec précision (*).

Idiocrase. — $\frac{c}{a} = 0.760$ (**) $\quad \lambda = 1.753.$

Ordre d'importance physique décroissante : $h^1, p, m, a^1, b^1, a^{\frac{1}{3}}$, $(b^{\frac{1}{3}} b^1 h^{\frac{1}{2}})$, $h^3, h^2, b^{\frac{1}{2}}$, etc.

Les seules formes importantes sont h^1, p, m, a^1. Clivages peu nets suivant h^1, p, m.

Ordre théorique : $h^1, p, m, a^1, b^{\frac{1}{2}}, h^3, a^{\frac{1}{2}}, a_{\frac{1}{3}}, a^2, b^1$, etc.

L'accord peut être considéré comme satisfaisant. Il cesserait de l'être si l'on adoptait la forme primitive donnée par M. Des Cloizeaux, avec laquelle le prisme dominant est noté m.

2° MODE OCTAÉDRAL. — La forme primitive est un prisme carré centré. Dans la formule précédente, il faudra quadrupler $s^2(pqr)$ quand $p+q+r$ sera impair. La figure 282 est un abaque semblable aux précédents. On y voit que m l'emporte toujours sur h^1 ; il faudra donc prendre pour les axes de première espèce les diagonales de la base du prisme dominant. Comme a^1 est toujours l'octaèdre dominant, la forme habituelle sera celle d'un prisme surmonté par un octaèdre placé sur les angles du prisme.

EXEMPLES. — *Zircon* (***). — $\frac{c}{a} = 0.9057 \quad \lambda = 1.219.$

Ordre d'importance physique décroissante : $m\, a^1\, h^1\, a_3\, b^1\, a^{\frac{1}{2}}\, a^{\frac{1}{3}}\, p$.

Clivages assez nets suivant h^1 et a^1. Les faces m sont presque toujours les plus développées.

(*) L'accord serait moins satisfaisant, si l'on donnait, avec Naumann, au prisme dominant le symbole m.

(**) On double l'axe vertical adopté par M. Des Cloizeaux.

(***) On appelle ici a^1 la forme notée b^1 par M. Des Cloizeaux.

Ordre théorique : $m\, a^1\, h^1\, p\, a_3\, b^1\, h^2\, a^{\frac{1}{3}}\, a^5\, b^{\frac{1}{2}}$.

Il y a ici deux anomalies assez considérables : d'une part, il y a un clivage suivant h^1 et il n'y en a pas suivant m; de l'autre, la face p que la théorie donne comme importante est d'une telle rareté qu'on ne connaît pas plus d'un ou deux échantillons qui la possèdent. La théorie indique comme probable une forme $a_3 = \{211\}$ de notation pourtant moins simple que beaucoup d'autres. L'observation confirme cette importance relative donnée à la forme a_3.

Wernérite. — $\frac{c}{a} = 0{\cdot}621 \quad \lambda = 2.591.$

Ordre d'importance physique décroissante : $m, h^1, a^1, p, h^2, a_3, a^{\frac{1}{3}}, b^1$.
Clivage net suivant m, moins net suivant h^1.

Ordre théorique : $m, h^1, a^1, h^2, a_3, a^{\frac{1}{3}}, b^1, p$.

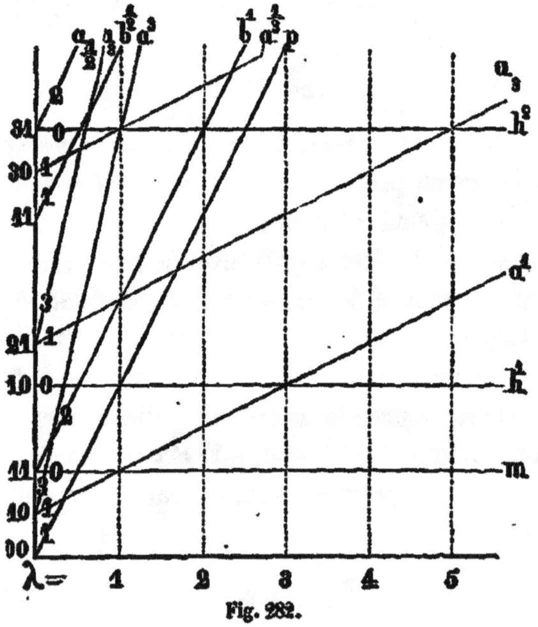

Fig. 282.

Sauf une anomalie peu considérable qui a rapport à l'importance relative de la forme p, l'accord entre les deux séries est satisfaisant.

Apophyllite. — $\frac{c}{a} = 1.770 \quad \lambda = 0.319.$

Ordre d'importance physique décroissante : p, a^1, m, h^2, b^2, b^5.

Les formes qui suivent les trois premières sont à peu près sans importance.

Clivage très-facile parallèlement à p.

Ordre théorique : p, a^1, m, b^1, a^3, etc.

Pour les formes dominantes dont l'importance est seule bien établie, l'accord est satisfaisant. On voit que la petitesse de λ est accompagnée d'un clivage basique.

SYSTÈME TERBINAIRE

Il y a quatre modes pour le réseau :

1° Mode hexaédral rectangle. — La forme primitive est un prisme rectangulaire.

En posant :

$$\lambda' = \frac{c^2}{a^2} \qquad \lambda = \frac{c^2}{b^2},$$

on a ;

$$\frac{s^2(pqr)}{s^2(001)} = p^2\lambda' + q^2\lambda + r^2.$$

Le petit tableau suivant montre ce que devient le second membre de cette équation pour les valeurs les plus simples de p, q, r :

	g^1	h^1	p	m	e^1	a^1	$b^{\frac{1}{2}}$
	100	010	001	110	101	011	111
$\frac{s^2(pqr)}{s^2(001)} =$	λ'	λ	1	$\lambda'+\lambda$	$\lambda'+1$	$\lambda+1$	$\lambda'+\lambda+1$

En général, ce sont donc les faces du prisme rectangulaire g^1, h^1, p, qui prédominent. De là la justification de la dénomination de mode hexaédral rectangle.

Exemple. — *Anhydrite*. — Trois clivages suivant p, g^1, h^1.

2° Mode octaédral rectangle. — La forme primitive est un prisme rectangulaire centré.

Dans la formule qui donne $s^2(pqr)$, il faut doubler les trois caractéristiques lorsque la somme est impaire. On a le tableau suivant :

	m	e^1	a^1	g^1	h^1	p	$b^{\frac{1}{2}}$	e_3	a_3	b^1
	110	101	011	100	010	001	111	211	121	112
$\frac{(pqr)}{(001)} =$	$\lambda'+\lambda$	$\lambda'+1$	$\lambda+1$	$4\lambda'$	4λ	4	$4\lambda'+4\lambda+4$	$4\lambda'+\lambda+1$	$\lambda'+4\lambda+1$	$\lambda'+\lambda+4$

Les formes dominantes seront donc deux des trois formes m, e^1, a^1. Ces deux formes, m et e^1 par exemple, combinées, donnent un octaèdre à base rectangulaire. De là le nom imposé à ce mode cristallin.

EXEMPLE. — *Perchlorate de potasse.* — $a : b : c = 0.7817 : 1 : 0,6408$.

Ordre d'importance physique décroissante : m, a^1, e^1, p, g^1, h^1.

Ordre théorique :	m	a^1	h^1	e^1	g^1	p
	1.08	1.41	1.64	1.67	2.68	4.

3° MODE HEXAÉDRAL RHOMBIQUE. — La forme primitive est un prisme droit à base rhombe, ou, ce qui revient au même, un prisme rectangulaire à bases centrées. Dans la formule qui donne $s^2(pqr)$, il faut multiplier par 2 les caractéristiques p et q lorsque la somme en est impaire. On obtient ainsi la série suivante :

	p	m	g^1	h^1	$b^{\frac{1}{2}}$	$e^{\frac{1}{2}}$	$a^{\frac{1}{2}}$	e^1	a^1
	001	110	100	010	111	201	021	101	011
$\frac{s^2(pqr)}{s^2(001)} =$	1	$\lambda'+\lambda$	$4\lambda'$	4λ	$\lambda'+\lambda+1$	$4\lambda'+1$	$4\lambda+1$	$4\lambda'+4$	$4\lambda+4$

On voit que les formes dominantes seront, en général, p et m, ce qui donne un prisme hexaédral rhombique. De là le nom du mode cristallin. Il faut remarquer, en outre, que $e^{\frac{1}{2}}$ et $a^{\frac{1}{2}}$ seront toujours plus importants que e^1 et a^1.

EXEMPLE. — *Barytine.* — $a : b : c = 1.6107 : 1 : 1,2276$.

Ordre d'importance physique décroissante : p, m, g^1, h^1, e^1, a^2.

Clivage parfait suivant p, un peu moins parfait suivant m, imparfait suivant g^1.

Ordre théorique :	p	m	g^1	$e^{\frac{1}{2}}$	h^1	e^1	$a^{\frac{1}{2}}$	a^1	a^2
	1	2.19	2.72	3.72	6.04	6.72	7.04	10.04	22.04

La forme $e^{\frac{1}{2}}$ qui devrait théoriquement être plus importante que e^1, dans la nature l'est beaucoup moins, et la forme a^2 qui n'a qu'une importance théorique très-faible en a, dans la réalité, une assez considérable. Ce sont des anomalies inexpliquées. On pourrait essayer de les faire disparaître en diminuant c de moitié, ce qui donnerait au brachydome le plus important dans la nature le symbole $e^{\frac{1}{2}}$; mais alors l'importance théorique de m et de g^1 deviendrait plus considérable que celle de p, ce qui serait une anomalie plus considérable encore.

On a supposé dans ce qui précède que la base rhombe était dans le plan xy ; c'est toujours ainsi qu'on choisit ce plan. La forme des cristaux indique toujours d'une façon suffisamment claire la position de cette base.

Un grand nombre de cristaux appartenant au système terbinaire ont pour forme primitive un prisme rhombique dont l'angle est très-voisin de 120°. Tous ces cristaux appartenant au mode hexaédral rhombique ont un réseau presque identique à celui d'un cristal hexagonal.

Il en résulte que les aires des mailles planes correspondant aux différentes formes simples sont sensiblement les mêmes pour celles de ces formes dont la combinaison donnerait une forme simple du système hexagonal. Aussi ces cristaux présentent-ils presque toujours une quasi-symétrie sénaire.

C'est ce qui se présente pour l'*aragonite :*

$$a:b:c=849:528:612$$

$$\lambda=1,55 \qquad \lambda'=0.522$$

p	m	g^1	$b^{\frac{1}{2}}$	$e^{\frac{1}{2}}$	h^1	e^1	b^1
1	1.87	2.08	2.87	3	5.40	5.87	6

Les cristaux sont très-souvent formés du prisme m ($s^2=1.87$), combiné avec la face g^1 ($s^2=2.08$) et figurent ainsi un prisme hexagonal quasi-régulier ; ce prisme est surmonté par la face p, ou par un pointement quasi-isoscéloédrique, formé par la combinaison de $b^{\frac{1}{2}}$ ($s^2=2.87$) et $e^{\frac{1}{2}}$($s^2=3$), ou par celle de e^1 ($s^2=6$) et b^1 ($s^2=5.87$).

4° MODE OCTAÉDRAL RHOMBIQUE. — La forme primitive est un prisme orthorhombique centré ou un prisme rectangle à faces centrées.

Dans la formule qui donne s^2, on multipliera p, q, r par le nombre 2, lorsque toutes ces caractéristiques ne seront pas paires. On forme ainsi le tableau suivant :

$b^{\frac{1}{2}}$	g^1	h^1	p	m	e^1	a^1
111	100	010	001	110	101	011
$\lambda'+\lambda+1$	$4\lambda'$	4λ	4	$4\lambda'+4\lambda$	$4\lambda'+4$	$4\lambda+4$

La forme dominante est presque toujours $b^{\frac{1}{2}}$; elle imprime au cristal la forme d'un octaèdre rhomboïdal plus ou moins modifiée par des faces secondaires. Dans la recherche des paramètres, il faut donc donner à l'octaèdre principal le symbole $b^{\frac{1}{2}} \{111\}$.

Le soufre, qui se présente presque toujours sous la forme d'un octaèdre à base rhombe, doit appartenir à ce mode cristallin.

SYSTÈME BINAIRE

Il y a deux modes possibles pour le réseau.

1° Mode hexaédral. — La forme primitive est un prisme oblique symétrique par rapport à un plan médian.

On a, à un facteur constant près :

$$s^2 (pqr) = p^2 \alpha + q^2 + r^2 \gamma^2 - 2pr \alpha\gamma \cos n;$$

α étant égal à $\frac{A}{B}$ et γ à $\frac{C}{B}$. n est supposé plus grand que 90°.

Dans la zone du plan de symétrie ZX, on a :

	p	h	a^1	o^1
	001	100	$\bar{1}01$	101
$s^2 =$	γ^2	α^2	$\alpha^2 + \gamma^2 + 2\alpha\gamma \cos n$	$\alpha^2 + \gamma^2 - 2\alpha\gamma \cos n$

Puisque $\cos n$ est négatif, $s^2 (a^1)$ est plus petit que $s^2 (o^1)$, et les trois formes dominantes de la zone seront p, h^1, a^1.

On a, dans les zones ZY, XY, a^1Y, o^1Y :

Zone ZY	p	g^1	e^1
	001	010	011
	γ^2	1	$1 + \gamma^2$
Zone XY	g^1	h^1	m
	010	100	110
	1	α^2	$\alpha^2 + 1$
Zone a^1Y	g^1	$b^{\frac{1}{2}}$	a^1
	010	$\bar{1}11$	$\bar{1}01$
	1	$\alpha^2 + 1 + \gamma^2 + 2\alpha\gamma \cos n$	$\alpha^2 + \gamma^2 2\alpha\gamma \cos n$

Zone o^1Y	g^1	$d^{\frac{1}{2}}$	o^1
	010	111	101
	1	$\alpha^2+1+\gamma^2-2\alpha\gamma\cos n$	$\alpha^2+\gamma^2-2\alpha\gamma\cos n$

On déterminera la zone XY, qui est ordinairement la plus développée et donne au cristal une apparence prismatique ; dans cette zone, le prisme le plus important est le prisme m, qui fixe la valeur de α. On détermine ensuite une des zones ZY, a^1Y ou o^1Y. C'est généralement la première qui est la plus développée ; le prisme le plus important de cette zone est nommé e^1.

Les formes dominantes dans les cristaux appartenant à ce mode cristallin sont, en résumé, $p, g^1, h^1, m, a^1, b^{\frac{1}{2}}$.

Mode octaédral. — Il dérive du précédent en centrant le prisme ou l'une des faces zy, xy.

Dans la formule qui donne s^2,

1° Lorsqu'on centre les rectangles zy, on double les caractéristiques si $q+r$ est impair ;

2° Lorsqu'on centre les rectangles xy, on double les caractéristiques si $q+p$ est impair ;

3° Lorsqu'on centre le prisme, on double les caractéristiques si $p+q+r$ est impair.

I. *Centrage* zy :

Zone ZX	p	h^1	a^1	o^1
	001	100	$\bar{1}01$	101
	$4\gamma^2$	α^2	$4(\alpha^2+\gamma^2 2\alpha\gamma\cos n)$	$4(\alpha^2+\gamma^2-2\alpha\gamma\cos n)$
Zone XY	g^1	h^1	m	
	010	100	110	
	4	α^2	$4(\alpha^2+1)$	
Zone ZY	p	g^1	e^1	
	001	010	011	
	$4\gamma^2$	4	$1+\gamma^2$	
Zone a^1Y	g^1	$b^{\frac{1}{2}}$	a^1	
	010	$\bar{1}11$	$\bar{1}01$	
	4	$\alpha^2+1+\gamma^2+2\alpha\gamma\cos n$	$4(\alpha^2+\gamma^2-2\alpha\gamma\cos n)$	
Zone o^1Y	g^1	$d^{\frac{1}{2}}$	o^1	
	010	111	101	
	4	$\alpha^2+1+\gamma^2-2\alpha\gamma\cos n$	$4(\alpha^2+\gamma^2-2\alpha\gamma\cos n)$	

Les formes dominantes sont $h^1, e^1, b^{\frac{1}{2}}$.

II. *Centrage* xy :

Zone ZX	p	h^1	a^1	o^1
	001	100	$\bar{1}01$	101
	γ^2	$4\gamma^2$	$\alpha^2+\gamma^2+2\alpha\gamma\cos n$	$4(\alpha^2+\gamma^2-2\alpha\gamma\cos n)$

Zone XY	g^1	h^1	m
	010	100	110
	4	$4\alpha^2$	α^2+1

Zone ZY	p	g^1	e^1
	001	010	011
	γ^2	4	$4(1+\gamma^2)$

Zone a^1Y	g^1	$b^{\frac{1}{2}}$	a^1
	010	$\bar{1}11$	$\bar{1}01$
	4	$\alpha^2+1+\gamma^2+2\alpha\gamma\cos n$	$\alpha^2+\gamma^2+2\alpha\gamma\cos n$

Zone o^1Y	g^1	$d^{\frac{1}{2}}$	o^1
	010	111	101
	4	$\alpha^2+1+\gamma^2-2\alpha\gamma\cos n$	$4(\alpha^2+\gamma^2-2\alpha\gamma\cos n)$

Les formes dominantes sont $p, m, a^1, b^{\frac{1}{2}}$.

III. *Centrage du prisme :*

Zone ZX	p	h^1	a^1	o^1
	001	100	$\bar{1}01$	101
	$4\gamma^2$	$4\alpha^2$	$\alpha^2+\gamma^2+2\alpha\gamma\cos n$	$4(\alpha^2+\gamma^2-2\alpha\gamma\cos n)$

Zone XY	g^1	h^1	m
	010	100	110
	4	$4\alpha^2$	$1+\alpha^2$

Zone ZY	p	g^1	e^1
	001	010	011
	$4\gamma^2$	4	$1+\gamma^2$

Zone a^1Y	g^1	$b^{\frac{1}{2}}$	a^1
	010	$\bar{1}11$	$\bar{1}01$
	4	$4(\alpha^2+1+\gamma^2-2\alpha\gamma\cos n)$	$\alpha^2+\gamma^2-2\alpha\gamma\cos n$

Zone o^1Y	g^1	$d^{\frac{1}{2}}$	o^1
	010	111	101
	4	$4(\alpha^2+1+\gamma^2-2\alpha\gamma\cos n)$	$\alpha^2+\gamma^2-2\alpha\gamma\cos n$

Les formes dominantes sont e^1, m, a^1, o^1.

Exemple. — *Amphibole*. — Ordre d'importance physique décroissante : $m\ g^1\ p\ b^{\frac{1}{2}}$.

Clivages : m. — Plan d'hémitropie parallèle à h^1.

$$a : b : c = 1.096 : 2 : 0.586 \qquad zx = \pi - 75°2'.$$

On mesure sur la projection gnomonique les quantités suivantes :

	g^1	h^1	m	p	$b^{\frac{1}{2}}$	e^1	a^1
$s=$	1	1.75	2	3.35	3.5	3.5	3.9.

Cette série de nombres ne rend pas compte de la prédominance tout à fait caractéristique de m sur les autres faces ; on rend mieux compte de la cristallisation en supposant centrées les faces rectangles xy, ce qui donne la série :

	m	g^1	p	$b^{\frac{1}{2}}$	h^1	a^1	e^1	o^1	
$s=$	2	2	3.35	3.5	3.5	3.9	7.0	8.4	8.6.

Cette série expliquant très-bien les principales particularités de la forme cristalline, on est amené à penser que le mode de structure du réseau de l'amphibole est le mode hexaédral, avec centrage des faces xy.

SYSTÈME ASYMÉTRIQUE

Nous n'avons rien à dire de particulier sur ce système, qui n'offre qu'un seul mode de disposition du réseau.

On voit, en résumé, que la loi de Bravais, si elle est encore incomplète, permet dans beaucoup de cas de se rendre un compte assez précis des relations qui lient la forme du réseau cristallin et celle du polyèdre extérieur. Cette loi mérite donc d'attirer plus qu'elle ne l'a fait jusqu'ici l'attention des cristallographes. Elle nous fait en effet, plus qu'aucune autre, pénétrer dans les problèmes d'arrangement intérieur des molécules, problèmes obscurs et mystérieux sans doute, mais qui sont, comme j'ai essayé de le montrer, du domaine de la science la plus ennemie des hypothèses, et que l'on doit, par conséquent, s'efforcer de résoudre avec la certitude d'y arriver un jour.

TABLEAUX

MONTRANT POUR CHAQUE SYSTÈME CRISTALLIN

LA CONCORDANCE

DES DIVERS MODES DE NOTATIONS SYMBOLIQUES

Système terquaternaire ou cubique.

NOMS DES FORMES.	MILLER.	LÉVY.	NAUMANN.	WEISS-ROSE.		OBSERVATIONS.
Cube	100	p	$\infty 0 \infty$	$a : \infty a : \infty a$	a	
Octaèdre	111	a^1	0	$a : a : a$	o	
Rhombododécaèdre.	110	b^1	$\infty 0$	$a : a : \infty a$	d	
Hexatétraèdres. .	$pq0$	$b^{\frac{p}{q}}$	$\infty 0 \frac{p}{q}$	$a : \frac{p}{q} a : \infty a$	$\frac{q}{p} d$	$p > q$
—	320	$b^{\frac{3}{2}}$	$\infty 0 \frac{3}{2}$	$a : \frac{2}{3} a : \infty a$	$\frac{2}{3} d$	
—	310	b^3	$\infty 0 3$	$a : \frac{1}{3} a : \infty a$	$\frac{1}{3} d$	
—	210	b^2	$\infty 0 2$	$a : \frac{1}{2} a : \infty a$	$\frac{1}{2} d$	
—	110	b^1	$\infty 0$	$a : a : \infty a$	d	
Trapézoèdres. . .	pqq	$a^{\frac{p}{q}}$	$\frac{p}{q} 0 \frac{p}{q}$	$a : a : \frac{q}{p} a$	$\frac{q}{p} o$	$p > q$
—	322	$a^{\frac{3}{2}}$	$\frac{3}{2} 0 \frac{3}{2}$	$a : a : \frac{2}{3} a$	$\frac{2}{3} o$	
—	311	a^3	$3 0 3$	$a : a : \frac{1}{3} a$	$\frac{1}{3} o$	
—	211	a^2	$2 0 2$	$a : a : \frac{1}{2} a$	$\frac{1}{2} o$	
Trioctaèdres. . .	ppq	$a^{\frac{q}{p}}$	$\frac{p}{q} 0$	$a : \frac{q}{p} a : \frac{q}{p} a$	$\frac{p}{q} o$	$p > q$
—	332	$a^{\frac{2}{3}}$	$\frac{3}{2} 0$	$a : \frac{2}{3} a : \frac{2}{3} a$	$\frac{3}{2} o$	
—	331	$a^{\frac{1}{3}}$	$3 0$	$a : \frac{1}{3} a : \frac{1}{3} a$	$3 o$	
—	221	$a^{\frac{1}{2}}$	$2 0$	$a : \frac{1}{2} a : \frac{1}{2} a$	$2 o$	
Hexoctaèdres. . .	pqr	$b^{\frac{1}{r}} b^{\frac{1}{q}} b^{\frac{1}{p}}$	$\frac{p}{r} 0 \frac{p}{q}$	$a : \frac{r}{q} a : \frac{r}{p} a$		$p > q > r$
—	432	$b^{\frac{1}{2}} b^{\frac{1}{3}} b^{\frac{1}{4}}$	$2 0 \frac{4}{3}$	$a : \frac{2}{3} a : \frac{1}{2} a$		
—	431	$b^1 b^{\frac{1}{3}} b^{\frac{1}{4}}$	$4 0 \frac{4}{3}$	$a : \frac{1}{3} a : \frac{1}{4} a$		
—	421	$b^1 b^{\frac{1}{2}} b^{\frac{1}{4}}$	$4 0 2$	$a : \frac{1}{2} a : \frac{1}{4} a$		
—	321	$b^1 b^{\frac{1}{2}} b^{\frac{1}{3}}$	$3 0 \frac{3}{2}$	$a : \frac{1}{2} a : \frac{1}{3} a$		

Système sénaire

NOMS DES FORMES.	BRAVAIS.	LÉVY.	NAUMANN.
BASE.	$000\mathbf{1}$	p	$0P$
PRISMES.			
— Protoprisme.	$10\bar{1}0$	m	∞P
— Deutéroprisme	$11\bar{2}0$	h^1	$\infty P2$
— Prismes dodécagones.	$pq\bar{r}0$	$h^{\frac{p}{q}}$	$\infty P\frac{r}{p}$
— — —	$21\bar{3}0$	h^2	$\infty P\frac{3}{2}$
— — —	$31\bar{4}0$	h^3	$\infty P\frac{4}{3}$
— — —	$32\bar{5}0$	$h^{\frac{3}{2}}$	$\infty P\frac{5}{3}$
ISOSCÉLOÈDRES.			
— Protoisoscéloèdres. . . .	$p0\bar{p}s$	$b^{\frac{s}{p}}$	$\frac{p}{s}P$
— —	$10\bar{1}1$	b^1	P
— —	$10\bar{1}2$	b^2	$\frac{1}{2}P$
— —	$20\bar{2}1$	$b^{\frac{1}{2}}$	$2P$
— Deutéroisoscéloèdres . .	$pp\overline{2p}s$	$a^{\frac{s}{p}}$	$\frac{2p}{s}P2$
— —	$11\bar{2}1$	a^1	$2P2$
— —	$11\bar{2}2$	a^2	$P2$
— —	$22\bar{4}1$	$a^{\frac{1}{2}}$	$4P2$
DIDODÉCAÈDRES.	$pq\bar{r}s$	$b^{\frac{1}{q}}\ b^{\frac{1}{p}}\ h^{\frac{1}{s}}$	$\frac{r}{s}P\frac{r}{p}$
— —	$21\bar{3}3$	$b^1 b^{\frac{1}{2}} h^{\frac{1}{3}}$	$P\frac{3}{2}$
— —	$21\bar{3}2$	$a_{\frac{1}{2}}$	$\frac{3}{2}P\frac{3}{2}$
— —	$21\bar{3}1$	a_2	$3P\frac{3}{2}$
— —	$31\bar{4}3$	$a_{\frac{1}{3}}$	$\frac{4}{3}P\frac{4}{3}$
— —	$31\bar{4}2$	$b^1 b^{\frac{1}{3}} h^{\frac{1}{2}}$	$2P\frac{4}{3}$
— —	$31\bar{4}1$	a_3	$4P\frac{4}{3}$
— —	$32\bar{5}3$	$a_{\frac{2}{3}}$	$\frac{5}{3}P\frac{5}{3}$
— —	$32\bar{5}2$	$a_{\frac{3}{2}}$	$\frac{5}{2}P\frac{5}{3}$
— —	$32\bar{5}1$	$b^{\frac{1}{2}} b^{\frac{1}{3}} h^1$	$5P\frac{5}{3}$

WEISS-ROSE.		MILLER FORMES DIRHOMBOÉDRIQUES Directes.	Inverses.
$\infty' a : \infty a : \infty a : c$	c	 111	
$a : a : \infty a : \infty c$	g	. . . . $2\bar{1}\bar{1}$	
$2a : a : 2a : \infty c$	a	. . . . $10\bar{1}$	
$a : \frac{q}{r} a : \frac{q}{p} a : \infty c$	$\frac{q}{r} g$	. . . . . $2p+q,\quad q-p,\quad -(2q+p)$	
$a : \frac{1}{3} a : \frac{1}{2} a : \infty c$	$\frac{1}{3} g$	. . . . $5\bar{1}\bar{4}$	
$a : \frac{1}{4} a : \frac{1}{3} a : \infty c$	$\frac{1}{4} g$	. . . . $7\bar{2}\bar{5}$	
$a : \frac{2}{5} a : \frac{2}{3} a : \infty c$	$\frac{2}{5} g$	. . . . $8\bar{1}\bar{7}$	
$a : a : \infty a : \frac{p}{s} c$	$\frac{p}{s} r$	$s+2p,\ s-p,\ s-p$	$s+p,\ s+p,\ s-2p$
$a : a : \infty a : c$	r	. . . . . 100	. . . . . $22\bar{1}$
$a : a : \infty a : \frac{1}{2} c$	$\frac{1}{2} r$	. . . . . 411	 110
$a : a : \infty a : 2c$	$2r$	. . . . . $5\bar{1}\bar{1}$	. . . . . $11\bar{1}$
$2a : a : 2a : \frac{2p}{s} c$	$\frac{2p}{s} d$	. . . . $s+3p,\quad s,\quad s-3p$	
$2a : a : 2a : 2c$	$2d$	. . . . $41\bar{2}$	
$2a : a : 2a : c$	d	. . . . $52\bar{1}$	
$2a : a : 2a : 4c$	$4d$	. . . . $71\bar{5}$	
$a : \frac{q}{r} a : \frac{q}{p} a : \frac{q}{s} c$	. . . .	$s+2p+q$ $s+q-p$ $s-2q-p$	$s+2q+p$ $s+p-q$ $s-2p-q$
$a : \frac{1}{3} a : \frac{1}{2} a : \frac{1}{3} c$	. . . .	. . . . . $82\bar{1}$	. . . . . $74\bar{2}$
$a : \frac{1}{3} a : \frac{1}{2} a : \frac{1}{2} c$	. . . .	. . . . . $71\bar{2}$	. . . . . $21\bar{1}$
$a : \frac{1}{3} a : \frac{1}{2} a : c$	. . .	. . . . . $20\bar{1}$	. . . . $52\bar{4}$
$a : \frac{1}{4} a : \frac{1}{3} a : \frac{1}{3} c$	. . .	. . . . $10.1.\bar{2}$	. . . . . $85\bar{4}$
$a : \frac{1}{4} a : \frac{1}{3} a : \frac{1}{2} c$	. . . .	. . . . $30\bar{1}$	. . . . . $74\bar{5}$
$a : \frac{1}{4} a : \frac{1}{3} a : c$	. . . .	. . . . . $8\bar{1}\bar{4}$	. . . . . $21\bar{2}$
$a : \frac{2}{5} a : \frac{2}{3} a : \frac{2}{5} c$	. . . .	. . . . $11.2.\bar{4}$	. . . . $10.4\ \bar{5}$-
$a : \frac{2}{5} a : \frac{2}{3} a : c$	. . . .	. . . . $10.1.5$	. . . . . $31\bar{2}$
$a : \frac{2}{5} a : \frac{2}{5} a : 2c$	. . . .	. . . . . $30\bar{2}$	. . . . . $82\bar{7}$

TABLEAU

Système ternaire

TRANSFORMATION DES SYMBOLES DE MILLER ET LÉVY

NOMS DES FORMES.	MILLER.	LÉVY.	BRAVAIS.
BASE.	111	a^1	. . . . . 0001 . . . . .
RHOMBOÈDRE PRIMITIF . . .	100	p	. . . . . $10\bar{1}1$ . . . . .
PRISMES.			
— Protoprisme . . .	$11\bar{2}$	e^2	. . . . . $10\bar{1}0$ . . . .
— Deutéroprisme . .	$10\bar{1}$	d^1	. . . . . $11\bar{2}0$ . . . . .
— Prismes dodéc. . .	$gh\,\overline{g+h}$	$b^{\frac{1}{g+h}}\, d^{\frac{1}{h}}\, d^{\frac{1}{g}}$	$g-h,\ g+2h,\ \overline{2g+h},\ 0$
— — —	$21\bar{3}$	$b^{\frac{1}{3}}\, d^1\, d^{\frac{1}{2}}$	. . . . . . $14\bar{5}0$ . . . . .
— — —	$31\bar{4}$	$b^{\frac{1}{4}}\, d^1\, d^{\frac{1}{3}}$	. . . . . $25\bar{7}0$ . . . . . .
RHOMBOÈDRES.			
— 1° Sur b inverse. .	110	b^1	. . . . . . $01\bar{1}2$ . . . . .
— 2° Sur a directs. .	ghh	$a^{\frac{g}{h}}$	$g-h,\ 0,\ h-g,\ 2h+g$
— — —	211	a^2	. . . . $10\bar{1}4$ . . . . . .
— — —	311	a^3	. . . . $20\bar{2}5$ . . . . . .
— — —	322	$a^{\frac{3}{2}}$	. . . . $10\bar{1}7$ . . . .

III

…n rhomboédrique

…N SYMBOLES DE BRAVAIS, NAUMANN ET WEISS.

NAUMANN.	WEISS-ROSE.		OBSERVATIONS.
. . . $0R$	$\infty a : \infty a : \infty a : c$	c	
. . . $+R$	$a : a : \infty a : c$	r	
. . . ∞R	$a : a : \infty a : \infty c$	g	
. . . $\infty R 2$	$2a : a : 2a : \infty c$	a	
. . $\infty R \frac{2g}{g+2h}$	$a : \frac{g-h}{2g+h} a : \frac{g-h}{g+2h} a : \infty c$	$\frac{g-h}{2g+h} g$	
. . $\infty R \frac{5}{4}$	$a : \frac{1}{5} a : \frac{1}{4} a : \infty c$	$\frac{1}{5} g$	
. . $\infty R \frac{7}{5}$	$a : \frac{2}{7} a : \frac{2}{5} a : \infty c$	$\frac{2}{7} g$	
. . . $-\frac{1}{2}R$	$\left(a : a : \infty a : \frac{1}{2} c\right)'$	$\frac{1}{2} r'$	
$+\frac{g-h}{2h+g}R$	$a : a : \infty a : \frac{g-h}{2h+g} c$	$\frac{g-h}{2h+g} r$	
. . $+\frac{1}{4}R$	$a : a : \infty a : \frac{1}{4} c$	$\frac{1}{4} r$	
. . $+\frac{2}{5}R$	$a : a : \infty a : \frac{2}{5} c$	$\frac{2}{5} r$	
. . $+\frac{1}{7}R$	$a : a : \infty a : \frac{1}{7} c$	$\frac{1}{7} r$	

Système ternaire

NOMS DES FORMES.	MILLER.	LÉVY.	BRAVAIS.
RHOMBOÈDRES.			
— 2° Sur a inverses.	ggh	$a^{\frac{h}{g}}$	$0,\ g-h,\ h-g,\ 2g+h$
— — —	221	$a^{\frac{1}{2}}$	.... $01\bar{1}5$ ....
— — —	331	$a^{\frac{1}{3}}$	.... $02\bar{2}7$ ....
— — —	332	$a^{\frac{2}{3}}$	.... $01\bar{1}8$ ....
— 3° Sur e directs. .	$g\bar{h}\bar{h}$	$e^{\frac{g}{h}}$	$g+h,\ 0,\ \overline{g+h},\ g-2h$
— — —	$2\bar{1}\bar{1}$	e^{2}	.... $10\bar{1}0$ ....
— — —	$3\bar{1}\bar{1}$	e^{3}	.... $40\bar{4}1$ ....
— — —	$5\bar{2}\bar{2}$	$e^{\frac{5}{2}}$	.... $70\bar{7}1$ ....
— — inverses. .	$gg\bar{h}$	$e^{\frac{h}{g}}$	$0,\ g+h,\ \overline{g+h},\ 2g-h$
— — —	$11\bar{2}$	e^{2}	.... $01\bar{1}0$ ....
— — —	$11\bar{1}$	e^{1}	.... $02\bar{2}1$ ....
— — —	$22\bar{1}$	$e^{\frac{1}{2}}$	.... $01\bar{1}1$ ....
ISOSCÉLOÈDRES.			
— 1° Sur les angles a.	ghk	$b^{\frac{1}{k}}\ b^{\frac{1}{h}}\ b^{\frac{1}{g}}$	$g-h,\ g-h,\ \overline{2(g-h)},\ 3h$
— — —	321	$b^{1}\ b^{\frac{1}{2}}\ b^{\frac{1}{3}}$	.... $11\bar{2}6$ ....
— — —	432	$b^{\frac{1}{2}}\ b^{\frac{1}{3}}\ b^{\frac{1}{4}}$	.... $11\bar{2}9$ ....
— — —	531	$b^{1}\ b^{\frac{1}{3}}\ b^{\frac{1}{5}}$	.... $22\bar{4}9$ ....
— 2° Sur l'arête b. .	210	b^{2}	..... $11\bar{2}3$ ......
— 3° Sur les angles e.	$gh\bar{k}$	$b^{\frac{1}{k}}\ d^{\frac{1}{h}}\ d^{\frac{1}{g}}$	$g-h,\ g-h,\ \overline{2(g-h)},\ 3h$
— — —	$31\bar{1}$	$b^{1} d^{1} d^{\frac{1}{3}} = e_{3}$	.... $22\bar{4}3$ ....
— — —	$41\bar{2}$	$b^{\frac{1}{2}}\ d^{1}\ d^{\frac{1}{4}}$	.... $11\bar{2}1$ ....
— — —	$52\bar{1}$	$b^{1}\ d^{\frac{1}{2}}\ d^{\frac{1}{5}}$	.... $11\bar{2}2$ ....

a rhomboédrique.

NAUMANN.	WEISS-ROSE.		OBSERVATIONS.
$-\frac{g-h}{2g+h}R$	$\left(a:a:\infty a:\frac{g-h}{2g+h}c\right)'$	$\frac{g-h}{2g+h}r'$	
. . . $-\frac{1}{5}R$	$\left(a:a:\infty a:\frac{1}{5}c\right)'$	$\frac{1}{5}r'$	
. . . $-\frac{2}{7}R$	$\left(a:a:\infty a:\frac{2}{7}c\right)'$	$\frac{2}{7}r'$	
. . . $-\frac{1}{8}R$	$\left(a:a:\infty a:\frac{1}{8}c\right)'$	$\frac{1}{8}r'$	
$-\frac{g+h}{g-2h}R$	$a:a:\infty a:\frac{g+h}{g-2h}c$	$\frac{g+h}{g-2h}r$	$\frac{g}{h}>2$
. . . $+\infty R$	$a:a:\infty a:\infty c$	g	
. . . $+4R$	$a:a:\infty a:4c$	$4r$	
. . . $+7R$	$a:a:\infty a:7c$	$7r$	
$-\frac{g+h}{2g-h}R$	$\left(a:a:\infty a:\frac{g+h}{2g-h}c\right)'$	$\frac{g+h}{2g-h}r'$	$\frac{h}{g}<2$
. . . ∞R	$a:a:\infty a:\infty c$	g	
. . . $-2R$	$(a:a:\infty a:2c)'$	$2r'$	
. . . $-R$	$(a:a:\infty c:c)'$	r'	
$\frac{2(g-h)}{3h}P2$	$2a:a:2a:\frac{2(g-h)}{3h}c$	$\frac{2(g-h)}{3h}d$	$g+k=2h$
. . $\frac{1}{5}P2$	$2a:a:2a:\frac{1}{3}c$	$\frac{1}{3}d$	
. . $\frac{2}{9}P2$	$2a:a\cdot 2a:\frac{2}{9}c$	$\frac{2}{9}d$	
. . $\frac{4}{9}P2$	$2a:a:2a:\frac{4}{9}c$	$\frac{4}{9}d$	
. . . $\frac{2}{3}P2$	$2a:a:2a:\frac{2}{3}c$	$\frac{2}{3}r$	
$\frac{(g-h)}{3h}P2$	$2a:a:2a:\frac{2(g-h)}{3h}c$	$\frac{2(g-h)}{3h}d$	$g-k=2h$
. . . $\frac{4}{3}P2$	$2a:a:2a:\frac{4}{3}c$	$\frac{4}{3}d$	
. $2P2$	$2a:a:2a:2c$	$2d$	
. $P2$	$2a:a:2a:2c$	d	

NOMS DES FORMES.	MILLER.	LÉVY.	BRAVAIS.
SCALÉNOÈDRES.			
— 1° Sur *b* directs.	$gh0$	$b^{\frac{g}{h}}$	$g-h,\ h,\ \bar{g},\ g+h$
— — —	310	b^{3}	. . . . . . $21\bar{3}4$ . . . . . .
— — —	410	b^{4}	. . . . . . $31\bar{4}5$ . . . . . .
— — —	520	$b^{\frac{5}{2}}$	. . . . . . $32\bar{5}7$ . . . . . .
— — inverses. .	$gh0$	$b^{\frac{g}{h}}$	$g-h,\ h,\ \bar{g},\ g+h$
— — —	320	$b^{\frac{3}{2}}$	. . . . . . $12\bar{3}5$ . . . . . .
— — —	430	$b^{\frac{4}{3}}$	. . . . . . $13\bar{4}7$ . . . . . .
— — —	530	$b^{\frac{5}{3}}$	. . . . . . $23\bar{5}8$ . . . . . .
— 2° Sur *d* directs. .	$g0\bar{k}$	$d^{\frac{g}{k}}$	$g,\ k,\ \overline{g+k},\ g-k$
— — —	$20\bar{1}$	d^{2}	. . . . . . $21\bar{3}1$ . . . . . .
— — —	$30\bar{1}$	d^{3}	. . . . . . $31\bar{4}2$ . . . . . .
— — —	$30\bar{2}$	$d^{\frac{3}{2}}$	. . . . . . $32\bar{5}1$ . . . . . .
— 3° Sur *a* directs. .	ghk	$b^{\frac{1}{k}}\ b^{\frac{1}{h}}\ b^{\frac{1}{g}}$	$g-h,\ h-k,\ k-g,\ g+h+k$
— — —	421	$b^{1}\ b^{\frac{1}{2}}\ b^{\frac{1}{4}}$	. . . . . . $21\bar{3}7$ . . . . . .
— — —	521	$b^{1}\ b^{\frac{1}{2}}\ b^{\frac{1}{5}}$	. . . . . . $31\bar{4}8$ . . . . . .
— — —	621	$b^{1}\ b^{\frac{1}{2}}\ b^{\frac{1}{6}}$	. . . . . . $41\bar{5}9$ . . . . .

…ou rhomboédrique.

NAUMANN.	WEISS-ROSE.		OBSERVATIONS.
$+\frac{g}{g+h}R\frac{g}{g-h}$	$a:\frac{h}{g}a:\frac{h}{g-h}a:\frac{h}{g+h}c$	……	$\frac{g}{h}>2$
…. $+\frac{3}{4}R\frac{3}{2}$	$a:\frac{1}{3}a:\frac{1}{2}a:\frac{1}{4}c$		
…. $+\frac{4}{5}R\frac{4}{3}$	$a:\frac{1}{4}a:\frac{1}{3}a:\frac{1}{5}c$		
…. $+\frac{5}{7}R\frac{5}{3}$	$a:\frac{2}{5}a:\frac{2}{3}a:\frac{2}{7}c$		
$-\frac{g}{g+h}R\frac{g}{h}$	$a:\frac{g-h}{g}a:\frac{g-h}{h}a:\frac{g-h}{g+h}c$	……	$\frac{g}{h}<2$
… $-\frac{3}{5}R\frac{3}{2}$	$a:\frac{1}{3}a:\frac{1}{2}a:\frac{1}{5}c$		
…. $-\frac{4}{7}R\frac{4}{3}$	$a:\frac{1}{4}a:\frac{1}{3}a:\frac{1}{7}c$		
…. $-\frac{5}{8}R\frac{5}{3}$	$a:\frac{2}{5}a:\frac{2}{3}a:\frac{1}{4}c$		
$+\frac{g+k}{g-k}R\frac{g+k}{g}$	$a:\frac{k}{g+k}a:\frac{k}{g}a:\frac{k}{g-k}c$		
…. $+3R\frac{3}{2}$	$a:\frac{1}{3}a:\frac{1}{2}a:c$		
…. $+2R\frac{4}{3}$	$a:\frac{1}{4}a:\frac{1}{3}a:\frac{1}{2}c$		
…. $+5R\frac{5}{3}$	$a:\frac{2}{5}a:\frac{2}{3}a:2c$		
$+\frac{g-k}{g+h+k}R\frac{g-k}{g-h}$	$a:\frac{h-k}{g-k}a:\frac{h-k}{g-h}a:\frac{h-k}{g+h+k}c$	……	$g+k>2h$
…. $+\frac{3}{7}R\frac{3}{2}$	$a:\frac{1}{3}a:\frac{1}{2}a:\frac{1}{7}c$		
…. $+\frac{1}{2}R\frac{4}{3}$	$a:\frac{1}{4}a:\frac{1}{3}a:\frac{1}{8}c$		
…. $+\frac{5}{9}R\frac{5}{4}$	$a:\frac{1}{5}a:\frac{1}{4}a:\frac{1}{9}c$		

NOMS DES FORMES.	MILLER.	LÉVY.	BRAVAIS.
SCALÉNOÈDRES.			
— 3° Sur *a* inverses. .	ghk	$b^{\frac{1}{k}}\ b^{\frac{1}{h}}\ b^{\frac{1}{g}}$	$g-h,\ h-k,\ k-g,\ g+h+k$
— — —	431	$b^{1}\ b^{\frac{1}{3}}\ b^{\frac{1}{4}}$	. . . . $12\bar{3}8$ . . . . . .
— — —	541	$b^{1}\ b^{\frac{1}{4}}\ b^{\frac{1}{5}}$	. . . . . . $1\ 3.\bar{4}.10$ . . . . . .
— — —	542	$b^{\frac{1}{2}}\ b^{\frac{1}{4}}\ b^{\frac{1}{5}}$	. . . . . . $1.2.\bar{3}.11$ . . . . . .
— 4° Sur *e* directs. .	$g\bar{h}\bar{k}$	$b^{\frac{1}{g}}\ d^{\frac{1}{h}}\ d^{\frac{1}{k}}$	$g+h,\ k-h,\ \overline{k+g},\ g-h-k$
— — —	$4\bar{1}\bar{2}$	$b^{\frac{1}{4}}\ d^{1}\ d^{\frac{1}{2}}$	. . . . $51\bar{6}1$ . . . . . .
— — —	$5\bar{1}\bar{3}$	$b^{\frac{1}{5}}\ d^{1}\ d^{\frac{1}{3}}$	. . . . $62\bar{8}1$ . . . . . .
— — —	$6\bar{2}\bar{3}$	$b^{\frac{1}{6}}\ d^{\frac{1}{2}}\ d^{\frac{1}{3}}$	. . . . $81\bar{9}1$ . . . . . .
— — —	$gh\bar{k}$	$b^{\frac{1}{k}}\ d^{\frac{1}{h}}\ d^{\frac{1}{g}}$	$g-h,\ h+k,\ \overline{g+k},\ g+h-k$
— — —	$41\bar{1}$	e_{4}.	. . . . $32\bar{5}4$ . . . . . .
— — —	$51\bar{1}$	e_{5}	. . . . $42\bar{6}5$ . . . . . .
— — —	$51\bar{2}$	$b^{\frac{1}{2}}\ d^{1}\ d^{\frac{1}{5}}$	. . . . $43\bar{7}4$ . . . . . .
— — —	$52\bar{1}$	$b^{1}\ d^{\frac{1}{2}}\ d^{\frac{1}{5}}$	. . . . $11\bar{2}2$ . . . . . .
— — inverses. .	$gh\bar{k}$	$d^{\frac{1}{h}}\ d^{\frac{1}{g}}\ b^{\frac{1}{k}}$	$g-h,\ h+k,\ \overline{g+k},\ g+h-k$
— — —	$21\bar{1}$	e_{2}	. . . . $12\bar{3}2$ . . . . . .
— — —	$32\bar{1}$	$d^{\frac{1}{2}}\ d^{\frac{1}{3}}\ b^{1}$	. . . . $13\bar{4}4$ . . . . . .
— — —	$32\bar{2}$	$e_{\frac{3}{2}}$	. . . . $14\bar{5}3$ . . . . . .
— — —	$32\bar{3}$	$e_{\frac{3}{3}}$	. . . . $15\bar{6}2$ . . . . . .

NAUMANN.	WEISS-ROSE.		OBSERVATIONS.
$-\frac{g-k}{g+h+k}R\frac{g-k}{h-k}$	$a:\frac{g-h}{g-k}a:\frac{g-h}{h-k}a:\frac{g-h}{g+h+k}c$	……	$g+k<2h$
…. $-\frac{3}{8}R\frac{3}{2}$	$a:\frac{1}{3}a:\frac{1}{2}a:\frac{1}{8}c$		
…. $-\frac{1}{2}R\frac{5}{3}$	$a:\frac{1}{5}a:\frac{1}{4}a:\frac{1}{10}c$		
…. $-\frac{3}{11}R\frac{3}{2}$	$a:\frac{1}{3}a:\frac{1}{2}a:\frac{1}{11}c$		
$+\frac{k+g}{g-h-k}R\frac{k+g}{g+h}$	$a:\frac{k-h}{g+k}a:\frac{k-h}{g+h}a:\frac{k-h}{g-h-k}c$		
…. $+6R\frac{6}{5}$	$a.\frac{1}{6}a:\frac{1}{5}a:c$		
…. $+8R\frac{4}{3}$	$a:\frac{1}{4}a:\frac{1}{3}a:2c$		
…. $+9R\frac{9}{8}$	$a:\frac{1}{9}a:\frac{1}{8}a:c$		
$+\frac{g+k}{g+h-k}R\frac{g+k}{g-h}$	$a:\frac{h+k}{g+k}a:\frac{h+k}{g-h}a:\frac{h+k}{g+h-k}c$	……	$g-k>2h$
…. $+\frac{5}{4}R\frac{5}{3}$	$a:\frac{2}{5}a:\frac{2}{3}a:\frac{1}{2}c$		
…. $+\frac{6}{5}R\frac{3}{2}$	$a:\frac{1}{3}a:\frac{1}{2}a:\frac{2}{5}c$		
…. $+\frac{7}{4}R\frac{7}{4}$	$a:\frac{5}{7}a:\frac{3}{4}a:\frac{3}{4}c$		
…. $+R2$	$a:\frac{1}{2}a:a:\frac{1}{2}c$		
$-\frac{g+k}{g+h-k}R\frac{g+k}{g-h}$	$a:\frac{h+k}{g+k}a:\frac{h+k}{g-h}a:\frac{h+k}{g+h-k}c$	……	$g-k<2h$
.. $-\frac{3}{2}R\frac{3}{2}$	$a:\frac{2}{3}a:2a:c$		
… $-R\frac{4}{3}$	$a:\frac{3}{4}a:3a:\frac{3}{4}c$		
.. $-\frac{5}{3}R\frac{5}{4}$	$a:\frac{4}{5}a:4a:\frac{4}{3}c$		
… $-3R\frac{6}{5}$	$a:\frac{5}{6}a:5a:\frac{5}{2}c$		

Système ternaire ou rhomboédrique. Transformation des sy

NOMS DES FORMES.	NAUMANN.	BRAVAIS.
BASE.	$0R$	0001
RHOMBOÈDRE PRIMITIF.	$+R$	$10\bar{1}1$
PRISMES.		
— Protoprisme.	∞R	$10\bar{1}0$
— Deutéroprisme.	$\infty R2$	$11\bar{2}0$
— Prismes dodécag.	$\infty R \frac{r}{q}$	$r-q,\ q,\ \bar{r},\ 0$
— —	$\infty R \frac{3}{2}$	$12\bar{3}0$
— —	$\infty R \frac{4}{3}$	$13\bar{4}0$
— —	$\infty R \frac{5}{3}$	$23\bar{5}0$
RHOMBOÈDRES —		
— Directs 1° sur *a*.	$+\frac{r}{s}R$	$r0\bar{r}s$
— — —	$+\frac{1}{2}R$	$10\bar{1}2$
— — —	$+\frac{1}{3}R$	$10\bar{1}3$
— — —	$+\frac{2}{3}R$	$20\bar{2}3$
— — —	$+\frac{3}{4}R$	$30\bar{3}4$
— — 2° sur *e*.	$+\frac{r}{s}R$	$r0\bar{r}s$
— — —	$+2R$	$20\bar{2}1$
— — —	$+3R$	$30\bar{3}1$
— — —	$+\frac{3}{2}R$	$30\bar{3}2$
— inverses 1° sur *b*.	$-\frac{1}{2}R$	$01\bar{1}2$
— — 2° sur *a*.	$-\frac{r}{s}R$	$0r\bar{r}s$
— — —	$-\frac{1}{3}R$	$01\bar{1}3$
— — —	$-\frac{1}{4}R$	$01\bar{1}4$
— — —	$-\frac{2}{5}R$	$02\bar{2}5$

…les de Naumann et Bravais en symboles de Miller et Lévy.

MILLER.	LÉVY.	OBSERVATIONS.
111	a^1	
100	p	
$11\bar{2}$	e^2	
$10\bar{1}$	d^1	
$2r-q,\ 2q-r,\ \overline{q+r}$	$b^{\frac{1}{q+r}}\ d^{\frac{1}{2q-r}}\ d^{\frac{1}{2r-q}}$	
$41\bar{5}$	$b^{\frac{1}{5}}\ d^1\ d^{\frac{1}{4}}$	
$52\bar{7}$	$b^{\frac{1}{7}}\ d^{\frac{1}{2}}\ d^{\frac{1}{5}}$	
$71\bar{8}$	$b^{\frac{1}{8}}\ d^1\ d^{\frac{1}{7}}$	
$s+2r,\ s-r,\ s-r$	$a^{\frac{s+2r}{s-r}}$	$s > r$
411	a^4	
522	$a^{\frac{5}{2}}$	
711	a^7	
10 1 1	a^{10}	
$s+2r,\ \overline{r-s},\ \overline{r-s}$	$e^{\frac{s+2r}{r-s}}$	$s < r$
$5\bar{2}\bar{2}$	$e^{\frac{5}{2}}$	
$7\bar{3}\bar{3}$	e^{3}	
$8\bar{1}\bar{1}$	e^{8}	
110	b^1	
$s+r,\ s+r,\ s-2r$	$a^{\frac{s-2r}{s+r}}$	$s > 2r$ ou $\frac{r}{s} < \frac{1}{2}$
441	$a^{\frac{1}{4}}$	
552	$a^{\frac{2}{5}}$	
771	$a^{\frac{1}{7}}$	

Système ternaire ou rhomboédrique. Transformation de[s]

NOMS DES FORMES.	NAUMANN.	BRAVAIS.
RHOMBOÈDRES INVERSES. 3° sur *e*. . .	$-\frac{r}{s}R$	. . . . . $0r\bar{r}s$ . . . . .
— — —	$-\frac{3}{4}R$	. . . . . $03\bar{3}4$ . . . . .
— — —	$-R$	. . . . . $01\bar{1}1$
— — —	$-\frac{3}{2}R$	. . . . . $03\bar{3}2$
— — —	$-2R$	. . . . . $02\bar{2}1$
ISOSCÉLOÈDRES.		
— 1° sur *a*. . .	$\frac{r}{s}P2$	. . . . $rr\,\overline{2r}\,2s$
— —	$\frac{1}{2}P2$	. . . . . $11\bar{2}4$
— —	$\frac{1}{3}P2$	. . . . . $11\bar{2}6$
— —	$\frac{2}{5}P2$	. . . . . $11\bar{2}5$
— 2° sur *b*. . .	$\frac{2}{3}P2$	. . . . $11\bar{2}3$
— 3° sur *e*. . .	$\frac{r}{s}P2$	. . . . $rr\,\overline{2r}\,2s$
— —	$P2$	. . . . . $11\bar{2}2$
— —	$2P2$	. . . . . $11\bar{2}1$
— —	$3P2$	. . . . . $33\bar{6}2$
— —	$\frac{3}{4}P2$	. . . . . $33\bar{6}8$
SCALÉNOÈDRES.		
— Directs 1° sur *b*. . .	$+\frac{r}{s}R\frac{r}{p}$	. . $p,\ r-p,\ \bar{r},\ s$
— — —	$+\frac{3}{4}R\frac{3}{2}$	. . . . . $21\bar{3}4$
— — —	$+\frac{4}{5}R\frac{3}{4}$	. . . . . $31\bar{4}5$
— — —	$+\frac{5}{6}R\frac{5}{4}$	. . . . . $41\bar{5}6$
— — 2° sur *d*. . .	$+\frac{r}{s}R\frac{r}{p}$	. . $p,\ r-p,\ \bar{r},\ s$
— — —	$+3R\frac{3}{2}$	. . . . . $21\bar{3}1$
— — —	$+2R\frac{4}{3}$	. . . . . $31\bar{4}2$
— — —	$+\frac{5}{3}R\frac{5}{4}$	. . . . . $41\bar{5}3$

…mboles de Naumann et Bravais en symboles de Miller et Lévy.

MILLER.	LÉVY.	OBSERVATIONS.
$s+r, s+r, \overline{2r-s}$	$e^{\frac{2r-s}{s+r}}$	$s < 2r$ ou $\frac{r}{s} > \frac{1}{2}$
$7 7 \bar{2}$	$e^{\frac{2}{7}}$	
$2 2 \bar{1}$	$e^{\frac{1}{2}}$	
$5 5 \bar{4}$	$e^{\frac{4}{5}}$	
$1 1 \bar{1}$	e^{1}	
$2s+3r, 2s, 2s-3r$	$b^{\frac{1}{2s-3r}} b^{\frac{1}{2s}} b^{\frac{1}{2s+3r}}$	$2s-3r>0$ ou $\frac{r}{s} < \frac{2}{3}$
$7 4 1$	$b^{1} b^{\frac{1}{4}} b^{\frac{1}{7}}$	
$3 2 1$	$b^{1} b^{\frac{1}{2}} b^{\frac{1}{3}}$	
$8 5 2$	$b^{\frac{1}{2}} b^{\frac{1}{5}} b^{\frac{1}{8}}$	
$2 0 1$	b^{2}	
$2s+3r, 2s, \overline{3r-2s}$	$b^{\frac{1}{3r-2s}} d^{\frac{1}{2s}} d^{\frac{1}{2s+3r}}$	$2s-3r<0$ ou $\frac{r}{s} > \frac{2}{3}$
$5 2 \bar{1}$	$b^{1} d^{\frac{1}{2}} d^{\frac{1}{5}}$	
$4 1 \bar{2}$	$b^{\frac{1}{2}} d^{1} d^{\frac{1}{4}}$	
$11.2.\bar{7}$	$b^{\frac{1}{7}} d^{\frac{1}{2}} d^{\frac{1}{11}}$	
$17.8.\bar{1}$	$b^{1} d^{\frac{1}{8}} d^{\frac{1}{17}}$	
$r, s-r, 0$	$b^{\frac{r}{s-r}}$	$s+p-2r=0$
$3 1 0$	b^{3}	
$4 1 0$	b^{4}	
$5 1 0$	b^{5}	
$p, 0, \overline{p-s}$	$d^{\frac{p}{p-s}}$	$s+r-2p=0$
$2 0 \bar{1}$	d^{2}	
$3 0 \bar{1}$	d^{3}	
$4 0 \bar{1}$	d^{4}	

Système ternaire ou rhomboédrique. Transformation de

NOMS DES FORMES.			NAUMANN.	BRAVAIS.
SCALÉNOÈDRES.	Directs	3° sur *a*. . .	$+\frac{r}{s}R\frac{r}{p}$	$p, r-p, \overline{r}, s$
—	—	—	$+\frac{3}{5}R\frac{3}{2}$	. . . . . $21\bar{3}5$ . . . . .
—	—	—	$+\frac{2}{3}R\frac{4}{3}$	. . . . . $31\bar{4}6$ . . . . .
—	—	—	$+\frac{5}{8}R\frac{5}{3}$	. . . . . $32\bar{5}8$ . . . . .
—	—	4° sur *e*. . .	$+\frac{r}{s}R\frac{r}{p}$	$p, r-p, \overline{r}, s$
—	—	—	$+\frac{3}{2}R\frac{3}{2}$	. . . . . $21\bar{3}2$ . . . . .
—	—	—	$+R\frac{3}{2}$	. . . . . $21\bar{3}3$ . . . . .
—	—	—	$+\frac{4}{3}R\frac{4}{3}$	. . . . . $31\bar{4}3$ . . . . .
—	—	—	$+\frac{r}{s}R\frac{r}{p}$	$p, r, -p, \overline{r}, s$
—	—	—	$+4R\frac{4}{3}$	. . . . . $31\bar{4}1$ . . . . .
—	—	—	$+6R\frac{3}{2}$	. . . . . $42\bar{6}1$ . . . . .
—	Inverses	1° sur *b*. . .	$-\frac{r}{s}R\frac{r}{q}$	$r-q, q, \overline{r}, s$
—	—	—	$-\frac{3}{5}R\frac{3}{2}$	. . . . . $12\bar{3}5$ . . . . .
—	—	—	$-\frac{4}{7}R\frac{4}{3}$	. . . . . $13\bar{4}7$ . . . . .
—	—	—	$-\frac{5}{8}R\frac{5}{3}$	. . . . . $23\bar{5}8$ . . . . .
—	—	2° sur *a*. . .	$-\frac{r}{s}R\frac{r}{q}$	$r-q, q, \overline{r}, s$
—	—	—	$-\frac{3}{6}R\frac{3}{2}$	. . . . . $12\bar{3}6$ . . . . .
—	—	—	$-\frac{4}{8}R\frac{4}{3}$	. . . . . $13\bar{4}8$ . . . . .
—	—	—	$-\frac{5}{9}R\frac{5}{3}$	. . . . . $23\bar{5}9$ . . . . .
—	—	3° sur *e*. . .	$-\frac{r}{s}R\frac{r}{q}$	$r-q, q, \overline{r}, s$
—	—	—	$-3R\frac{3}{2}$	. . . . . $12\bar{3}1$ . . . . .
—	—	—	$-\frac{3}{2}R\frac{3}{2}$	. . . . . $12\bar{3}2$ . . . . .
—	—	—	$-5R\frac{5}{3}$	. . . . . $23\bar{5}1$ . . . . .
—	—	—	$-\frac{5}{2}R\frac{5}{3}$	. . . . . $23\bar{5}2$ . . . . .

...boles de Naumann et Bravais en symboles de Miller et Lévy.

MILLER.	LÉVY.	OBSERVATIONS.
$s+p+r,\ s+r-2p,\ s+p-2r$	$b^{\frac{1}{s+p-2r}}\ b^{\frac{1}{s+r-2p}}\ b^{\frac{1}{s+p+r}}$	$s+p-2r>0$
. . . . 10.4.1	. . . . $b^1\ b^{\frac{1}{4}}\ b^{\frac{1}{10}}$	
. . . . 13.4.1	. . . . $b^1\ b^{\frac{1}{4}}\ b^{\frac{1}{13}}$	
. . . . 16.7.1	. . . . $b^1\ b^{\frac{1}{7}}\ b^{\frac{1}{16}}$	
$s+p+r,\ s+r-2p,\ \overline{2r-s-p}$	$b^{\frac{1}{2r-s-p}}\ d^{\frac{1}{s+r-2p}}\ d^{\frac{1}{s+p+r}}$	$s+p-2r<0$ $s+r-2p>0$
. . . . $71\bar{2}$	. . . . $b^{\frac{1}{2}}\ d^1\ d^{\frac{1}{7}}$	
. . . . $82\bar{1}$	. . . . $b^1\ d^{\frac{1}{2}}\ d^{\frac{1}{8}}$	
. . . . $10.1.\bar{2}$	. . . . $b^{\frac{1}{2}}\ d^1\ d^{\frac{1}{10}}$	
$s+p+r,\ \overline{2p-s-r},\ \overline{2r-s-p}$	$b^{\frac{1}{s+p+r}}\ d^{\frac{1}{2p-s-r}}\ d^{\frac{1}{2r-s-p}}$	$s+p-2r<0$ $s+r-2p<0$
. . . . $8\bar{1}\bar{4}$	. . . . $b^{\frac{1}{8}}\ d^1\ d^{\frac{1}{4}}$	
. . . . $11.\bar{1}.\bar{7}$	. . . . $b^{\frac{1}{11}}\ d^1\ d^{\frac{1}{7}}$	
. . . . $rq0$	. . . . . $b^{\frac{r}{q}}$	$s-r-q=0$
. . . . 320	. . . . . $b^{\frac{3}{2}}$	
. . . . 430	. . . . . $b^{\frac{4}{3}}$	
. . . . 530	. . . . . $b^{\frac{5}{3}}$	
$s+2r-q,\ s+2q-r,\ s-r-q$	$b^{\frac{1}{s+2r-q}}\ b^{\frac{1}{s+2q-r}}\ b^{\frac{1}{s-r-q}}$	$s-r-q>0$
. . . . 10.7.1	. . . . $b^1\ b^{\frac{1}{7}}\ b^{\frac{1}{10}}$	
. . . . 13.10.1	. . . . $b^1\ b^{\frac{1}{10}}\ b^{\frac{1}{13}}$	
. . . . 16.10.1	. . . . $b^1\ b^{\frac{1}{10}}\ b^{\frac{1}{16}}$	
$s+2r-q,\ s+2q-r,\ \overline{r+q-s}$	$d^{\frac{1}{s+2q-r}}\ d^{\frac{1}{s+2r-q}}\ b^{\frac{1}{r+q-s}}$	$s-r-q<0$ $s+2q-r>0$
. . . . $52\bar{4}$	. . . . $d^{\frac{1}{2}}\ d^{\frac{1}{5}}\ b^{\frac{1}{4}}$	
. . . . $21\bar{1}$	. . . . . e_2	
. . . . $82\bar{7}$	. . . . $d^{\frac{1}{2}}\ d^{\frac{1}{8}}\ b^{\frac{1}{7}}$	
. . . . $31\bar{2}$	. . . . $d^1\ d^{\frac{1}{3}}\ b^{\frac{1}{2}}$	

TABLEAU

Système

NOMS DES FORMES.	MILLER.	LÉVY.	NAUMANN.	WEISS-ROSE
BASE.	001	. . p . .	0P	$\infty a : \infty a : c$
PRISMES.				
— Protoprisme. . . .	110	. . m . .	∞ P	$a : a : \infty c$
— Deutéroprisme. . .	100	. . h^1 . .	∞ P ∞	$a : \infty a : \infty c$
— Prismes octogones.	$pq0$	. $h^{\frac{p+q}{p-q}}$ . .	∞ P $\frac{p}{q}$	$a : \frac{p}{q} a : \infty c$
— —	320	. . . h^5 . . .	∞ P $\frac{3}{2}$	$a : \frac{3}{2} a : \infty c$
— —	310	. . . h^2 . . .	∞ P3	$a : 3a : \infty c$
— —	210	. . . h^3 . . .	∞ P2	$a : 2a : \infty c$
PYRAMIDES.				
— Protopyramides. . .	ppr	. . $b^{\frac{r}{2p}}$ . .	$\frac{p}{r}$ P	$a : a : \frac{p}{r} c$
— —	111	. . . $b^{\frac{1}{2}}$ . . .	P	$a : a : c$
— —	112	. . . b^1 . . .	$\frac{1}{2}$ P	$a : a : \frac{1}{2} c$
— —	221	. . . $b^{\frac{1}{4}}$ . . .	2P	$a : a : 2c$
— —	223	. . . $b^{\frac{3}{4}}$ . . .	$\frac{2}{3}$ P	$a : a : \frac{2}{3} c$
— —	332	. . . $b^{\frac{1}{3}}$ . . .	$\frac{3}{2}$ P	$a : a : \frac{3}{2} c$
— —	331	. . . $b^{\frac{1}{6}}$ . .	3P	$a : a : 3c$

(1)

quadratique.

	SYMBOLES			
	lorsque l'ancien $b^{\frac{1}{2}}$ devient a^1 $\frac{h'}{a'}=\sqrt{2}\,\frac{h}{a}$		lorsque l'ancien a^1 devient $b^{\frac{1}{2}}$ $\frac{h'}{a'}=\frac{\sqrt{2}}{2}\,\frac{h}{a}$	
c	001		p	
g	100		h^1	
a	110		m	
g	$p+q,\ p-q,\ 0$		$h^{\frac{p}{q}}$	
g	510		$h^{\frac{3}{2}}$	
$3g$	210		h^3	
$2g$	310		h^2	
$\frac{p}{r}o$	$p0r$	$a^{\frac{r}{p}}$	$2p\,0\,r$	$a^{\frac{r}{2p}}$
o	101	a^1	201	$a^{\frac{1}{2}}$
$\frac{1}{2}o$	102	a^2	101	a^1
$2o$	201	$a^{\frac{1}{2}}$	401	$a^{\frac{1}{4}}$
$\frac{2}{3}o$	203	$a^{\frac{3}{2}}$	403	$a^{\frac{3}{4}}$
$\frac{3}{2}o$	302	$a^{\frac{2}{3}}$	301	$a^{\frac{1}{3}}$
$3o$	301	$a^{\frac{1}{3}}$	601	$a^{\frac{1}{6}}$

TABLEAU

Système

NOMS DES FORMES.		MILLER.	LÉVY.	NAUMANN.	WEISS-ROS
PYRAMIDES.	Deutéropyram.	$p0r$	. . . $a^{\frac{r}{p}}$ . . .	$\frac{p}{r}P\infty$	$a : \infty\, a : \frac{p}{r}c$
—	—	101	. . . a^1 . . .	$P\infty$	$a : \infty\, a : c$
—	—	102	. . . a^2 . . .	$\frac{1}{2}P\infty$	$a : \infty\, a : \frac{1}{2}c$
—	—	201	. . . $a^{\frac{1}{2}}$ . . .	$2P\infty$	$a : \infty\, a : 2c$
—	—	203	. . . $a^{\frac{3}{2}}$ . . .	$\frac{2}{3}P\infty$	$a : \infty\, a : \frac{2}{3}c$
DIOCTAÈDRES.	. . . .	pqr	$b^{\frac{1}{p-q}}\, b^{\frac{1}{p+q}}\, h^{\frac{1}{r}}$	$\frac{p}{r}P\frac{p}{q}$	$a : \frac{q}{p}a : \frac{q}{r}c$
	—	211	. . . a_3 . . .	$2P2$	$a : \frac{1}{2}a : c$
	—	212	. . $b^1\, b^{\frac{1}{3}}\, h^{\frac{1}{2}}$ . .	$P2$	$a : \frac{1}{2}a : \frac{1}{2}c$
	—	213	. . . $a_{\frac{1}{3}}$ . .	$\frac{2}{3}P2$	$a : \frac{1}{2}a : \frac{1}{3}c$
	—	311	. . $b^{\frac{1}{2}}\, b^{\frac{1}{4}}\, h^1$ . .	$3P3$	$a : \frac{1}{3}a ; c$
	—	312	. . . a_2 . . .	$\frac{3}{2}P3$	$a : \frac{1}{3}a : \frac{1}{2}c$
	—	313	. . $b^{\frac{1}{2}}\, b^{\frac{1}{4}}\, h^{\frac{1}{3}}$ . .	$P3$	$a : \frac{1}{3}a : \frac{1}{3}c$
	—	321	. . . a_5 . . .	$3P\frac{3}{2}$	$a : \frac{2}{3}a : 2c$
	—	322	. . $b^1\, b^{\frac{1}{5}}\, h^{\frac{1}{2}}$ . .	$\frac{3}{2}P\frac{3}{2}$	$a : \frac{2}{3}a : c$

IV (2)

quadratique.

	SYMBOLES			
	lorsque l'ancien $b^{\frac{1}{2}}$ devient a^1 $\frac{h'}{a'}=\sqrt{2}\,\frac{h}{a}$		lorsque l'ancien a^1 devient $b^{\frac{1}{2}}$ $\frac{h'}{a'}=\frac{\sqrt{2}}{2}\,\frac{h}{a}$	
$\frac{p}{r}\,d$	. . . . $pp\,2r$	$b^{\frac{r}{p}}$	. . . . ppr	$b^{\frac{r}{2p}}$
d	. . . . 112	b^1	. . . . 111	$b^{\frac{1}{2}}$
$\frac{1}{2}\,d$	. . . . 114	b^2	. . . . 112	b^1
$2d$	. . . . 111	$b^{\frac{1}{2}}$	. . . . 221	$b^{\frac{1}{4}}$
$\frac{2}{5}\,d$	. . . . 113	$b^{\frac{3}{2}}$	. . . . 223	$b^{\frac{3}{4}}$
	$p+q,\ p-q,\ 2r$	$b^{\frac{1}{q}}\ b^{\frac{1}{p}}\ h^{\frac{1}{r}}$	$p+q,\ p-q,\ r$	$b^{\frac{1}{2q}}\ b^{\frac{1}{2p}}\ h^{\frac{1}{r}}$
	. . . . 312	a_2	. . . . 311	$b^{\frac{1}{2}}\,b^{\frac{1}{4}}\,h^1$
	. . . . 314	$a_{\frac{1}{2}}$	. . . . 312	a_2
	. . . . 316	$b^1\,b^{\frac{1}{2}}\,h^{\frac{1}{3}}$	. . . . 313	$b^{\frac{1}{2}}\,b^{\frac{1}{4}}\,h^{\frac{1}{3}}$
	. . . . 211	a_3	. . . . 421	$b^{\frac{1}{2}}\,b^{\frac{1}{6}}\,h^1$
	. . . . 212	$b^1\,b^{\frac{1}{3}}\,h^{\frac{1}{2}}$	. . . . 211	a_3
	. . . . 213	$a_{\frac{1}{3}}$	. . . . 423	$b^{\frac{1}{2}}\,b^{\frac{1}{6}}\,h^{\frac{1}{3}}$
	. . . . 512	$b^{\frac{1}{2}}\,b^{\frac{1}{3}}\,h^1$	. . . . 511	$b^{\frac{1}{4}}\,b^{\frac{1}{6}}\,h^1$
	. . . . 514	$a_{\frac{3}{2}}$	. . . . 512	$b^{\frac{2}{3}}\,b^{\frac{2}{7}}\,h^1$

Système terbinaire

NOMS DONNÉS AUX FORMES PAR NAUMANN.	MILLER la 1re caractéristique se rapporte à l'axe horizontal maximum.	LÉVY.	NAUMANN.
PINACOÏDES. — Base.	001	p	$0P$
— Brachypinacoïde	100	g^1	$\infty \breve{P} \infty$
— Macropinacoïde	010	h^1	$\infty \bar{P} \infty$
PRISMES.			
— Brachyprismes	$pq0$	$g^{\frac{p+q}{p-q}}$	$\infty \breve{P} \frac{}{q}$
— —	310	g^2	$\infty \breve{P} 3$
— —	210	g^3	$\infty \breve{P} 2$
— —	320	g^5	$\infty \breve{P} \frac{3}{2}$
— Protoprisme	110	m	∞P
— Macroprismes	$pq0$	$h^{\frac{p+q}{q-p}}$	$\infty \bar{P} \frac{q}{p}$
— —	230	h^5	$\infty \bar{P} \frac{3}{2}$
— —	120	h^3	$\infty \bar{P} 2$
— —	130	h^2	$\infty \bar{P} 3$
DÔMES.			
— Brachydomes	$p0r$	$e^{\frac{r}{p}}$	$\frac{p}{r} \breve{P} \infty$
— —	101	e^1	$\breve{P} \infty$
— —	102	e^2	$\frac{1}{2} \breve{P} \infty$
— —	302	$e^{\frac{2}{3}}$	$\frac{3}{2} \breve{P} \infty$
— Macrodomes	$0qr$	$a^{\frac{r}{q}}$	$\frac{q}{r} \bar{P} \infty$
— —	011	a^1	$\bar{P} \infty$
— —	012	a^2	$\frac{1}{2} \bar{P} \infty$
— —	032	$a^{\frac{2}{3}}$	$\frac{2}{3} \bar{P} \infty$
PYRAMIDES OU OCTAÈDRES.			
— Protopyramides	ppr	$b^{\frac{r}{2p}}$	$\frac{p}{r} P$
— —	113	$b^{\frac{3}{2}}$	$\frac{1}{3} P$
— —	112	b^1	$\frac{1}{2} P$
	223	$b^{\frac{3}{4}}$	$\frac{2}{3} P$

WEISS-ROSE a est l'axe horizontal minimum.		MILLER la 1re caractéristique se rapporte à l'axe horizontal minimum.	OBSERVATIONS.
$\infty a : \infty b : c$	c	001	
$\infty a : b : \infty c$	b	010	
$a : \infty b : \infty c$	a	100	
$a : \frac{q}{p} b : \infty c$	$\frac{q}{p} g$	$qp0$	$p > q$
$a : \frac{1}{3} b : \infty c$	$\frac{1}{3} g$	130	
$a : \frac{1}{2} b : \infty c$	$\frac{1}{2} g$	120	
$a : \frac{2}{3} b : \infty c$	$\frac{2}{3} g$	230	
$a : b : \infty c$	g	110	
$a : \frac{q}{p} b : \infty c$	$\frac{q}{p} g$	$qp0$	$p < q$
$a : \frac{3}{2} b : \infty c$	$\frac{3}{2} g$	320	
$a : 2 b : \infty c$	$2 g$	210	
$a : 3 b : \infty c$	$3 g$	310	
$\infty a : b : \frac{p}{r} c$	$\frac{p}{r} f$	$0pr$	
$\infty a : b : c$	f	011	
$\infty a : b : \frac{1}{2} c$	$\frac{1}{2} f$	201	
$\infty a : \; : \frac{3}{2} c$	$\frac{3}{2} f$	203	
$a : \infty \; b \frac{q}{r} c$	$\frac{q}{r} d$	$q0r$	
$a : \infty b : c$	d	101	
$a : \infty b : \frac{1}{2} c$	$\frac{1}{2} d$	102	
$a : \infty b : \frac{4}{2} c$	$\frac{3}{2} d$	302	
$a : b : \frac{p}{r} c$	$\frac{p}{r} o$	ppr	
$a : b : \frac{1}{3} c$	$\frac{1}{3} o$	113	
$a : b : \frac{1}{2} c$	$\frac{1}{2} o$	112	
$a : b : \frac{2}{3} c$	$\frac{2}{3} o$	223	

NOMS DONNÉS AUX FORMES PAR NAUMANN.	MILLER *p* se rapporte à l'axe horizontal maximum.	LÉVY.	NAUMANN.
Pyramides ou octaèdres.			
— Protopyramides	111	$b^{\frac{1}{2}}$	P
— —	332	$b^{\frac{1}{3}}$	$\frac{3}{2}$ P
— —	221	$b^{\frac{1}{4}}$	2P
— Brachypyramides	*pqr*	$b^{\frac{1}{p+q}}\ b^{\frac{1}{p-q}}\ g^{\frac{1}{r}}$	$\frac{p}{r}\breve{P}\frac{p}{q}$
— —	321	e_3	$3\breve{P}\frac{3}{2}$
— —	311	$b^{\frac{1}{2}}\,b^{\frac{1}{4}}\,g^1$	$3\breve{P}3$
— —	211	e_2	$2\breve{P}2$
— —	322	$b^1\,b^{\frac{1}{5}}\,g^{\frac{1}{2}}$	$\frac{3}{2}\breve{P}\frac{3}{2}$
— —	312	e_2	$\frac{3}{2}\breve{P}3$
— —	212	$b^1\,b^{\frac{1}{3}}\,g^{\frac{1}{2}}$	$\breve{P}2$
— —	323	$b^1\,b^{\frac{1}{5}}\,g^{\frac{1}{3}}$	$\breve{P}\frac{3}{2}$
— —	313	$b^{\frac{1}{2}}\,b^{\frac{1}{4}}\,g^{\frac{1}{3}}$	$\breve{P}3$
— —	213	$e_{\frac{1}{3}}$	$\frac{2}{3}\breve{P}2$
— Macropyramides	*pqr*	$b^{\frac{1}{q-p}}\ b^{\frac{1}{p+q}}\ h^{\frac{1}{r}}$	$\frac{q}{r}\bar{P}\frac{q}{p}$
— —	231	$b^1\,b^{\frac{1}{5}}\,h^1$	$3\bar{P}\frac{3}{2}$
— —	131	$b^{\frac{1}{2}}\,b^{\frac{1}{4}}\,h^1$	$3\bar{P}3$
— —	121	a_3	$2\bar{P}2$
— —	232	$b^1\,b^{\frac{1}{5}}\,h^{\frac{1}{2}}$	$\frac{3}{2}\bar{P}\frac{3}{2}$
— —	132	a_2	$\frac{3}{2}\bar{P}3$
— —	122	$b^1\,b^{\frac{1}{3}}\,h^{\frac{1}{2}}$	$\bar{P}2$
— —	233	$b^1\,b^{\frac{1}{5}}\,h^{\frac{1}{3}}$	$\bar{P}\frac{3}{2}$
— —	133	$b^{\frac{1}{2}}\,b^{\frac{1}{4}}\,h^{\frac{1}{3}}$	$\bar{P}3$
— —	123	$a_{\frac{1}{3}}$	$\frac{3}{2}\bar{P}2$

Nota. — La forme $b^{\frac{n}{l}}$ de Lévy est notée par Miller (l'axe des x étant l'axe maximum) :

$$\{\, l\,l\,2n \,\}.$$

La forme $b^{\frac{1}{l}}\ b^{\frac{1}{m}}\ g^{\frac{1}{n}}$ de Lévy est notée par Miller (l'axe des x étant l'axe maximum) :

$$\{\, m+l,\ \ m-l,\ \ 2n \,\}.$$

orthorhombique.

WEISS-ROSE *a* est l'axe horizontal minimum.		MILLER *p* se rapporte à l'axe horizontal minimum.	OBSERVATIONS.
$a : b : c$	o	111	
$a : b : \frac{3}{2}c$	$\frac{3}{2}o$	332	
$a : b : 2c$	$2o$	221	
$a : \frac{q}{p}b : \frac{q}{r}c$		qpr	$p > q$
$a : \frac{2}{3}b : 2c$		231	
$a : \frac{1}{3}b : c$		131	
$a : \frac{1}{2}b : c$		121	
$a : \frac{2}{3}b : c$		232	
$a : \frac{1}{3}b : \frac{1}{2}c$		132	
$a : \frac{1}{2}b : \frac{1}{2}c$		122	
$a : \frac{2}{3}b : \frac{2}{3}c$		233	
$a : \frac{1}{3}b : \frac{1}{3}c$		133	
$a : \frac{1}{2}b : \frac{1}{3}c$		123	
$a : \frac{q}{p}b : \frac{q}{r}c$		qpr	$p < q$
$a : \frac{3}{2}b : 3c$		321	
$a : 3b : 3c$		311	
$a : 2b : 2c$		211	
$a : \frac{3}{2}b : \frac{3}{2}c$		322	
$a : 3b : \frac{3}{2}c$		312	
$a : 2b : c$		212	
$a : \frac{3}{2}b : c$		322	
$a : 3b : c$		313	
$a : 2b : \frac{2}{3}c$		213	

La forme $b^{\frac{1}{l}}\ b^{\frac{1}{m}}\ h^{\frac{1}{n}}$ de Lévy est notée par Miller (l'axe des x étant l'axe maximum) :

$$\{m - l,\ m + l,\ 2n\}.$$

TABLEAU

Système binaire

NOMS DONNÉS AUX FORMES PAR NAUMANN.	MILLER.	LÉVY.
PINACOÏDES. — Base	001	p
— Clinopinacoïde	010	g^1
— Orthopinacoïde	100	h^1
PRISMES.		
— Clinoprismes	$pq0$	$g^{\frac{p+q}{q-p}}$
— —	230	g^5
— —	130	g^2
— —	120	g^3
— Protoprisme	110	m
— Orthoprismes	$pq0$	$h^{\frac{p+q}{p-q}}$
— —	320	h^5
— —	310	h^2
— —	210	h^3
HÉMIDOMES.		
— Hémiclinodomes	$0qr$	$e^{\frac{r}{q}}$
— —	021	$e^{\frac{1}{2}}$
— —	011	e^1
— —	012	e^2

VI

ou clinorhombique.

NAUMANN.	WEISS-ROSE.		OBSERVATIONS.
$0P$	$\infty a : \infty b : c$	c	
$\infty P \infty$	$\infty a : b : \infty c$	b	
$\infty P \infty$	$a : \infty b : \infty c$	a	
$\infty P \frac{q}{p}$	$a : \frac{p}{q} b : \infty c$	$\frac{p}{q} g$	$p < q$
$\infty P \frac{3}{2}$	$a : \frac{2}{3} b : \infty c$	$\frac{2}{3} g$	
$\infty P 3$	$a : \frac{1}{3} b : \infty c$	$\frac{1}{3} g$	
$\infty P 2$	$a : \frac{1}{2} b : \infty c$	$\frac{1}{2} g$	
∞P	$a : b : \infty c$	g	
$\infty P \frac{p}{q}$	$a : \frac{p}{q} b : \infty c$	$\frac{p}{q} g$	$p > q$
$\infty P \frac{3}{2}$	$a : \frac{3}{2} b : \infty c$	$\frac{3}{2} g$	
$\infty P 3$	$a : 3b : \infty c$	$3g$	
$\infty P 2$	$a : 2b : \infty c$	$2g$	
$\frac{q}{r} P \infty$	$\infty a : b : \frac{q}{r} c$	$\frac{q}{r} f$	
$2 P \infty$	$\infty a : b : 2c$	$2f$	
$P \infty$	$\infty a : b : c$	f	
$\frac{1}{2} P \infty$	$\infty a : b : \frac{1}{2} c$	$\frac{1}{2} f$	

Système binaire

NOMS DONNÉS AUX FORMES PAR NAÜMANN.	MILLER.	LÉVY.
HÉMIDOMES. Hémiorthodomes antér.	. . $p0r$ . .	. . . . $o^{\frac{r}{p}}$ . . . .
— — —	. . 201 . .	. . . . $o^{\frac{1}{2}}$ . . . .
— — —	. . 101 . .	. . . . o^{1} . . . .
— — —	. . 102 . .	. . . . o^{2} . . . .
— — postérieurs.	. . $\bar{p}0r$ . .	. . . . $a^{\frac{r}{p}}$ . . . .
— — —	. . $\bar{2}01$ . .	. . . . $a^{\frac{1}{2}}$ . . . .
— — —	. . $\bar{1}01$ . .	. . . . a^{1} . . . .
— — —	. . $\bar{1}02$ . .	. . . . a^{2} . . . .
HÉMIPYRAMIDES.		
— Protohémipyram. antérieures.	. . ppr . .	. . . . $d^{\frac{r}{2p}}$ . . . .
— — —	. . 112 . .	. . . . d^{1} . . . .
— — —	. . 111 . .	. . . . $d^{\frac{1}{2}}$ . . . .
— — —	. . 221 . .	. . . . $d^{\frac{1}{4}}$ . . . .
— — postérieures.	. . $\bar{p}pr$ . .	. . . . $b^{\frac{r}{2p}}$ . . . .
— — —	. . $\bar{1}12$ . .	. . . . b^{1} . . .
— — —	. . $\bar{1}11$ . .	. . . . $b^{\frac{1}{2}}$ . . . .
— — —	. . $\bar{2}21$ . .	. . . . $b^{\frac{1}{4}}$ . . . .
— Hémiclinopyram. antérieures.	. . pqr . .	. . $d^{\frac{1}{q-p}}\ b^{\frac{1}{p+q}}\ g^{\frac{1}{r}}$ . .
— — —	. . 231 . .	. . . . $d^{1}\ b^{\frac{1}{5}}\ g^{1}$ . . . .
— — —	. . 131 .	. . . $d^{\frac{1}{2}}\ b^{\frac{1}{4}}\ g^{1}$ . . .
— — —	. . 121 . .	. . . . $d^{1}\ b^{\frac{1}{3}}\ g^{1}$ . . . .
— — —	. . 232 . .	. . . . $d^{1}\ b^{\frac{1}{5}}\ g^{\frac{1}{2}}$ . . . .

u clinorhombique.

NAUMANN.	WEISS-ROSE.		OBSERVATIONS.
$-\frac{p}{r}\not{P}\infty$	$a:\infty b:\frac{p}{r}c$	$\frac{p}{r}d$	
$-2\not{P}\infty$	$a:\infty b:2c$	$2d$	
$-\not{P}\infty$	$a:\infty b:c$	d	
$-\frac{1}{2}\not{P}\infty$	$a:\infty b:\frac{1}{2}c$	$\frac{1}{2}d$	
$+\frac{p}{r}\not{P}\infty$	$a':\infty b:\frac{p}{r}c$	$\frac{p}{r}d'$	
$+2\not{P}\infty$	$a':\infty b:2c$	$2d'$	
$+\not{P}\infty$	$a':\infty b:c$	d'	
$+\frac{1}{2}\not{P}\infty$	$a':\infty b:\frac{1}{2}c$	$\frac{1}{2}d'$	
$-\frac{p}{r}P$	$a:b:\frac{p}{r}c$	$\frac{p}{r}o$	
$-\frac{1}{2}P$	$a:b:\frac{1}{2}c$	$\frac{1}{2}o$	
$-P$	$a:b:c$	o	
$-2P$	$a:b:2c$	$2o$	
$+\frac{p}{r}P$	$a':b:\frac{p}{r}c$	$\frac{p}{r}o'$	
$+\frac{1}{2}P$	$a':b:\frac{1}{2}c$	$\frac{1}{2}o'$	
$+P$	$a':b:c$	o'	
$+2P$	$a':b:2c$	$2o'$	
$-\frac{q}{r}\not{P}\frac{q}{p}$	$a:\frac{p}{q}b:\frac{p}{r}c$	....	$p<q$
$-3\not{P}\frac{3}{2}$	$a:\frac{2}{3}b:2c$		
$-3\not{P}3$	$a:\frac{1}{3}b:c$		
$-2\not{P}2$	$a:\frac{1}{2}b:c$		
$-\frac{3}{2}\not{P}\frac{3}{2}$	$a:\frac{2}{3}b:c$		

Système binaire

NOMS DONNÉS AUX FORMES PAR NAÜMANN.	MILLER.	LÉVY.
HÉMIPYRAMIDES. Hémiclinopyr. antér.	. . 131 . .	. . . . $d^{\frac{1}{2}}\ b^{\frac{1}{4}}\ g^{1}$ . . . .
— — —	. . 122 . .	. . . . $d^{1}\ b^{\frac{1}{3}}\ g^{\frac{1}{2}}$ . . . .
— — —	. . 233 . .	. . . . $d^{1}\ b^{\frac{1}{5}}\ g^{\frac{1}{3}}$ . . . .
— — —	. . 133 . .	. . . . $d^{\frac{1}{2}}\ b^{\frac{1}{4}}\ g^{\frac{1}{3}}$ . . . .
— — —	. . 123 . .	. . . . $d^{1}\ b^{\frac{1}{3}}\ g^{1}$ . . . .
— — postérieures.	. . $\bar{p}qr$ . .	. . $b^{\frac{1}{q-p}}\ d^{\frac{1}{q+p}}\ g^{\frac{1}{r}}$ . .
— — —	. . $\bar{2}31$ . .	. . . . $b^{1}\ d^{\frac{1}{5}}\ g^{1}$ . . . .
— — —	. . $\bar{1}31$ (etc.)	. . . . $b^{\frac{1}{2}}\ d^{\frac{1}{4}}\ g^{1}$ . . . .
— Hémiorthopyram. antérieures.	. . pqr . .	. . $d^{\frac{1}{p-q}}\ d^{\frac{r\ 1}{p+q}}\ h^{\frac{1}{r}}$ . .
— — —	. . 321 . .	. . . . o_3 . . . .
— — —	. . 311 . .	. . . . $d^{\frac{1}{2}}\ d^{\frac{1}{4}}\ h^{1}$ . . . .
— — —	. . 211 . .	. . . . o_3 . . . .
— — —	. . 322 . .	. . . . $d^{1}\ d^{\frac{1}{5}}\ h^{\frac{1}{2}}$ . . . .
— — —	. . 312 . .	. . . . o_2 . . . .
— — —	. . 212 . .	. . . . $d^{1}\ d^{\frac{1}{3}}\ h^{\frac{1}{2}}$ . . . .
— — —	. . 323 . .	. . . . $d^{1}\ d^{\frac{1}{5}}\ h^{\frac{1}{3}}$ . . . .
— — —	. . 313 . .	. . . . $d^{\frac{1}{2}}\ d^{\frac{1}{4}}\ h^{\frac{1}{3}}$ . . .
— — —	. . 213 . .	. . . . $o_{\frac{1}{3}}$ . . . .
— — postérieures.	. . $\bar{p}qr$ . .	. . $b^{\frac{1}{p-q}}\ b^{\frac{1}{p+q}}\ h^{\frac{1}{r}}$ . .
— — —	. . $\bar{3}21$ . .	. . . . $b^{1}\ b^{\frac{1}{5}}\ h^{1}$ . . . .
— — —	. . $\bar{3}11$ . .	. . . . $b^{\frac{1}{2}}\ b^{\frac{1}{4}}\ h^{1}$ . . . .
— — —	. . $\bar{2}11$ . .	. . . . a_3 . . . .

u clinorhombique

NAUMANN.	WEISS-ROSE.	OBSERVATIONS.
. . . $-\frac{3}{2}$℞3 . . .	. . . $a:\frac{1}{3}b:\frac{1}{2}c$	
. . . $-$℞2 . . .	. . . $a:\frac{1}{2}b:\frac{1}{2}c$	
. . . $-$℞$\frac{3}{2}$ . . .	. . . $a:\frac{2}{3}b:\frac{2}{3}c$	
. . . $-$℞3 . . .	. . . $a:\frac{1}{3}b:\frac{1}{3}c$	
. . . $-\frac{2}{3}$℞2 . . .	. . . $a:\frac{1}{2}b:\frac{1}{3}c$	
. . . $+\frac{q}{r}$℞$\frac{q}{p}$ . . .	. . . $a':\frac{p}{q}b:\frac{p}{r}c$	$p<q$
. . . $+$ ℞$\frac{3}{2}$ . . .	. . . $a':\frac{2}{3}b:2c$	
. . . $+3$℞3 . . .	. . . $a':\frac{1}{3}b:c$	
. . . $-\frac{p}{r}$Ᵽ$\frac{p}{q}$ . . .	. . . $a:\frac{p}{q}b:\frac{q}{r}c$	$p>q$
. . -3Ᵽ$\frac{3}{2}$ . . .	. . . $a:\frac{3}{2}b:3c$	
. . -3Ᵽ3 . . .	. . . $a:3b:3c$	
. . -2Ᵽ2 . . .	. . . $a:2b:2c$	
. . $-\frac{3}{2}$Ᵽ$\frac{3}{2}$ . . .	. . . $a:\frac{3}{2}b:\frac{3}{2}c$	
. . $-\frac{3}{2}$Ᵽ3 . . .	. . . $a:3b:\frac{3}{2}c$	
. . $-$Ᵽ2 . . .	. . . $a:2b:c$	
. . $-$Ᵽ$\frac{3}{2}$ . . .	. . . $a:\frac{3}{2}b:c$	
. . $-$Ᵽ3 . . .	. . . $a:3b:c$	
. . $-\frac{2}{3}$Ᵽ2 . . .	. . . $a:2b:\frac{2}{3}c$	
. . $+\frac{p}{r}$Ᵽ$\frac{p}{q}$ . . .	. . . $a':\frac{p}{q}b:\frac{p}{r}c$	$p>q$
. . $+3$Ᵽ$\frac{3}{2}$ . . .	. . . $a':\frac{3}{2}b:3c$	
. . $+3$Ᵽ3 . . .	. . . $a':3b:3c$	
. . $+2$Ᵽ2 . . .	. . . $a':2b:2c$	

Système asymétriqu

NOMS DONNÉS AUX FORMES PAR NAÜMANN.	MILLER.	LÉVY.
PINACOÏDES. — Base	001	. . . . . p . . . .
— Brachypinacoïde	010	. . . . . g^1 . . . .
— Macropinacoïde.	100	. . . . . h^1 . . . .
HÉMIPRISMES.		
— Protoprisme droit.	110	. . . . . t . . . .
— — gauche	$\bar{1}10$	. . . . . m . . . .
— H. brachyprismes droits . . .	$pq0$	. . . . . $g^{\frac{p+q}{q-p}}$ . . .
— — —	120	. . . . . g^3 . . . .
— — gauches . .	$\bar{p}q0$	. . . $^{\frac{p+q}{-p+q}}g$ . . . .
— — —	$\bar{1}20$	. . . . . ^3g . . . .
— H. macroprismes droits. . . .	$pq0$	. . . . . $h^{\frac{p+q}{p-q}}$ . . .
— — —	210	. . . . . h^3 . . . .
— — gauches. . .	$\bar{p}q0$	. . . . $^{\frac{p+q}{p-q}}h$ . . . .
— — —	$\bar{2}10$	. . . . . ^3h . . . .
HÉMIDOMES,		
— H. brachydomes sup. droits .	$0qr$	. . . . . $i^{\frac{r}{q}}$ . . . .
— — —	012	. . . . . i^2 . . . .
— — sup. gauches.	$0q\bar{r}$	. . . . . $e^{\frac{r}{q}}$ . . . .
— — —	$01\bar{2}$	. . . . . e^2 . . . .

ou triclinique.

NAUMANN.	WEISS-ROSE.		OBSERVATIONS.
$0P$	$\infty a : \infty b : c$	c	
$\infty \breve{P} \infty$	$\infty a : b : \infty c$	b	
$\infty \bar{P} \infty$	$a : \infty : b \infty c$	c	
$\infty P'$	$a : b : \infty c$	g	
$\infty ' P$	$a : b' : \infty c$	$'g$	
$\infty \breve{P}'_{,} \frac{q}{p}$	$a : \frac{p}{q} b : \infty c$	$\frac{p}{q} g$	$p < q$
$\infty \breve{P}'_{,} 2$	$a : \frac{1}{2} b : \infty c$	$\frac{1}{2} g$	
$\infty _{,}' \breve{P} \frac{q}{p}$	$a : \frac{p}{q} b' : \infty c$	$\frac{p}{q} {}' g$	
$\infty _{,}' \breve{P} 2$	$a : \frac{1}{2} b' : \infty c$	$\frac{1}{2} {}' g$	
$\infty \bar{P}'_{,} \frac{p}{q}$	$a : \frac{p}{q} b : \infty c$	$\frac{p}{q} g$	$p > q$
$\infty \bar{P}'_{,} 2$	$a : 2b : \infty c$	$2g$	
$\infty _{,}' \bar{P} \frac{p}{q}$	$a : \frac{p}{q} b' : \infty c$	$\frac{p}{q} {}' g$	
$\infty _{,}' \bar{P} 2$	$a : 2b' : \infty c$	$2'g$	
$\frac{q}{r} {}_{,} \breve{P}' \infty$	$\infty a : b : \frac{q}{r} c$	$\frac{q}{r} f$	
$\frac{1}{2} {}_{,} \breve{P}' \infty$	$\infty a : b : \frac{1}{2} c$	$\frac{1}{2} f$	
$\frac{q}{r} {}' \breve{P}_{,} \infty$	$\infty a : b' : \frac{q}{r} c$	$\frac{q}{r} {}' f$	
$\frac{1}{2} {}' \breve{P}_{,} \infty$	$\infty a : b' : \frac{1}{2} c$	$\frac{1}{2} {}' f$	

Système asymétrique

NOMS DONNÉS AUX FORMES PAR NAÜMANN.	MILLER.	LÉVY.
Hémidomes. H. macrodomes antér. .	$p0r$	. . . . . $o^{\frac{r}{p}}$ . . . . .
— — —	102	. . . . . o^2 . . . . .
— — postérieurs .	$\bar{p}0r$	. . . . . $a^{\frac{r}{p}}$ . . . . .
— — —	$\bar{1}02$	. . . . . a^2 . . . . .
Quartopyramides.		
— Proto-quartopyr. sup. droites.	ppr	. . . . . $f^{\frac{r}{2p}}$ . . . . .
— — —	111	. . . . . $f^{\frac{1}{2}}$ . . . . .
— — —	223	. . . . . $f^{\frac{3}{4}}$ . . . . .
— — sup. gauches.	$\bar{p}pr$	. . . . . $c^{\frac{r}{2p}}$ . . . . .
— — —	$\bar{1}11$	. . . . . $c^{\frac{1}{2}}$ . . . . .
— — —	$\bar{2}23$	. . . . . $c^{\frac{3}{4}}$ . . . . .
— — inf. droites.	$pp\bar{r}$	. . . . . $b^{\frac{r}{2p}}$ . . . . .
— — —	$11\bar{1}$	. . . . . $b^{\frac{1}{2}}$ . . . . .
— — —	$22\bar{3}$	. . . . . $b^{\frac{3}{4}}$ . . . . .
— — inf. gauches.	$\bar{p}p\bar{r}$	. . . . . $d^{\frac{r}{2p}}$ . . . . .
— — —	$\bar{1}1\bar{1}$	. . . . . $d^{\frac{1}{2}}$ . . . . .
— — —	$\bar{2}2\bar{3}$	. . . . . $d^{\frac{3}{4}}$ . . . . .
— Quarto-brachypyr. sup. droites	pqr	. . $f^{\frac{1}{q-p}}$ $c^{\frac{1}{p+q}}$ $g^{\frac{1}{r}}$ . .
— — —	131	. . . . $f^{\frac{1}{2}}$ $c^{\frac{1}{4}}$ g^1 . . . .
— — —	132	. . . . f^1 $c^{\frac{1}{2}}$ g^1 . . . .

u triclinique.

NAUMANN.	WEISS-ROSE.		OBSERVATIONS.
$\frac{p}{r}{}'\bar{P}'\infty$	$a:\infty b:\frac{p}{r}c$	$\frac{p}{r}d$	
$\frac{1}{2}{}'\bar{P}'\infty$	$a:\infty b:\frac{1}{2}c$	$\frac{1}{2}d$	
$\frac{p}{r},\bar{P},\infty$	$a':\infty b:\frac{p}{r}c$	$\frac{p}{r}d'$	
$\frac{1}{2},\bar{P},\infty$	$a':\infty b:\frac{1}{2}c$	$\frac{1}{2}d'$	
$\frac{p}{r}P'$	$a:b:\frac{p}{r}c$	$\frac{p}{r}o$	
P'	$a:b:c$	o	
$\frac{2}{3}P'$	$a:b:\frac{2}{3}c$	$\frac{2}{3}o$	
$\frac{p}{r}{}'P$	$a':b:\frac{p}{r}c$	$\frac{p}{r}o'$	
$\frac{2}{3}{}'P$	$a':b:c$	o'	
$\frac{2}{3}{}'P$	$a':b:\frac{2}{3}c$	$\frac{2}{3}o'$	
$\frac{p}{r}P,$	$a':b':\frac{p}{r}c$	$\frac{p}{r}{}'o'$	
$P,$	$a':b':c$	$'o'$	
$\frac{2}{3}P,$	$a':b':\frac{2}{3}c$	$\frac{2}{3}{}'o'$	
$\frac{p}{r},P$	$a:b':\frac{p}{r}c$	$\frac{p}{r}{}'o$	
$,P$	$a:b':c$	$'o$	
$\frac{2}{3},P$	$a:b':\frac{2}{3}c$	$\frac{2}{3}{}'o$	
$\frac{q}{r}\breve{P}'\frac{q}{p}$	$a:\frac{p}{q}b:\frac{p}{r}c$	....	$p<q$
$3\breve{P}'3$	$a:\frac{1}{3}b:c$		
$\frac{3}{2}\breve{P}'3$	$a:\frac{1}{3}b:\frac{1}{2}c$		

Système asymétrique

NOMS DONNÉS AUX FORMES PAR NAUMANN.	MILLER.	LÉVY.
QUARTOPYRAMIDES. Quarto-brach. sup. g.	$\bar{p}q\bar{r}$	. . $d^{\frac{1}{q-p}}\ b^{\frac{1}{p+q}}\ g^{\frac{1}{r}}$ . .
— — —	$\bar{1}3\bar{1}$	. . . . $d^{\frac{1}{2}}\ b^{\frac{1}{4}}\ g^{1}$ . . . .
— — —	$\bar{1}3\bar{2}$	. . . . $d^{1}\ b^{\frac{1}{2}}\ g^{1}$ . . . .
— — inf. droites.	$pq\bar{r}$	. . $b^{\frac{1}{q-p}}\ d^{\frac{1}{p+q}}\ g^{\frac{1}{r}}$ . .
— — —	$13\bar{1}$	. . . . $b^{\frac{1}{2}}\ d^{\frac{1}{4}}\ g^{\frac{1}{2}}$ . . . .
— — —	$13\bar{2}$	. . . . $b^{1}\ d^{\frac{1}{2}}\ g^{1}$ . . . .
— — inf. gauches.	$\bar{p}qr$	. . $c^{\frac{1}{q-p}}\ f^{\frac{1}{p+q}}\ g^{\frac{1}{r}}$ . .
— — —	$\bar{1}31$	. . . . $c^{\frac{1}{2}}\ f^{\frac{1}{4}}\ g^{1}$ . . . .
— — —	$\bar{1}32$	. . . . $c^{1}\ f^{\frac{1}{2}}\ g^{1}$ . . . .
— Quarto-macropyr. sup. droites	pqr	. . $f^{\frac{1}{q-p}}\ d^{\frac{1}{p+q}}\ h^{\frac{1}{r}}$ . .
— — —	311	. . . . $f^{\frac{1}{2}}\ d^{\frac{1}{4}}\ h^{1}$ . . . .
— — —	312	. . . . $f^{1}\ d^{\frac{1}{2}}\ h^{1}$ . . . .
— — sup. gauches.	$\bar{p}q\bar{r}$	. . $d^{\frac{1}{p-q}}\ f^{\frac{1}{p+q}}\ h^{\frac{1}{r}}$ . .
— — —	$\bar{3}1\bar{1}$	. . . . $d^{\frac{1}{2}}\ f^{\frac{1}{4}}\ h^{1}$ . . . .
— — —	$\bar{3}1\bar{2}$	. . . . $d^{1}\ f^{\frac{1}{2}}\ h^{1}$ . . . .
— — inf. droites.	$pq\bar{r}$	. . $b^{\frac{1}{p-q}}\ c^{\frac{1}{p+q}}\ h^{\frac{1}{r}}$ . .
— — —	$31\bar{1}$	. . . . $b^{\frac{1}{2}}\ c^{\frac{1}{4}}\ h^{1}$ . . . .
— — —	$31\bar{2}$	. . . . $b^{1}\ c^{\frac{1}{2}}\ h^{1}$ . . . .
— — inf. gauches.	$\bar{p}qr$	. . $c^{\frac{1}{p-q}}\ b^{\frac{1}{p+q}}\ h^{\frac{1}{r}}$ . .
— — —	$\bar{3}11$	. . . . $c^{\frac{1}{2}}\ b^{\frac{1}{4}}\ h^{1}$ . . . .
— — —	$\bar{3}12$	. . . . $c^{1}\ b^{\frac{1}{2}}\ h^{1}$ . . . .

u triclinique.

NAÜMANN.	WEISS-ROSE.		OBSERVATIONS.
$\frac{q}{r}{}'\breve{P}\frac{q}{p}$	$a : \frac{p}{q}b' : \frac{p}{r}c$		
$3{}'\breve{P}3$	$a : \frac{1}{3}b' : c$		
$\frac{3}{2}{}'\breve{P}3$	$a : \frac{1}{3}b' : \frac{1}{2}c$		
$\frac{q}{r}\breve{P}{}_{,}\frac{q}{p}$	$a' : \frac{p}{q}b' : \frac{p}{r}c$		
$3\breve{P}{}_{,}3$	$a' : \frac{1}{3}b' : c$		
$\frac{3}{2}\breve{P}{}_{,}3$	$a' : \frac{1}{3}b' : \frac{1}{2}c$		
$\frac{q}{r}{}_{,}\breve{P}\frac{q}{p}$	$a' : \frac{p}{q}b : \frac{p}{r}c$		
$3{}_{,}\breve{P}3$	$a' : \frac{1}{3}b : c$		
$\frac{3}{2}{}_{,}\breve{P}3$	$a' : \frac{1}{3}b : \frac{1}{2}c$		
$\frac{p}{r}\bar{P}'\frac{p}{q}$	$a : \frac{p}{q}b : \frac{p}{r}c$		$p > q$
$3\bar{P}'3$	$a : 3b : 3c$		
$\frac{3}{2}\bar{P}'3$	$a : 3b : \frac{3}{2}c$		
$\frac{p}{r}{}'\bar{P}\frac{p}{q}$	$a : \frac{p}{q}b' : \frac{p}{r}c$		
$3{}'\bar{P}3$	$a : 3b' : 3c$		
$\frac{3}{2}{}'\bar{P}3$	$a : 3b' : \frac{3}{2}c$		
$\frac{p}{r}\bar{P}{}_{,}\frac{p}{q}$	$a' : \frac{p}{q}b' : \frac{p}{r}c$		
$3\bar{P}{}_{,}3$	$a' : 3b' : 3c$		
$\frac{3}{2}\bar{P}{}_{,}3$	$a' : 3b' : \frac{3}{2}c$		
$\frac{p}{r}{}_{,}\bar{P}\frac{p}{q}$	$a' : \frac{p}{q}b : \frac{p}{r}c$		
$3{}_{,}\bar{P}3$	$a' : 3b : 3c$		
$\frac{3}{2}{}_{,}\bar{P}3$	$a' : 3b : \frac{2}{3}c$		

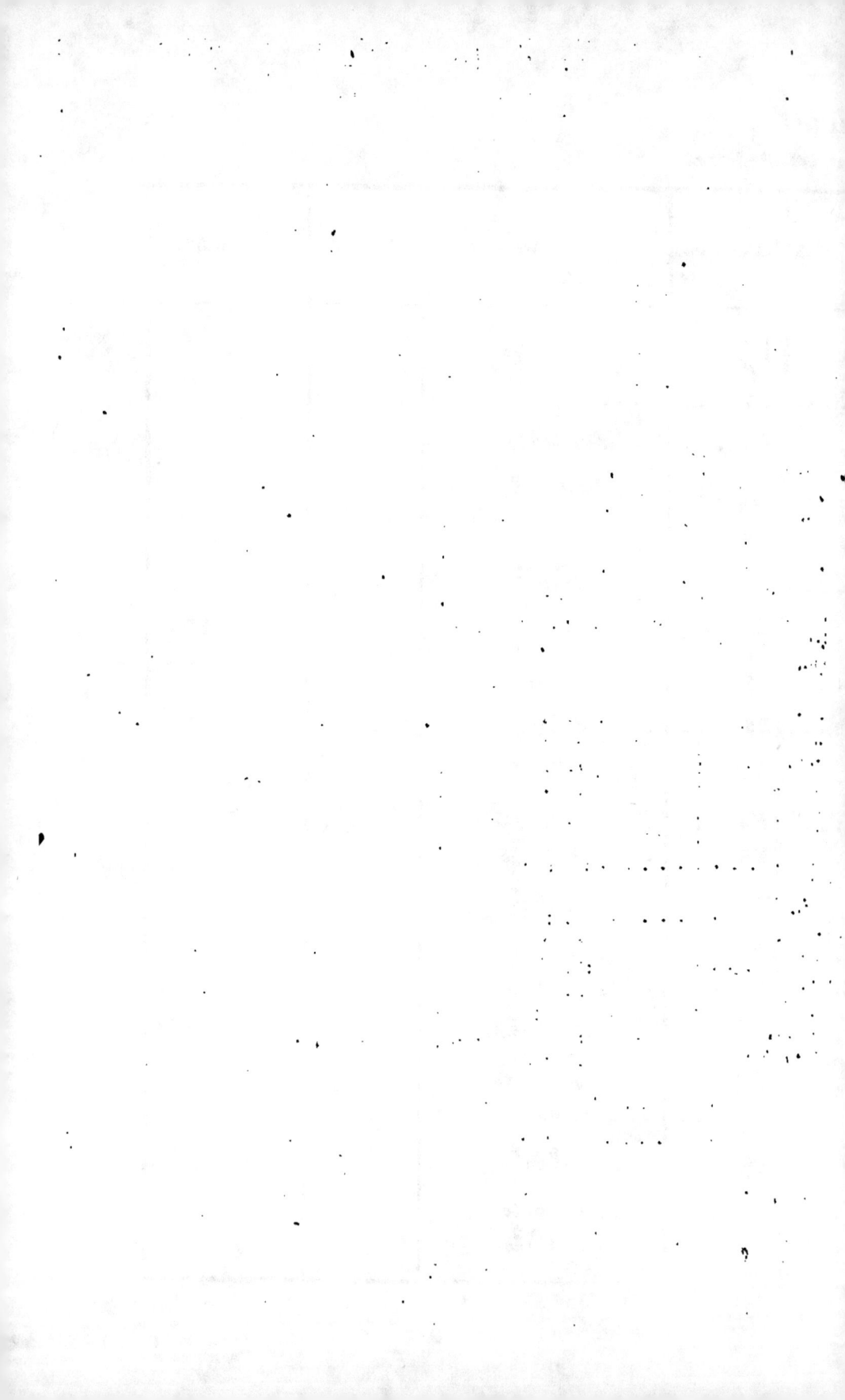

EXPLICATION DES PLANCHES

Les six premières planches montrent les projections gnomoniques des réseaux polaires des divers systèmes cristallisés, à l'exception du système cubique. La projection des pôles de ce système peut être considérée comme donnée par la planche I qui se rapporte au système quadratique, en prenant pour distance des points de vue au plan de projection, le côté du carré qui sert de maille à cette projection.

Les projections gnomoniques des systèmes quadratique, hexagonal et ternaire peuvent servir à tous les cristaux appartenant à ces systèmes en déterminant pour chacun d'eux, comme il convient, la distance du point de vue au plan de projection.

Les planches portent en chiffres pleins noirs les symboles de Miller, en lettres déliées noires les symboles de Naumann, en lettres rouges les symboles de Lévy. Les lignes noires sont les traces des zones parallèles aux axes coordonnés de Miller ; les lignes noires pointillées sont les zones qui passent par l'axe coordonné situé en dehors du plan de projection ; les lignes rouges sont des zones remarquables soit parce qu'elles sont parallèles aux axes de Lévy, soit pour toute autre cause. Les symboles écrits dans la bordure du cadre sont ceux des pôles situés à l'infini sur la direction marquée par la ligne noire pointillée qui leur correspond.

Sauf celle qui se rapporte au système asymétrique, toutes ces figures peuvent représenter les projections du *réseau primitif*. Pour le système cubique les projections du réseau primitif et du réseau polaire sont identiques. Pour les systèmes quadratique, hexagonal et ternaire, il suffit, pour passer de l'une à l'autre, de prendre pour distance du point de vue au plan de projetion le paramètre de l'axe principal non plus du réseau polaire, mais du réseau primitif. Pour le système terbinaire, l'axe des X du réseau polaire a pour paramètre $\frac{1}{a}$, l'axe des Y $\frac{1}{b}$, et l'axe des Z $\frac{1}{c}$. Pour transformer la projection du réseau polaire en projection du réseau primitif, il suffit donc de prendre pour axe des x l'axe des X, pour axe des y l'axe Y, et pour distance du point de vue au plan de projection la longueur $\frac{c}{ab}$. Enfin pour le système binaire, dans la projection du réseau polaire, l'axe des X est $\frac{1}{a}$, l'axe des Y est $\frac{1}{b}$, l'axe des Z est $\frac{1}{c}$ sin zx; on transformera donc la projection du réseau polaire en projection du réseau primitif en prenant l'axe des X pour axe des z, l'axe des Z pour axe des x, et pour distance du point de vue au plan de projection la longueur $\frac{c.}{ab}$ Les projections des réseaux primitifs sont utiles dans la discussion de quelques problèmes cristallographiques. Les pôles y représentent les directions des arêtes, et les plans de zone les faces du cristal. C'est ce que les minéralogistes allemands désignent sous le nom de projections linéaires.

Les planches VII, VIII et IX représentent les projections stéréographiques des pôles des divers systèmes cristallins.

TABLE DES MATIÈRES

DU PREMIER VOLUME

PREMIÈRE PARTIE.

CRISTALLOGRAPHIE GÉOMÉTRIQUE

ERRATA

Page 14, ligne 17 en descendant : $\Omega = \dots = abc \sin zx \sin zy \sin \zeta$
au lieu de . . . . $abc \sin zx \sin xy \sin \xi$

Page 15, ligne 6 en remontant : $p^2 \{ mnp \} = \dots + 2mpac \cos xz$
au lieu de . . . . $2mpa \cos xz$

Page 22, ligne 5 en descendant : les longueurs numériques
au lieu de . . . . les longueurs

Id. ligne 12 en descendant : le plan des $z'y'$
au lieu de . . . . le plan des zy

Page 26, ligne 2 en descendant : $\operatorname{tg} RR' = D \dfrac{\sqrt{\left.\begin{array}{l} u^2b^2c^2 \sin^2 yz \\ + v^2a^2c^2 \sin^2 xz \\ + w^2a^2b^2 \sin^2 xy \end{array}\right\} \dots}}{\dots\dots\dots}$

au lieu de . . . . $\operatorname{tg} RR' = D \dfrac{\sqrt{\left.\begin{array}{l} u^2b^2c^2 \sin yz \\ + v^2a^2c^2 \sin xz \\ + w^2ab^2 \sin xy \end{array}\right\} \dots}}{\dots\dots\dots}$

Id. ligne 8 en remontant : $s^2(ghk) = \dots - \left\{ \begin{array}{l} \dots\dots\dots \\ + 2hk \,.\, s(010) \,.\, s(001) \cos \text{[illegible]} \\ \dots\dots\dots \end{array} \right.$

au lieu de . . . . $s^2(ghk) = \dots - \left\{ \begin{array}{l} \dots\dots\dots \\ + 2hk \,.\, s(010) s(001) \cos \\ \dots\dots\dots \end{array} \right.$

Page 27, lignes 5 et 6 en remontant : $\left\{ \begin{array}{l} H = 180^\circ - xz \\ Z = 180^\circ - xy \end{array} \right.$

au lieu de . . . . $\left\{ \begin{array}{l} H = 180^\circ - yx \\ Z = 180^\circ - xz \end{array} \right.$

Page 32, ligne 9 en descendant : la quantité E^2
au lieu de . . . . la quantité E^3

Page 32, ligne 17 en descendant : $\frac{\sin P_1P_2}{\sin P_2P_3} = \ldots = \frac{D_{1.2}s_3}{D_{2.3}s_1}$

au lieu de . . . . $\frac{D_1 s_3}{D_{2.3}s_1}$

Id. ligne 3 en remontant : $\frac{\sin P_1P_2 \cdot \sin P_3P_4}{\sin P_1P_3 \sin P_2P_4} = \frac{D_{1.2}D_{3.4}}{D_{1.3}D_{2.4}}$

au lieu de . . . . $\frac{D_{1.2}D_{3.4}}{D_{1.3}D_{2.4}}$

Id. ligne 1 en remontant : $C = \ldots = \frac{D_{1.3}}{D_{1.1}}$

au lieu de . . . . $\frac{D_{2.3}}{D_{1.2}}$

Page 66, ligne 4 en descendant : par $\gamma\delta$ sont :
au lieu de . . . . par $\gamma\delta$ ont :

Page 100, ligne 8 en remontant : $A' = A\sqrt{3}$, d'où $\frac{H}{A'} = \frac{1}{2}\frac{a}{h}$

au lieu de . . . . $A = A'\sqrt{3}$, d'où $\frac{H'}{A} = \frac{1}{2}\frac{a}{h}$

Page 103, ligne 7 en descendant : $\{0q\bar{\bar{q}}s\}$

au lieu de . . . . $\{0p\bar{\bar{q}}s\}$

Page 150, dans la fig. 153, les symboles $\bar{2}10$, $\bar{1}10$, 110, 210 inscrits sur la ligne horizontale médiane *doivent être changés en* $\bar{2}01$, $\bar{1}01$, 101, 201.

Page 158 ligne 3 en descendant : 2° . A^4, OL^3, OL'^2 . . .
au lieu de . . . . 2° . A^4, OL^3, $2L'^2$ . . .

Page 162, dans la fig. 178, la petite face du milieu a été notée 323 *au lieu de* 332.

Page 202 . . . 1° Formes placées sur les angles $i \,.\, r > 0$
Pôles situés *au-dessus* de la ligne $X\bar{X}$
au lieu de . . . . *au-dessous* . . . . . .

Id. . . . . . 2° Formes placées sur les angles $e \,.\, r < 0$
Pôles situés *au-dessous* de la ligne $X\bar{X}$
au lieu de 2° Formes placées sur l'angle $e \,.\, r < 0$
. . . . . . *au-dessus* . . . . . .

Typographie A. Lahure, rue de Fleurus, 9, à Paris.

www.ingramcontent.com/pod-product-compliance
Lightning Source LLC
Chambersburg PA
CBHW061117220326
41599CB00024B/4069